普通高等教育土建学科“十一五”规划教材
高等学校工程管理专业规划教材

建设工程监理

北京交通大学　李清立　主编

中国建筑工业出版社

图书在版编目（CIP）数据

建设工程监理/李清立主编．—北京：中国建筑工业出版社，2012.1
普通高等教育土建学科“十一五”规划教材
高等学校工程管理专业规划教材
ISBN 978-7-112-13998-9

Ⅰ.①建… Ⅱ.①李… Ⅲ.①建筑工程-监理工作
Ⅳ.①TU712

中国版本图书馆CIP数据核字（2012）第013151号

本书在理论与实践相结合的基础上，全面系统地阐述了建设工程监理的基本理论和方法。主要内容包括：建设工程监理概述；建设工程监理单位；监理工程师；建设工程监理招标与投标；建设工程监理组织；建设工程监理工作计划；建设工程监理目标控制；建设工程监理安全生产、合同和信息管理；建设工程监理协调和沟通；建设工程监理风险管理；建设工程监理相关法规等内容。

本书体裁新颖，内容丰富，适合高等学校工程管理、土木工程等专业的本科生和研究生学习使用，也可作为工程管理人员、技术人员的培训教材使用。

* * *

责任编辑：牛　松　孙立波　张国友
责任设计：张　虹
责任校对：党　蕾　关　健

普通高等教育土建学科“十一五”规划教材
高等学校工程管理专业规划教材
建设工程监理
北京交通大学　李清立　主编
*
中国建筑工业出版社出版、发行（北京西郊百万庄）
各地新华书店、建筑书店经销
北京红光制版公司制版
北京建筑工业印刷厂印刷
*
开本：787×1092毫米　1/16　印张：20　字数：480千字
2013年1月第一版　　2018年9月第四次印刷
定价：**38.00**元
ISBN 978-7-112-13998-9
（22052）

前　言

我国推行建设工程监理制度，是工程建设管理体制的一项重大改革，是社会主义市场经济发展的客观要求，是提高工程建设管理水平、提高经济效益的重大措施。

建设工程监理制度的创立，能够培育工程建设的监管主体，强化工程建设的监管环节，满足市场对监理服务的需求，实现工程建设的专业化分工，从而使工程建设及管理逐步适应改革开放形势的要求。

建设工程监理制度的创立，有利于提高项目投资决策的科学化水平，避免项目投资决策失误，也为实现建设工程投资综合效益最大化打下了良好的基础。

建设工程监理制度的创立，能够规范我国建筑市场，加强和完善建筑市场管理，提高工程投资的经济效益和社会效益，从而满足提高工程建设和管理水平的需要。

建设工程监理制度的创立，能够改变长期以来我国工程建设领域的传统管理模式，促使建设工程项目管理向社会化、专业化、现代化、多样化方向发展，推动我国建设工程项目管理方式与国际惯例的接轨，改善我国吸纳外资的条件，以满足进入国际建筑市场的需要。

建设工程监理作为一种高智能的工程管理服务，在工程项目建设中取得了明显的成效，积累了丰富的经验，发挥了巨大的作用。通过建设工程监理的法律、法规建设和监理理论的完善，必将对建筑市场的规范、管理体系的完善以及和国际工程管理的接轨起到重要的作用。

《建设工程监理》一书的出版，旨在满足培养工程监理高层次人才的需要，为高等学校工程管理和土木工程等有关专业提供建设工程监理的教材，也为工程建设管理和工程技术人员提供理论联系实际、较为完整、系统的建设工程监理专著。

本书由北京交通大学李清立主编，参加本书编写的有郝生跃、刘玉明、靳媛媛、刘晨曦、牛素彦、董盛、时良、许夏洁等。

本书编写过程中参阅了有关的专著、文献、资料，在此一并向作者表示感谢。

由于作者的水平有限，本书在内容和编写方法上难免有错误或不妥之处，恳请广大同行和读者批评指正。

目 录

第1章　建设工程监理概述

1.1　建设工程监理制度

1.1.1　建设工程监理制度产生的背景

（1）国内建设管理制度问题凸显

从新中国成立直至20世纪80年代，我国固定资产投资基本上是由国家统一安排计划（包括具体的项目计划），由国家统一财政拨款。在我国当时经济基础薄弱、建设投资和物资短缺的条件下，这种方式对于国家集中有限的财力、物力、人力进行经济建设，迅速建立我国的工业体系和国民经济体系起到了积极作用。

当时，我国建设工程的管理基本上采用两种形式：对于一般建设工程，由建设单位自己组成筹建机构，自行管理；对于重大建设工程，则从与该工程相关的单位抽调人员组成工程建设指挥部，由指挥部进行管理。因为建设单位无须承担经济风险，这两种管理形式得以长期存在，但其弊端是不言而喻的。由于这两种形式都是针对一个特定的建设工程临时组建的管理机构，相当一部分人员不具有建设工程管理的知识和经验，因此，他们只能在工作实践中摸索。而一旦工程建成投入使用，原有的工程管理机构和人员就解散，当有新的建设工程时再重新组建。这样，建设工程管理的经验不能承袭升华，用来指导今后的工程建设，而教训却不断重复发生，使我国建设工程管理长期在低水平徘徊，难以提高。投资“三超”（概算超估算、预算超概算、结算超预算）、工期延长的现象相当普遍。工程建设领域存在的上述问题受到政府和有关单位的关注。

（2）国内建设管理体制的改革要求

20世纪80年代我国进入了改革开放的新时期，国务院决定在基本建设和建筑业领域采取一些重大的改革措施，例如，投资有偿使用（即“拨改贷”）、投资包干责任制、投资主体多元化、工程招标投标制等。在这种情况下，改革传统的建设工程管理形式，已经势在必行。否则，难以适应我国经济发展和改革开放新形势的要求。

通过对我国几十年建设工程管理实践的反思和总结，并对国外工程管理制度与管理方法进行了考察，认识到建设单位的工程项目管理是一项专门的学问，需要一大批专门的机构和人才，建设单位的工程项目管理应当走专业化、社会化的道路。在此基础上，建设部于1988年发布了《关于开展建设监理工作的通知》，明确提出要建立建设监理制度。建设监理制度作为工程建设领域的一项改革举措，旨在改变陈旧的工程管理模式，建立专业化、社会化的建设监理机构，协助建设单位做好项目管理工作，以提高建设水平和投资效益。

建设工程监理制度于1988年开始进行3年的试点，5年后逐步推开，1997年《中华人民共和国建筑法》（以下简称《建筑法》）以法律制度的形式作出规定，国家推行建设工程监理制度，从而使建设工程监理在全国范围内进入全面推行阶段。

1.1.2 建立建设工程监理制度的目的

（1）建立建设工程监理制度，以适应改革开放形式的要求

改革开放30多年来，我国工程建设领域取得了一系列瞩目的成就，这与我国在政治、经济等领域所进行的一系列变革密切相关。计划经济时期，我国建设工程实行的都是自筹、自建、自管的传统管理模式。随着改革开放的深化，为适应市场经济要求，我国政府逐步转变工程建设管理职能，各行业主管部门在政企分开的情况下，不再直接管理建设工程项目，政府有关部门主要从事宏观管理，如制定行业发展规划，从事协调、监管等工作。建设单位承担了工程管理的全部责任，包括贷款、还款，通过招标择优选择设计、施工、材料设备供应单位、验收等。责任的改变，促使建设单位将追逐投资效益放在工程管理的第一位。不仅减少了过去那种盲目地抢投资、上项目，不切实际地扩大项目规模，搞大而全、小而全的现象，而且不再强调实行自营式项目管理，需要通过市场化手段，将项目管理的大部分工作委托给专业机构管理。工程建设领域的专业化分工趋势孕育了建设工程监理的产生。与此同时，在改革开放中，工程建设领域也逐步向民间资本和外资开放，资金来源多样化、投资主体多元化的格局逐步形成。随着多元化投资主体的出现，项目管理能力差、运作不规范等问题也随之而来，形成了对工程建设监管的强劲需求。而监管主体的缺失，使工程建设监管成为建设工程项目管理的薄弱环节，进而成为制约工程建设顺利进行的“瓶颈”。建设工程监理制度的创立，能够培育工程建设的监管主体，强化工程建设的监管环节，满足市场对监理服务的需求，实现工程建设的监管环节，满足市场对监理服务的需求，实现工程建设的专业化分工，从而使工程建设及管理逐步适应改革开放形式的要求。

（2）建立建设工程监理制度，以适应国际金融机构的贷款要求

为保障资金使用安全，提高贷款使用的质量和效益，世界银行、亚洲开发银行等国际金融机构将实行建设工程监理制度作为对发展中国家提供建设贷款的条件之一。特别是世界银行贷款的工程，都要按照世界银行的规定，采用FIDIC合同条件进行工程管理。FIDIC合同条件的基本出发点就是采用以工程师（监理工程师）为核心的管理模式。20世纪80年代初，为利用国际金融机构提供的贷款，在世界银行提供贷款的工程和外资工程中，普遍采用FIDIC土木工程施工合同条件，这些建设工程的实施效果都很好，受到有关各方的重视。而FIDIC合同条件中对工程师作为独立、公正的第三方的要求及其对承包商严格、细致的监督和检查被认为起到了重要的作用。我国建设工程监理制度中吸收了对监理单位和监理工程师独立、公正的要求，以保证在维护建设单位利益的同时，不损害承包商的合法权益。同时，强调了对承包商施工过程和施工工序的监督、检查和验收。由此可见，适应国际金融机构的贷款要求，是创立我国建设工程监理制度的重要目的之一。

（3）建立建设工程监理制度，以满足提高工程建设和管理水平的需求

20世纪80年代末期，我国正处于由计划经济向市场经济过渡的转轨时期，建筑市场各项机制尚不成熟，作为建筑市场重要组成部分的承包商、业主等市场主体还存在很多不规范行为，如盲目决策、工程转包、非法分包、违规招投标等，直接导致了我国工程建设领域产生一系列诸如质量、安全、环境污染等问题。这些问题的存在，极大地降低了工程

投资的经济效益和社会效益，制约了我国工程建设和管理水平的进一步提高。作为专业的咨询服务方，在建设单位委托监理单位实施全方位、全过程监理的条件下，当建设单位有了初步的项目投资意向后，监理单位可以协助建设单位选择适当的工程咨询机构，管理工程咨询合同的实施，并对咨询结果（如项目建议书、可行性研究报告）进行评估，提出有价值的修改意见和建议；或者直接从事工程咨询工作，为建设单位提供建设方案。这样，不仅可使项目投资符合国家经济发展规划、产业政策、投资方向，而且可使项目投资更加符合市场需求。监理单位参与或承担项目决策阶段的监理工作，有利于提高项目投资决策的科学化水平，避免项目投资决策失误，也为实现建设工程投资综合效益最大化打下了良好的基础。作为工程项目的主要管理者，监理单位对承包商建设行为的监督管理，实际上是从产品需求者的角度对建设工程生产过程的管理，这与产品生产者自身的管理有很大的不同，而监理单位又不同于建设工程的实际需求者，拥有一大批既懂工程技术，又懂经济管理的专业人士，他们有能力及时发现建设工程实施过程中出现的问题，发现工程材料、设备以及阶段产品存在的问题，可以在一定程度上抑制和阻止工程建设中不规范行为的发生，避免和消除工程建设质量、安全、环境污染隐患。此外，作为相对独立的专业咨询服务方，监理单位不仅仅是工程建设新型管理体制和建筑市场的主体之一，更为重要的是，他是连接建设项目法人责任制、招标投标制、合同管理制和加强政府宏观管理的中间环节，能够使各有关主体有机结合起来，协调彼此之间的关系，综合协调控制工程建设的投资、质量、工期、安全、环保等目标。建设工程监理制度的创立，能够规范我国建筑市场，加强和完善建筑市场管理，提高工程投资的经济效益和社会效益，从而满足提高工程建设和管理水平的需要。

（4）建立建设工程监理制度，以满足进入国际建筑市场的需求

随着改革开放的不断深化，越来越多的境外投资者进入我国建筑市场，与此同时，我国建筑企业也正在实施“走出去”的发展战略，积极参与到国际工程承包市场竞争中。进入国际建筑市场，必然要遵循国际建筑市场规则，符合国际建筑市场惯例。由专业化的咨询公司或工程管理公司为投资者提供项目决策咨询和为项目实施提供管理，是欧美经济比较发达国家的通行做法。建设工程监理制度是我国工程建设领域引进和学习国外先进工程管理模式的结果，它的创立和强制推行，能够改变长期以来我国工程建设领域自筹、自建、自管的传统管理模式，促使建设工程项目管理向社会化、专业化、现代化、多样化方向发展，推动我国建设工程项目管理方式与国际惯例的接轨，改善我国吸纳外资的条件，以满足进入国际建筑市场的需要。

1.1.3 实施建设工程监理制度的意义

我国建立和实施建设监理制具有以下几方面的意义：

（1）实施建设监理制满足市场经济条件下投资者对工程技术服务的社会需求

建设监理制的提出和推行与我国的改革开放密不可分。进入20世纪80年代以来，我国的改革开放已在经济领域逐步展开，外资、中外合资、利用国外贷款的工程项目逐步多了起来。这些项目在管理方面的共同特点是通过实施工程招标来选择工程建设项目承包商，同时聘请监理工程师实施监理。这种按照国际通行做法，将工程项目建设的微观管理工作，由建设单位委托和授权给社会化、专业化的建设工程监理单位来承担，产生了很好的效果。采用建设监理制进行工程建设，直接好处是十分明显的，它使建设单位从自己不

熟悉的工程建设项目管理的日常工作中解脱出来，专心致力于必须由他自己做出决策的事务，让专长于工程项目管理的监理工程师为其提供技术和管理服务。这些专业化的监理工程师有着丰富的知识和经验从事这些工作。特别是当前建设项目规模越来越大，技术越来越复杂，由此带来了项目实施时间延长，建设费用迅速增加以及工程质量方面的种种问题，使工程项目建设法人（建设单位）所承担的投资风险加大，他们迫切需要从社会上解决工程项目建设中所需要的技术服务问题，建设工程监理的出现，正是解决这种社会需求的最好办法。因此，目前我国需要大力推行建设监理制，以便满足广大工程建设建设单位对专业服务的社会需求。

(2) 实施建设监理制有利于实现政府在工程建设中的职能转变

我国的经济体制改革明确提出了要转变政府职能，实行政企分开，简政放权；明确提出了政府在经济领域的职能要转移到“规划、协调、监督、服务”上来；明确提出在进行各项管理制度改革的同时，应加强经济立法和司法，加强经济管理和监督。在工程建设领域，通过建立和实施建设监理制来具体贯彻我国经济体制改革的决策具有重要的现实意义。它是实现政企分开的一项必要措施，是政府职能转变后的重要补充和完善措施，是在工程建设领域加强法制和经济管理的重大措施。

(3) 实施建设监理制有助于培育、发展和完善我国建筑市场

我国经济体制改革的目标是建立社会主义市场经济体制，这样，在工程建设领域也需要建立市场机制，建立和实施建设监理制对于培育、发展和完善建筑市场具有不可低估的意义。建设监理制的建立以及工程建设项目项目法人责任制的提出，再加上工程招标投标制的实施，使我国工程建设领域向市场经济体制的过渡有了一套基本完整的措施。由于建设监理制的实施，我国工程建设管理体制开始形成以工程建设建设单位、建设工程监理单位和工程承包商直接参加的，在政府工程建设行政主管部门监督管理之下的新型管理体制，我国建筑市场的格局也开始发生结构性变化。以工程建设建设单位为主的工程发包体系，以工程设计、施工和设备材料供应单位为主的工程建设承包体系，以独立的、社会化、专业化的建设工程监理单位为主的技术服务体系的三元建筑市场体系正在形成。作为连接项目法人责任制、工程招标投标制和加强政府宏观管理的中间环节，建设监理制使它们联系起来，形成一个有机整体，对在工程建设领域发挥市场机制作用是十分有利的。如果没有建设监理制，就没有建设工程监理单位提供的高智能的技术服务，项目法人责任制就难以实行；如果没有建设监理制，对工程建设项目管理和工程建设合同并不十分在行的建设单位就难以真正利用竞争机制公开、公正、公平地择优选定承包商，工程招标投标制就难以有效规范地实施。如果没有建设监理制，也不会有社会化、专业化的建设工程监理单位为工程项目建设提供高水平的微观项目管理服务，工程建设水平和投资效益就不可能提高，政府工程建设行政主管部门也就不可能真正实现职能转变，进行有效的宏观监督管理。

1.2 建设工程监理的概念

1.2.1 建设工程监理的基本概念

广义的监理通常是指监理的执行者依据有关法律、法规、规范、标准对被监理方的行

为活动进行检查，使其不得逾越预定的、合理的界限，即产生约束作用。通过对某些相互协作和相互交错的行为进行调理，避免抵触；对相互抵触的行为进行理顺，使其顺畅；对相互矛盾的权益进行调理，避免冲突；对冲突了的权益进行调解，使其协作，即产生协调作用。

其内涵充实——建立约束、协调机制，外延扩展——具有监督与管理职能。

可见，监理活动的实现，需要具备以下一些基本条件：应当有明确的监理“执行者”，也就是必须有监理组织；应当有明确的行为“准则”，它是监理工作的依据；应当有明确的被监理“行为主体”和被监理“行为”，它是监理的对象；应当有明确的监理目的和行之有效的思想、理论、方法和手段。

把监理的概念应用到建设工程上，就形成了建设工程监理的概念：建设工程监理是指社会化、专业化的建设工程监理单位受建设单位对项目监理工作的委托，根据法律法规、建设工程相关标准、勘察设计文件、建设工程监理合同及与建设工程相关的其他合同，在施工阶段对建设工程的质量、进度、造价进行控制，对合同、信息进行管理，承担监理安全法定责任，协调工程建设相关方之间的关系，代表建设单位对承包商的建设行为进行监控的专业化服务活动。监理单位按照建设工程监理合同约定，在建设工程勘察、设计、保修等阶段为建设单位提供的工程管理服务称之为监理的相关服务。

我国的建设监理是在工程建设领域建立的一项新型管理制度，实质上是调整不同主体之间的社会关系，以建立一种协调、约束管理机制，针对工程项目实施而言，也称之为建设工程监理。

1.2.2 建设工程监理概念的内涵

建设工程监理有丰富的内涵：

(1) 建设工程监理是针对工程项目施工所实施的监督管理活动

无论建设单位、设计单位、承包商、材料设备供应单位，还是工程监理单位，它们的工程建设行为载体都是工程项目。建设工程监理活动应是围绕工程项目施工来进行的，并应以此来界定建设工程监理范围。

建设工程监理是直接为建设单位提供管理服务的行业，工程监理单位是建设项目管理服务的主体，而非建设项目管理主体，也非施工项目和设计项目管理的主体和服务主体。

建设工程监理的客体既可以指一种行为，也可以指这种行为的主体。工程项目的建设是一种社会行为，有着不同的行为主体。在工程项目的建设过程中，投资主体和决策主体是建设单位，实施工程项目实体建设行为的主体是建设项目的承包商，具体来说包括：承包商、分包单位、材料和设备供应单位等。因此，建设工程监理的客体既指工程项目建设，也指工程项目建设中的承包商。

(2) 建设工程监理实施的行为主体是建设工程监理单位

建设工程监理实施的行为主体是社会化、专业化的建设工程监理单位及其监理工程师，只有监理单位及其监理工程师的监督管理活动才能被称为建设工程监理。监理单位是具有独立性、社会化、专业化等特点的专门从事建设工程监理和其他相关技术服务活动的组织，监理工程师是建设工程监理单位中具有《监理工程师资格证书》，并在政府建设行政主管部门注册，取得《监理工程师注册证书》从事建设工程监理工作的专业监理人员。

《建筑法》明确规定，实行监理的建设工程，由建设单位委托具有相应资质条件的监理单位实施监理。建设工程监理只能由具有相应资质的监理单位来开展，建设工程监理的行为主体是监理单位。

监理单位是受建设单位的委托和授权，在工程监理合同范围内按照独立、自主的原则，以“公正的第三方”的身份开展建设工程监理活动。非监理单位——例如政府质量监督、总承包单位等——所进行的监督管理活动不应属于建设工程监理范畴；建设单位自行进行的工程管理，由于不具备“三方”管理体制的特征，也不能纳入建设工程监理范畴。

建设单位作为建设项目管理主体，依据工程合同拥有工程监督管理的权利。也就是说，建设单位实施自行项目管理并非不可以。但是，由于建筑产品的特殊性，政府规定了强制实施建设工程监理的工程范围。此外，建设单位自行管理既不是社会化、专业化的监督管理活动，也不构成“三方”的协调、约束管理机制。因此，不能将它称之为建设工程监理。

同样，总承包单位对分包单位的监督管理也不能视为建设工程监理。

之所以强调建设工程监理的专业化、社会化，是因为建设工程监理本质上就是为工程项目提供社会最专业的管理服务，只有充分利用监理单位及其专业监理工程师丰富的技术、管理经验才能从根本上提高建设项目的管理水平。提高建设项目的管理水平、实现投资效益的最大化、建立有效的协调约束机制，就必须跳出建设单位自行管理工程项目的狭隘圈子，由具备丰富的技术、管理经验的“受委托的第三方”来进行管理。

(3) 建设工程监理的实施基于建设单位的委托和授权

这是由建设工程监理特点决定的，是市场经济的必然结果，也是建设监理制的规定。

在简单的市场关系中，只有供需双方，并不需要第三方参与。在早期的建筑市场上也只有甲方和乙方，即建设单位和建设项目的承建者。然而，随着建设项目的技术要求和复杂程度的不断提高，建设项目的业主作为投资人，已越来越难以自行对项目进行有效的管理，转而求助于具有专门知识的专业人士来协助其进行项目的管理。因此，建设工程监理就是专业的监理公司在接受建设单位的委托和授权之后为其提供专业的技术及管理服务，其目的就是协助建设单位实现其建设项目投资的目的。

建设工程监理只有在建设单位委托的情况下才能进行。只有与建设单位订立书面工程监理合同，明确了监理的范围、内容、权利、义务、责任等，监理单位才能在规定的范围内行使管理权，合法地开展建设工程监理。监理单位在委托监理的工程中拥有一定的管理权限，能够开展管理活动，是建设单位授权的结果。

建设工程监理始于合同关系中建设单位的委托和授权，通过建设单位委托和授权方式来实施建设工程监理决定了他们是需求与供给关系。这种委托和授权方式说明，在实施建设工程监理的过程中，监理工程师的权力主要是由作为建设项目管理主体的建设单位通过授权而转移过来的。在工程项目建设过程中，建设单位始终是以建设项目管理主体身份掌握着工程项目建设的决策权，并承担着主要风险。建设工程监理单位只是建设项目管理服务的主体，而非建设项目管理的主体（建设项目的管理主体始终是工程项目的建设单位）。

承包商根据法律、法规的规定和他与建设单位签订的有关建设工程合同的规定接受监理单位对其建设行为进行的监督管理，接受并配合监理是其履行合同的一种行为。监理单位对哪些单位的哪些建设行为实施监理要根据有关建设工程合同的规定。例如，建设单位仅委托施工阶段监理的工程，监理单位只能根据工程监理合同和施工合同对施工行为实行监理；在建设单位委托勘察设计阶段监理的相关服务时，监理单位则可以根据委托服务合同以及勘察合同、设计合同、施工合同对勘察单位、设计单位和承包商的建设实施行为实行管理。

（4）建设工程监理是有明确依据的工程建设行为

建设工程监理是严格地按照有关法律、法规和其他有关准则实施的。建设工程监理的依据是有关工程建设的法律、法规、规章和标准、规范。包括：《中华人民共和国建筑法》、《中华人民共和国合同法》、《中华人民共和国招标投标法》、《建设工程质量管理条例》、《建设工程安全生产管理条例》等法律法规，《工程建设监理规定》等部门规章，以及地方性法规等，也包括《工程建设标准强制性条文》、《建设工程监理规范》以及有关的工程技术标准、规范、规程等。

建设工程监理的依据还应包括工程建设文件，包括：批准的可行性研究报告、建设项目选址意见书、建设工程规划许可证、批准的施工图设计文件、施工许可证等。

建设工程监理的直接依据是建设工程监理合同和其他工程建设合同。其他工程建设合同包括工程咨询合同、工程勘察合同、工程设计合同、工程施工合同、材料和设备供应合同等。

（5）现阶段建设工程监理主要发生在项目建设的施工阶段

建设工程监理这种监督管理服务活动现阶段主要在工程项目建设的施工阶段。因为，在项目建设施工阶段才能按设计文件和图纸建造工程实体，建造工程实体需要工程监理单位与建设单位建立委托与服务关系，而且要有被监理方，施工阶段才出现根据设计所确定的项目投资目标（工程预算）、项目质量目标（设计功能）、项目进度目标（施工合同工期）、实施建造工程实体的施工、材料设备采购供应单位。同时，建设工程监理的目的是协助建设单位在预定的投资、质量、进度目标内建成项目，这些活动也主要发生在建造工程实体的施工阶段。

施工阶段是建设项目建设过程中的重要阶段。因而，施工阶段的监理也是工程项目监理的最重要部分。在施工阶段，建设单位、承包商都从不同的角度注视着工程项目的进展，并对施工承包合同的执行情况进行管理，以维护各自的利益。因而监理工程师在公平、科学、合理的原则下，按合同规定对工程投资、质量、进度进行控制，对合同、信息进行有效的管理，并协调各方关系，约束双方履行自己的义务，同时维护双方的合法权益，使工程项目顺利实施。

施工阶段是工程实体的形成阶段，项目的实际工期和进度，取决于施工期的长短和进度，而工程能否在计划工期内完成，又影响到工程的投资和效益。所以施工阶段的进度控制是整个项目进度控制的关键控制阶段。

施工阶段是资本转化的实质性阶段，这一阶段，建设资金由货币形式转化为可供生产使用的固定资产，是货币支出最多的阶段，一般要占全部投资的90%左右。因此，该阶段投资控制的工作量很大。

施工阶段是由设计图纸转化为实体工程的阶段，也是工程项目质量的实际形成阶段，最终项目质量主要取决于该阶段质量监督、控制工作的水准及严格程度。因此，必须加强该阶段的质量控制工作，以保证工程项目的建设质量达到设计要求，满足建设单位的建设要求和使用目的。

施工阶段是大量资金投入的阶段，监理投资控制的重点应放在付款控制上，承包商在满足质量标准（要求）和进度的前提下，监理工程师及时做好计量审核、签订支付工作，保障承包商能连续作业。另外，由于多种因素的影响，出现工程变更以及合同双方在合同条款理解上的分歧等，导致合同纠纷而引起的索赔是难免的，监理应正确处理，以确保工程的实际投资不超过计划投资。

进入施工阶段后，各项有关建设项目的合同开始执行，监理工程师按合同规定的要求对各方进行监督、协调和服务，并以监理信息为基础，以各项合同为依据，协调各方关系，使工程建设各方在遵守国家法律、法规的基础上，按合同要求和计划进度，保质保量地完成各自的工作任务，使工程施工快速、安全、经济、高质地进行。

施工阶段中，监理工程师必须严格信息管理工作，为工程项目的合同管理、“三大控制”工作提供及时、准确、有效的依据。为了目标的顺利实现，监理工程师还必须加强协调，统一各方的思想，以项目目标的大局为重，集中各方力量以达到预期目标。施工阶段，监理的中心任务是“三大控制”，由于三个目标之间的关系是对立统一的，在监理的过程中，要防止片面性，做到三个目标统筹兼顾。进度控制是项目施工过程中的中心环节，因为工程一旦开工，就必须尽可能在对项目总目标系统进行全面控制的前提下，力求在计划工期内完成项目建设；任何拖延工期，都将延误工程项目的运行，使投资效益难以发挥。另一方面，如果盲目地加快施工进度，势必会给工程项目带来质量隐患。而质量控制是包括从投入原材料的质量控制开始，对承包商及安装工艺过程的质量控制，直至对建筑产品的质量检验为止的全过程系统控制，以保证工程项目质量目标的实现，施工阶段的质量控制是监理工作的核心内容。

施工阶段的合同管理是“三大控制”实现的手段。合同是双方活动的最高行为准则，监理单位必须坚持一切以合同为依据，就能有效地避免双方责任的分歧，保证预期目标的实现，同时也维护了双方当事人的正当权益。

根据《建筑法》，国务院颁布的《建设工程质量管理条例》对实行强制性监理的工程范围作了原则性的规定，2001 年建设部颁布了《建设工程监理范围和规模标准规定》（第 86 号部令），规定了必须实行监理的建设工程项目的具体范围和规模标准。下列建设工程必须实行监理：

①国家重点建设工程：依据《国家重点建设项目管理办法》所确定的对国民经济和社会发展有重大影响的骨干项目。

②大中型公用事业工程：项目总投资额在 3000 万元以上的供水、供电、供气、供热等市政工程项目；科技、教育、文化等项目；体育、旅游、商业等项目；卫生、社会福利等项目；其他公用事业项目。

③成片开发建设的住宅小区工程：建筑面积在 5 万平方米以上的住宅建设工程。

④利用外国政府或者国际组织贷款、援助资金的工程：包括使用世界银行、亚洲开发银行等国际组织贷款资金的项目；使用国外政府及其机构贷款资金的项目；使用国际组织或者国外政府援助资金的项目。

⑤国家规定必须实行监理的其他工程：项目总投资额在 3000 万元以上关系社会公共利益、公众安全的交通运输、水利建设、城市基础设施、生态环境保护、信息产业、能源等基础设施项目。此外，学校、影剧院、体育场馆项目，均必须实施工程监理。

建设工程监理范围不宜无限扩大，否则会造成监理力量与监理任务严重失衡，使得监理工作难以到位，保证不了建设工程监理的质量和效果。从长远来看，随着投资体制的不断深化改革，投资主体日益多元化，对所有建设工程都实行强制监理的做法，既与市场经济的要求不相适应，也不利于建设工程监理行业的健康发展。

（6）建设工程监理是微观性质的监督管理活动

这一点与由政府进行的行政性监督管理活动有着明显的区别。政府的监督管理是纵向的，具有强制性、宏观性，它的任务、职责、内容不同于建设工程监理；建设工程监理活动是横向的（受建设单位的委托），具有委托性、微观性。

建设工程监理活动是针对一个具体的工程项目展开的。建设单位委托监理的目的就是期望监理单位能够协助他实现项目投资目的。它是紧紧围绕着工程项目建设的各项投资活动和生产活动所进行的监督管理，它注重具体工程项目的实际效益。当然，根据建设监理制的宗旨，在开展这些活动的过程中应体现出维护社会公众利益和国家利益。

1.2.3 建设工程监理的制度框架

如前所述，我国传统的工程建设项目实行的是自建自管的管理体制，实行建设监理制的目的之一就是要改革这一传统的体制，形成一个新型的管理体制。这一新的管理体制就是在政府有关部门的监督管理下，由建设单位、承包商和监理单位直接参加的“三方”管理体制。这种管理体制的建立，使我国的工程项目建设管理体制与国际惯例实现了接轨。

建设监理制实施后，我国工程项目建设管理的组织格局将如图 1-1 所示。

这是一种与国际惯例一致的管理体制，它是由建设单位、承包商和监理单位构成的“三方”管理体制，为世界上大多数国家所采用。引入监理工程师这一社会化、专业化的组织参与项目管理，是国际公认的工程项目管理的重要原则。这种新机制的引入，使我国的工程建设项目管理体制发生了重大变化。

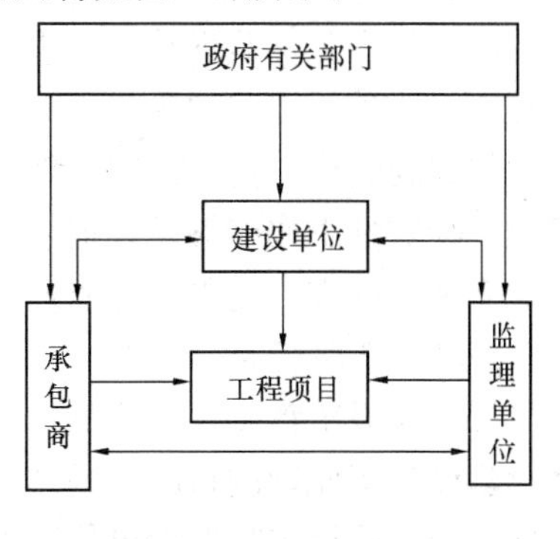

图 1-1 新型工程建设管理体制

首先，新型项目管理体制既有利于加强工程项目建设的宏观监督管理，又有利于加强工程项目建设的微观管理。

这首先表现在两个“加强”上。一是加强了政府对工程建设的宏观监督管理，将微观管理的工作转移给社会化、专业化的监理单位，并形成专门行业。在工程建设中真正实现政企分开，使政府部门集中精力去做好立法和执法工作，归位于宏观调控，归位于“规划、监督、协调、服务”上来。这种政府职能的调整和转变，对项目建设无疑将产生良好影响。二是加强了对工程项目的微观监督管理，使得工程项目建设的全过程在监理单位的参与下得以科学有效地监督管理，为提高工程建设水平和投资效益奠定基础。

新型工程项目建设管理体制将政府有关部门摆在宏观监督管理的位置，对建设单位、承包商和监理单位实施纵向的、强制性的宏观监督管理，可以使它们的工程项目建设行为更加规范化。同时，在直接参加项目建设的建设单位、监理单位与承包商之间又存在着横向的微观监督管理。这种政府与企业相结合、强制与委托相结合、宏观与微观相结合的工程项目监督管理模式，对我国的工程建设起到巨大有效作用。

第二，新型工程项目建设管理体制通过三种关系将参与建设的三方紧密地联系起来，形成完整的项目组织系统。

这种工程项目建设管理体制还带来了另一重大变化，即它将参加工程项目建设的三方通过两种合同关系紧密地联系起来，形成既有利于相互协调又有利于相互约束的组织系统，为实现工程项目总目标奠定了组织基础，从而使整个工程项目管理的组织得以健全。

按照这种新型的工程建设管理体制的运行原则，充分利用市场竞争机制，建设单位能够择优选择承包商，并通过签订工程承发包合同在承包商与建设单位之间建立承发包关系；同时通过建设工程监理合同，在建设单位与监理单位之间建立了委托服务关系；利用协调约束机制，根据建设监理制的规定以及工程承发包合同和建设工程监理合同的进一步明确，在监理单位与承包商之间建立了监理与被监理关系。这个组织系统在三种关系的协调之下的一体化运行，将产生巨大组织效应，起到为建设工程项目增值的作用。

总之，我国新型的工程建设管理体系，在建设单位和承包商之间引入了咨询服务性质的建设工程监理单位作为工程建设的第三方，以经济合同为纽带，以提高工程建设水平为目的，以监理工程师为中心，初步形成了社会化、专业化、现代化的管理模式。

1.3 建设工程监理的目的和性质

1.3.1 建设工程监理的目的与任务

由于建设工程监理及相关服务可以服务的内容种类极为繁多，在工程建设项目的监理过程中，建设工程监理单位及其监理工程师经常要面对千头万绪的工作。要想使如此繁多的工作顺利完成，建设工程监理单位及其监理工程师应当把握住建设工程监理的关键，使建设工程监理工作能够系统地、按部就班地在一个总体框架的指导下进行。其基本框架包括3个重要内容：建设工程监理的目的是什么？建设工程监理的中心任务是什么？建设工程监理的真正责任是什么？

（1）建设工程监理的目的

建设工程监理的目的就是“力求”实现工程建设项目目标。由于建设工程监理具有委托性，所以建设工程监理单位可以根据建设单位的意愿并结合自身的情况来协商工程建设项目监理的范围和业务内容，既可以承担全过程建设工程监理与相关服务，也可以仅承担施工阶段的建设工程监理，甚至还可以只承担某专项建设工程监理服务工作。因此，具体到某监理单位及其监理工程师所承担的监理活动要达到什么目的，由于它们的服务范围和内容的差异，也有所不同。但是，从建设监理制的角度来看，就整个建设工程监理而言，它应当起到的作用和要达到的目的却是十分明确的，这就是通过建设工程监理单位及其监理工程师谨慎而勤奋的工作，在预定的投资、进度和质量目标内，“力求”全面实现工程建设项目的总目标；在施工阶段，建设工程监理要“力求”实现建设项目施工承包合同的目标。

之所以说建设工程监理所要达到的目的是“力求”实现工程建设项目目标，是因为建设工程监理单位及其监理工程师并不能直接实现工程项目目标。在预定的投资、工期和质量目标内实现建设项目是参与工程建设项目各方共同的任务。

建设工程监理单位及其监理工程师“将不是也不能成为任何承包商的工程的承保人或

保证人”，它不直接进行设计，不直接进行施工，也不直接进行材料、设备的采购、供应工作。因此，建设工程监理单位及其监理工程师不能像设计单位、承包商、材料与设备供应单位等成为直接的工程建设项目目标的实现者。

（2）建设工程监理的中心任务

建设工程监理的中心任务就是对工程建设项目的目标进行有效的协调控制，具体来说，也就是对经过科学地规划所确定的工程或项目的三大目标，即对投资目标、进度目标和质量目标进行有效的协调控制。

之所以将三大目标的协调控制视作建设工程监理的中心任务，是因为这三大工程建设项目控制目标构成了既相互关联又相互制约的建设工程监理控制的目标系统。任何工程建设项目都是要实现它的功能要求、使用需要和其他有关的质量标准，这是投资一个建设项目最基本的要求。

然而，任何工程建设项目都是在一定的投资额度内和一定的投资限制下实现的，而且任何工程建设项目的实现都要受到时间的限制，都有明确的工程建设项目进度和工期要求。因此，完成一个建设项目并不难，而要使它能够在规定的质量，预定的投资额度和规定工期内完成则是非常困难的，仅凭建设单位自身的经验和水平几乎是不可能完成的，只有借助专业化的建设工程监理单位的协助才有可能实现。三大目标协调的困难，正是社会对建设工程监理产生需求的根本原因，建设工程监理也正是为解决三大目标控制而产生和发展起来的。建设工程监理是一种提供脑力劳动服务或智力服务的行业，由于建设工程监理行业的存在，使工程建设项目的经济效益更高、建设速度更快、工程质量更好，它能够使粗放型的工程管理转变为科学的工程建设项目管理，因此，工程建设三大目标的控制应当成为建设工程监理的中心任务。

（3）建设工程监理的责任

在市场经济条件下，直接完成工程建设项目目标的是设计单位、承包商、材料与设备供应单位等工程建设项目承包单位，而不是建设工程监理单位及其监理工程师。在工程项目建设过程中，任何承包单位作为建筑产品的卖方，都应当根据他们与建筑产品的买主，即工程建设项目的建设单位所签订的工程承包合同的要求，在规定的时间、费用和质量要求下完成合同约定的工程勘察、设计、施工、供应的承包任务，否则，将承担合同责任。他们与建设单位的关系，是承发包的关系，他们要承担承包风险。也就是说，谁设计谁负责，谁施工谁负责，谁供应材料和设备谁负责。建设单位和工程承包单位对他们的合同义务必须保证完成，而作为工程承包合同甲、乙两方之外的建设工程监理单位及其监理工程师则没有承担他们双方义务的义务。

建设工程监理单位及其监理工程师只对法律法规和建设工程监理合同的义务承担责任。

1.3.2 建设工程监理的性质

要充分理解我国建设工程监理制度，必须深刻认识建设工程监理的性质。在建设工程监理实践中出现的许多问题都与对其性质认识模糊甚至错误有关。建设工程监理具有以下性质。

（1）服务性

服务性是建设工程监理的根本属性。监理工程师开展的监理活动，本质上是为建设单位提供项目管理服务。建设工程监理是一种咨询服务性的行业。咨询服务是以信息为基础，依靠专家的知识、经验和技能对建设单位委托的问题进行分析、研究，提出建议、方案和措施，并在需要时协助实施的一种高层次、智力密集型的服务，其目的是改善资源的配置和提高资源的效率。监理单位是建筑市场的一个主体，建设单位是其顾客，“顾客是上帝”是市场经济的箴言，建设工程监理单位应该按照工程监理合同提供让建设单位满意的服务。

建设工程监理的服务性表现在：它既不同于承包商的直接生产活动，也不同于建设单位的直接投资活动。监理单位不需要投入大量资金、材料、设备、劳动力，一般也不必拥有雄厚的注册资金。监理单位既不向建设单位承包工程造价，也不参与承包单位的赢利分成。它只是在工程项目建设过程中，利用自己在工程建设方面的知识、技能和经验为建设单位提供高智能监督管理服务，以满足建设单位对项目管理的要求。

建设工程监理所提供的服务是按建设工程监理合同来进行的，是受法律约束和保护的。国际咨询工程师联合会（FIDIC）要求“咨询工程师仅为委托人的合法利益行使其职责，他必须以绝对忠诚履行自己的义务，并且忠诚地服务于社会性的最高利益，以及维护职业荣誉和名望”。据此，也有一些错误的认识，认为监理单位是建设单位花钱聘请的，建设单位要监理单位及其监理工程师做什么就得做什么。其实，监理单位及其监理工程师所提供的服务是依据相关的法律、法规、惯例等在工程监理合同中进行了明确的分类和界定的：哪些是“正常服务（工作）”，哪些是“附加服务（工作）”，哪些是“额外服务（工作）”。“服务”在这里绝不是一个笼统的概念。

另外，在市场经济条件下，监理工程师没有任何义务也不允许为承包商提供服务。但在实现项目总目标上，三方主体的利益是一致的，那就是在限定的质量、工期、成本内完成建设项目，因此，监理工程师要协调各方面关系，以使工程能够顺利进行。

（2）公正性

公正，指的是坚持原则，按照一定的标准实事求是地待人处事。公正性是指监理工程师在处理监理事务过程中，不受他方非正常因素的干扰，依据与工程相关的合同、法规、规范、设计文件等，基于事实，维护和保障建设单位的合法利益，但不能建立在损害或侵犯承包商合法权益的基础上。当建设单位与承包商产生争端时，监理工程师应以事实为依据，以法律法规和合同为准绳公正地协调与处理争端。

公正性是咨询（监理）业的国际惯例。在很多工程项目管理合同条例中都强调了公正的重要性。国际上通用的合同条件对此都有明确的规定和要求。

国际咨询工程师联合会（FIDIC）有关合同范本体现的基本原则之一就是监理工程师在管理合同时应公正无私。FIDIC的土木工程施工合同条件（红皮书）2.6款规定：凡是合同要求监理工程师用自己的判断表明决定、意见或同意，表示满意或批准，确定价值或采取别的行动时，他都应在合同条款规定内，并兼顾所有条件的情况下公正行事。公正行事就意味着监理工程师乐于倾听和考虑建设单位及承包商双方的观点，然后基于事实做出决定。在44.2款中进一步强调了建设单位、监理工程师及承包商之间友好交流和理解的必要性，同时也强调了监理工程师以公正无私的态度处理问题的重要性。

FIDIC的业主/咨询工程师标准服务协议书（白皮书）第五条中对咨询工程师的职责提出了最基本的要求，就是运用合理的技能谨慎而勤奋地工作，作为一名合同的管理者必须根据合同来进行工作，在业主和承包商之间公正地证明、决定或行使自己的处理权。

美国建筑师学会（AIA）的土木工程施工合同通用条件 4.2.12 款中规定了建筑师对合同文件的实施和对相关事宜作出解释和决定时，要与合同文件相一致或可从中合理地推出。此时，建筑师应努力使业主和承包商双方信服，不应偏袒任何一方。

英国土木工程师学会（ICE）的土木工程施工合同条件 2（8）款中，对工程师根据合同行使权力做出明确的规定，除非根据合同条款需要由业主特别批准的事宜，监理工程师应在合同条款规定内，并兼顾所有条件的情况下做出公正的处理。

为什么国际惯例如此强调监理工作的公正性呢？与其他咨询服务业一样，社会非常重视咨询（监理）工程师的声誉和职业道德，如果一个咨询（监理）工程师经常无原则地偏袒业主，承包商在投标时就要多考虑"监理工程师因素"，即将监理工程师的不公正因素列为风险因素，从而要增加报价中的风险费。另外，公正性是监理工作正常和顺利开展的基本条件。如果监理工程师无原则地偏袒建设单位，会引起承包商反感，增加更多的争端。这样，一方面会影响承包商做好工程的积极性，不能精心施工；另一方面，也使监理工程师分散精力，影响三大控制。如果争端不能公正解决，必将进一步激化矛盾，最终会诉诸法律程序，这对建设单位和承包商都不利。

在我国，实施建设监理制的基本宗旨是建立适合社会主义市场经济的工程建设新秩序，为工程建设创造安定、协调的环境，为投资者和承包商提供公平竞争的条件。建设监理制赋予监理工程师很大的权力，工程建设的管理以监理工程师为中心开展，这就要求监理工程师在处理任何合同问题时必须坚持公正性原则。我国建设监理制度沿用了国际惯例，把公正性放在一个重要的位置。《建筑法》第三十四条对其作了规范：工程监理单位应当根据建设单位的委托，客观、公正地执行监理任务。建设部和原国家计委联合颁发的《建设工程监理规定》第四条，把公正作为从事建设工程监理活动的准则，第二十六条规定：总监理工程师要公正地协调建设单位与被监理单位的争议。这些公正性要求的条款是完全必要的。

（3）独立性

独立，指不依赖外力，不受外界束缚。建设工程监理的独立性首先是指监理单位应作为一个独立的法人机构，与建设单位和承包商没有任何隶属关系。监理单位不属于建设单位和承包商签订的合同中的任何一方，它不能参与承包商、制造商和供应商的任何经营活动或在这些公司拥有股份，也不能从承包商或供应商处收取任何费用、回扣或利润分成。监理工程师和建设单位之间的关系是通过工程监理合同来确定的，监理工程师代表建设单位行使工程监理合同中建设单位赋予的工程项目管理权，但不能代表建设单位根据项目法人责任制的原则在项目管理中应负有的职责，建设单位也不能限制监理单位行使建设监理制度有关规定所赋予的职责；监理工程师和承包商之间的关系是由有关法律、法规赋予的，以建设单位和承包商之间签订的施工合同为纽带的监理和被监理的关系，他们之间没有也不允许有任何合同关系。

建设工程监理的独立性还指监理工程师独立开展监理工作，即按照建设工程监理的依据开展监理工作。只有保持独立性，才能正确地、公正地思考问题，进行判断，做出决定。

对监理工程师独立性的要求也是国际惯例。国际上用于评判一个咨询（监理）工程师是否适合于承担某一个特定项目最重要的标准之一，就是其职业的独立性。FIDIC 白皮书明确指出，咨询（监理）机构是作为一个独立的专业公司受雇于业主去履行服务的一方，咨询（监理）工程师是作为一名独立的专业人员进行工作。同时，FIDIC 要求其成员相对于承包商、制造商、供应商，必须保持其行为的绝对独立性，不得与任何可能妨碍他作为一个独立的咨询（监理）工程师工作的商业活动有关。

我国《建筑法》第三十四条也做出了类似的规定：工程监理单位与被监理工程的承包单位，以及建筑材料、建筑构配件供应单位不得有隶属关系或者其他利害关系。《建设工程监理规定》明确指出："监理单位应按照独立、自主的原则开展建设工程监理工作"。

建设工程监理的独立性是公正性的基础和前提。监理单位如果没有独立性，根本就谈不上公正性。只有真正成为独立的第三方，才能起到协调、约束作用，公正地处理问题。

（4）科学性

建设工程监理是为建设单位提供的一种高智能的技术服务，这就决定了它应当遵循科学的准则。技术和科学是密不可分的，"高智能"的主要体现之一就是科学技术水平。各国从事咨询监理的人员，绝大部分都是工程建设方面的专家，具有深厚的科学理论基础和丰富的工程方面的经验。建设单位所需要的正是这些以科学理论和丰富经验为基础的"高智能"服务。

建设工程监理的科学性是由其任务所决定的。监理的主要任务是协助建设单位在预定的投资、进度和质量目标内实现工程项目。而当今工程规模日趋庞大，功能、标准越来越高，新技术、新工艺和新材料不断涌现，参加组织和建设的单位越来越多，市场竞争日益激烈，风险日渐增高。监理工程师只有采用科学的思想、理论、方法、手段才能完成监理任务。

建设工程监理的科学性是由被监理单位具有社会化、专业化特点决定的。承担设计、施工、材料和设备供应的都是社会化、专业化的单位，他们在各自的领域长期进行承包活动，在技术和管理上都达到了相当的水平。监理工程师要对他们进行有效的监督管理，必须具有相应的甚至更高的技术水平。同时，监理工作与一般的管理有所不同，它是以专业技术为基础的管理工作，专业技术是沟通监理工程师和承包商的桥梁，强调监理的科学性，有利于进行管理和组织协调。

建设工程监理的科学性是由它的技术服务性质决定的。它是专门通过对科学知识的应用来实现其价值的。因此，要求监理单位和监理工程师在开展监理服务时能够提供科学含量高的服务，以创造更大的价值。

建设工程监理的科学性还是其公正性的要求。科学本身就有公正性的特点，是就是，不是就不是。建设工程监理公正性最充分的体现就是监理工程师用科学的态度待人处事，监理实践中的"用数据说话"，既反映了科学性，又反映了公正性。

建设工程监理的科学性主要包括两个方面。其一，建设工程监理组织的科学性，要求监理单位应当有足够数量的、业务素质合格的监理工程师；有一套科学的管理制度；要掌握先进的监理理论、方法；要有现代化的监理手段。其二，建设工程监理运作的科学性，即监理人员按客观规律，以科学的依据、科学的监理程序、科学的监理方法和手段开展监理工作。其中，对监理人员高素质的要求是科学性最根本的体现。我国目前在建设工程监理工作中，通过监理工程师培训、考试、注册等措施提高了监理人员的素质。我国建设工程监理事业的发展必须在提高科学性上进一步努力。

1.3.3 建设工程监理与政府质量监督的区别

建设工程监理与政府工程质量监督都属于工程建设领域的监督管理活动，但二者是不同的，它们在性质、执行者、任务、工作范围、工作依据、工作深度和广度、工作权限，以及工作方法和工作手段等多方面都存在着明显的差异。

（1）性质的区别

建设工程监理是一种社会的、企业的行为，是发生在工程建设项目组织系统范围内的平等经济主体之间的横向监督管理，是一种微观性质的、委托性的服务活动，是建设工程监理单位接受建设单位的委托和授权之后，为建设单位提供的一种高智力工程技术服务工作。而政府工程质量监督则是一种行政行为，是工程建设项目组织系统外的监督管理主体对项目系统内的建设参与主体的监督管理，是一种宏观性质的、强制性的政府监督行为。

（2）执行者的区别

建设工程监理的实施者是建设工程监理单位及其监理工程师，而政府工程质量监督的执行者则是政府工程建设主管部门的专业执行机构——工程质量监督机构。

（3）工作范围的区别

建设工程监理的工作范围伸缩性较大，它因建设单位委托范围大小而变化。如果是全过程、全方位的监理与相关服务，则其范围远远大于政府工程质量监督的范围。此时，工程建设监理包括整个建设项目的目标规划、动态控制、组织协调、合同管理、信息管理等一系列活动。而政府质量监督则是在施工阶段对建设工程参与主体进行“行为监督”和“实体监督”，且工作范围变化较小，相对稳定。

（4）工作依据的区别

政府工程质量监督以国家、地方颁发的有关法律和工程质量条例、规定、规范等法规为基本依据，维护法规的严肃性。而工程建设监理则不仅以法律、法规为依据，还以工程建设合同为依据，不仅维护法律、法规的严肃性，还要维护合同的严肃性。

（5）工作深度和广度的区别

建设工程监理所进行的质量控制工作包括对项目质量目标详细规划，实施一系列主动控制措施，在控制过程中既要做到全面控制又要做到事前、事中、事后控制，它需要连续性地持续在整个工程建设项目过程中。而政府工程质量监督则主要在项目建设的施工阶段，对工程质量进行阶段性的监督、检查、确认。

（6）工作权限的区别

建设工程监理与政府工程质量监督的工作权限不同，政府工程质量监督拥有最终确认工程质量等级的权力；而工程建设监理则不具有对有争议的工程质量问题进行最终认定的工作职能。

（7）工作方法和手段的区别

建设工程监理主要采用计划、组织、控制、协调等管理方法，利用经济手段从多方面采取措施进行项目目标控制。而政府工程质量监督则更侧重于行政管理的方法和手段。

1.4 实施建设工程监理的基本条件

1.4.1 市场经济的体制

市场经济是建设工程监理存在、发展的最基本条件。在市场经济条件下，建设单位的工程项目投资行为是为了追求利益最大化，为了实现利益的最大化，建设单位赋予建设工程监理单位使命，实现工程建设的目的和任务。建设工程监理单位也是为了自己的生存和发展，必然努力地探索项目建设规律，完善监理的思想、理论、方法和手段，力求使之达到更先进、更科学。建设工程监理正是通过市场经济的基本体制得以发展的。

1.4.2 完善健全的法制

市场经济是法制经济，作为协调约束机制存在的监理制度，没有完善健全的法制环境作为运行条件就不能存在和发展。

首先，法律、法规是实施建设工程监理的重要依据，没有完善的法律、法规体系，就无法规范建设工程实施主体的建设行为。

其次，建设工程监理的依据之一是工程建设合同。合同是一种设定合同主体权利与义务的契约，具有法律的约束力并受到法律的保护。正是这种法律的严肃性才能有力地促使各方严格遵守并认真履行依法成立的工程建设合同，保证工程项目建设的顺利进行。建设工程监理的重要工作是管理好建设单位与承包商签订的工程建设合同，并根据合同来行使他的权力，履行他的义务。没有工程建设合同，监理活动就无法实施。

再次，建设工程监理合同是监理单位权益的基本保障。在合同环境中，监理单位既要服务于建设单位，又要维护自己的利益，就必须正确行使监理合同赋予自己的权力和履行自己的合同义务。

1.4.3 配套运行的机制

为了保证建设工程监理的推行和实施，应建立和完善与之配套的相关机制。这些机制主要有：

(1) 建设工程监理需求机制。建设工程监理是为满足社会需求而产生的，并在满足社会需求中发展。如果没有社会的需求，就没有监理的存在和发展。

(2) 科学决策机制。建立和完善科学决策机制，才可能在工程项目建设中得到科学的投资建设方案和确定科学的项目目标，工程建设监理才能有效地发挥作用。

(3) 竞争激励机制。通过竞争与激励机制促进工程项目管理水平的不断提高，为顺利地实施监理活动创造条件。

思考题

1. 何谓建设工程监理？它的概念要点是什么？
2. 建设工程监理具有哪些性质？它们的含义是什么？
3. 建设工程监理有哪些作用？
4. 建设工程监理的理论基础什么？
5. 现阶段我国建设工程监理有哪些特点？
6. 施工阶段项目监理机构的工作有哪些？

第2章　建设工程监理单位

2.1 概　　述

2.1.1　建设工程监理单位的概念

建设工程监理单位，一般是指依法成立，取得监理单位资质并在其资质许可的范围内从事监理活动的监理公司、监理事务所、项目管理公司及工程建设咨询等单位。

建设工程监理单位是我国在工程建设领域推行建设工程监理制度后逐渐兴起的一种企业。这种企业主要是向建设单位提供高智能的有偿技术服务，力求帮助建设单位实现建设项目的投资意图。大量的监理实践证明，凡是实行监理的建设项目投资效益明显，工期得到了控制，工程质量水平提高。建设工程监理单位必将在工程建设领域发挥越来越大的作用。

2.1.2　建设工程监理单位的地位

一个发育完善的市场，不仅要有具备法人资格的交易双方，而且要有协调交易双方、为交易双方提供交易服务的第三方。就建筑市场而言，建设单位和承包商是建筑产品买卖的双方，承包商按照建设单位的要求建造，以“物”的形式出卖自己的劳动，是卖方；建设单位以支付货币的形式购买承包商的建筑产品，是买方。一般说来，建筑产品的买卖交易不是瞬时间就可以完成的，往往经历较长的时间。交易的时间越长，阶段性交易的次数越多，买卖双方产生矛盾的概率就越高，需要协调的问题就越多；同时，建筑市场中交易活动的专业技术性都很强，没有相当高的专业技术水平，就难以圆满地完成建筑市场中的交易活动。随着市场经济体制的建立，交易的范围越来越广，交易活动的科学性越来越强，交易活动的技巧越来越高，中介服务组织便应运而生，成为为交易活动提供服务的新生媒体。在建筑市场，监理单位扮演着中介服务的角色，是建设单位和承包商之间的第三方，为促进建设单位和承包商顺利开展交易活动而提供技术与管理服务。总之，建设单位、监理单位和承包商构成了建筑市场的基本支柱，三者缺一不可。

2.1.3　建设工程监理单位的类别

建设工程监理单位是一种企业，企业是实行独立核算、从事营利性经营和服务活动的经济组织。不同的企业有不同的性质和特点。根据不同的标准可将监理单位划分成不同的类别。

（1）按所有制性质划分

1）全民所有制监理单位

全民所有制企业是依法自主经营、自负盈亏、独立核算的商品生产和经营单位。目前我国仍有部分监理单位属于全民所有制企业。

2）集体所有制监理单位

集体所有制企业是以生产资料的劳动群众集体所有制为基础的独立的商品经济组织。分为城镇集体所有制和乡村集体所有制两种。

3）私营监理单位

私营企业是指企业资产归私人所有、雇工 8 人以上的营利性经济组织（雇工 8 人以下的称为个体工商户，不能称为企业）。私营企业分为独资企业、合伙企业、有限责任公司。

随着企业的改制，我国私营性质的监理单位逐渐增多。

（2）按组建方式划分

1）独资监理单位

独资监理单位是指一家投资经营的企业。可分为国内独资监理单位和国外独资监理单位。

2）合伙监理单位

合伙监理单位是指两家以上共同投资、共同经营、共负盈亏的企业。

合资企业是现阶段经济体制形态下的产物，合资各方按照投入资金的多少或者按照约定的投资章程的规定对企业承担一定的责任，同时享有相应的权利。它包括国内合资和国外合资。合资单位一般为两家，也有多家合资的。

合作企业由两家或多家企业以独立法人的方式按照约定的合作章程组成，且必须经工商行政管理局注册。合作各方以独立法人的资格享有民事权利，承担民事责任，两家或多家监理单位仅合作监理。而不注册者不构成合作监理单位。

3）公司制监理单位

公司制监理单位是指依照中华人民共和国《公司法》设立的营利性社团法人，可分为有限责任公司和股份有限责任公司。

①有限责任公司 有限责任公司是指由一定人数的股东组成的，股东以其出资额为限对公司承担责任、公司以其全部资产对公司的债务承担责任的公司。

②股份有限公司 股份有限公司是指由一定人数以上的股东组成，公司全部资本分为等额股份，股东以其所持股份为限对公司承担责任，公司以其全部资产对公司的债务承担责任的公司。

（3）按经济责任划分

1）有限责任监理公司

有限责任监理公司的股东都是只以其对公司的出资额为限来对公司承担责任。公司只是以其全部资产来承担公司的债务，股东对超出公司全部资产的债务不承担责任。

2）无限责任监理公司

无限责任监理公司在民事责任中承担无限责任。即无论资本金多少，在民事责任中承担应担负的经济责任。

（4）按监理单位资质等级划分

监理单位资质，是指从事监理业务应当具备的人员素质、资金数量，专业技能，管理水平及管理业绩等。监理单位资质分为综合资质、专业资质（甲级、乙级、部分专业有丙级）和事务所资质。

（5）按工程类别划分

目前，我国把监理的工程类别按行业划分为 14 种，如房屋建筑工程、冶炼工程、矿山工程、化工石油工程、水利水电工程、电力工程、农林工程、铁路工程、公路工程、港口与航道工程、航天航空工程、通信工程、市政公用工程和机电安装工程。

上述工程类别的划分只是体现在监理单位的业务范围上，并没有完全用来界定监理单位的专业性质。

2.2 建设工程监理单位的资质管理

2.2.1 建设工程监理单位的基本条件

(1) 设立建设工程监理单位的基本条件

1) 有自己的名称和固定的办公场所。

2) 有自己的组织机构。如领导机构、财务机构、技术机构等，有一定数量的专门从事监理工作的工程经济、技术人员，而且专业基本配套、技术人员数量和职称符合要求。

3) 有符合国家规定的注册资金。

4) 有必要的质量管理体系和规章制度。

5) 有必要的工程试验检测设备。

(2) 筹备设立建设工程监理单位应准备的材料

1) 监理单位资质申请表。

2) 企业法人营业执照。

3) 企业章程。

4) 企业负责人和技术负责人的工作简历、监理工程师注册证书等有关证明材料。

5) 工程监理人员的监理工程师注册证书。

6) 需要出具的其他有关证书、材料。

(3) 设立建设工程监理有限责任公司的有关事项

设立建设监理有限责任公司，除应符合设立监理单位的基本条件外，还必须同时符合下列条件：

1) 股东数量符合法定人数；

2) 有限责任公司名称中必须标有有限责任公司字样；

3) 有限责任公司的内部组织机构必须符合有限责任公司的要求。其权力机构为股东代表大会，经营决策和业务执行机构为董事会，监督机构为监事会或监事。

(4) 设立建设监理股份有限责任公司的条件

设立建设监理股份有限责任公司，除应符合设立监理单位的基本条件外，还必须同时符合下列条件：

1) 发起人数符合法定人数；

2) 股份发行、筹办事项符合法律规定；

3) 按照组建股份有限公司的要求组建机构。

(5) 关于中外合营（合作或合资）监理单位的设立

1) 应报送有关主管部门审查的材料。

①前述的中国监理单位设立申请提供的6项材料；

②中外合营（合作或合资）单位间的合同；

③外方原所在国有关当局颁发的营业执照及其他有关的批准文件；

④外方近3年的资产负债表，专业人员和技术装备情况；

⑤承担监理业务的资历及其业绩。

2）申报、审批程序。

①中方单位首先向其上级主管部门提出书面申请；

②上级主管部门批准后，连同外方的所有材料一起报送工商行政管理机关，申请登记注册，取得企业法人营业执照；

③到建设监理主管部门办理资质申请手续。

筹建单位在取得企业法人营业执照后，按照申报的要求，准备好各种申报材料到建设监理行政主管部门办理资质申请手续。

2.2.2 建设工程监理单位的资质标准与业务范围

为了加强对监理单位的资质管理，保障其依法经营业务，促进建设工程监理事业的健康发展，国家建设行政主管部门颁发了《工程监理企业资质管理规定》。

根据《工程监理企业资质管理规定》，为了充分发挥各级主管部门的积极性，我国建设工程监理单位的资质管理体制确定的原则是“分级管理，统分结合”。总的说来，我国的监理单位资质管理分中央和地方两个层次。在中央，由国务院建设行政主管部门负责全国监理单位资质的归口管理工作，国务院铁道、交通、水利、信息产业、民航等有关部门配合国务院建设行政主管部门实施相关类别监理单位资质的管理工作。在地方，由省、自治区、直辖市人民政府建设行政主管部门负责本行政区域内监理单位资质的归口管理工作。省、自治区、直辖市人民政府交通、水利、通信等有关部门配合同级建设行政主管部门实施相关资质类别监理单位资质的管理工作。各地方建设行政主管部门归口管理。

监理单位资质管理，或者说是监理单位资质管理的内容，主要是指对监理单位的设立、定级、升级、降级、变更、终止等的资质审查或批准以及资质证书管理等。

（1）建设工程监理单位资质的内涵

监理单位的资质，主要体现在监理能力及其监理效果上。所谓监理能力，是指能够监理多大规模和多难复杂程度的工程建设项目。所谓监理效果，是指对工程建设项目实施监理后，在工程建设投资控制、工程建设质量控制、工程建设进度控制等方面取得的成果。监理单位监理的“大”、“难”的工程项目数量越多，成效越大，表明其能力越强。资质高的监理单位，其社会知名度也大，取得的监理成效也会越显赫。

监理单位的监理能力和监理效果主要取决于：企业技术能力、业务经验、管理水平、社会信誉等综合性实力。正因为如此，我国政府据此对工程监理单位进行资质管理和市场准入控制。

（2）建设工程监理单位的资质要素

建设工程监理单位的资质要素主要包含以下几个方面：

1）监理人员

较之一般物质生产企业来说，监理单位具有以下特征：①监理单位不需要大型厂房、成套生产设备等固定资产；②监理单位的产品是无形的，即是高智能的技术服务。以上两点决定了监理单位必然是智力密集型企业，监理单位最重要的资源是高智能的人力资源。一个人如果没有较高的专业技术水平，就难以胜任监理工作。作为一个群体，哪个监理单位的人员素质高，它的监理能力就强，取得较好监理成效的概率就大。因此，监理单位必须加强人力资源管理，把如何培养、吸引高素质的监理人才提升到企业发展战略高度。

技术职称方面，监理单位拥有的中级以上专业技术职称的人员应在70%左右，具有初级专业技术职称的人员应在20%左右，其他人员应在10%以下。

每一个监理人员不仅要具备某一专业技能，而且还要掌握与自己本专业相关的其他专业方面的知识以及经营管理方面的基本知识，成为一专多能的“T”型人才。

建设工程监理活动的开展需要多专业监理人员的相互配合。一个监理单位，应当按照它的监理业务范围的要求来配备专业人员。同时，各专业都应当拥有素质较高、能力较强的骨干监理人员。

2）注册资本

监理单位的注册资本不仅是企业从事经营活动的基本条件，也是企业清偿债务的保证。监理单位申请资质升级应满足相应资质标准对监理单位注册资本的要求。

3）技术装备

监理单位应当拥有一定数量的检测、测量、交通、通信、计算等方面的技术装备。例如应有一定数量的计算机，以用于计算机辅助监理；应有一定的测量、试验、检测仪器，以用于监理中的检查、检测工作；应有一定数量的交通、通信设备，以便于高效率地开展监理活动；拥有一定的照相、录像设备，以便及时、真实地记录工程实况等等。

监理单位用于工程项目监理的专用设施、设备可由建设单位提供（应在监理合同附录中列出），或由有关检测单位代为检查、检测。

4）管理水平

监理单位的管理水平，首先要看监理单位是否有完善的组织结构和相应的管理体系。其次要看监理单位的规章制度是否健全完善，例如有没有组织管理制度、人事管理制度、财务管理制度、经济管理制度、设备管理制度、科技管理制度、档案管理制度等，并且能否有效执行。第三要看监理单位是否有一套系统有效的工程项目管理方法和手段。监理单位的管理水平主要反映在能否将本单位的人、财、物的作用充分发挥出来，做到人尽其才、物尽其用；监理人员能否做到遵纪守法，遵守监理工程师职业道德准则；能否沟通各种渠道，占领一定的监理市场；能否在工程项目监理期间，各管理体系运转良好。

5）监理经历和业绩

一般讲，监理单位开展监理业务的时间越长，从事监理的经验越丰富，监理能力也会越高，监理的业绩就会越大。监理经历是监理单位的宝贵财富，是构成其资质的要素之一。监理业绩主要是指监理在开展项目监理业务中所取得的成效。其中，包括监理业务量的多少和监理效果的好坏。因此，有关部门把监理单位监理过多少工程，监理过什么等级的工程，以及取得什么样的监理效果作为监理单位重要的资质要素。

（3）建设工程监理单位资质等级和业务范围

按照《工程监理企业资质管理规定》，监理单位资质分为综合资质、专业资质和事务所资质。其中，专业资质按照工程性质和技术特点划分为若干工程类别。

综合资质、事务所资质不分级别。专业资质分为甲级、乙级；其中，房屋建筑、水利水电、公路和市政公用专业资质可设立丙级。

监理单位的资质等级标准如下：

1）综合资质标准

①具有独立法人资格且注册资本不少于600万元。

②企业技术负责人应为注册监理工程师，并具有15年以上从事工程建设工作的经历或者具有工程类高级职称。

③具有5个以上工程类别的专业甲级工程监理资质。

④注册监理工程师不少于60人，注册造价工程师不少于5人，一级注册建造师、一级注册建筑师、一级注册结构工程师或者其他勘察设计注册工程师合计不少于15人次。

⑤企业具有完善的组织结构和质量管理体系，有健全的技术、档案等管理制度。

⑥企业具有必要的工程试验检测设备。

⑦申请工程监理资质之日前一年内没有《工程监理企业资质管理规定》第十六条禁止的行为。

⑧申请工程监理资质之日前一年内没有因本企业监理责任造成重大质量事故。

⑨申请工程监理资质之日前一年内没有因本企业监理责任发生三级以上工程建设重大安全事故或者发生两起以上四级工程建设安全事故。

2）专业资质标准

①甲级

Ⅰ 具有独立法人资格且注册资本不少于300万元。

Ⅱ 企业技术负责人应为注册监理工程师，并具有15年以上从事工程建设工作的经历或者具有工程类高级职称。

Ⅲ 注册监理工程师、注册造价工程师、一级注册建造师、一级注册建筑师、一级注册结构工程师或者其他勘察设计注册工程师合计不少于25人次；其中，相应专业注册监理工程师不少于《专业资质注册监理工程师人数配备表》（表2-1）中要求配备的人数，注册造价工程师不少于2人。

Ⅳ 企业近2年内独立监理过3个以上相应专业的二级工程项目，但是，具有甲级设计资质或一级及以上施工总承包资质的企业申请本专业工程类别甲级资质的除外。

Ⅴ 企业具有完善的组织结构和质量管理体系，有健全的技术、档案等管理制度。

Ⅵ 企业具有必要的工程试验检测设备。

Ⅶ 申请工程监理资质之日前一年内没有《工程监理企业资质管理规定》第十六条禁止的行为。

Ⅷ 申请工程监理资质之日前一年内没有因本企业监理责任造成重大质量事故。

Ⅸ 申请工程监理资质之日前一年内没有因本企业监理责任发生三级以上工程建设重大安全事故或者发生两起以上四级工程建设安全事故。

②乙级

Ⅰ 具有独立法人资格且注册资本不少于100万元。

Ⅱ企业技术负责人应为注册监理工程师，并具有10年以上从事工程建设工作的经历。

Ⅲ 注册监理工程师、注册造价工程师、一级注册建造师、一级注册建筑师、一级注册结构工程师或者其他勘察设计注册工程师合计不少于15人次。其中，相应专业注册监理工程师不少于《专业资质注册监理工程师人数配备表》（见表2-1）中要求配备的人数，注册造价工程师不少于1人。

Ⅳ有较完善的组织结构和质量管理体系，有技术、档案等管理制度。

Ⅴ有必要的工程试验检测设备。

Ⅵ申请工程监理资质之日前一年内没有《工程监理企业资质管理规定》第十六条禁止的行为。

Ⅶ申请工程监理资质之日前一年内没有因本企业监理责任造成重大质量事故。

Ⅷ申请工程监理资质之日前一年内没有因本企业监理责任发生三级以上工程建设重大安全事故或者发生两起以上四级工程建设安全事故。

③丙级

Ⅰ具有独立法人资格且注册资本不少于50万元。

Ⅱ企业技术负责人应为注册监理工程师，并具有8年以上从事工程建设工作的经历。

Ⅲ相应专业的注册监理工程师不少于《专业资质注册监理工程师人数配备表》（表2-1）中要求配备的人数。

Ⅳ有必要的质量管理体系和规章制度。

Ⅴ有必要的工程试验检测设备。

3）事务所资质标准

①取得合伙企业营业执照，具有书面合作协议书。

②合伙人中有3名以上注册监理工程师，合伙人均有5年以上从事建设工程监理的工作经历。

③有固定的工作场所。

④有必要的质量管理体系和规章制度。

⑤有必要的工程试验检测设备。

专业资质注册监理工程师人数配备表（单位：人）　　**表2-1**

序号	工程类别	甲级	乙级	丙级
1	房屋建筑工程	15	10	5
2	冶炼工程	15	10	
3	矿山工程	20	12	
4	化工石油工程	15	10	
5	水利水电工程	20	12	5
6	电力工程	15	10	
7	农林工程	15	10	
8	铁路工程	23	14	

续表

序号	工程类别	甲级	乙级	丙级
9	公路工程	20	12	5
10	港口与航道工程	20	12	
11	航天航空工程	20	12	
12	通信工程	20	12	
13	市政公用工程	15	10	5
14	机电安装工程	15	10	

注：表中各专业资质注册监理工程师人数配备是指企业取得本专业工程类别注册的注册监理工程师人数。

(4) 建设工程监理单位业务范围

监理单位资质相应许可的业务范围如下：

1）综合资质

可以承担所有专业工程类别建设工程项目的工程监理业务。

2）专业资质

① 专业甲级资质

可承担相应专业工程类别建设工程项目的工程监理业务（表 2-2）。

②专业乙级资质：

可承担相应专业工程类别二级以下（含二级）建设工程项目的工程监理业务（表 2-2）。

③专业丙级资质：

可承担相应专业工程类别三级建设工程项目的工程监理业务（表 2-2）。

3）事务所资质

可承担三级建设工程项目的工程监理业务（表 2-2），但是，国家规定必须实行强制监理的工程除外。

监理单位可以开展相应类别建设工程的项目管理、技术咨询等业务。

专业工程类别和等级表　　　　表 2-2

序号	工程类别		一级	二级	三级
一	房屋建筑工程	一般公共建筑	28 层以上；36 米跨度以上（轻钢结构除外）；单项工程建筑面积 3 万平方米以上	14～28 层；24～36 米跨度（轻钢结构除外）；单项工程建筑面积 1 万～3 万平方米	14 层以下；24 米跨度以下（轻钢结构除外）；单项工程建筑面积 1 万平方米以下
		高耸构筑工程	高度 120 米以上	高度 70～120 米	高度 70 米以下
		住宅工程	小区建筑面积 12 万平方米以上；单项工程 28 层以上	建筑面积 6 万～12 万平方米；单项工程 14～28 层	建筑面积 6 万平方米以下；单项工程 14 层以下

续表

序号	工程类别		一级	二级	三级
二	冶炼工程	钢铁冶炼、连铸工程	年产100万吨以上；单座高炉炉容1250立方米以上；单座公称容量转炉100吨以上；电炉50吨以上；连铸年产100万吨以上或板坯连铸单机1450毫米以上	年产100万吨以下；单座高炉炉容1250立方米以下；单座公称容量转炉100吨以下；电炉50吨以下；连铸年产100万吨以下或板坯连铸单机1450毫米以下	
		轧钢工程	热轧年产100万吨以上，装备连续、半连续轧机；冷轧带板年产100万吨以上，冷轧线材年产30万吨以上或装备连续、半连续轧机	热轧年产100万吨以下，装备连续、半连续轧机；冷轧带板年产100万吨以下，冷轧线材年产30万吨以下或装备连续、半连续轧机	
		冶炼辅助工程	炼焦工程年产50万吨以上或炭化室高度4.3米以上；单台烧结机100平方米以上；小时制氧300立方米以上	炼焦工程年产50万吨以下或炭化室高度4.3米以下；单台烧结机100平方米以下；小时制氧300立方米以下	
		有色冶炼工程	有色冶炼年产10万吨以上；有色金属加工年产5万吨以上；氧化铝工程40万吨以上	有色冶炼年产10万吨以下；有色金属加工年产5万吨以下；氧化铝工程40万吨以下	
		建材工程	水泥日产2000吨以上；浮化玻璃日熔量400吨以上；池窑拉丝玻璃纤维、特种纤维；特种陶瓷生产线工程	水泥日产2000吨以下；浮化玻璃日熔量400吨以下；普通玻璃生产线；组合炉拉丝玻璃纤维；非金属材料、玻璃钢、耐火材料、建筑及卫生陶瓷厂工程	
三	矿山工程	煤矿工程	年产120万吨以上的井工矿工程；年产120万吨以上的洗选煤工程；深度800米以上的立井井筒工程；年产400万吨以上的露天矿山工程	年产120万吨以下的井工矿工程；年产120万吨以下的洗选煤工程；深度800米以下的立井井筒工程；年产400万吨以下的露天矿山工程	
		冶金矿山工程	年产100万吨以上的黑色矿山采选工程；年产100万吨以上的有色砂矿采、选工程；年产60万吨以上的有色脉矿采、选工程	年产100万吨以下的黑色矿山采选工程；年产100万吨以下的有色砂矿采、选工程；年产60万吨以下的有色脉矿采、选工程	

续表

序号	工程类别		一级	二级	三级
三	矿山工程	化工矿山工程	年产60万吨以上的磷矿、硫铁矿工程	年产60万吨以下的磷矿、硫铁矿工程	
		铀矿工程	年产10万吨以上的铀矿；年产200吨以上的铀选冶	年产10万吨以下的铀矿；年产200吨以下的铀选冶	
		建材类非金属矿工程	年产70万吨以上的石灰石矿；年产30万吨以上的石膏矿、石英砂岩矿	年产70万吨以下的石灰石矿；年产30万吨以下的石膏矿、石英砂岩矿	
四	化工石油工程	油田工程	原油处理能力150万吨/年以上、天然气处理能力150万方/天以上、产能50万吨以上及配套设施	原油处理能力150万吨/年以下、天然气处理能力150万方/天以下、产能50万吨以下及配套设施	
		油气储运工程	压力容器8MPa以上；油气储罐10万立方米/台以上；长输管道120千米以上	压力容器8MPa以下；油气储罐10万立方米/台以下；长输管道120千米以下	
		炼油化工工程	原油处理能力在500万吨/年以上的一次加工及相应二次加工装置和后加工装置	原油处理能力在500万吨/年以下的一次加工及相应二次加工装置和后加工装置	
		基本原材料工程	年产30万吨以上的乙烯工程；年产4万吨以上的合成橡胶、合成树脂及塑料和化纤工程	年产30万吨以下的乙烯工程；年产4万吨以下的合成橡胶、合成树脂及塑料和化纤工程	
		化肥工程	年产20万吨以上合成氨及相应后加工装置；年产24万吨以上磷氨工程	年产20万吨以下合成氨及相应后加工装置；年产24万吨以下磷氨工程	
		酸碱工程	年产硫酸16万吨以上；年产烧碱8万吨以上；年产纯碱40万吨以上	年产硫酸16万吨以下；年产烧碱8万吨以下；年产纯碱40万吨以下	
		轮胎工程	年产30万套以上	年产30万套以下	
		核化工及加工工程	年产1000吨以上的铀转换化工工程；年产100吨以上的铀浓缩工程；总投资10亿元以上的乏燃料后处理工程；年产200吨以上的燃料元件加工工程；总投资5000万元以上的核技术及同位素应用工程	年产1000吨以下的铀转换化工工程；年产100吨以下的铀浓缩工程；总投资10亿元以下的乏燃料后处理工程；年产200吨以下的燃料元件加工工程；总投资5000万元以下的核技术及同位素应用工程	
		医药及其他化工工程	总投资1亿元以上	总投资1亿元以下	

续表

序号	工程类别		一级	二级	三级
五	水利水电工程	水库工程	总库容1亿立方米以上	总库容1千万～1亿立方米	总库容1千万立方米以下
		水力发电站工程	总装机容量300MW以上	总装机容量50～300MW	总装机容量50MW以下
		其他水利工程	引调水堤防等级1级；灌溉排涝流量5立方米/秒以上；河道整治面积30万亩以上；城市防洪城市人口50万人以上；围垦面积5万亩以上；水土保持综合治理面积1000平方公里以上	引调水堤防等级2、3级；灌溉排涝流量0.5～5立方米/秒；河道整治面积3万～30万亩；城市防洪城市人口20万～50万人；围垦面积0.5万～5万亩；水土保持综合治理面积100～1000平方公里	引调水堤防等级4、5级；灌溉排涝流量0.5立方米/秒以下；河道整治面积3万亩以下；城市防洪城市人口20万人以下；围垦面积0.5万亩以下；水土保持综合治理面积100平方公里以下
六	电力工程	火力发电站工程	单机容量30万千瓦以上	单机容量30万千瓦以下	
		输变电工程	330千伏以上	330千伏以下	
		核电工程	核电站；核反应堆工程		
七	农林工程	林业局（场）总体工程	面积35万公顷以上	面积35万公顷以下	
		林产工业工程	总投资5000万元以上	总投资5000万元以下	
		农业综合开发工程	总投资3000万元以上	总投资3000万元以下	
		种植业工程	2万亩以上或总投资1500万元以上；	2万亩以下或总投资1500万元以下	
		兽医/畜牧工程	总投资1500万元以上	总投资1500万元以下	
		渔业工程	渔港工程总投资3000万元以上；水产养殖等其他工程总投资1500万元以上	渔港工程总投资3000万元以下；水产养殖等其他工程总投资1500万元以下	
		设施农业工程	设施园艺工程1公顷以上；农产品加工等其他工程总投资1500万元以上	设施园艺工程1公顷以下；农产品加工等其他工程总投资1500万元以下	
		核设施退役及放射性三废处理处置工程	总投资5000万元以上	总投资5000万元以下	

续表

序号	工程类别		一级	二级	三级
八	铁路工程	铁路综合工程	新建、改建一级干线；单线铁路40千米以上；双线30千米以上及枢纽	单线铁路40千米以下；双线30千米以下；二级干线及站线；专用线、专用铁路	
		铁路桥梁工程	桥长500米以上	桥长500米以下	
		铁路隧道工程	单线3000米以上；双线1500米以上	单线3000米以下；双线1500米以下	
		铁路通信、信号、电力电气化工程	新建、改建铁路（含枢纽、配、变电所、分区亭）单双线200千米及以上	新建、改建铁路（不含枢纽、配、变电所、分区亭）单双线200千米及以下	
九	公路工程	公路工程	高速公路	高速公路路基工程及一级公路	一级公路路基工程及二级以下各级公路
		公路桥梁工程	独立大桥工程；特大桥总长1000米以上或单跨跨径150米以上	大桥、中桥桥梁总长30～1000米或单跨跨径20～150米	小桥总长30米以下或单跨跨径20米以下；涵洞工程
		公路隧道工程	隧道长度1000米以上	隧道长度500～1000米	隧道长度500米以下
		其他工程	通讯、监控、收费等机电工程，高速公路交通安全设施、环保工程和沿线附属设施	一级公路交通安全设施、环保工程和沿线附属设施	二级及以下公路交通安全设施、环保工程和沿线附属设施
十	港口与航道工程	港口工程	集装箱、件杂、多用途等沿海港口工程20000吨级以上；散货、原油沿海港口工程30000吨级以上；1000吨级以上内河港口工程	集装箱、件杂、多用途等沿海港口工程20000吨级以下；散货、原油沿海港口工程30000吨级以下；1000吨级以下内河港口工程	
		通航建筑与整治工程	1000吨级以上	1000吨级以下	
		航道工程	通航30000吨级以上船舶沿海复杂航道；通航1000吨级以上船舶的内河航运工程项目	通航30000吨级以下船舶沿海航道；通航1000吨级以下船舶的内河航运工程项目	
		修造船水工工程	10000吨位以上的船坞工程；船体重量5000吨位以上的船台、滑道工程	10000吨位以下的船坞工程；船体重量5000吨位以下的船台、滑道工程	
		防波堤、导流堤等水工工程	最大水深6米以上	最大水深6米以下	
		其他水运工程项目	建安工程费6000万元以上的沿海水运工程项目；建安工程费4000万元以上的内河水运工程项目	建安工程费6000万元以下的沿海水运工程项目；建安工程费4000万元以下的内河水运工程项目	

续表

序号	工程类别		一级	二级	三级
十一	航天航空工程	民用机场工程	飞行区指标为4E及以上及其配套工程	飞行区指标为4D及以下及其配套工程	
		航空飞行器	航空飞行器（综合）工程总投资1亿元以上；航空飞行器（单项）工程总投资3000万元以上	航空飞行器（综合）工程总投资1亿元以下；航空飞行器（单项）工程总投资3000万元以下	
		航天空间飞行器	工程总投资3000万元以上；面积3000平方米以上：跨度18米以上	工程总投资3000万元以下；面积3000平方米以下；跨度18米以下	
十二	通信工程	有线、无线传输通信工程，卫星、综合布线	省际通信、信息网络工程	省内通信、信息网络工程	
		邮政、电信、广播枢纽及交换工程	省会城市邮政、电信枢纽	地市级城市邮政、电信枢纽	
		发射台工程	总发射功率500千瓦以上短波或600千瓦以上中波发射台：高度200米以上广播电视发射塔	总发射功率500千瓦以下短波或600千瓦以下中波发射台；高度200米以下广播电视发射塔	
十三	市政公用工程	城市道路工程	城市快速路、主干路，城市互通式立交桥及单孔跨径100米以上桥梁；长度1000米以上的隧道工程	城市次干路工程，城市分离式立交桥及单孔跨径100米以下的桥梁；长度1000米以下的隧道工程	城市支路工程、过街天桥及地下通道工程
		给水排水工程	10万吨/日以上的给水厂；5万吨/日以上污水处理工程；3立方米/秒以上的给水、污水泵站；15立方米/秒以上的雨泵站；直径2.5米以上的给排水管道	2万～10万吨/日的给水厂；1万～5万吨/日污水处理工程；1～3立方米/秒的给水、污水泵站；5～15立方米/秒的雨泵站；直径1～2.5米的给水管道；直径1.5～2.5米的排水管道	2万吨/日以下的给水厂；1万吨/日以下污水处理工程；1立方米/秒以下的给水、污水泵站；5立方米/秒以下的雨泵站；直径1米以下的给水管道；直径1.5米以下的排水管道
		燃气热力工程	总储存容积1000立方米以上液化气贮罐场（站）；供气规模15万立方米/日以上的燃气工程；中压以上的燃气管道、调压站；供热面积150万平方米以上的热力工程	总储存容积1000立方米以下的液化气贮罐场（站）；供气规模15万立方米/日以下的燃气工程；中压以下的燃气管道、调压站；供热面积50万～150万平方米的热力工程	供热面积50万平方米以下的热力工程

续表

序号	工程类别		一级	二级	三级
十三	市政公用工程	垃圾处理工程	1200吨/日以上的垃圾焚烧和填埋工程	500～1200吨/日的垃圾焚烧及填埋工程	500吨/日以下的垃圾焚烧及填埋工程
		地铁轻轨工程	各类地铁轻轨工程		
		风景园林工程	总投资3000万元以上	总投资1000万～3000万元	总投资1000万元以下
十四	机电安装工程	机械工程	总投资5000万元以上	总投资5000万以下	
		电子工程	总投资1亿元以上；含有净化级别6级以上的工程	总投资1亿元以下；含有净化级别6级以下的工程	
		轻纺工程	总投资5000万元以上	总投资5000万元以下	
		兵器工程	建安工程费3000万元以上的坦克装甲车辆、炸药、弹箭工程；建安工程费2000万元以上的枪炮、光电工程；建安工程费1000万元以上的防化民爆工程	建安工程费3000万元以下的坦克装甲车辆、炸药、弹箭工程；建安工程费2000万元以下的枪炮、光电工程；建安工程费1000万元以下的防化民爆工程	
		船舶工程	船舶制造工程总投资1亿元以上；船舶科研、机械、修理工程总投资5000万元以上	船舶制造工程总投资1亿元以下；船舶科研、机械、修理工程总投资5000万元以下	
		其他工程	总投资5000万元以上	总投资5000万元以下	

说明：1. 表中的“以上”含本数，“以下”不含本数。

2. 未列入本表中的其他专业工程，由国务院有关部门按照有关规定在相应的工程类别中划分等级。

3. 房屋建筑工程包括结合城市建设与民用建筑修建的附建人防工程。

2.2.3 建设工程监理单位的资质申报与审批

(1) 资质申报审批

1) 申请综合资质、专业甲级资质的，应当向企业工商注册所在地的省、自治区、直辖市人民政府建设主管部门提出申请。

省、自治区、直辖市人民政府建设主管部门应当自受理申请之日起20日内初审完毕，并将初审意见和申请材料报国务院建设主管部门。

国务院建设主管部门应当自省、自治区、直辖市人民政府建设主管部门受理申请材料之日起60日内完成审查，公示审查意见，公示时间为10日。其中，涉及铁路、交通、水利、通信、民航等专业工程监理资质的，由国务院建设主管部门送国务院有关部门审核。国务院有关部门应当在20日内审核完毕，并将审核意见报国务院建设主管部门。国务院建设主管部门根据初审意见审批。

2）专业乙级、丙级资质和事务所资质由企业所在地省、自治区、直辖市人民政府建设主管部门审批。

专业乙级、丙级资质和事务所资质许可、延续的实施程序由省、自治区、直辖市人民政府建设主管部门依法确定。

省、自治区、直辖市人民政府建设主管部门应当自作出决定之日起10日内，将准予资质许可的决定报国务院建设主管部门备案。

3）监理单位资质证书分为正本和副本，每套资质证书包括一本正本，四本副本。正、副本具有同等法律效力。

监理单位资质证书的有效期为5年。

监理单位资质证书由国务院建设主管部门统一印制并发放。

4）申请监理单位资质，应当提交以下材料：

①监理单位资质申请表（一式三份）及相应电子文档；

②企业法人、合伙企业营业执照；

③企业章程或合伙人协议；

④企业法定代表人、企业负责人和技术负责人的身份证明、工作简历及任命（聘用）文件；

⑤监理单位资质申请表中所列注册监理工程师及其他注册执业人员的注册执业证书；

⑥有关企业质量管理体系、技术和档案等管理制度的证明材料；

⑦有关工程试验检测设备的证明材料。

取得专业资质的企业申请晋升专业资质等级或者取得专业甲级资质的企业申请综合资质的，除前款规定的材料外，还应当提交企业原监理单位资质证书正、副本复印件，企业《监理业务手册》及近两年已完成代表工程的监理合同、监理规划、工程竣工验收报告及监理工作总结。

（2）延续手续

资质有效期届满，监理单位需要继续从事工程监理活动的，应当在资质证书有效期届满60日前，向原资质许可机关申请办理延续手续。

对在资质有效期内遵守有关法律、法规、规章、技术标准，信用档案中无不良记录，且专业技术人员满足资质标准要求的企业，经资质许可机关同意，有效期延续5年。

（3）变更手续

监理单位在资质证书有效期内名称、地址、注册资本、法定代表人等发生变更的，应当在工商行政管理部门办理变更手续后30日内办理资质证书变更手续。

涉及综合资质、专业甲级资质证书中企业名称变更的，由国务院建设主管部门负责办理，并自受理申请之日起3日内办理变更手续。

前款规定以外的资质证书变更手续，由省、自治区、直辖市人民政府建设主管部门负责办理。省、自治区、直辖市人民政府建设主管部门应当自受理申请之日起3日内办理变更手续，并在办理资质证书变更手续后15日内将变更结果报国务院建设主管部门备案。

申请资质证书变更，应当提交以下材料：

1）资质证书变更的申请报告；

2）企业法人营业执照副本原件；

3）监理单位资质证书正、副本原件。

监理单位改制的，除前款规定材料外，还应当提交企业职工代表大会或股东大会关于企业改制或股权变更的决议、企业上级主管部门关于企业申请改制的批复文件。

（4）禁止行为

监理单位不得有下列行为：

1）与建设单位串通投标或者与其他监理单位串通投标，以行贿手段谋取中标；

2）与建设单位或者承包商串通弄虚作假、降低工程质量；

3）将不合格的建设工程、建筑材料、建筑构配件和设备按照合格签字；

4）超越本企业资质等级或以其他企业名义承揽监理业务；

5）允许其他单位或个人以本企业的名义承揽工程；

6）将承揽的监理业务转包；

7）在监理过程中实施商业贿赂；

8）涂改、伪造、出借、转让监理单位资质证书；

9）其他违反法律法规的行为。

（5）合并、分立与增补

监理单位合并的，合并后存续或者新设立的监理单位可以承继合并前各方中较高的资质等级，但应当符合相应的资质等级条件。

监理单位分立的，分立后企业的资质等级，根据实际达到的资质条件，按照本规定的审批程序核定。

企业需增补监理单位资质证书的（含增加、更换、遗失补办），应当持资质证书增补申请及电子文档等材料向资质许可机关申请办理。遗失资质证书的，在申请补办前应当在公众媒体刊登遗失声明。资质许可机关应当自受理申请之日起3日内予以办理。

（6）监督管理

1）县级以上人民政府建设主管部门和其他有关部门应当依照有关法律、法规和本规定，加强对监理单位资质的监督管理。

2）建设主管部门履行监督检查职责时，有权采取下列措施：

①要求被检查单位提供监理单位资质证书、注册监理工程师注册执业证书，有关工程监理业务的文档，有关质量管理、安全生产管理、档案管理等企业内部管理制度的文件；

②进入被检查单位进行检查，查阅相关资料；

③纠正违反有关法律、法规和本规定及有关规范和标准的行为。

3）建设主管部门进行监督检查时，应当有两名以上监督检查人员参加，并出示执法证件，不得妨碍被检查单位的正常经营活动，不得索取或者收受财物、谋取其他利益。

有关单位和个人对依法进行的监督检查应当协助与配合，不得拒绝或者阻挠。

监督检查机关应当将监督检查的处理结果向社会公布。

4）监理单位违法从事工程监理活动的，违法行为发生地的县级以上地方人民政府建设主管部门应当依法查处，并将违法事实、处理结果或处理建议及时报告该监理单位资质的许可机关。

5）监理单位取得监理单位资质后不再符合相应资质条件的，资质许可机关根据利害关系人的请求或者依据职权，可以责令其限期改正；逾期不改的，可以撤回其资质。

6）有下列情形之一的，资质许可机关或者其上级机关，根据利害关系人的请求或者依据职权，可以撤销监理单位资质：

①资质许可机关工作人员滥用职权、玩忽职守作出准予监理单位资质许可的；

②超越法定职权作出准予监理单位资质许可的；

③违反资质审批程序作出准予监理单位资质许可的；

④对不符合许可条件的申请人作出准予监理单位资质许可的；

⑤依法可以撤销资质证书的其他情形。

以欺骗、贿赂等不正当手段取得监理单位资质证书的，应当予以撤销。

7）有下列情形之一的，监理单位应当及时向资质许可机关提出注销资质的申请，交回资质证书，国务院建设主管部门应当办理注销手续，公告其资质证书作废：

①资质证书有效期届满，未依法申请延续的；

②监理单位依法终止的；

③监理单位资质依法被撤销、撤回或吊销的；

④法律、法规规定的应当注销资质的其他情形。

8）监理单位应当按照有关规定，向资质许可机关提供真实、准确、完整的监理单位的信用档案信息。

监理单位的信用档案应当包括基本情况、业绩、工程质量和安全、合同违约等情况。被投诉举报和处理、行政处罚等情况应当作为不良行为记入其信用档案。

监理单位的信用档案信息按照有关规定向社会公示，公众有权查阅。

（7）法律责任

1）申请人隐瞒有关情况或者提供虚假材料申请监理单位资质的，资质许可机关不予受理或者不予行政许可，并给予警告，申请人在1年内不得再次申请监理单位资质。

2）以欺骗、贿赂等不正当手段取得监理单位资质证书的，由县级以上地方人民政府建设主管部门或者有关部门给予警告，并处1万元以上2万元以下的罚款，申请人3年内不得再次申请监理单位资质。

3）监理单位有《工程监理企业资质管理规定》第十六条第七项、第八项行为之一的，由县级以上地方人民政府建设主管部门或者有关部门予以警告，责令其改正，并处1万元以上3万元以下的罚款；造成损失的，依法承担赔偿责任；构成犯罪的，依法追究刑事责任。

4）违反《工程监理企业资质管理规定》，监理单位不及时办理资质证书变更手续的，由资质许可机关责令限期办理；逾期不办理的，可处以1千元以上1万元以下的罚款。

5）监理单位未按照《工程监理企业资质管理规定》要求提供监理单位信用档案信息的，由县级以上地方人民政府建设主管部门予以警告，责令限期改正；逾期未改正的，可处以1千元以上1万元以下的罚款。

6）县级以上地方人民政府建设主管部门依法给予监理单位行政处罚的，应当将行政处罚决定以及给予行政处罚的事实、理由和依据，报国务院建设主管部门备案。

7）县级以上人民政府建设主管部门及有关部门有下列情形之一的，由其上级行政主管部门或者监察机关责令改正，对直接负责的主管人员和其他直接责任人员依法给予处分；构成犯罪的，依法追究刑事责任：

①对不符合《工程监理企业资质管理规定》条件的申请人准予监理单位资质许可的；

②对符合《工程监理企业资质管理规定》条件的申请人不予监理单位资质许可或者不在法定期限内作出准予许可决定的；

③对符合法定条件的申请不予受理或者未在法定期限内初审完毕的；

④利用职务上的便利，收受他人财物或者其他好处的；

⑤不依法履行监督管理职责或者监督不力，造成严重后果的。

2.3 建设工程监理单位的经营活动

2.3.1 建设工程监理单位与建设工程主要主体的关系

（1）监理单位与建设单位的关系

建设单位与监理单位是法人之间的平等主体关系，更是相互依存、相互促进、共兴共荣的紧密关系。

1）建设单位与监理单位之间是平等主体的关系

建设单位和监理单位都是建筑市场中的主体，不分主次，自然应当是平等的。这种平等的关系主要体现在双方在经济社会中的地位和工作关系两个方面。第一，都是市场经济中独立的企业法人。不同行业的企业法人，只有经营的性质不同、业务范围不同，而没有主仆之别。即使是同一行业，各独立的企业法人之间（分公司除外），也只有大小之别、经营种类的不同，不存在从属关系。第二，它们都是建筑市场中的主体，都是因为工程建设而走到一起的。建设单位为了更好地搞好自己担负的工程项目建设，而委托监理单位替自己负责一些具体的事项，建设单位可以委托甲监理单位，也可以委托乙监理单位。同样，监理单位可以接受委托，也可以不接受委托；委托与被委托的关系建立后，双方只是按照约定的条款，各尽各的义务，各行使各自的权利，各取得各自应得到的利益。所以说，二者在工作关系上仅维系在委托与被委托的水准上。监理单位仅按照委托的要求开展工作，对建设单位负责，并不受建设单位的领导，建设单位对监理单位的人力、财力、物力等方面没有任何支配权、管理权。如果二者之间的委托与被委托关系不成立，那么，就不存在任何联系。

2）建设单位与监理单位之间是一种授权与被授权关系

监理单位接受委托之后，建设单位就把一部分工程项目建设的管理权力授予监理单位。诸如工程建设的组织协调工作的主持权、设计质量和施工质量以及建筑材料与设备质量的确认权与否决权、工程量与工程价款支付的确认权与否决权、工程建设进度和建设工期的确认权与否决权以及围绕工程项目建设的各种建议权等。建设单位往往留有工程建设规模和建设标准的决定权、对承包商的选定权、与承包商订立合同的签认权以及工程竣工后或分阶段的验收权等。

监理单位根据建设单位的授权开展工作，在工程建设的具体实践活动中居于相当重要的地位，但是，监理单位毕竟不是建设单位的代理人。按照《中华人民共和国民法通则》的界定，“代理人”的含义是：“代理人在代理权限内，以被代理人的名义实施民事法律行为”，“被代理人对代理人的代理行为承担民事责任”。监理单位既不是以建设单位的名义开展监理活动，也不能让建设单位对自己的监理行为承担任何民事责任。显然，监理单位与建设单位的关系不是代理与被代理关系。

（2）监理单位与承包商的关系

这里所说的承包商，一般是指施工单位，当建设单位委托监理单位的工作内容包括监理和监理相关服务时，则不单是指施工单位，而是包括承接工程项目规划的规划单位、承接工程勘察的勘察单位、承接工程设计业务的设计单位、承接工程施工的承包商以及承接工程设备、工程构件和配件的加工制造单位。

监理单位与承包商之间没有合同关系，但是，由于双方同处于项目体系之中，所以，两者之间建立了多种紧密的关系。

1）监理单位与承包商之间是平等主体关系

如前所述，承包商也是建筑市场的主体之一。没有承包商，也就没有建筑产品。没有了卖方，买方也就不存在。但是，像建设单位一样，承包商是建筑市场的重要主体，并不等于他应当凌驾于其他主体之上。既然监理单位与承包商都是建筑市场的主体，那么，就应该是平等的。这种平等的关系，主要体现在都是为了完成工程建设任务而承担一定的责任。双方承担的具体责任虽然不同，但在性质上都属于"出卖产品"的一方，即监理单位向建设单位出卖的是服务产品，承包商向建设单位出卖的是工程实体产品。无论是监理单位，还是承包商都是在工程建设的法律法规、规章制度、规范标准等制约下开展工作的，两者之间不存在领导与被领导的关系。

2）监理单位与承包商之间是监理与被监理的关系

虽然监理单位与承包商之间没有签订任何合同，但是，监理单位与建设单位签订有建设工程监理合同，承包商与建设单位签订有建设工程承发包合同。监理单位依据建设单位的委托，就取得了根据建设工程承发包合同监督管理承包商履行义务的授权。承包商不再与建设单位直接交往，而转向与监理单位直接联系，并接受监理单位对自己进行工程建设活动的监督管理。监理单位服务于建设单位管理工程建设，同时，它也要协助建设单位履行建设工程承发包合同。

2.3.2 建设工程监理单位的服务内容

根据建设单位的委托要求，监理单位可以提供施工阶段的监理工作，或提供全过程其他阶段的监理相关服务。监理与监理相关服务的主要工作内容有：

（1）建设工程决策阶段的监理相关服务

建设工程的决策阶段的监理相关服务，不是监理单位替建设单位决策，而是受建设单位委托选择决策咨询单位，协助建设单位与决策咨询单位签订咨询合同，并监督合同的履行，对咨询意见进行评估。

1）协助建设单位编制项目建议书，并报有关部门审批；

2）协助建设单位选择咨询单位，委托其进行可行性研究，并协助签订咨询合同书；

3）监督管理咨询合同的实施；

4）审核咨询单位提交的可行性研究报告；

5）协助建设单位组织对可行性研究报告的评估，并报有关部门审批。

（2）建设工程勘察设计阶段的监理相关服务

建设工程设计阶段的监理相关服务是工程项目建设进入实施阶段的开始。工程设计通常包括初步设计、技术设计和施工图设计三个阶段。在进行工程设计之前还要进行勘察（地质勘察、水文勘察等），所以，这一阶段又叫做勘察设计阶段的监理相关服务。在工程建设实施过程中，一般是把勘察和设计分开来签订合同，但也有把勘察工作交由设计单位委托，建设单位与设计单位签订工程勘察设计合同。为了叙述简便起见，把勘察和设计的监理相关服务的工作内容合并叙述如下：

1）编制工程勘察设计招标文件。

2）协助建设单位审查和评选工程勘察设计方案。

3）协助建设单位选择勘察设计单位。

4）协助建设单位签订工程勘察设计合同书。

5）监督管理勘察设计合同的实施。

6）核查工程设计概算和施工图预算，验收工程设计文件。

建设工程勘察设计阶段监理相关服务的主要工作是对勘察设计进度、质量和投资的监督管理。总的内容是依据勘察设计任务批准书编制勘察设计资金使用计划、勘察设计进度计划和设计质量标准要求，并与勘察设计单位协商一致，圆满地贯彻建设单位的建设意图。对勘察设计工作进行跟踪检查、阶段性审查。设计完成后要进行全面审查。审查的主要内容是：

1）设计文件的规范性、工艺的先进性和科学性、结构的安全性、施工的可行性以及设计标准的适宜性等。

2）设计概算或施工图预算的合理性以及建设单位投资的许可性，若超过投资限额，除非建设单位许可，否则要修改设计。

3）在审查上述两项的基础上，全面审查勘察设计合同的执行情况，最后核定勘察设计费用。

（3）建设工程施工招标阶段的监理相关服务

建设工程实行招标投标是我国工程建设管理体制改革的一项重要措施。工程建设实行招标投标，有利于开展公平竞争，并推动建筑行业快速、稳步发展，有利于鼓励先进，鞭策后进，淘汰陈旧、低效的技术与管理办法，使建设工程得到科学有效的控制和管理，从而提高建设工程的经济效益。建设工程招标有以下几种类型：全过程招标，即从项目建议书开始，包括可行性研究、勘察设计、设备材料询价与采购、工程施工、生产准备、投料试车，直到竣工投产交付使用，实行全面招标；勘察设计招标；材料、设备供应招标；工程施工招标。

我国建设工程招标工作一般由建设单位负责组织，或者由建设单位委托工程咨询公司、招标代理公司组织。监理单位受建设单位委托参加工程项目的施工招标工作，作为具体参与的监理工程师必须熟悉施工招标的业务工作。工程项目的招标程序一般可分为准备阶段、招标阶段和评标决标签订合同阶段，其程序如下：①协助建设单位确定任务委托方式；②拟发招标通知；③组织编制招标文件；④组织编制投标控制价；⑤审核投标控制价；⑥勘察现场并解释标书；⑦协助组织开标、评标，并提出决标建议；⑧拟定施工合同，参与合同谈判与签订。

监理工程师在招投标阶段监理相关服务的工作内容主要有以下几方面：

1）招标准备

①选定招标方式。根据建设单位的意愿和工程总进度要求，建议建设单位采用合适的招标方式，如果建设单位没有与之有密切联系并取得足够信赖的承包商，则一般采用公开招标方式。公开招标由于要登广告、承包商资质审查等许多必要手续，一般适用于开工时间要求不很急的工程项目。反之，如工程有特殊要求，开工又很急，则可建议建设单位采取邀请招标或议标等方式。总之，监理工程师应做好建设单位的参谋。

②编制和审核招标文件的内容。一般应协助建设单位编好以下内容：

Ⅰ招标办法；

Ⅱ投标表格；

Ⅲ协议书（合同）条款，特别是一些特殊条款；

Ⅳ投标单位资格审查方法及表格；

Ⅴ工程量清单；

Ⅵ图纸的完备情况及差错；

Ⅶ评标办法。

③对承包商的资格审核，并向建设单位提出资审报告。

2）招标

①监理工程师协助建设单位召开标前会议，介绍招标工程的要求内容、合同重点条款以及发送招标文件等。

②组织投标者勘察现场。处理投标者提出的各种质疑，监理工程师及时传递给建设单位或给予解答，重要合同条款的补遗或修改等。

③监理工程师在回标以前，要根据工程量清单内容对有关材料价格、设备及安装价格，以及工艺产品价格进行收集，使得在评标过程中有足够的依据。

3）评标

①在规定的时间，监理工程师参与开标过程，在有关开标文件上签字。

②开标以后，在规定的时间内，监理工程师与有关人员对投标报价进行分析，并将初步分析结果报告建设单位。

③分析比较所有投标报价情况，特别是对个别投标报价情况的分析，提请建设单位应注意的一些问题。

4）定标

①监理工程师应将招标过程的全部情况整理出一份报告，提供给建设单位，使其在定标的时刻清醒地回顾招标过程；同时，监理人员从专业角度列出所有投标承包商的优势与不足，以及对工程项目将会遇见的各种情况和困难，使得建设单位客观地选择最合适的承包商。

②当建设单位已有定标意向后，监理工程师就要协助建设单位去准备正式合同文件。监理工程师的重点就在于针对不同工程的特点审核合同的条款是否清楚明了，合同的责任有否重复和遗漏，尽可能避免今后争议和索赔。

③定标后，监理工程师就要协助建设单位与承包商、分包商、指定分包商签订合同。在合同没有签订前，任何条款均可与承包商协商和修改，但监理工程师必须使建设单位利益免受较大损害。

招投标服务是监理工程师一项很专业化的工作，其工作的好坏直接影响着整个工程的质量、进度和投资，以及施工阶段监理任务的完成。因此，监理工程师必须努力掌握有关经济合同、法律、技术等方面的专业知识，提高本身的业务素质，为搞好这一工作打好基础。

（4）建设工程施工阶段监理工作的主要内容

根据建设部有关文件和工程项目施工阶段的特点，施工阶段监理内容包括：

协助建设单位编写开工报告；

确认承包商选择的分包单位；

审查承包商提出的施工组织设计、专项施工方案和施工进度计划，并提出改进意见；

审查承包商提出的材料和设备清单及其所列的规格和质量；

检查工程使用的材料、构件和设备的质量；

检查安全防护设施；

督促、检查承包商严格执行工程承包合同和工程技术标准；

审核工程变更；

处理索赔事宜；

调解建设单位与承包商之间的争议；

检查施工进度和施工质量，验收分部、分项工程，签署工程付款凭证；

督促承包商整理合同文件和技术档案资料；

组织设计单位和承包商进行工程竣工初步验收，提出工程质量报告；

审查工程结算。

2.3.3 建设工程监理单位经营活动基本准则

监理单位从事建设工程监理活动，应当遵循“守法、诚信、公正、科学”的准则。

（1）守法

守法，这是任何一个具有民事行为能力的单位或个人最起码的行为准则，对于监理单位的守法，就是要依法经营。

1）监理单位只能在核定的业务范围内开展经营活动。

这里所说的核定的业务范围，第一层意思是指监理单位资质证书中填写的、经建设监理资质管理部门审查确认的经营业务范围。核定的业务范围有两层内容，一是监理业务的性质；二是监理业务的等级。监理业务的性质是指可以监理什么专业的工程。如以建筑学专业和一般结构专业人员为主组成的监理单位，则只宜监理房屋建筑工程项目的建设；以冶金类专业人员组建的监理单位，则只能监理冶金工程项目的建设。除了建设监理工作之外，根据监理单位的申请和能力，还可以核定其开展某些技术咨询服务。核定的技术咨询服务项目也要写入经营业务范围。核定的经营业务范围以外的任何业务，监理单位不得承接。否则，就是违法经营。第二层意思是指要按照核定的监理资质等级承接监理业务。如甲级资质监理单位可以承接一等、二等、三等工程项目的建设监理业务；丙级资质的监理单位，一般情况下，只能承接三等工程项目的建设监理业务。

2）建设工程监理合同一经双方签订，即具有一定的法律约束力（违背国家法律、法规的合同，即无效合同除外），监理单位应按照合同的规定认真履行，不得无故或故意违背自己的承诺。

3）监理单位离开原住所承接监理业务，要自觉遵守当地人民政府颁发的监理法规和有关规定，并要主动向监理工程所在地的省、自治区、直辖市建设行政主管部门备案登记，接受其指导和监督管理。

4）监理单位不得伪造、涂改、出租、出借、转让、出卖《资质等级证书》。

5）遵守国家关于企业法人的其他法律、法规的规定，包括行政的、经济的和技术的。

（2）诚信

所谓诚信，简单地讲，就是诚实、讲信用。它是考核企业信誉的核心内容。监理单位向建设单位、向社会提供的是技术服务，是看不见、摸不着的无形产品。尽管它最终由建筑产品体现出来，但是，如果监理单位提供的技术服务有问题，就会造成不可挽回的损失。何况，技术服务水平的高低弹性很大。例如对工程建设投资或质量的控制，都涉及工程建设的各个环节的各个方面。一个高水平的监理单位可以运用自己的高智能最大限度地把投资控制和质量控制搞好。也可以以低水准的要求，把工作做得勉强能交代过去，这就是不诚信，没有为建设单位提供与其监理水平相适应的技术服务；或者本来没有较高的监理能力，却在竞争承揽监理业务时，有意夸大自己的能力；或者借故不认真履行监理合同规定的义务和职责等等，都是不讲诚信的行为。

监理单位及其每一个监理人员能否做到诚信，都会对自己和单位的声誉带来很大影响，甚至会影响到监理事业的发展。所以，诚信是监理单位经营活动基本准则的重要内容之一。

（3）公正

公正，主要是指监理单位在协调处理建设单位与承包商之间的矛盾和纠纷时，要站在公正的立场上，做到以合同为依据，是谁的责任，就由谁承担，决不能因为监理单位是受建设单位的委托进行监理，就偏袒建设单位。

（4）科学

科学，是指监理单位的监理活动要依据科学的方案，要运用科学的手段，要采取科学的方法。工程项目结束后，还要进行科学的总结。

科学的方案，就是在实施监理前，要尽可能地把各种问题都列出来，并拟订解决办法，使各项监理活动都纳入计划管理的轨道。要集思广益，充分运用已有的经验和智慧，制定出切实可行、行之有效的监理方案，指导监理活动顺利地进行。

科学的手段，就是必须借助于先进的科学仪器才能做好监理工作，如已普遍使用的计算机，各种检测、试验仪器等。单凭人的感官直接进行监理，这是最原始的监理手段。

科学的方法，主要体现在监理人员在掌握大量的、确凿的有关监理对象及其外部环境实际情况的基础上，适时、公正、高效地处理有关问题，要用“事实说话”、“用书面文字说话”、“用数据说话”，利用计算机辅助进行监理等。

思考题

1. 简述建设工程监理单位的概念与地位。
2. 简述设立监理单位的基本程序。
3. 监理单位的资质要素包括哪些内容？
4. 监理单位经营活动的基本准则是什么？
5. 试述监理单位与建设单位、承包商的关系。
6. 举例说明监理单位开展监理及监理相关服务活动的基本内容。

第3章　监理工程师

3.1　概　　述

3.1.1　监理工程师的概念

注册监理工程师是指经考试取得中华人民共和国监理工程师资格证书，并经注册，取得中华人民共和国注册监理工程师注册执业证书和执业印章，从事工程监理及相关业务活动的专业技术人员。

监理工程师是一种岗位技术职务，建设工程监理的工作岗位与一般工程技术岗位不同，它不仅要解决工程设计与施工中的技术问题，而且要组织工程实施的协作，并管理工程合同，调解各方争议，控制工程进度、投资和质量等。因此，如果监理工程师转到不从事监理工作的其他工作岗位，则不应再称为监理工程师。监理工程师一经政府注册确定，即意味着具有相应于岗位责任的签字权。

在国际上流行的各种工程合同条件中，大都含有关于业主咨询工程师的条款。在国际上多数国家的工程项目建设程序中，每一个阶段都有业主咨询工程师的工作内容。如在国际工程招标和投标过程中，凡是有关审查投标人工程经验和业绩的内容，都要提供这些工程的业主咨询工程师的名称。

3.1.2　监理工程师的执业特点

随着人类社会的不断进步，社会分工更趋向于专业化。在工程建设领域诞生工程监理制度，正是社会分工发展的必然结果。而这一制度的核心是监理工程师。国际咨询工程师联合会（FIDIC）对从事工程咨询业务人员的职业地位和业务特点所作的说明是："咨询工程师从事的是一份令人尊敬的职业，他仅按照委托人的最佳利益尽责，他在技术领域的地位等同于法律领域的律师和医疗领域的医生。他保持其行为相对于承包商和供应商的绝对独立性，他必须不得从他们那里接受任何形式的好处，而使他们的决定的公正性受到影响或不利于他行使委托人赋予的职责。"这个说明同样适合我国的监理工程师。

我国的监理工程师执业特点主要表现在：

（1）执业范围广泛

建设工程监理，就其监理的工程类别来看，包括土木工程、建筑工程、线路管道与设备安装工程和装修工程等类别，而各类工程所包含的专业累计多达200余项；就建设工程监理及相关服务的过程来看，可以包括工程项目前期决策、招标投标、勘察设计、施工、项目运行等各阶段。因此，监理工程师的执业范围十分广泛。

（2）执业内容复杂

监理工程师执业内容的基础是合同管理，主要工作内容是建设工程目标控制和协调管理，执业方式包括监督管理和咨询服务。执业内容主要包括：在工程项目建设前期阶段的监理相关服务，为建设单位提供投资决策咨询，协助建设单位进行工程项目可行性研究，提出项目评估；在设计阶段的监理相关服务，审查、评选设计方案，选择勘察、设计单位，协助建设单位签订勘察、设计合同，监督管理合同的实施，审核设计概算；在施工阶段，监督、管理工程承包合同的履行，协调建设单位与工程建设有关各方的工作关系，控制工程质量、进度和造价，组织工程竣工预验收，参与工程竣工验收，审核工程结算；在工程保修期内监理相关服务有检查工程质量状况，鉴定质量问题责任和督促责任单位维修。此外，监理工程师在执业过程中，还要受环境、气候、市场等多种因素干扰。所以，监理工程师的执业内容十分复杂。

（3）执业技能全面

工程监理业务是高智能的工程技术和管理服务，涉及多学科、多专业，监理方法需要运用技术、经济、法律、管理等多方面的知识。监理工程师应具有复合型的知识结构，不仅要有专业技术知识，还要熟悉设计、施工、管理，要有组织协调能力，能够综合应用各种知识解决工程建设中的各种问题。因此，工程监理业务对执业者的执业技能要求比较全面，资格条件要求较高。

（4）执业责任重大

监理工程师在执业过程中担负着重要的技术、经济和管理等方面涉及生命、财产安全的法律责任，统称为监理责任。监理工程师所承担的责任主要包括两方面：一是国家法律法规赋予的行政责任。我国的法律法规对监理工程师从业有明确具体的要求，不仅赋予监理工程师一定的权力，同时也赋予监理工程师相应的责任，如《建设工程质量管理条例》所赋予的质量管理责任，《建设工程安全生产管理条例》所赋予的安全生产管理责任等；二是工程监理合同约定的监理人义务，体现为监理工程师的合同民事责任。

建设工程监理的实践证明，没有专业技能的人不能从事监理工作；有一定专业技能，从事多年工程建设工作，如果没有学习过工程监理知识，也难以开展监理工作。

3.1.3 监理工程师的素质要求

具体从事监理工作的监理人员，不仅要有一定的工程技术或工程经济方面的专业知识、较强的专业技术能力，能够对工程建设进行监督管理，提出指导性的意见，而且要有一定的组织协调能力，能够组织、协调工程建设有关各方共同完成工程建设任务。为了适应监理工作岗位的需要，监理工程师应该比一般工程师具有更好的素质，在国际上被称为高智能人才，监理工程师在工程监理中处于核心地位，他们在工程建设中与各方的关系如图 3-1 所示。

因此，监理工作对监理工程师的素质要求相当全面，其素质应包括以下几方面：

（1）较高的专业学历和复合型的知识结构

现代工程建设投资规模巨大，要求多功能兼备，应用科技门类广泛，组织工作复杂，如果没有深厚的现代科技理论知识，经济管理理论知识和有关法律知识作基础，是不可能胜任其监理岗位工作的。在国外，监理工程师或咨询工程师，都具有大专以上学历，大部分具有硕士、博士学位。我国监理工程师也要求具有工程技术或工程经济专业大专以上（含大专）学历。这是保证监理工程师素质的重要基础，也是向国际水平靠近所必需的。

工程建设涉及的学科很多，其中主要学科就有几十种。作为一名监理工程师，当然不可能掌握这么多的专业理论知识，但至少应掌握一种专业理论知识。没有专业理论知识的

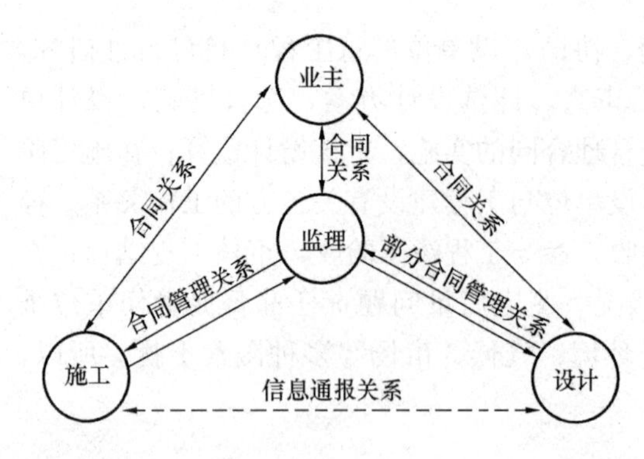

图 3-1　工程建设中监理工程师与各方的关系

人员无法承担监理工程师岗位工作。所以，要成为一名监理工程师，至少应具有工程类大专以上学历，并应了解或掌握一定的工程建设经济、法律和组织管理等方面的理论知识，不断了解新技术、新设备、新材料、新工艺，熟悉与工程建设相关的现行法律法规、政策规定，成为一专多能的复合型人才，持续保持较高的知识水准。

（2）丰富的工程建设实践经验

工程建设实践经验是指理论知识在工程建设上应用的经验。一般而言，这种应用的时间越多，次数越多，经验越丰富，反之则是经验不足。据有关资料统计分析，工程建设中出现的失误，少数原因是责任心不强，多数原因是缺乏实践经验。实践经验丰富则可以避免或减少工作失误。工程建设中的实践经验主要包括立项评估、地质勘察、规划设计、工程招标投标、工程设计及设计管理、工程施工及施工管理、工程监理、设备制造等方面的工作实践经验。

世界各国都将工程建设实践经验放在重要地位。例如，英国咨询工程师协会规定，入会会员年龄必须在 38 岁以上，新加坡要求工程结构方面的监理工程师必须具有 8 年以上的工程结构设计经验。我国根据自己的具体情况在监理工程师的注册制度中也做出了必要的有关规定。

（3）良好的品德

监理工程师的良好品德主要体现在以下几个方面：

1）热爱本职工作；

2）具有科学的工作态度；

3）具有廉洁奉公、为人正直、办事公道的高尚情操；

4）能够听取不同方面的意见，冷静分析问题。

（4）健康的体魄和充沛的精力

尽管建设工程监理是一种高智能的技术服务，以脑力劳动为主，但是，也必须具有健康的身体和充沛的精力，才能胜任繁忙、严谨的监理工作。尤其在建设工程施工阶段，由于露天作业、工作条件艰苦，工期往往紧迫、业务繁忙，更需要有健康的身体，否则，难以胜任工作。我国对年满 65 周岁的监理工程师不再进行注册，主要就是考虑监理从业人员身体健康状况的适应能力而设定的条件。

3.1.4　监理工程师的职业守则

按照国际惯例，监理工程师（包括驻地监理工程师）在进行监理工作时，应遵守的职业守则主要内容有：

1）按合同条件约定的职业道德办理，遵守当地政府的法律与法规；

2）必须履行监理合同协议书规定的义务，完成所承诺的全部任务；

3）主动积极、勤奋刻苦、虚心谨慎地工作；

4）不允许从事与监理项目的设计、施工材料和设备供应等业务的中间人的贸易活动；

5）不得泄漏所监理项目的商务机密；

6）只能从监理委托中接受酬金，不得接受与合同业务有关的其他非直接支付；

7）监理活动中需要聘请专家协助监理时，应得到建设单位的同意；

8）监理工程师应成为建设单位的忠诚顾问，在处理建设单位和承包商的矛盾时，要依据法规和合同条款，公正、客观地促成问题的解决；

9）当需要发表与所监理项目有关的论文时，应经建设单位认可。否则，会被视为侵权。

监理工程师应严格遵守监理职业守则，出色地完成合同义务。如果不履行监理职业守则，按照国际惯例，建设单位有权用书面通知监理工程师终止监理合同。通知发出后十五天，若监理工程师没有做出答复，建设单位即可认为终止合同生效。

3.1.5 监理工程师的权利和义务

监理工程师的主要业务是受聘于监理单位从事监理工作。监理工程师在执业中，一般享有下列权利：

1）使用注册监理工程师称谓；

2）在规定范围内从事执业活动；

3）依据本人能力从事相应的执业活动；

4）保管和使用本人的注册证书和执业印章；

5）对本人执业活动进行解释和辩护；

6）接受继续教育；

7）获得相应的劳动报酬；

8）对侵犯本人权利的行为进行申诉。

同时，监理工程师还应当履行下列义务：

1）遵守法律、法规和有关管理规定；

2）履行管理职责，执行技术标准、规范和规程；

3）保证执业活动成果的质量，并承担相应责任；

4）接受继续教育，努力提高执业水准；

5）在本人执业活动所形成的工程监理文件上签字、加盖执业印章；

6）保守在执业中知悉的国家秘密和他人的商业、技术秘密；

7）不得涂改、倒卖、出租、出借或者以其他形式非法转让注册证书或者执业印章；

8）不得同时在两个或者两个以上单位受聘或者执业；

9）在规定的执业范围和聘用单位业务范围内从事执业活动；

10）协助注册管理机构完成相关工作。

3.1.6 监理工程师的法律责任

（1）违约责任

监理单位是订立工程监理合同的当事人。监理工程师一般主要受聘于监理单位，代表监理企业从事工程监理业务。监理企业在履行工程监理合同时，是由具体的监理工程师来实现的，因此，如果监理工程师出现工作过错，其行为将被视为监理企业违约，应承担相应的违约责任。监理企业在承担违约赔偿责任后，有权在企业内部向有过错行为的监理工程师追偿损失。所以，由监理工程师个人过失引发的合同违约行为，监理工程师必然要与监理企业承担一定的连带责任。

（2）行政责任

监理工程师的法律责任主要来源于法律法规的规定和工程监理合同的约定。《建筑法》第35条规定："工程监理单位不按照委托监理合同的约定履行监理义务，对应当监督检查的项目不检查或者不按照规定检查，给建设单位造成损失的，应当承担相应的赔偿责任。"《建设工程质量管理条例》第36条规定："工程监理单位应当依照法律、法规以及有关技术标准、设计文件和建设工程承包合同，代表建设单位对施工质量实施监理并对施工质量承担监理责任。"《建设工程安全生产管理条例》第14条规定"工程监理单位和监理工程师应当按照法律、法规和工程建设强制性标准实施监理，并对建设工程安全生产承担监理责任。"

（3）刑事责任

《刑法》第137条规定："建设单位、设计单位、承包商、工程监理单位违反国家规定，降低工程质量标准，造成重大安全事故的，对直接责任人员，处五年以下有期徒刑或者拘役，并处罚金；后果特别严重的，处五年以上十年以下有期徒刑，并处罚金。"导致安全事故或问题的原因很多，有自然灾害、不可抗力等客观原因，也有建设单位、设计单位、施工企业、材料供应单位等主观原因。

3.2 监理工程师的考试

执业资格是政府对某些责任较大、社会通用性强、关系公共利益的专业技术工作实行的市场准入控制，是专业技术人员依法独立开业或独立从事某种专业技术工作所必备的学识、技术和能力标准。我国按照有利于国家经济发展、得到社会公认、具有国际可比性、事关社会公共利益等四项原则，在涉及国家、人民生命财产安全的专业技术工作领域，实行专业技术人员执业资格制度。执业资格一般要通过考试方式取得，这体现了执业资格制度公开、公平、公正的原则。只有当某一专业技术执业资格刚刚设立，为了确保该项专业技术工作启动实施，才有可能对首批专业技术人员的执业资格采用考核方式确认。监理工程师是新中国成立以来在工程建设领域第一个设立的执业资格。

3.2.1 监理工程师培养的方式

目前，我国的监理工程师队伍，主要是由从事工程设计、施工、工程和建设管理工作的工程技术人员与工程经济人员构成。他们具备专业技术知识，但是欠缺经济管理和法律方面的知识。改革开放前，我国对建设人才的培养不重视经济、管理和法律方面的教育，有关的技术专业也很少设有这方面的课程，培养出来的工程技术人员明显缺乏这方面的知识。与此同时，我国的工程建设任务主要是靠行政手段支配，建设单位和承包商都没有严格的经济责任制，两者之间不是经济合同关系，工程项目建设不讲究经济管理，从而使工程技术人员工作的着眼点侧重于技术方面，忽略了经济与法律方面。而为了适应建设工程监理工作的需要，监理人员要具有较高的学历、丰富的理论知识和实践经验，以及良好的品德和强健的身体等多方面的素质。在我国现行的教育体制下，任何一所高等学府都难以培养出这样的人才。因此，通过培训学习有关工程建设的合同管理、质量控制、进度控制、投资控制以及计算机的应用、经济、法律等方面的知识，使他们掌握监理工程师应具备的基本知识。

3.2.2 监理工程师资格考试的意义

监理工作是一项高智能的工作，需要监理队伍和监理人员具有较高的素质，实施监理工程师考试和注册制度是加强监理队伍建设的一项重要内容，具有重要的意义：一是统一监理工程师的业务能力标准；二是有利于公正地确定监理人员是否具备监理工程师的资格；三是促进监理人员努力钻研监理业务，提高业务水平；四是合理建立工程监理人才库；五是便于同国际接轨，开拓国际工程监理市场。因此，我国要建立监理工程师执业资格考试制度。

3.2.3 监理工程师执业资格考试的规定

（1）报考监理工程师的条件

国际上多数国家在设立执业资格时，通常比较注重执业人员的专业学历和工作经验。他们认为这是执业人员的基本素质，是保证执业工作有效实施的主要条件。我国根据对监理工程师业务素质和能力的要求，对参加监理工程师执业资格考试的报名条件也从两方面作出了限制：一是要具有一定的专业学历，二是要具有一定年限的工程建设实践经验。

（2）考试内容

由于监理工程师的业务主要是控制建设工程的质量、投资、进度，监督管理建设工程合同，协调工程建设各方的关系，所以，监理工程师执业资格考试的内容主要是建设工程监理基本理论、工程质量控制、工程投资控制、工程进度控制、建设工程合同管理和涉及工程监理的相关法律法规等方面的理论知识和实务技能。

（3）考试方式和管理

监理工程师执业资格考试是对考生掌握监理理论和监理实务技能的检验。为了体现公开、公平、公正原则，考试实行全国统一考试大纲、统一命题、统一组织、统一时间、闭卷考试、分科记分、统一合格标准的办法，一般每年举行一次。考试所用语言为汉语。

对考试合格人员，由省、自治区、直辖市人民政府人事行政主管部门颁发，由国务院人事行政主管部门统一印制，国务院人事行政主管部门和建设行政主管部门共同用印的《中华人民共和国监理工程师资格证书》。取得资格证书并经注册后，即成为注册监理工程师。

国务院建设行政主管部门和国务院人事行政主管部门共同负责监理工程师资格考试工作，共同审定监理工程师执业资格考试科目、考试大纲和考试试题，组织实施考务工作，对监理工程师执业资格考试进行检查、监督、指导和确定合格标准。

中国建设监理协会负责组织有关专业的专家拟定考试大纲、组织命题和编写培训教材工作。

（4）参加监理工程师资格考试的条件：

1）具有高级技术职称，或取得中级专业技术职称后具有三年以上工程设计或施工管理实践经验。

2）在全国监理工程师注册管理机关认定的培训单位经过监理业务培训，并取得培训结业证书。

3）凡参加监理工程师资格考试者，需由所在单位向本地区或本部门监理工程师资格考试委员会提出申请，经审查批准后，方可参加考试。

4）经考试合格者，由监理工程师注册机关核发《监理工程师资格证书》。

(5) 考试科目

"建设工程监理基本知识和相关法规"、"工程建设合同管理"、"工程建设质量、投资、进度控制"、"建设工程监理案例分析"四科。对从事工程建设管理工作并同时具备下列四项条件的报考人员，可免试"工程建设合同管理"和"工程建设质量、投资、进度控制"两科。

1) 1970年以前（含1970年）工程技术或工程经济专业大专以上（含大专）毕业。

2) 具有按照国家有关规定评聘的工程技术或工程经济专业高级专业技术职务。

3) 从事工程设计或工程施工管理工作十五年以上（含十五年）。

4) 从事监理工作一年以上（含一年）。

(6) 申请参加监理工程师执业资格考试，须提供下列证明文件：

1) 监理工程师执业资格考试报名表；

2) 学历证明；

3) 专业技术职称证书。

3.3 监理工程师注册管理

3.3.1 监理工程师注册程序

监理工程师注册制度是政府对监理从业人员实行市场准入控制的有效手段。监理工程师经注册，即表明获得了政府对其以注册监理工程师名义从业的行政许可，因而具有相应工作岗位的责任和权利。仅取得《中华人民共和国监理工程师资格证书》，没有取得《中华人民共和国监理工程师注册执业证书》的人员，则不具备这些权利，也不承担相应的责任。

监理工程师的注册，根据注册内容的不同分为三种形式，即初始注册、延续注册和变更注册。按照我国有关法规规定，监理工程师依据其所学专业、工作经历、工程业绩，按专业注册，每人最多可以申请两个专业注册，并且只能在一家建设工程勘察、设计、施工、监理、招标代理、造价咨询等企业注册。

(1) 初始注册

经考试合格，取得监理工程师执业资格证书的，可以申请监理工程师初始注册。

申请初始注册，应当具备以下条件：

1) 经全国注册监理工程师资格统一考试合格，取得资格证书；

2) 受聘于一个相关单位；

3) 达到继续教育要求。

申请监理工程师初始注册，一般要提供下列材料：

1) 申请人的注册申请表；

2) 申请人的资格证书和身份证复印件；

3) 申请人与聘用单位签订的聘用劳动合同复印件及社会保险机构出具的参加社会保险的清单复印件；

4) 学历或学位证书、职称证书复印件，与申请注册专业相关的工程技术、工程管理工作经历和工程业绩证明；

5）逾期初始注册的，应提交达到继续教育要求证明的复印件。

申请初始注册的程序是：

1）申请人向聘用单位提出申请；

2）聘用单位同意后，连同上述材料由聘用企业向所在省、自治区、直辖市人民政府建设行政主管部门提出申请；

3）省、自治区、直辖市人民政府建设行政主管部门初审合格后，报国务院建设行政主管部门；

4）国务院建设行政主管部门对初审意见进行审核，对符合条件者准予注册，并颁发由国务院建设行政主管部门统一印制的《注册监理工程师注册执业证书》和执业印章。执业印章由监理工程师本人保管。

国务院建设行政主管部门对监理工程师初始注册随时受理审批，并实行公示、公告制度，对符合注册条件的进行网上公示，经公示未提出异议的予以批准确认。

（2）延续注册

监理工程师初始注册有效期为三年，注册有效期满要求继续执业的，需要办理延续注册。延续注册应提交下列材料：

1）申请人延续注册申请表；

2）申请人与聘用单位签订的聘用劳动合同复印件及社会保险机构出具的参加社会保险的清单复印件；

3）申请人注册有效期内达到继续教育要求的证明材料。

延续注册的有效期同样为三年，从准予延续注册之日起计算。国务院建设行政主管部门将向社会公告准予延续注册的人员名单。

（3）变更注册

监理工程师注册后，如果注册内容发生变更，如变更执业单位、注册专业等，应当向原注册管理机构办理变更注册。

变更注册需要提交下列材料：

1）申请人变更注册申请表；

2）申请人与新聘用单位签订的聘用劳动合同复印件及社会保险机构出具的参加社会保险的清单复印件；

3）申请人的工作调动证明（与原聘用单位解除聘用劳动合同或者聘用劳动合同到期的证明文件、退休人员的退休证明）；

4）在注册有效期内或有效期届满，变更注册专业的，应提供与申请注册专业相关的工程技术、工程管理工作经历和工程业绩证明，以及满足相应专业继续教育要求的证明材料；

5）在注册有效期内，因所在聘用单位名称发生变更的，应提供聘用单位新名称的营业执照复印件。

（4）不予初始注册、延续注册或者变更注册的特殊情况

如果注册申请人有下列情形之一的，将不予初始注册、延续注册或者变更注册：

1）不具有完全民事行为能力；

2）刑事处罚尚未执行完毕或者因从事工程监理或者相关业务受到刑事处罚，自刑事

处罚执行完毕之日起至申请注册之日止不满2年；

3）未达到监理工程师继续教育要求；

4）在两个或者两个以上单位申请注册；

5）以虚假的职称证书参加考试并取得资格证书；

6）年龄超过65周岁；

7）法律、法规规定不予注册的其他情形。

注册监理工程师如果有下列情形之一的，其注册证书和执业印章将自动失效：

1）聘用单位破产；

2）聘用单位被吊销营业执照；

3）聘用单位被吊销相应资质证书；

4）已与聘用单位解除劳动关系；

5）注册有效期满且未延续注册；

6）年龄超过65周岁；

7）死亡或者丧失行为能力；

8）其他导致注册失效的情形。

（5）注销注册

注册监理工程师如果有下列情形之一的，应当办理注销注册，交回注册证书和执业印章，注册管理机构将公告其注册证书和执业印章作废：

1）不具有完全民事行为能力；

2）申请注销注册；

3）注册证书和执业印章已失效；

4）依法被撤销注册；

5）依法被吊销注册证书；

6）受到刑事处罚；

7）法律、法规规定应当注销注册的其他情形。

3.3.2 注册监理工程师继续教育

（1）继续教育的目的

随着现代科学技术日新月异的发展，注册后的监理工程师不能一劳永逸地停留在原有知识水平上，而要随着时代的进步不断更新知识、扩大其知识面，通过继续教育使注册监理工程师及时掌握与工程监理有关的政策、法律法规和标准规范，熟悉工程监理与工程项目管理的新理论、新方法，了解工程建设新技术、新材料、新设备及新工艺，适时更新业务知识，不断提高注册监理工程师业务素质和执业水平，以适应开展工程监理业务和工程监理事业发展的需要。因此，注册监理工程师每年都要接受一定学时的继续教育。国际上一些国家，如美国、英国等，对执业人员的年度考核也有类似的要求。

（2）继续教育的学时

注册监理工程师在每一注册有效期（3年）内应接受96学时的继续教育，其中必修课和选修课各为48学时。必修课48学时每年可安排16学时。选修课48学时按注册专业安排学时，只注册一个专业的，每年接受该注册专业选修课16学时的继续教育；注册两个专业的，每年接受相应两个注册专业选修课各8学时的继续教育。

注册监理工程师申请变更注册专业时，在提出申请之前，应接受申请变更注册专业24学时选修课的继续教育。注册监理工程师申请跨省级行政区域变更执业单位时，在提出申请之前，还应接受新聘用单位所在地8学时选修课的继续教育。

注册监理工程师在公开发行的期刊上发表有关工程监理的学术论文，字数在3000以上的，每篇可充抵选修课4学时；从事注册监理工程师继续教育授课工作和考试命题工作，每年每次可充抵选修课8学时。

（3）继续教育方式和内容

继续教育的方式有两种，即集中面授和网络教学。继续教育的内容主要有：

1）必修课：国家近期颁布的与工程监理有关的法律法规、标准规范和政策；工程监理与工程项目管理的新理论、新方法；工程监理案例分析；注册监理工程师职业道德。

2）选修课：地方及行业近期颁布的与工程监理有关的法规、标准规范和政策；工程建设新技术、新材料、新设备及新工艺；专业工程监理案例分析；需要补充的其他与工程监理业务有关的知识。

思　考　题

1. 实行监理工程师执业资格考试和注册制度的目的是什么?
2. 监理工程师的注册条件是什么?
3. 试论监理工程师的法律责任。
4. 对监理工程师继续教育有哪些要求?
5. 监理工程师有哪些权利和义务?

第4章　建设工程监理招标与投标

4.1　建设工程监理招标

4.1.1　建设工程监理招标概述

按照市场经济体制的观念，建设单位把监理业务委托给哪个监理单位是建设单位的自由，监理单位愿意接受哪个建设单位的监理委托是监理单位的权利。

监理单位承揽监理业务的表现形式有两种：一是通过投标竞争取得监理业务；二是由建设单位直接委托取得监理业务。

通过投标竞争取得监理业务，这是市场经济体制下比较普遍的形式。我国有关法规也规定：建设单位一般通过招标投标的方式择优选择监理单位。这里使用“一般”二字有两层含义：一方面说明建设单位通过招标的方式选择监理单位，也就是监理单位通过投标竞争的形式取得监理业务是方向，是发展的大趋势，或者说是一种普遍的企业行为。另一方面，也蕴含着在特定的条件下，建设单位可以不采用招标的形式而把监理业务直接委托给监理单位。在不宜公开招标的机密工程或没有投标竞争对手的情况下，或者是工程规模比较小、比较单一的监理业务，或者是对原监理单位的续用等情况下，建设单位都可以直接委托监理单位。无论是通过投标承揽监理业务，还是由建设单位直接委托取得监理业务，都有一个共同的前提，即监理单位的资质能力和社会信誉得到建设单位的认可。从这个意义上讲，市场经济发展到一定程度，企业的信誉比较稳固的情况下，建设单位直接委托监理单位承担监理业务的做法会有所增加。

对必须实行招标投标的建设工程项目，规范建设工程监理招投标活动，一是提高工程建设质量的重要措施，二是完善社会主义市场经济体制的有力措施，三是预防和遏制腐败的重要环节。

(1) 建设工程监理招标的特点

由于建设工程监理招标的标的是“监理服务”，与工程项目施工招标的最大区别在于监理单位不承担物质生产任务，只是受招标人的委托对生产建设过程提供管理、协调、咨询等服务。因此，监理招标有其自身的特点：

1) 监理招标的标的是监理任务，监理提供的是一种“服务”。

2) 监理人员的能力作为监理招标的重点评价因素，招标的宗旨是对监理工作能力的选择。

无论是在我国还是在国际上，建设工程监理都是属于高智能型的第三产业。监理服务是监理单位高智能的投入，其服务工作完成的好坏，不仅依赖于执行监理业务是否遵循了规范化的管理程序和方法，更多地取决于参与监理工作专业人员（如监理）的业务专长、经验、判断能力、创新精神及风险意识。因此，监理招标过程中确定中标人最主要的依据之一是监理单位派出的监理工作班子的技术和协调能力。

3）报价在招标选择中居于次要地位。

工程项目的施工、材料设备采购招标选择中标人的原则是，在技术上能达到标准的前提下，主要考虑价格的高低。而监理招标过程中监理报价一般不会成为确定中标人的决定性因素，因为当价格过低时，监理单位为了维护自身的经济利益，必然会减少监理人员数量或者派业务水平低、报酬低的监理人员，很难把招标人的利益放在第一位，其后果将会导致对工程项目的损害。当价格较高时，建设单位可以换取监理单位高质量的服务，使工程项目降低工程造价和提前投产。过多考虑价格因素，对建设单位会得不偿失。因此，只有当几个投标人的能力相当时，招标人才会进行价格比较。

（2）建设工程监理招标方式

监理招标分为公开招标和邀请招标两种方式。

公开招标，又称无限竞争性招标，由招标人在国家指定的报刊、互联网络或其他媒体上向社会公开发布监理招标公告的方式邀请资质条件相符的特定的法人或者其他组织投标。

邀请招标，又称有限竞争性招标，是由招标人以投标邀请书的方式邀请三个以上（包含三个）的具有与工程项目相适应的监理资质条件的特定的法人或者其他组织投标。

（3）建设工程监理招标范围

1）国家重点建设工程；

2）国家规定必须实行监理的其他工程；

3）成片开发建设的住宅小区工程；

4）利用国外政府或者国际组织贷款、援助资金的工程；

5）大中型公用事业工程。

（4）建设工程监理招标公告

工程项目的施工监理招标公告（或投标邀请书）是指具备监理招标条件的建设单位在向相应的市或区县招投标管理部门办理招标登记手续后向社会监理单位发布公开的信息（或邀请书）。

1）招标登记

招标项目具备招标条件后，在发布招标公告或者发出投标邀请书之前，应到相应的招投标管理部门办理必要的备案登记手续。登记备案资料一般有一下内容：

①项目的具体情况：工程名称、工程地点、工程规模、项目建设前期工作完成情况及目前所处建设阶段、项目资金到位情况等；

②招标人的具体情况：招标人名称、法定代表人、专业技术人员的名单、职称证书或者执业资格证书及其工程经历的证明材料；

③如委托招标代理机构代理，还应提供委托代理协议书、代理机构的代理资质或资格证明材料；

④拟发布的招标公告或者拟发出的投标邀请书。

当管理部门发现招标人不具备自行招标条件而自行组织招标的、委托的代理机构无相应资质的、招标项目尚不具备招标条件的等情况，将会通知招标人暂停招标活动。

2）招标公告或投标邀请书

采用公开招标方式的，其公告应通过国家指定的报刊、信息网络或其他媒介向社会公开发布。招标人或其委托的招标代理机构必须保证招标公告内容的真实、准确和完整。

采用邀请招标方式的，招标人应当向三个以上（包含三个）的具有与工程项目相适应的资质条件的、资信良好的特定的监理单位发出投标邀请书。

招标公告和投标邀请书应当载明招标人的名称和地址、招标项目的性质、建设地点和时间、工程规模、招标范围、招标方式、投标人应具备的资格条件以及获取资格预审文件或者招标文件的办法等。

（5）建设工程监理投标资格预审

投标资格预审是指对于大型、复杂工程项目的监理招标在发出招标文件之前应该对投标人的资格进行审查，剔除不符合资格条件的投标单位，对于中、小型或一般性工程，不一定都进行资格预审。

资格预审的目的是对投标申请人承担该项目监理的能力进行预审和评估，确定合格投标人的名单，减少评标工作量，降低招标投标成本，提高招标效率。审查内容如下。

1）资格条件；

2）经验条件；

3）现有资源条件；

4）公司信誉；

5）承建新项目的监理能力。

（6）建设工程监理招标文件

监理招标文件是由招标人或受其委托的招标代理单位编制、向投标人提供为进行投标工作所必需的重要文件。招标文件既是投标者编制投标文件的依据，又是招标人与中标单位商签合同的基础。

1）编制依据

①国家有关法律、法规及地方有关文件；

②本建设项目前期资料和设计文件；

③监理市场调研资料；

④有关的技术文献和技术规范。

2）编制内容

监理招标文件的基本内容应包括：投标人须知、任务大纲、评标标准和办法、主要合同条款、投标文件附件等。

①投标须知。投标须知一般包括：工程概况、投标人资质要求、招标文件说明、现场踏勘、投标文件的编制要求、监理费报价方法、开标、评标、定标、投标费用和招标日程安排。

②监理任务大纲。任务大纲是描述招标人发包监理任务的范围和内容以及对招标项目施工监理工作的总的要求，是投标人编制监理大纲和准备投标的重要依据。任务大纲一般应该包括项目的建设目标、项目的工程范围、项目建设工作进展情况、项目的培训要求、监理的工作范围、监理的工作内容、对监理服务的工作要求、对监理工作所需人力及时间的初步估计、招标人能提供给监理人员的现场条件、有必要提供的设计图纸和其他技术资料。

③监理评标办法与标准。评标办法和标准是招标文件最重要的部分。这一部分主要介绍评标委员会的组建方法、评标程序、评标细则、中标候选人的产生方法等。

④监理合同主要条款。招标文件中应列出以后工程监理合同的主要条款，其目的是告知投标人在中标后对于招标人签订合同的权利和义务。这些合同条款主要是合同当事人双方的职责范围、合同的履行方式、违约责任、争议解决的方法和其他应考虑的条款。

⑤投标文件附件。

（7）监理招标与施工招标的区别

监理招标与施工招标的区别见表 4-1。

监理招标与施工招标的区别　　表 4-1

内容	监理招标	施工招标
任务范围	招标文件或邀请函中提出的任务范围不是已经确定的合同条件，只是合同谈判的一项内容，投标人可以而且往往会对其提出改进意见	招标文件中的工作内容是正式的合同条件，双方都无权更改，只能在必要时按规定予以澄清
招标方式	公开招标要发布招标公告，更多的是发包人开列短名单，向短名单内的监理公司发出邀请函	公开招标要发布招标公告，并进行资格预审；邀请招标时邀请的投标人也较多，且要进行资格后审
选择原则	以技术咨询与管理服务方面的评审为主；不以价格最低为主要标准	以技术上达到标准为前提，选择经评审的最低价格或综合评审得分高的投标单位
投标控制价	一般不编制	一般编制
投标书的编制要求	可以对招标文件中的任务大纲提出修改意见，提出技术性或建设性的建议	必须按招标文件中要求的格式和内容填写投标书，不符合规定要求即为废标

4.1.2　建设工程监理评标与定标

开标、评标、定标是监理招投标过程中择优选择监理单位的决定性环节，应当充分体现“公开、公平、公正和诚实信用”的原则，参与投标活动及当事人应当接受依法实施的监督，任何单位和个人，不得以任何方式干涉，以保证投标人的合法权益。

（1）监理单位的选择要点

在选择监理单位时，主要应考虑以下问题：

1）监理经验

主要包括对一般工程项目的实际经验和对特殊工程项目的经验。最有效的核验办法就是要求监理单位提供以往所承担工程项目一览表及其实际监理效果。

2）专业技能

主要表现在各类技术、管理人员专业构成及等级构成上，具有的工作设施与手段，以及工作经验等。

3）工作人员

拟选择的监理建设单位是否有足够的可以胜任的工作人员。

4）监理工作计划

拟选择的建设工程监理单位对于工程项目的组织和管理是否有具体的切实有效的建议

计划，对于在规定的工期和概算成本之内保证完成任务，是否有详细完成任务的措施。

5）理解能力

建设单位根据与各监理公司的面谈，来判断每个公司及其人员对于自己的要求是否能显示出良好的理解力。

6）声誉

在科学、诚实、公正方面是否有良好的声誉。

7）对项目所在地或所在国的了解

拟选择的建设工程监理单位对委托项目所在地或所在国家的条件和情况是否了解和熟悉，是否有该地区工作经历等。

8）专业名望

建设工程监理单位在专业方面的名望、地位，在以往服务的工程项目中的信誉等，这些都是建设单位应考虑的因素。

（2）开标、评标和定标程序

1）开标

在开标中，属于下列情况之一的，按无效标书处理。

①投标人未按时参加开标会，或虽然参加会议但无有效证件；

②投标书未按规定的方式密封；

③唱标时弄虚作假，更改投标书的内容；

④监理费报价低于国家规定的下限。

2）评标

①评标委员会。招标人从众多的投标人中确定中标人的途径是通过对各投标文件进行比较，而这种比较分析需要有专门的专业技术，因此，为了对各投标人报送的投标文件进行科学公正的评价，招标人应邀请有关的专业技术专家和经济方面的专家组成评标委员会来完成这个工作。

评标委员会成员总数由5人以上的单数组成，其中，技术经济方面的专家不得少于成员总数的2/3。有关技术、经济方面的专家应当从事相关领域工作满八年并具有高级职称或者具有同等专业水平，由招标人从国务院有关部门或者省、自治区、直辖市人民政府有关部门提供的专家名册或者招标代理机构的专家库内的相关专业的专家名单中确定；一般招标项目可以采取随机抽取方式，特殊招标项目可以由招标人直接确定。与投标人有利害关系的人不得进入相关项目的评标委员会；已经进入的应当更换。评标委员会成员的名单在中标结果确定前应当保密。

②评标方法。评标的方法有很多种，通常采用综合评分的方法。根据投标文件的内容列出评价的项目，并确定每个项目的权重，然后分别对各个项目评分，再乘以各自的权重，最后汇总成总分，以总分作为决标的依据。

3）定标

评标委员会完成评标后，应当向招标人提出书面评标报告，并推荐合格的中标候选人。招标人根据评标委员会提出的书面评标报告和推荐的中标候选人中确定中标人。招标人也可以授权评标委员会直接确定中标人。但是招标人不得在评标委员会推荐的中标候选人之外确定中标人。

中标人确定后，招标人应当向中标人发出中标通知书，并同时将中标结果通知所有未中标的投标人。中标通知书对招标人和中标人具有法律效力。中标通知书发出后，招标人改变中标结果的，或者中标人放弃中标项目的，应当依法承担法律责任。

招标人和中标人应当自中标通知书发出之日起三十日内，按照招标文件和中标人的投标文件订立书面合同。招标人和中标人不得再行订立背离合同实质性内容的其他协议。招标文件要求中标人提交履约保证金的，中标人应当提交。依法必须进行招标的项目，招标人应当自确定中标人之日起十五日内，向有关行政监督部门提交招标投标情况的书面报告。

4.1.3 建设工程项目不同承发包模式下对监理单位的委托

建设工程监理制度的实行，使建设工程建设形成的三大主体为实现建设工程的总目标“联结，联合，结合”在一起，形成建设工程的组织系统。在市场经济条件下，维系着它们关系的主要是合同，建设工程承发包模式决定了建设项目的合同结构。

建设工程组织管理模式对建设工程的规划、控制、协调起着重要作用。不同的组织管理模式有不同的合同结构体系和管理特点。

（1）建设工程项目承发包模式

1）平行承发包模式

①平行承发包模式特点。所谓平行承发包，是指建设单位将建设工程的设计、施工以及材料设备采购的任务经过分解分别发包给若干个设计单位、承包商和材料设备供应单位，并分别与各方签订合同。各设计单位之间的关系是平行的，各承包商之间的关系、各材料设备供应单位之间的关系也是平行的，如图 4-1 所示。

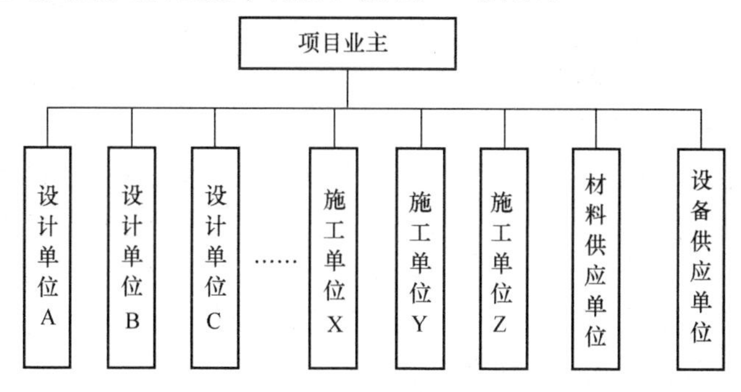

图 4-1 平行承发包模式

采用这种模式首先应合理地进行工程建设任务的分解，然后进行分类综合，确定每个合同的发包内容，以便选择适当的承包单位。

进行任务分解与确定合同数量、内容时应考虑以下因素：

a. 工程情况。建设工程的性质、规模、结构等是决定合同数量和内容的重要因素。规模大、范围广、专业多的建设工程往往比规模小、范围窄、专业单一的建设工程合同数量要多。建设工程实施时间的长短、计划的安排也对合同数量有影响。例如，对分期建设的两个单项工程，就可以考虑分成两个合同分别发包。

b. 市场情况。首先，由于各类承包单位的专业性质、规模大小在不同市场的分布状况不同，建设工程的分解发包应力求使其与市场结构相适应。其次，合同任务和内容要对市场具有吸引力。中小合同对中小型承包单位有吸引力，又不妨碍大型承包单位参与竞争。另外，还应按市场惯例做法、市场范围和有关规定来决定合同内容和大小。

c. 贷款协议要求。对两个以上贷款人的情况，可能贷款人对贷款使用范围、承包人资格等有不同要求，因此，需要在确定合同结构时予以考虑。

②平行承发包模式的优缺点。

A. 优点

a. 有利于缩短工程建设周期。由于设计和施工任务经过分解分别发包，设计阶段与施工阶段有可能形成搭接关系，从而缩短整个工程建设周期。

b. 有利于质量控制。建设单位可以根据工程的特点选择到专业性强的专业承包商；合同约束与相互制约使每一部分能够较好地实现质量要求。如主体工程与装修工程分别由两个承包商承包，当主体工程不合格时，装修单位是不会同意在不合格的主体工程上进行装修的，这相当于有了他人控制，比自己控制更有约束力。

c. 有利于建设单位选择承包单位。在大多数国家的建筑市场中，专业性强、规模小的承包商一般占较大的比例。这种模式的合同内容比较单一、合同价值小、风险小，使它们有可能参与竞争。因此，无论大型承包单位还是中小型承包单位都有机会竞争。建设单位可以在很大范围内选择承包单位，为提高择优性创造了条件。

B. 缺点

a. 合同数量多，会造成合同管理困难。合同关系复杂，使建设工程系统内结合部位数量增加，组织协调工作量大。因此，应加强合同管理的力度，加强各承包单位之间的横向协调工作，沟通各种渠道，使工程有条不紊地进行。

b. 投资控制难度大。这主要表现在：一是总合同价不易确定，影响投资控制实施；二是工程招标任务量大，需控制多项合同价格，增加了投资控制难度；三是在施工过程中设计变更和修改较多，导致投资增加。

2）设计或施工总分包模式

①设计或施工总分包模式特点。所谓设计或施工总分包，是指建设单位将全部设计或施工任务发包给一个设计单位或一个承包商作为总包单位，总包单位可以将其部分任务再分包给其他承包单位，形成一个设计总包合同或一个施工总包合同以及若干个分包合同的结构模式。图 4-2 是设计和施工均采用总分包模式的合同结构图。

②设计或施工总分包模式的优缺点如下。

A. 优点：

a. 有利于建设工程的组织管理。由于建设单位只与一个设计总包单位或一个施工总包单位签订合同，工程合同数量比平行承发包模式要少很多，有利于建设单位的合同管理，也使建设单位协调工作量减少，可发挥监理与总包单位多层次协调的积极性。

b. 有利于投资控制。总包合同价格可以较早确定，并且监理单位也易于控制。

c. 有利于质量控制。在质量方面，既有分包单位的自控，又有总包单位的自控，还有工程监理单位的检查认可，对质量控制有利。

d. 有利于工期控制。总包单位具有控制的积极性，分包单位之间也有相互制约的作用，有利于总体进度的协调控制，也有利于监理工程师控制进度。

B. 缺点：

a. 建设周期较长。在设计和施工阶段均采用总包一分包时，由于设计图纸全部完成后才能进行施工总包的招标，不仅不能将设计阶段与施工阶段搭接，而且施工招标需要的时间也较长。

b. 总包报价可能较高。对于规模较大的建设工程来说，通常只有大型承包单位才具有总包的资格和能力，竞争相对不甚激烈；另一方面，对于分包出去的工程内容，总包单位都要在分包报价的基础上加收管理费向建设单位报价。

3）项目总承包模式

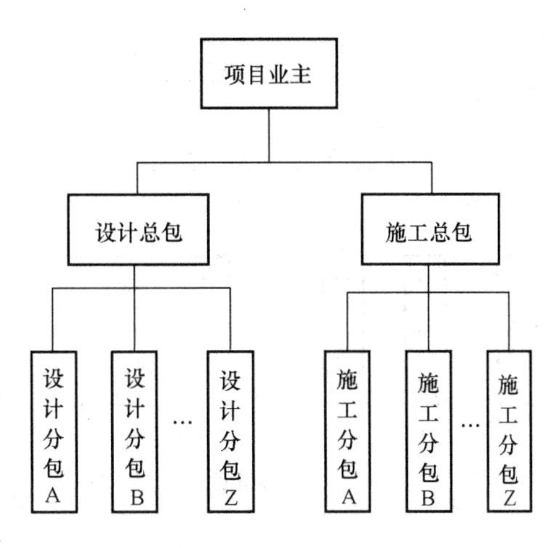

图 4-2　设计或施工总分包模式

①项目总承包模式的特点。所谓项目总承包模式是指建设单位将工程设计、施工、材料和设备采购等工作全部发包给一家承包公司，由其进行实质性设计、施工和采购工作，最后向建设单位交出一个已达到动用条件的工程。按这种模式发包的工程也称“交钥匙工程”。这种模式如图 4-3 所示。

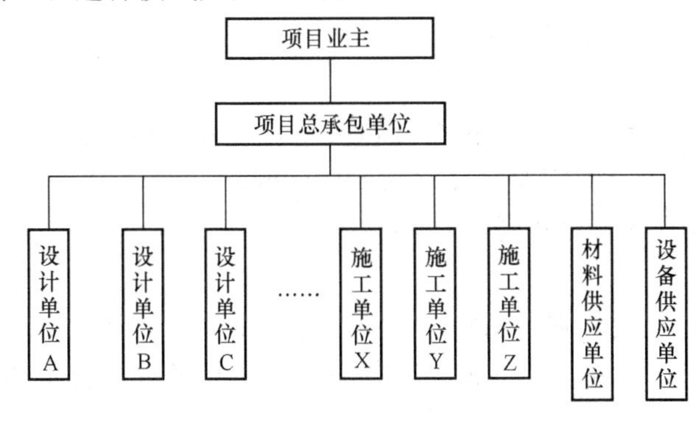

图 4-3　项目总承包模式

②项目总承包模式的优缺点如下。

A. 优点：

a. 合同关系简单，组织协调工作量小。建设单位只与项目总承包单位签订一个合同，合同关系大大简化。监理工程师主要与项目总承包单位进行协调。许多协调工作量转移到项目总承包单位内部及其与分包单位之间，这就使监理单位的协调量大为减少。

b. 缩短建设周期。由于设计与施工由一个单位统筹安排，使两个阶段能够有机地融合，一般都能做到设计阶段与施工阶段相互搭接，因此对进度目标控制有利。

c. 利于投资控制。通过设计与施工的统筹考虑可以提高项目的经济性，从价值工程或全寿命费用的角度可以取得明显的经济效果，但这并不意味着项目总承包的价格低。

B. 缺点：

a. 招标发包工作难度大。合同条款不易准确确定，容易造成较多的合同争议。因此，虽然合同量最少，但是合同管理的难度一般较大。

b. 建设单位择优选择承包方范围小。由于承包范围大、介入项目时间早、工程信息未知数多，因此承包方要承担较大的风险，而有此能力的承包单位数量相对较少，这往往导致合同价格较高。

c. 质量控制难度大。其原因一是质量标准和功能要求不易做到全面、具体、准确，质量控制标准制约性受到影响；二是“他人控制”机制薄弱。

4）项目总承包管理模式

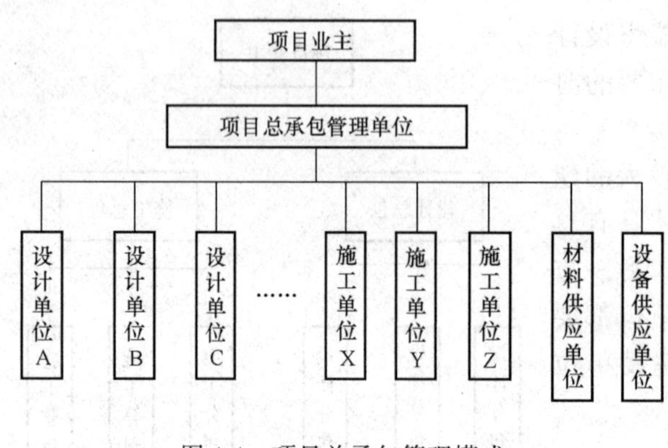

图 4-4 项目总承包管理模式

①项目总承包管理模式的特点。所谓项目总承包管理是指建设单位将工程建设任务发包给专门从事项目组织管理的单位，再由它分包给若干设计、施工和材料设备供应单位，并在实施中进行项目管理。

项目总承包管理与项目总承包的不同之处在于：前者不直接进行设计与施工，没有自己的设计和施工力量，而是将承接的设计与施工任务全部分包出去，他们专心致力于建设工程管理。后者有自己的设计、施工实体，是设计、施工、材料和设备采购的主要力量。项目总承包管理模式如图 4-4 所示。

②项目总承包管理模式的优缺点如下。

A. 优点：

合同关系简单，组织协调比较有利，进度控制也有利。

B. 缺点：

a. 由于项目总承包管理单位与设计、承包商是总包与分包关系，后者才是项目实施的基本力量，所以监理工程师对分包的确认工作就成了十分关键的问题。

b. 项目总承包管理单位自身经济实力一般比较弱，而承担的风险相对较大。

5）CM 模式

①CM 模式的概念：CM 模式从理论上说，它的创始人是美国的 Charles B. Thomsen。随着国际建筑市场的发展变化，人们对 CM 概念有各种不同的解释。尽管各种解释不尽相同，但众多的解释有一个共同点，即业主委托一个单位来负责与设计协调，并管理施工。

1981 年，Charles B. Thomsen 在其代表作〈CM：Developing，Making，and Delivering Construction Management Services〉一书中指出，CM 的全称应为：“Fast-Track-Construction Management”，并认为 Fast-Track（翻译成中文即“快速路径法”）是 CM 最主要的特点。

Thomsen 认为，在 CM 模式中，“项目的设计过程被看作一个由业主和设计人员共同连续地进行项目决策的过程。这些决策

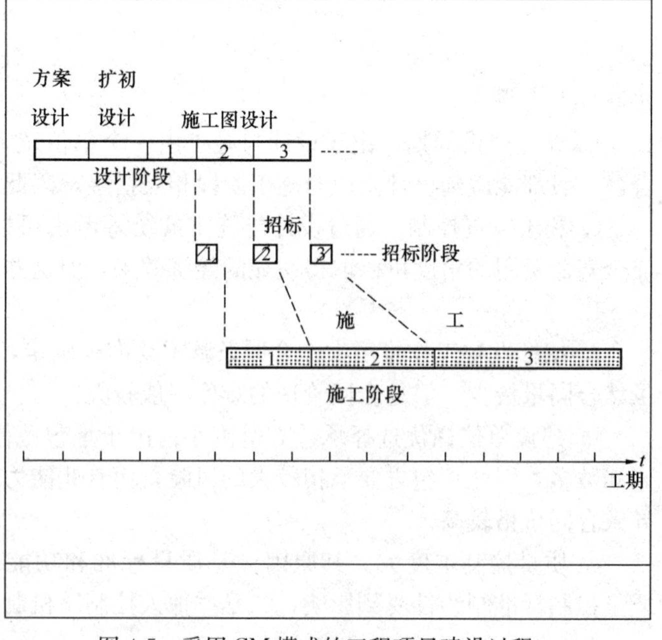

图 4-5 采用 CM 模式的工程项目建设过程

从粗到细，涉及项目各个方面，而某个方面的主要决策一经确定，即可进行这部分工程施工。”

采用 CM 模式实项工程项目建设的过程见图 4-5。

从图 4-5 可以看出，所谓 CM，是指在设计尚未结束之前，当工程某些部分的施工图设计已经完成，即先进行该部分施工招标，从而使这部分工程施工提前到项目尚处于设计阶段时即开始。

在这种情况下，项目的设计过程被分解成若干部分，每一部分施工图设计后面都紧跟着进行这部分施工招标。整个项目的施工不再由一家承包商总包，而是被分解成若干个分包，按先后不同分别进行招标。这样，设计、招标、施工三者充分搭接：施工可以在尽可能早的时间开始，与传统模式相比之，大大缩短了整个项目的建设周期，如图 4-6 所示。

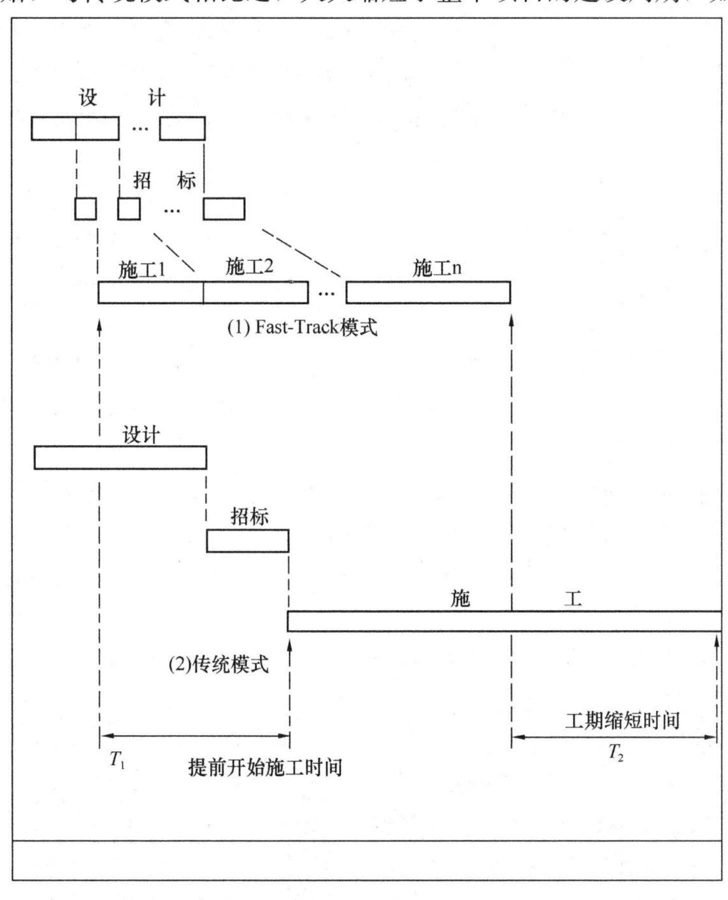

图 4-6 传统方法与 CM 模式的比较

值得注意的是，尽管在 CM 模式中施工的开始被提前到设计尚未结束之前进行，但是，由于整个施工被分解成若干个分包，而每一个分包的施工招标都是在有了该部分完整的施工图的基础上进行的，因此它与目前我国建设工程中常出现的“边设计、边施工”，也就是在无设计图纸（或设计资料不齐全）的情况下盲目施工，有着本质的区别。

可以看出，CM 模式的出发点是为了缩短建设周期，其基本思想是通过设计与施工的充分搭接，在生产组织方式上实现有条件的“边设计、边施工”。现在 CM 模式已发展成为一种广泛应用于美国、加拿大等国家的建筑工程管理模式。

②CM模式的适用范围：

CM模式适用于建设规模较大的工程项目，如现代化的高层建筑或智能化大厦。这些工程项目设计时间较长，如果等施工图出来后再进行施工招标则时间太晚，因此可在设计阶段委托一家CM单位，由它按设计进展分别发包，从而缩短项目建设周期。

对建设规模不大的一般工程项目，以及工程内容很明确的项目（如住宅），其基本要求在设计前就是知道的，则不一定要采用CM模式。

③CM模式的合同结构：

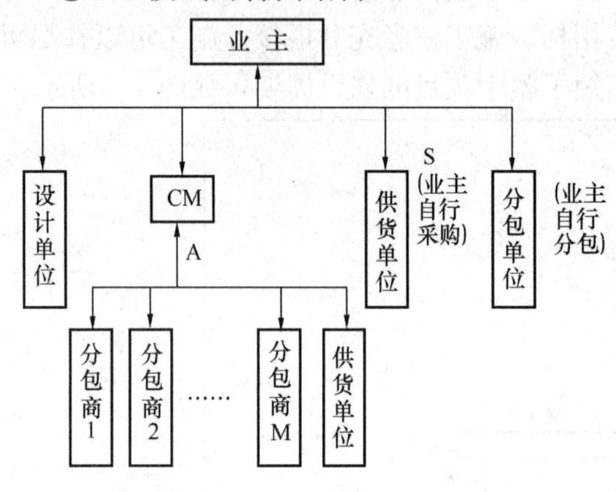

图4-7 非代理型CM模式的合同结构图

CM有两种类型：CM-Non Agency（非代理型CM）以及CM-Agency（代理型CM）。两种CM模式具有不同的合同结构。非代理型CM是由CM单位直接进行分包的发包；而代理型CM是由业主来进行分包的发包。

A. 非代理型CM的合同结构：

在非代理型CM模式中CM单位在项目建设中处在承包商的地位。其合同结构如图4-7所示，该合同结构有如下特点：

a. 业主与CM单位签订CM合同；

b. CM单位与各分包商签订分包合同，与供货单位签订供货合同；

c. 业主与分包商之间没有合同关系（但业主保留与某些分包商直接签约的权力）；

d. 业主可向CM单位指定与其签约的分包商；

e. CM单位与设计单位以及业主自行签约的分包商、供货单位之间均无合同关系。

B. 代理型CM的合同结构：

在代理型CM模式中CM单位在项目建设中处在为业主方提供咨询服务的地位。其合同结构如图4-8所示，该合同结构有如下特点：

a. 业主与CM单位签订CM合同；

b. 业主直接与各分包商签定分包合同，与供货单位签订供货合同，CM单位与分包商、供货商之间无合同关系；

c. CM单位与设计单位、分包商、供货单位之间均无合同关系。

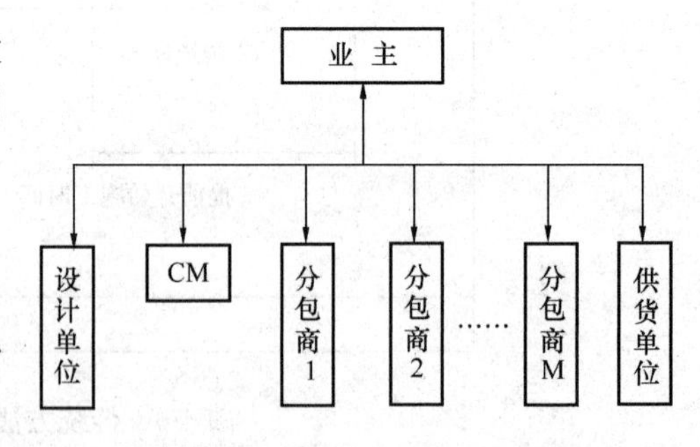

图4-8 代理型CM模式的合同结构图

④CM模式的组织结构：

采用两种不同的CM模式，其组织结构也不同。

A. 非代理型CM的组织结构：

非代理型CM模式的组织结构如图4-9所示。该组织结构有如下特点：

a. 业主直接向CM单位发指令，由CM单位向分包商、供货商发指令；

b. 在选择分包商时，CM 方要和业主一起共同研究。但在施工过程中，由 CM 方负责管理分包商，业主和分包商没有直接的指令关系；

c. 由业主自行签约的分包商和供货商，可由业主直接进行管理，也可委托 CM 单位进行管理；

d. 业主直接向设计方发指令，CM 单位只能向设计方提建议，它们之间是协调关系。

B. 代理型 CM 的组织结构：

代理型 CM 模式的组织结构如图 4-10 所示。该组织结构有如下特点：

a. 业主只向 CM 单位发指令，由 CM 单位向分包商、供货商发指令；

b. CM 单位代表业主的利益工作，并依据业主的意见直接向设计方发指令；

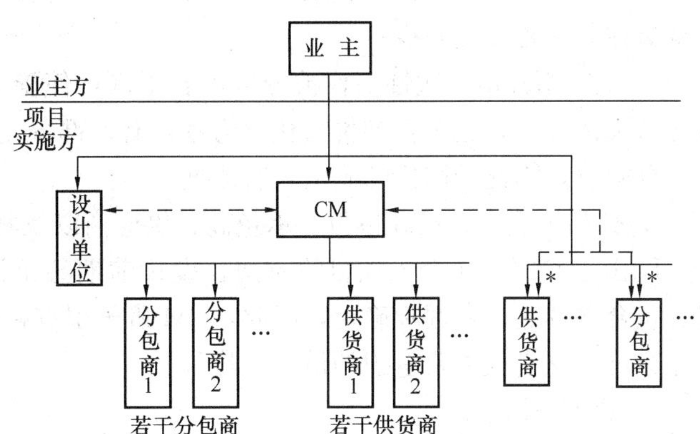

图 4-9 非代理型 CM 组织结构图

c. 在施工过程中，凡与业主直接签约的承包商和供货商（不包括其再分包的分包商），均由 CM 单位负责管理。

⑤CM 模式的优缺点：

a. 缩短建设周期。CM 模式生产组织方式是采用“Fast-Track”，即设计一部分，招标一部分，施工一部分，实现有条件的“边设计、边施工”；

b. CM 班子的早期介入，改变了传统承发包模式设计与施工相互脱离的弊病，使设

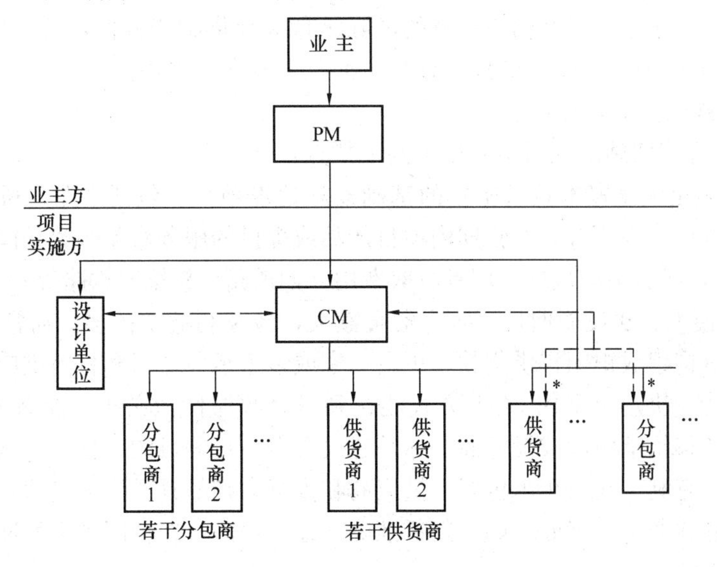

图 4-10 代理型 CM 组织结构图

计人员在设计阶段可以获得有关施工成本、施工方法等方面的信息，因而在一定程度上有利于设计优化；

c. 由于设计与施工的搭接，对于大型工程项目来说，设计过程被分解开来，设计一部分，招标一部分，设计在施工上的可行性在设计尚未完全结束时已逐步明朗，因此使设计变更在很大程度上减少；

d. 施工招标由一次性工作被分解成若干次，使施工合同价也由传统的一次确定改变成分若干次确定，施工合同价被化整为零，有一部分完整图纸即进行一部分招标、确定一部分合同价，因此合同价的确定较有依据；

e. 有利于业主、设计单位、承包商、供应商以及其他协作单位关系的协调；

f. 由于CM班子介入项目的时间在设计前期甚至设计之前，而施工合同总价要随着各分包合同的签订而逐步确定，因此，CM班子很难在整个工程开始前固定或保证一个施工总造价，这是业主要承担的最大风险。

6）BOT模式

BOT（Build-Operate-Transfer即建设—经营—转让）是近十几来在国际承包市场上出现的一种带资承包的方式。通常做法是一国政府与外国承包公司签订合同，由承包公司负责完成项目的设计、施工并提供全部或部分投资；工程完工并投入服务后，由承包公司负责经营和管理，若干年后转让给该国政府。这种方式的工程承包主要施行于发展中国家，而且较多适用于大型的能源、交通及基础设施建设。其产生的背景是发展中国家急于解决经济发展的基本需求困难，如交通条件的改善、能源的开发、基础设施的完善等，但又缺乏资金，只好以待建项目的产出利润或经济效益为偿付，吸引外来资金和技术以解燃眉之急；而国际承包商则由于近年来市场竞争激烈，僧多粥少，为赢取工程项目，同时也为了更有效地使其已拥有的资金产生更大的经济效益而采用带资方式的工程承包；另一方面，国际金融机构及众多大型财团为了能将其拥有的资金投入既能产生巨大效益、又安全可靠的项目中，也乐于为一些信誉可靠的国际承包商提供融资方便，甚至直接参与投资。以上三种客观因素使得BOT方式应运而生，而且大有发展之势。

①BOT方式的主要特点：

采用BOT方式实施的项目具有以下两大特点：

a. 项目大多是大型资本技术密集的基础设施建设项目，包括道路、桥梁、隧道、铁路、地铁、发电厂和水厂等。经营期内项目产品或提供的服务对象多数是国营单位（如自来水、电力等），或直接向最终使用者收取费用（如道路、桥梁、铁路等）。

b. 项目规模大、建设周期长，所需资金额大，涉及利益主体多。通常是由多国的众多银行或金融机构组成银团提供贷款，再由一家或多家承包公司和材料供应商组织实施。

以上两大特点决定了采用BOT方式能达到减轻政府偿债义务、提高项目运作效率、将更多的风险转移给承包商或投资商、弥补建设资金不足等目的。显然，这种承包方式对于建设单位非常有利，而对于承包商、供应商和投资商则颇具风险。当然，这种方式对于投资者或经营者并非绝无好处，如果判断准确、经营得法，在合同规定的期限内还是可以获取丰厚的利润的。

②实施BOT方式的必备条件：

并非任何条件下、任何项目都可以采用BOT方式。采用这种方式实施工程要求建设单位及其国家必须具备以下条件：

a. 必须具备系统的管理体制，政府必须有专门的立法或制定具体的政策规定。由于按 BOT 方式实施项目乃是一项复杂的系统工程，涉及面广，参与部门多，建设和经营周期长，若无具体政策，势必难以持续，项目的成功及经营效益都将难以保证。

b. 投资回收及利润必须有可靠的保证。由于按 BOT 方式实施的工程项目多为公共工程，其产品或提供的服务对象多为政府或公众，产品价格或服务报酬都受项目所在国的严格控制，不能随市场价格浮动，有时还会成为政府实现某一特定目标的牺牲品。例如政府为控制物价上涨，减轻通货膨胀的压力，强行压低按 BOT 方式实施项目如能源的价格，这就可能严重影响 BOT 项目的投资效益。因此，如果缺乏可靠的保证措施，BOT 方式很难获得成功，或者干脆无人愿意实施。

c. 配套设施必须齐全。由于按 BOT 方式实施的项目多属规模大、内容复杂的项目，如电厂、水厂或矿山。这些项目都要求各项措施齐备，配套齐全。否则，即使项目建成也很难投入生产或服务。

Ⅳ必须具有擅长于按 BOT 方式实施项目的专门人才。由于这种方式涉及多种专业技术和多层次多学科的管理，既需要精通金融业、工程建造业、设备安装业的专门人才，也需要擅长于项目运营的管理人才，还需要善于市场营销的专家。众多专业缺一不可。

③BOT 组织结构模式：

BOT 组织结构模式如图 4-11 所示。

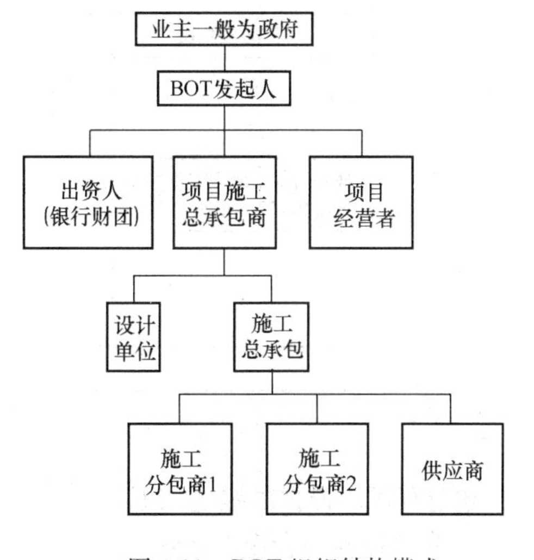

图 4-11　BOT 组织结构模式

7）Partnering 模式

90 年代初，在美国军方的工程和采购项目中，创造性地采用了一种新的管理方法——Partnering。Partnering 直译是合伙式管理的意思，台湾有的学者将其译为合作管理。

①Partnering 的概念：

Partnering 是一个比较新的名词，不同的组织和学者对其有不同的解释，比较常见的有以下解释：

Partnering 是在两个或两个以上的组织之间为了获取特定的商业利益，充分利用各方资源而作出的一种相互承诺。——美国建筑业协会

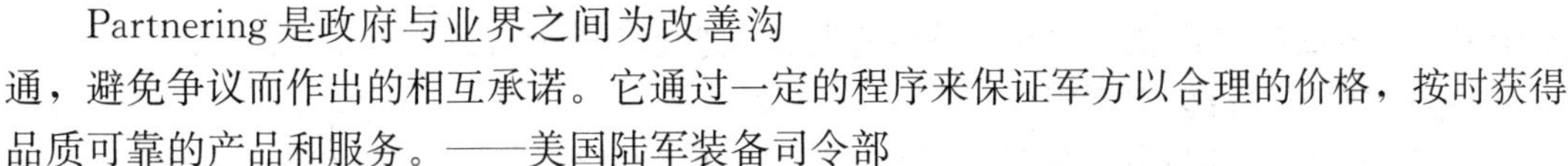

Partnering 是政府与业界之间为改善沟通，避免争议而作出的相互承诺。它通过一定的程序来保证军方以合理的价格，按时获得品质可靠的产品和服务。——美国陆军装备司令部

Partnering 是基于信任和理解，它要求在项目参与各方之间建立一个合作性的管理小组（Team）。这个小组着眼于各方的共同目标和利益，并通过实施一定的程序来确保目标的实现。

Partnering 强调问题解决的效果而避免引发诉讼。

②Partnering 的基本要素：

Partnering 的基本要素是：信任、承诺、共享。

a. 信任。如果对其他参与方的动机存在怀疑，要组成一个合作的工作小组是不可能的。只有对参与各方的目标与风险进行交流，并建立良好的关系，彼此才能更好地理解；只有通过理解才能产生信任；只有信任才能产生一种整合性的关系。

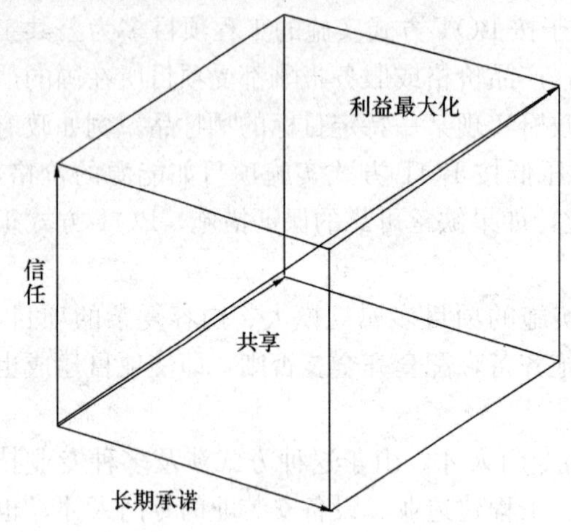

图 4-12　Partnering 的基本要素

b. 承诺。参与 Partnering 的承诺必须由高层管理者作出，参与各方的高层管理者要制订一个 Partnering“宪章”，它就代表了一种承诺。

c. 共享。Partnering 的参与各方着眼于相互的共同目标，通过资源共享，发挥资源的最大效益，从而满足参与各方的目标和利益。Partnering 的参与各方要共同承担风险，共同解决矛盾，共同分享成果。

这三要素可通过图 4-12 来得到反映：

③Partnering 的过程：

成功的实施 Partnering，要根据具体项目的需求和情况采取不同 Partnering 的程序。实施 Partnering 的过程可分为不同的阶段，其基本过程可以用图 4-13 表示：

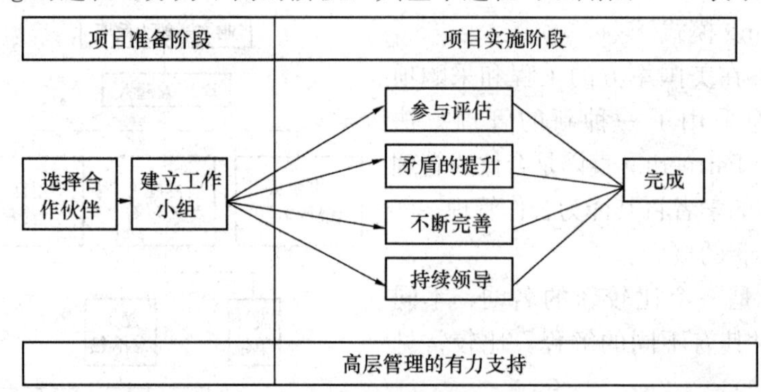

图 4-13　实施 Partnering 的过程

上述过程可以概括的描述如下：

a. 首先选择参与合作的伙伴。

b. 由参与各方的管理层组成一个管理小组，作为 Partnering 组织的代表，负责进行整个 Partnering 的组织设计，并对项目的投资、进度、质量目标进行复核论证。

c. 业主对项目目标进行确认。

d. 管理小组对项目发展各阶段潜在的风险、可能发生的冲突进行分析，并在 Partnering 的参与各方中对风险的预控进行妥善的安排。

e. 对参与各方的职责、任务、权限作出明确的描述和定义。

f. 由参与各方的最合适的工作人员组成一个项目小组，该小组对管理小组负责，向其汇报，并对整个项目的具体实施和成功进展负责。

g. 整个管理系统、报告程序对参与各方均适用。

h. 项目结束后要对 Partnering 的执行效果进行回顾和评估，以便供今后的项目进行借鉴。

④Partnering 的优点：

A. 设计方面：

a. 通过设计与施工的沟通和紧密结合确保了设计在施工上的合理性。

b. 能帮助尽可能地减少重复设计。

c. 通过设计与施工的结合缩短了项目的工期。

d. 能够优化设计。

B. 更加有效的利用项目参与各方的资源

a. 通过建立工作小组减少了业主方的人力需求。

b. 通过建立工作小组减少了项目参与各方的人力需求。

C. 改善了参与各方的沟通

a. 通过沟通能对项目有关问题的解决提出良好的建议。

b. 提高了整个项目的工作效率。

c. 能更快地处理争议。

d. 改善了项目的信息交流。

D. 进度、投资、质量方面的效果

a. 承包商对业主的管理系统更加熟悉，节省了学习时间，从而对进度和投资控制有利。

b. 减少了返工，从而提高了工程质量。

c. 减少了重复检查，从而降低成本，加快进度。

d. 通过及时的材料设备供应，缩短了项目工期。

e. 保证了业主的投资控制在合理的范围之内，也保证了承包商获取合理的利润。

f. 能提高设计质量、材料设备供应质量。

美国有学者（Cowan，1992）对在美国实施 Partnering 的项目进行案例分析得出过以下结论：

a. 避免了诉讼。

b. 参与各方普遍感到满意。

c. 平均减少投资 3.3%～10%。

d. 按计划进度或提前完工。

e. 减少约 2/3 的文书工作。

f. 减少了项目的人头费支出 11%～24%。

g. 在小组工作中能做到知识、技能和专长共享。

Partnering 这一模式从 1991 年被美国陆军工程公司（US Army Corp of Engineers）和 Arizona 运输部（Arizona Department of Transportation）首次采用后，已经在美国的军用、民用大小项目中被广泛采用，并取得了明显的效果。现在，在欧美一些国家甚至出现了专门提供 Partnering 服务的咨询公司。目前，Partnering 这一模式在澳大利亚、新加坡、香港等地也已被逐步采用。

（2）不同承发包模式下对监理单位的委托

建设工程监理委托模式的选择与建设工程组织管理模式密切相关，监理委托模式对建设工程的规划、控制、协调起着重要作用。

1）平行承发包模式条件下的监理委托模式

与建设工程平行承发包模式相适应的监理委托模式有以下两种主要形式：

①建设单位委托一家监理单位实施监理：

这种监理委托模式是指建设单位只委托一家监理单位为其提供监理服务。这种委托模式要求被委托的监理单位应该具有较强的合同管理与组织协调能力，并能做好全面规划工作。监理单位的项目监理机构可以组建多个监理分支机构对各承包单位分别实施监理。在具体的监理过程中，项目总监理工程师应重点做好总体协调工作，加强横向联系，保证建设工程监理工作的有效运行。这种模式如图 4-14 所示。

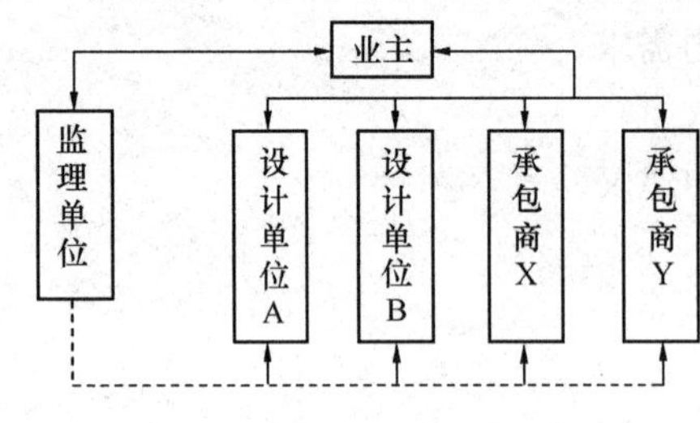

图 4-14　建设单位委托一家监理单位进行监理的模式

②建设单位委托多家监理单位实施监理：

这种监理委托模式是指建设单位委托多家监理单位为其提供监理服务。采用这种委托模式，建设单位分别委托几家监理单位针对不同的承包单位实施监理。由于建设单位分别与多个监理单位签订工程监理合同，所以各监理单位之间的相互协作与配合需要建设单位进行协调。采用这种委托模式，监理单位的监理对象相对单一，便于管理。但建设工程整体的监理工作被肢解，各监理单位各负其责，缺少一个对建设工程进行总体规划与协调控制的监理单位。这种委托模式如图 4-15 所示。

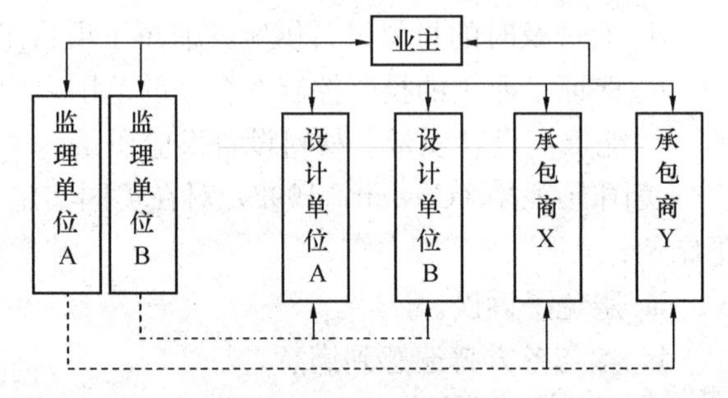

图 4-15　建设单位委托多家监理单位进行监理的模式

为了克服上述不足，在某些大、中型项目的监理实践中，建设单位首先委托一个“总监理工程师单位”总体负责建设工程的总规划和协调控制，再由建设单位和“总监理工程师单位”共同选定几家监理单位分别承担不同合同段的监理任务，如下图 4-16。

2）设计或施工总分包模式条件下的监理委托模式

对设计或施工总分包模式，建设单位可以委托一家监理单位分别进行设计阶段的监理相关服务和施工阶段的工程监理，也可以分别按照设计阶段和施工阶段分别委托监理单位。前者的优点是监理单位可以对设计阶段和施工阶段的工程投资、进度、质量控制统筹考虑，合理进行总体规划协调，更可使监理工程师掌握设计思路与设计意图，有利于施工阶段的监理工作。

虽然总包单位对承包合同承担乙方的最终责任，但分包单位的资质、能力直接影响着工程质量、进度等目标的实现，所以，监理工程师必须做好对分包单位资质的审查、确认工作。这种监理委托模式如图 4-17、图 4-18 所示。

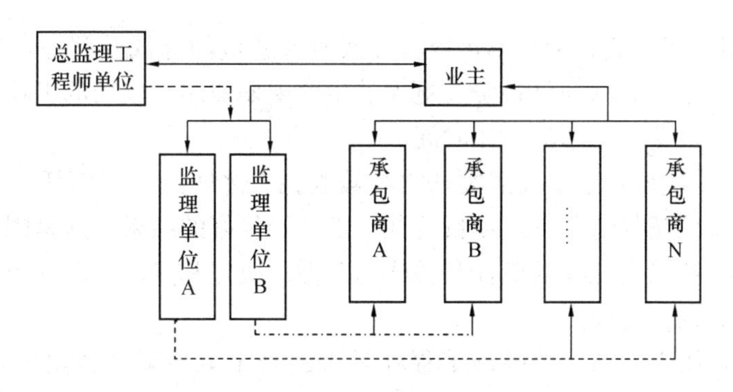

图4-16 建设单位委托“总监理工程师单位”进行监理的模式

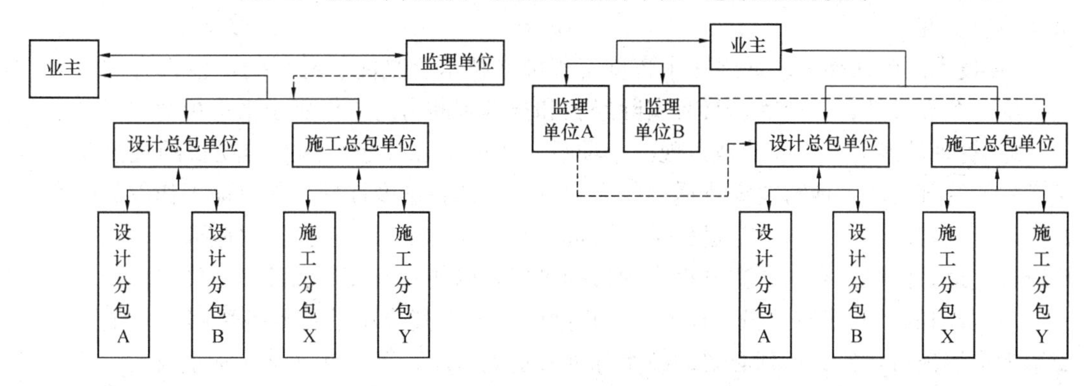

图 4-17 建设单位委托一家监理单位的模式

图 4-18 按阶段划分的监理委托模式

3）项目总承包模式条件下的监理委托模式

在项目总承包模式下，由于建设单位和总承包单位只签订一份工程承包合同，一般应委托一家监理单位进行施工监理。在这种委托模式下，监理工程师需具备较全面的知识，做好合同管理工作，如图 4-19 所示。

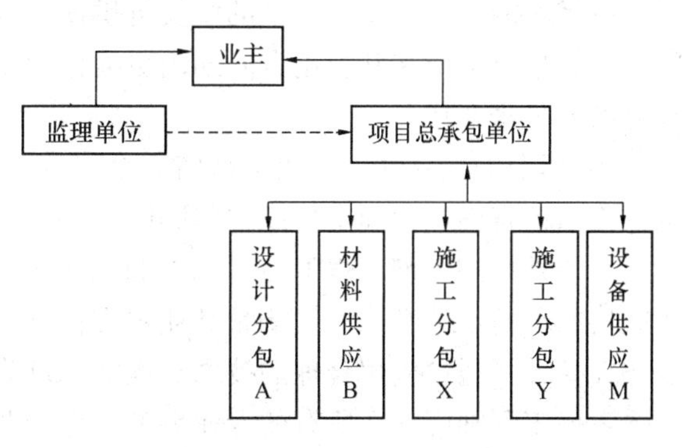

图 4-19 项目总承包模式条件下的监理委托模式

4.1.4 FIDIC《关于咨询工程师选择指南》基本内容

选择一个合格的咨询工程师是非常重要的。建设单位及其他负责选择咨询工程师的人在进行选择时，首先是要选择一个能够提供高效的工作规划与经济的咨询服务公司，其次，建设单位必须能肯定自己支付给咨询服务的酬金是合理的。国际顾问工程师联合会（FIDIC）有一套有关咨询工程师的选择的方法，这种方法是基于对咨询工程师能力的评估之上的。

（1）咨询工程师选择的基本原则

1）用招投标的方法选择咨询工程师是很困难的，甚至是不可能的。因为对咨询工程师的职业行为很难精确地加以规范说明，用竞争的原则公平地招标，则价格是重要因素，而不同的咨询工程师可能根据不同的价格预先计划提供不同水平的服务。

2）监理费用不能太低。费用不足，将导致服务质量的降低及服务范围的减少，常常导致更高的施工成本、更高的材料费及更大的生命周期费用。成功的工程咨询服务取决于相应资历的咨询人员花费足够的工作时间。

3）选择的方法应该着眼于发展委托方与被委托方之间的相互信任。在业主与咨询工程师之间相互完全信赖的情况下，项目往往才能达到最好的结果，这是因为咨询工程师必须在所有的时间里都以委托人的最佳利益作为其做出决定和采取行动的出发点。

（2）基于能力的选择要点

FIDIC认为，用于评判一个咨询工程师是否适合于承担某个特定项目最重要的标准是：技术的胜任能力；管理的能力；资源的可利用性；职业的独立性；取费构成的合理；执业的诚实性。

1）技术的胜任能力。如果一个咨询工程师在技术上是能够胜任的，他将有能力为业主提供一个经过教育、训练，具有实际经验和技术判断力的工作班子来承担此项目。

2）管理的能力。要成功地实现一个项目，咨询工程师必须具有与项目的规模及类型相匹配的管理技能。他需要安排适当的人力资源、调整进度计划表并保证工作以最顺直的方式进行规划。在项目执行全过程中，咨询工程师要善于与承包商、供应商、贷款机构及政府打交道。同时必须向业主方报告项目的进展，以使其能及时和准确地做出决定。

3）资源的可利用性。当选择咨询工程师时，证实其公司是否具备足够的资金及人力资源来承担项目，使其达到必要的技术标准及达到时间、造价计划是非常重要的。这将依赖于其现有资源可供调配使用到什么程度以及他的工作期望。业主应对咨询工程师是否确实拥有足够的、具有相应水平的职员可供使用以及是否拥有足够的资金来承担该项目进行核实。如果有必要在其聘用合同期内更换任何现场人员，咨询工程师应立即安排具有同等经验的人员来替代。

4）职业的独立性。当业主聘用一个身为“FIDIC”成员之一的咨询工程师时，他必定是确信该咨询工程师是赞成“FIDIC”的职业道德规范、职业身份、权限及职业独立性的。一个独立的咨询工程师与可能影响他职业判断的商业、制造业或承包活动不得有直接或间接的利益，他唯一的报酬是其业主支付给他的酬金。这样，他就能客观地完成所有的委派任务并且通过应用合理的技术与经济原理为业主提供获得最佳利益的见解。

咨询工程师应该在所有的专业事务中作为业主忠诚的顾问，并且在他可以自行决定的职权范围之内，他应公正地居于业主与第三方之间。

无论是他或他的人员都有不能接受除酬金之外的任何商业佣金、回扣、津贴或间接支付或作其他考虑的费用。

5）取费构成的合理性。咨询工程师需要得到足够的报酬使他们保证能投入专门的力量于各种细节、设计更变、材料及施工方法中，以提供高质量的服务。取费结构应该反映业主的需要及项目目标的需要。

6）执业的诚实性。信任是业主与咨询工程师相互关系这一“机器”运转的润滑油。没有信任，这一“机器”将变得低效率、摩擦发热直到最后静止不动。如果信任存在于业主与咨询工程师之间，并且双方都具有诚实性，那么项目就会运行得更顺畅，结果就会更好，而且双方都会更愉快。信任这一特定的因素，是咨询工程师为什么由同一业主一而再地雇佣的原因。

在进行以上几点评价时，业主（委托人）应该通过下列方法搜集有关信息：获取由咨询工程师以建议形式写成的综合报告；与他们的高级人员交谈；向他们过去的业主咨询；视察由他们完成的项目并访问用户。

4.2 建设工程监理投标

4.2.1 建设工程监理投标概述

监理单位承揽监理业务的表现形式有两种：一是通过投标竞争取得监理业务；二是由建设单位直接委托取得监理业务。通过投标取得监理业务，是市场经济体制下比较普遍的形式。我国《招标投标法》明确规定，关系公共利益安全、政府投资、外资工程等实行监理必须招标。在不宜公开招标的机密工程或没有投标竞争对手的情况下，或者是工程规模比较小、比较单一的监理业务，或者是对原监理单位的续用等情况下，建设单位也可以直接委托监理单位。

建设工程监理投标，简称监理投标，是指监理单位响应监理招标，根据招标条件和要求，编出技术经济文件向招标人投函，参与承接监理业务竞争的一系列活动。

（1）监理投标应具备的条件

监理单位参与监理投标应具备以下条件：

①具备承担招标项目的监理能力；

②有建设工程监理管理机构颁发的满足招标项目要求的资质等级证书；

③有符合招标文件规定的其他条件。

（2）申请投标

通过市场调查和对招标工程的调查，如果认为该项目有投标的价值，监理单位便可以按规定申请投标。

监理单位申请投标时，应向招标人提供下列材料：

①监理单位的营业执照和资质等级证书；

②监理单位的简历；

③监理人员构成情况，包括人员总数、职称结构、学历结构、监理资质等；

④近年来承担的主要监理工程及质量情况；

⑤正在监理工程情况一览表。

（3）投标文件的编制原则

投标文件，也叫投标书或标书，是投标人响应招标人而编制的用于投标竞争的综合性技术经济文件。投标文件应当对招标文件提出的实质性要求和条件做出响应。

1）投标文件的编制原则

①公平、公正、诚实信用原则；

②充分理解原则；

③服务性原则。

2）投标文件的编制依据

①国家及地方有关监理投标的法律、法规；

②建设单位的招标文件；

③相关标准。

3）投标文件的主要内容

①监理单位情况简介，包括组织机构、经营规模、资金能力、监理经验、监理业绩等；

②拟采用的监理方案（监理大纲）；

③派驻现场监理人员一览表，包括总监理工程师、专业监理工程师、现场监理员的年龄、学历、专业、资格条件、业绩等；

④质量保证体系；

⑤监理费用报价及报价分析；

⑥为正常开展监理工作，监理单位自备的及要求建设单位提供的设备和设施清单。

4.2.2　建设工程监理投标书的核心内容

监理单位向建设单位提供的是管理服务，所以，监理单位投标书的核心问题主要是反映所提供的管理服务水平高低的监理人员安排和监理大纲。建设单位在监理招标时以监理单位派驻项目监理机构的监理人员为重要的评价对象，此外，监理大纲的水平也是评定投标书优劣的重要内容。建设单位不应把监理费的高低作为选择监理单位的主要评定标准。作为监理单位，不应该以降低监理费作为竞争的主要手段去承揽监理业务。

监理大纲又称监理方案，它是监理单位在建设单位开始委托监理的过程中，特别是在建设单位进行监理招标过程中，为承揽到监理业务而编写的监理方案性文件。

监理单位编制监理大纲的主要作用是使建设单位认可监理大纲中的监理方案，从而承揽到监理业务，取得监理合同后，也为项目监理机构进一步开展监理工作奠定基本的指导方案。为使监理大纲的内容和监理实施过程紧密结合，监理大纲的编制人员应当是监理单位经营部门或技术管理部门人员，也应包括拟定的总监理工程师，总监理工程师参与编制监理大纲有利于监理合同的履行。

（1）监理大纲的主要内容

监理大纲的内容应当根据建设单位所发布的监理招标文件的要求而制定，一般来说，应该包括如下主要内容：

1）工程难点和重点的分析

根据招标文件要求、现场考察情况、设计图纸资料，分析建设工程项目的难点和重点，进行风险分析，拟定相应的对策。在监理大纲的开始，监理单位需要介绍拟派往所承揽或投标工程的项目监理机构的主要监理人员，并对他们的资格情况进行说明。其中，应该重点介绍拟派往投标工程的项目总监理工程师的情况，这往往决定承揽监理业务的成败。

2）监理的管理体系与职责分工

包括监理单位的组织管理体系，职责分工情况，监理项目质量管理体系，对施工单位安全生产管理的监督体系，工作流程体系等。这些体系的建立与有效运行是监理单位提供优质服务的基本保证。

3）监理控制方案

根据建设单位所提供的项目信息，并结合工程特点的分析资料，制定工程项目三大目标的具体控制方案，对施工单位安全生产管理的监督方案，建设工程各种合同的管理方案、项目监理机构在监理过程中进行协调沟通方案以及信息管理方案等。

4）向建设单位提出的监理建议

在监理大纲中，监理单位还应该向建设单位提出建设性建议，这将有助于满足建设单位提升工程项目价值的需要，也有利于监理单位顺利承揽该工程项目的监理业务。

（2）监理大纲的编制要点

监理大纲只是方案性质的文件，它只是为了在投标阶段取得建设单位的认可，而后它将成为编制更加深化的监理规划的依据。显然，监理大纲绝不等同于监理规划，更不是监理实施细则。监理大纲的两大重点是：工程难点和重点的分析和主要的监理方案。但是有的招标文件，还要求绘制拟设立的项目监理机构的组织结构图。

监理大纲编写时，为说明各种监理方案的工程依据，首先应编写工程概况。工程概况的描述，应突出重点，使后边的工程难点和重点的提出言之有据。其次应列出编制各种监理方案的国家规范和政府技术政策性文件依据，表明所编各种监理方案的规范性和合法性。当监理招标文件提出的监理大纲编制要点明确到章节安排要求时，要服从招标文件。

监理大纲的编制应突出以下几个要点。

1）本监理大纲编制依据

①国家法律法规依据；

②本工程的工程条件依据；

③适用于本工程的国家规范、规程、技术标准和政府建设行政主管部门的文件。

2）对工程概况的描述

①工程名称、建设地点、工程环境；

②建设单位名称；

③设计、工程地质勘查等合作单位名称；

④工程性质和建设规模；

⑤建设投资、资金来源；

⑥工期要求、质量要求；

3）监理服务工作的范围

①将监理招标文件中的规定加以完整地叙述；

②可能时，作出其他必要的承诺。

4）监理服务工作的内容和目标值

①施工阶段工程监理的内容。

施工阶段的工程监理的内容应为完成国家监理规范规定的全部监理工作。

②监理服务的各项控制管理工作的目标值。

工程进度、质量、投资、施工安全和其他管理、协调工作的目标值，依据监理招标文件中的要求编写。工程质量控制，按国家有关法律和各专业施工质量验收规范的规定，应是达到规范规定的合格标准。但是如果招标文件提出本工程要实现地方结构工程奖（如北京长城杯奖）的目标或整体工程争取国家奖（如鲁班奖），监理大纲应作出积极响应。

5）监理机构设置、各层次监理人员的职责

监理机构设置应满足监理招标文件的要求。为表示监理单位对本工程的重视，可以设立监理单位公司一级的技术和日常管理的后援机构。依据国家规定的监理工作“守法、诚信、公正、科学”的基本准则，应编制监理人员的守则和工作纪律要求，使建设单位对本监理单位的自律要求形成鲜明印象。并针对工作任务安排监理人员职责，且符合相关规范规定。

6）监理的一般工作制度与流程

监理的一般工作制度是指监理工作程序的一般规定。施工阶段监理任务，按国家规定是完成“三控（投资、进度、质量）、三管（安全、合同、信息）、一协调”。为使工作有效和有序，这些工作应该加以制度化。这些制度最终表现为固定的工作流程。

监理工作制度与流程的编写，在于使建设单位对本监理单位的通常工作方法的规范性形成认识，从而建立信任。

制度是一种工作手段。监理工作制度包括监理日常管理工作和日常检查检验工作，其中，前者如会议制度、报告制度、文件往来制度等，后者如三控的具体措施、程序和方法。

7）监理的质量控制工作、监理的进度控制工作、监理的投资控制工作

“三控”工作是监理规范规定的监理任务的核心内容，也是监理大纲的核心内容，其编写必须完全针对本工程。编写这些章节时必须坚持针对性、具有可行性并具有一定的可操作性的原则，写出监理规范规定的监理工作主要方法和各种施工质量验收规范规定的主要监理工作控制环节，并且深度适宜。

编写时应当列出所依据的国家规范、规程、技术标准和政府技术政策性文件的目录，使得将来编制监理规划和监理实施细则时能有依据可循。

8）监理的施工安全生产管理、监理的合同和信息管理工作

施工阶段的施工安全生产管理，必须以国家法律法规和政府文件为依据。住房和城乡建设部2006年10月发文《关于落实建设工程安全生产监理责任的若干意见》，明确规定了监理施工安全控制的内容和方法，监理文件中列出的监理单位安全控制工作的范围和内容应在其规定范围之内。监理大纲中，应列出本工程中属于国务院《建设工程安全生产管理条例》和有关住建部文件规定的“危险性较大的工程”项目并提出可行的监理工作方案。

监理的合同、信息管理工作，应当突出重点。

9）监理的协调工作和竣工验收工作，保修期监理相关服务的监理工作

10）对招标文件其他要求的响应

不同工程的监理招标文件，各有不同的侧重要求，一般情况下，监理大纲的编制必须做到积极响应以取得招标者的信任。

4.2.3 工程监理费的构成和计算方法

工程建设是一项比较复杂且需花费较长时间才能完成的系统工程，要取得预期的、比较满意的效果，对建设工程的管理就要付出艰辛的劳动。建设工程监理是一种有偿的服务活动，而且是一种“高智能的有偿技术服务”。作为企业，监理单位要负担必要的支出，监理单位的经营活动应达到收支平衡，且应有合理的利润。为了保证建设工程监理事业的顺利发展，维护建设单位和监理单位的合法权益，国家发展改革委、建设部于2007年3月30日联合颁发的《建设工程监理与相关服务收费管理规定》，对建设工程监理费有关问题作了规定。

(1) 监理费的构成

从核算的角度来看，监理费的构成是指监理单位在工程项目监理活动中所需要的全部成本，再加上应交纳的税金和合理的利润。各国政府通常都规定有监理（咨询）服务费用划分标准分类。一般监理（咨询）服务费用包括以下部分。

1) 直接成本

直接成本是指监理单位在完成某项具体监理业务所发生的成本。主要包括：

①监理人员和监理辅助人员的工资，包括津贴、附加工资、奖金等；

②用于各类人员的其他专项开支，包括差旅费、补助费、书报费、医疗费等；

③用于监理工作的计算机等办公设施的购置使用费和其他仪器、机械的租赁费等；

④所需的其他外部服务支出。

2) 间接成本

间接成本，有时称作日常管理费，包括全部业务经营开支和非工程项目监理的特定开支。一般包括：

①管理人员、行政人员、后勤服务人员的工资，包括津贴、附加工资、奖金等；

②经营业务费，包括为招揽监理业务而发生的广告费、宣传费、有关契约或合同的公证费和签证费等活动经费；

③办公费，包括办公用具、用品购置费，通信、邮寄费、交通费，办公室及相关设施的使用（或租用）费、维修费，以及会议费、差旅费等；

④其他固定资产及常用工、器具和设备的使用费，垫支资金贷款利息；

⑤业务培训费，图书、资料购置费等教育经费；

⑥新技术开发、研制、试用费；

⑦咨询费、专有技术使用费；

⑧职工福利费、劳动保护费；

⑨工会等职工组织活动经费；

⑩其他行政活动经费，如职工文化活动经费等。

3) 税金

税金是指按照国家规定，监理单位应交纳的各种税金总额，如交纳营业税、所得税等。监理单位属科技服务类，应享受一定的优惠政策。

4) 利润

利润是指监理单位收入扣除直接成本、间接成本和各种税金之后的余额。监理工作是一种高智能的技术服务，监理单位的利润应当高于社会平均利润。

(2) 监理费的一般计算方法

由于建设项目的种类、特点及服务内容的不同，国际上通行的计价方式可有以下多种，采用哪种方式计费，应由双方协商确定，写于合同中。监理费一般有如下几种计算方法。

1) 按时计费法

这种方法是根据合同项目使用的时间（计算时间的单位可以是小时，也可以是工作日，或按月计算）补偿费再加上一定数额的补贴来计算监理费的总额，单位时间的补偿费用一般是以监理单位职员的基本工资为基础，加上一定的管理费和利润（税前利润）。采用这种方法时，监理人员的差旅费、工作函电费、资料费，以及试验和检验费、交通和住宿费等均由建设单位另行支付。

这种计算方法主要适用于临时性的、短期的监理业务活动，或者不宜按工程的概（预）算的百分比等其他方法计算监理费时使用。由于这种方法在一定程度上限制了监理单位潜在效益的增加，因而，单位时间内监理费的标准比监理单位内部实际的标准要高得多。

2）工资加一定比例的其他费用计算法

这种方法实际上是按时计算监理费形式的变换，即按参加监理工作的人员的实际工资的基数乘上一个系数。这个系数包括了应有的间接成本、税金和利润等。除了监理人员的工资之外，其他各项直接费用等均由建设单位另行支付。一般情况下，较少采用这种方法，尤其是在核定监理人员数量和监理人员的实际工资方面，建设单位与监理单位之间难以取得完全一致的意见。

其费用计算是：

$$A = B \times K + (C + D) + E$$

式中 A——服务费；

B——直接服务人员工资；

K——系数；

C、D——间接费和利润，为直接费的某一百分数；

E——非经常费。

3）按建设费的一定比例计算

这种方法是按照工程规模大小和所委托的监理工作的繁简，以建设投资的一定的百分比来计算。一般情况下，工程规模越大，建设投资越多，计算监理费的百分比越小。这种方法比较简便、科学，颇受建设单位和监理单位双方的欢迎。原则是按工程项目类型及规模估算工程费和服务费的比例。一般是规模越大，工程费越高，收费的比例相应降低。

采用这种方法的关键一环是确定计算监理费的基数。应在合同中明确工程费是按估算工程费计价，还是按实际工程费计价。考虑到改进设计、降低成本可能会导致服务费相应降低，影响服务者改进工作的积极性，因此，某些国家规定：因改进设计降低的费用可按节约额的一定百分比（如7%）提成给予奖励。

4）监理成本加固定费用计算法

这种方式是服务方在准确核算实际成本的基础上加上一定比例或数额的固定酬金。

这种方式适用于服务范围不明确或难以事先估价的业务。监理成本是指监理单位在工程监理项目上花费的直接成本。固定费用是指直接费用之外的其他费用。各监理单位的直接费与其他费用的比例是不同的，但是，一个监理单位的监理直接费与其他费用之比大体上可以确定个比例。这样，只要估算出某工程项目的监理成本，那么，整个监理费也就可以确定了。问题是，在商谈监理合同时，往往难以较准确地确定监理成本，这就为商签监理合同带来较大的阻力。所以，这种计算方法用得很少。

5）固定价格计算法

这种方式系事先将服务费包死。对于工期长，条件复杂的工程，这种支付方式使服务者承担较大风险。所以往往在固定的咨询费中加入一定数额的不可预见费，或者是在合同中规定遇有重大变化时咨询费的调整办法。

这种方法适用于小型或中等规模的工程项目监理费的计算，尤其是监理内容比较明确的小型或中等规模的工程项目监理。建设单位和监理单位都不会承担较大的风险，经协商一致，就采用固定价格法。即在明确监理工作内容的基础上，以一笔监理总价包死，工作量有所增减变化，一般也不调整监理费。或者，不同类别的工程项目的监理价格不变，据各项工程量的大小分别计算出各类的监理费，合起来就是监理总价。如居民小区工程的监理，建筑物按确定的建筑面积乘以确定的监理价格，道路工程按道路面积乘以确定的监理价格，市政管道工程按延长米乘以确定的监理价格，三者合起来就是居民小区的监理总价。

（3）我国建设工程监理与相关服务收费管理规定

1）我国建设工程监理与相关服务收费价格与体系

我国建设工程监理与相关服务收费根据建设项目投资额的不同情况，分别实行政府指导价和市场调节价。

建设项目投资额500万元及以上的建设工程施工阶段的监理收费实行政府指导价，其基准价根据《建设工程监理与相关服务收费标准》计算，浮动幅度为上下20%，发包人和监理人根据建设项目的实际情况在规定的浮动幅度内协商确定收费额。

建设项目投资额500万元以下的建设工程施工阶段的监理收费和其他阶段的监理与相关服务收费实行市场调节价，由发包人和监理人协商确定收费额。

工程监理与相关服务收费要体现优质优价的原则。在保证工程质量的前提下，由于监理单位提供的监理与相关服务节省投资，缩短工期，取得显著经济效益的，发包人可根据合同约定奖励监理单位。奖励标准应事先在工程监理合同中明确。

2）建设工程监理与相关服务的主要工作内容

①勘察阶段监理相关服务：协助建设单位编制勘察要求，选择勘察单位，核查勘察方案并监督实施和进行相应的控制，参与验收勘察成果。

②设计阶段监理相关服务：协助建设单位编制设计要求、选择设计单位，组织评选设计方案，对各设计单位进行协调管理，监督合同履行，审查设计进度计划并监督实施，核查设计大纲和设计深度、使用技术规范合理性，提出设计评估报告（包括各阶段设计的核查意见和优化建议），协助审核设计概算。

③施工阶段：施工过程中的质量、进度、费用控制，安全生产监督管理、合同、信息等方面的协调管理。

④设备采购监造阶段监理相关服务：协助建设单位编制设备采购方案和计划，参与设备采购的招标活动，协助建设单位签订设备制造合同，对设备的设计、零部件采购、生产、到货验收等过程实施监督、管理、控制和协调。

⑤保修阶段监理相关服务：检查和记录工程质量缺陷，对缺陷原因进行调查分析并确定责任归属，审核修复方案，监督修复过程并验收，审核修复费用。

3）工程监理与相关服务收费计算办法

工程监理与相关服务收费包括两种类型：一是建设工程施工阶段的工程监理收费，二是勘察、设计、设备采购监造、保修等阶段的相关服务收费。

①施工阶段工程监理收费计算办法

施工监理服务收费按照下列公式计算：

施工监理服务收费 = 施工监理服务收费基准价 ×（1 ± 浮动幅度值） （4-1）

施工监理服务收费基准价 = 施工监理服务收费基价 × 专业调整系数 × 工程复杂程度调整系数 × 高程调整系数 （4-2）

式中，施工监理服务收费基准价，按照本收费标准计算出的施工监理服务基准收费额，发包人与监理人根据项目的实际情况，在规定的浮动幅度范围内协商确定施工监理服务收费合同额。

施工监理服务收费基价，是指完成国家法律法规、行业规范规定的施工阶段监理服务内容的酬金。具体数额见表 4-2。

施工监理服务收费基价表（单位：万元） **表 4-2**

序　号	计费额	收费基价	序　号	计费额	收费基价
1	500	16.5	9	60000	991.4
2	1000	30.1	10	80000	1255.8
3	3000	78.1	11	100000	1507.0
4	5000	120.8	12	200000	2712.5
5	8000	181.0	13	400000	4882.6
6	10000	218.6	14	600000	6835.6
7	20000	393.4	15	800000	8658.4
8	40000	708.2	16	1000000	10390.1

如果计费额大于 100 亿元，则收费基价按计费额乘以 1.03％的收费率进行计算；如果计费额处于两个数值之间的，则收费基价按直线内插法确定。

施工监理服务收费的计费额：施工监理服务收费以建设工程概算投资额分档定额计费方式收费，其计费额为工程概算中的建筑安装工程费、设备购置费和联合试运转费之和。对设备购置费和联合试运转费占工程概算投资额 40％以上的工程项目，计费额包括建筑安装工程费全部计入计费额，设备购置费和联合试运转费按 40％的比例计入；对设备购置费和联合试运转费占工程概算投资额 40％以下的工程项目，其设备购置费和联合试运转费按实际比例计入计费额。

工程中有利用原有设备并进行安装调试服务的，以签订工程监理合同时同类设备的当期价格作为施工监理服务收费的计费额；工程中有缓配设备的，应扣除签订监理合同时同类设备的当期价格作为施工监理服务收费的计费额；工程中有引进设备的，按照购进设备的离岸价格折换成人民币作为施工监理服务收费的计费额。

施工监理服务收费以建筑安装工程费分档定额计费方式收费的，其计费额为工程概算中的建筑安装工程费。

作为施工监理服务收费计费额的建设工程概算投资额或建筑安装工程费均指每个监理合同中约定的工程项目范围的投资额。

——施工监理服务收费调整系数：包括：专业调整系数、工程复杂程度调整系数和高程调整系数。专业调整系数是对不同专业建设工程项目的施工监理工作复杂程度和工作量差异进行调整的系数，其数值可在表 4-3 中查找。

施工监理服务收费专业调整系数表　　表 4-3

序号	工程类型	专业调整系数
1	矿山采选工程： 黑色、有色、黄金、化学、非金属及其他矿采选工程 选煤及其他煤炭工程 矿井工程、铀矿采选工程	 0.9 1.0 1.1
2	加工冶炼工程： 冶炼工程 船舶水工工程 各类加工工程 核加工工程	 0.9 1.0 1.0 1.2
3	石油化工工程： 石油工程 化工、石化、化纤、医药工程 核化工工程	 0.9 1.0 1.2
4	水利电力工程： 风力发电、其他水利工程 火电工程、送变电工程 核电、水电、水库工程	 0.9 1.0 1.2
5	交通运输工程： 机场场道、助航灯光工程 铁路、公路、城市道路、轻轨及机场空管工程 水运、地铁、桥梁、隧道、索道工程	 0.9 1.0 1.1
6	建筑市政工程： 邮政、电信、广电工艺工程 建筑、人防、市政工程 园林绿化工程	 1.0 1.0 0.8
7	农业林业工程： 农业工程 林业工程	 0.9 0.9

工程复杂程度调整系数：对同一专业不同建设工程项目的施工监理复杂程度和工作量差异进行调整的系数。工程复杂程度分为一般、较复杂和复杂三个等级，其调整系数分别为：一般（Ⅰ级）0.85；较复杂（Ⅱ级）1.0；复杂（Ⅲ级）1.15。工程复杂程度可在《工程复杂程度表》中查找确定。

高程调整系数：数值如下：

海拔高程 2001m 以下的为 1；

海拔高程 2001～2500m 为 1.1；

海拔高程 2501～3000m 为 1.2；

海拔高程 3001～3500m 为 1.3；

海拔高程 3501～4000m 为 1.4；

海拔高程 4001m 以上的，高程调整系数由发包人和监理人协商确定。

发包人将施工监理服务中的某一部分工作单独发包给监理人，则按照其占施工监理服务工作量的比例计算施工监理服务收费，其中质量控制和安全生产监督管理服务收费不宜低于施工监理服务收费总额的 70%。

②勘察、设计、设备采购监造、保修等阶段的相关服务收费计算办法

在施工阶段以外的其他阶段，相关服务收费一般按相关服务工作所需的工日和下表标准计算收费额。需要说明的是，表 4-4 标准一般仅适用提供短期相关服务的人工费用标准，对于服务期超过一年的服务工作，仍应参照前述按投资额百分比的计算办法确定服务费数额。

建设工程监理与相关服务人员人工日费用标准 **表 4-4**

建设工程监理与相关服务人员职级	工日费用标准（元）
一、高级专家	1000～1200
二、高级专业技术职称的监理与相关服务人员	800～1000
三、中级专业技术职称的监理与相关服务人员	600～800
四、初级及以下专业技术职称监理与相关服务人员	300～600

4.2.4 工程监理单位竞争中应注意的事项

（1）严格遵守国家的法律、法规及有关规定，遵守监理行业职业道德，不参与恶性压价竞争活动，严格履行工程监理合同；

（2）严格按照批准的经营范围承接监理业务，特殊情况下承接经营范围以外的监理业务时，需向资质管理部门申请批准；

（3）承揽监理业务的总量要视本单位的力量而定，不得在与建设单位签订监理合同后，把监理业务转包给其他监理单位，或允许其他企业、个人以本监理单位的名义挂靠承揽监理业务；

（4）对于监理风险较大的建设工程，可以联合几家监理单位组成联合体共同承担监理业务，以分担风险。

思 考 题

1. 简述监理单位的选择要点。
2. 试述不同承发包模式下对监理单位的委托方式及优缺点。
3. 监理大纲的主要内容有哪些？
4. 监理费的构成有哪些？如何计算监理费？
5. 工程监理单位在竞争中应该注意什么？

第5章　建设工程监理组织

5.1　建设工程监理组织概述

组织是管理中的一项重要职能。建立精干、高效的项目监理机构并使之正常运行，是实现建设工程监理目标的前提条件。因此，组织的基本原理是监理工程师必备的基础知识。

组织理论的研究分为两个相互联系的分支学科，即组织结构学和组织行为学。组织结构学侧重于组织的静态研究，即组织是什么，其研究目的是建立一种精干、合理、高效的组织结构；组织行为学则侧重组织的动态研究，即组织如何才能够达到其最佳效果，其研究目的是建立良好的组织关系。

5.1.1　组织的概念

（1）组织的含义

1）一般意义的组织。

泛指各种各样的盈利或非盈利的社会组织，这是人们进行合作活动的必要条件。

2）管理意义的组织。

按照一定目的和程序，人们进行分工协作的过程及由此组成的一种权责角色结构系统。组织作为一个系统，一般包含四个重要因素：①目标；②人员与职务；③职责与职权；④信息。

（2）组织的特点

作为生产要素之一，组织有如下特点：其他要素可以相互替代，如增加机器设备可以替代劳动力，而组织不能替代其他要素，也不能被其他要素所替代。但是，组织可以使其他要素合理配合而增值，即可以提高其他要素的使用效益。随着现代化社会大生产的发展，随着其他生产要素复杂程度的提高，组织在提高经济效益方面的作用也愈益显著。

组织的要素可分为有形要素和无形要素。其中，有形要素是构成组织的物质条件，包括实现组织预期目标所需实施的工作，确定实施工作的人员，确定必备的物质条件和确定权责结构；无形要素是组织构成的精神条件，包括共同的目标，工作的主动性与积极性，良好的沟通网络和制度，和谐的人际关系，有效配合与通力协作。

（3）组织的分类

国际上较为通用的是帕森斯的社会功能分类说、艾桑尼的人员分类说和布劳的实惠分类说，国内学术界的观点主要有按组织的性质分类和按组织是否自发形成分类。

1）帕森斯的社会功能分类

美国著名社会学家帕森斯（T. Patsons）认为，组织的分类应按照社会作用和社会效益进行。这是一种用具有社会独特功能的标志，来对组织及组织中每级系统进行分类的一种观点。按这种分类标志，组织可以分为：以经济生产为导向的组织、以政治为导向的组织、整合组织和模型维持组织。

①以经济生产为导向的组织。这种组织是以经济生产为核心，运用一切资源扩大组织的经济生产能力。这类组织除生产产品以外，还负责劳务工作。因此，这种组织的范围非常广，包括公司、企业、工厂、饭店等组织机构。

②以政治为导向的组织。这类组织的目标在于实现某种政治目的，因此它的重点是权力的产生和分配，如政府部门的一些组织等。

③整合组织。这类组织的社会功能在于协调各种冲突，引导人们向某种固定的目标发展，如法院、政党等组织。

④模型维持组织。这类组织的社会功能在于维持固定的形式来确保社会的发展，如学校、社团、教会等。

2）艾桑尼的人员分类说

美国社会学家艾桑尼（A. Etzioni）则根据人员的顺从程度标志对组织分类为强制型组织、功利型组织和正规组织。

①强制型组织，指用高压和威胁等强制手段，控制其成员，如监狱、精神病院、战俘营等。

②功利型组织，指以金钱或物质的媒介作为控制手段来控制所属成员，例如各种工商企业等。

③正规组织，指以荣誉鼓励的方式管理组织人员，而组织的人员对这种管理方式是认可的，政党、机关、学校都属于这类组织。

3）布劳的实惠分类说

美国社会学家、交换学派的代表布劳（P. M. Blau）以组织内部（或外部）人员受惠程度作为组织分类标志。他将组织分为以下四种类型：互利组织、服务组织、企业组织和公益组织。

①互利组织，指一般成员都可获得实惠的组织。这种组织是以全体成员最终能得到实惠为依据，如工会、政党团体、宗教团体等。

②服务组织，指为社会大众服务，使他们得到益处的组织。这种组织的目的在于使服务对象受到实惠，如医院、大学、福利机构等。

③企业组织，指有组织的所有权或经理、股东等上层得到实惠的组织。这种组织获利最大者是组织的上层人士，如工厂、企业、银行、各种公司等（这种现象主要发生在资本主义国家）。

④公益组织，指为社会所有人服务的组织，如检察机关、行政机关、军事组织等。

4）国内学术界的观点

国内学术界按组织的性质将组织分为经济组织、政治组织、文化组织、群众组织和宗教组织；按组织是否自发形成将组织分为正式组织和非正式组织。其中正式组织是为了有效地实现组织目标而规定组织成员之间职责范围和相互关系的一种结构，具有不是自发行成、有明确的目标、以效率逻辑为标准和强制性的特征；非正式组织是人们在共同工作或活动中，由于抱有共同的社会感情和爱好，以共同的利益和需要为基础而自发形成的团体，具有自发性、内聚性、不稳定性和领袖人物作用较大的特征。

5.1.2 组织结构

组织内部构成和各部分间所确立的较为稳定的相互关系和联系方式，称为组织结构。

组织结构的基本内涵有：①确定正式关系与职责的形式；②向组织各个部门或个人分派任务和各种活动的方式；③协调各个分离活动和任务的方式；④组织中权力、地位和等级关系。

1）组织结构与职权的关系

组织结构与职权形态之间存在着一种直接的相互关系，这是因为组织结构与职位以及职位间关系的确立密切相关，因而组织结构为职权关系提供了一定的格局。组织中的职权指的就是组织中成员间的关系，而不是某一个人的属性。职权的概念是与合法地行使某一职位的权力紧密相关的，而且是以下级服从上级的命令为基础的。

2）组织结构与职责的关系

组织结构与组织中各部门、各成员的职责的分派直接有关。在组织中，只要有职位就有职权，而只要有职权也就有职责。组织结构为职责的分配和确定奠定了基础，而组织的管理则是以机构和人员职责的分派和确定为基础的，利用组织结构可以评价组织各个成员的功绩与过错，从而使组织中的各项活动有效地开展起来。

3）组织结构图

组织结构图是组织结构简化了的抽象模型。但是，它不能准确、完整地表达组织结构，如它不能说明一个上级对其下级所具有的职权的程度以及平级职位之间相互作用的横向关系。尽管如此，它仍不失为一种表示组织结构的好方法。

5.1.3 组织行为

组织行为是指组织的个体、群体或组织本身从组织的角度出发，对内源性或外源性的刺激所作出的反应。组织行为学是综合运用与人有关的各种知识，采用系统分析的方法，研究一定组织中人的行为规律，从而提高各级主管人员对人的行为的预测和引导能力，以便更有效地实现组织目标的一门学科。

（1）组织行为的内涵

组织行为的基本内涵有：

1）组织行为的研究对象是人的行为规律，集中研究在各种工作组织中的人的行为的规律；

2）组织行为是系统地研究一个组织中人的行为规律，用系统的观点考察组织；

3）组织行为研究的目的是在对组织中人的行为规律认识的基础上，准确地预测人的行为发展趋势，并采取相应的措施引导、控制人的行为，变消极行为为积极行为，从而提高组织的工作绩效，可靠地实现组织的预期目标。

（2）组织行为的特点

1）组织行为是整体行为，不是组织成员的单独个人行为；

2）组织行为的动机是根据这个组织建立的宗旨产生的，带有明确的目的性；

3）组织行为的效果具有两重性；

4）组织行为是全体组织成员共同活动的行为；

5）组织行为是通过组织成员的个体行为来实现的，反过来又影响成员个体行为。

（3）组织行为学的新发展

进入20世纪90年代以来，组织行为学有一些新的发展动向，主要表现为如下几个方面：

① 组织变革已成为全球化经济竞争中组织行为学研究的首要问题。随着经济全球化的潮流和经济结构调整，对企业重组、战略管理、跨国公司或国际合资企业管理的研究呈现强劲势头，由复杂性增加而导致研究的注意力全面转向整个组织层面。这个方面的研究主要探索组织变革的分析框架、理想的组织模式、干预理论以及变革代理人的角色。

与组织变革密切相关的是领导行为研究。受权变理论的影响，先后出现了多种领导理论。在组织变革中，管理决策显得十分重要。目前，在个体层面上，组织行为学比较注重决策和判断中所采用的认知策略和判断决策问题；在组织层面上，组织行为学主要分析不同背景下的决策模式、权利结构和参与体制，并特别重视决策技能的开发和利用。与组织变革密切相关的还有激励机制和企业文化，它们也成为组织行为学研究的热点。

② 组织行为学强调对人力资源的系统开发。组织行为学更加关注研究管理者决策、技术创新和员工适应中必须具备的胜任素质，更加关注如何充分利用和开发人力资源。相应的组织行为学研究由原来的局部、分散转变为整体、系统。目前有关胜任特征评价、个体对于组织的适应性和干预问题的研究等人力资源问题正向纵深发展。

③ 组织行为学研究更加关注国家目标。在跨国公司和国际合资公司的比较研究、科技投入的行为研究、失业指导研究、劳动力多元化、国家金融安全等方面，均取得了客观的经济效益和社会效益。目前组织行为学家把组织作为开放的社会一技术系统来看待和研究，研究领域已突破传统框架，涉及管理培训与发展、工业业绩评价、管理决策、组织气氛和组织文化、跨文化比较等新领域。

④ 组织行为学研究除秉承强调生产率的传统之外，更加关注工作生活质量。组织行为学认为强调生产率与强调工作生活质量并非相互排斥的。如果工作生活质量不令人满意，是很难实现高生产率的。相反，高的生产率是拥有改善工作生活质量所必需资源的先决条件。组织行为学越来越重视有关工作满意度、雇员安全与健康、组织文化、组织承诺、心理契约、压力管理、工作一家庭平衡等方面内容的研究。

另外，近年积极组织行为学逐渐兴起。传统组织行为学更多地关注组织、团队、管理者和员工等负面障碍问题的解决，积极组织行为学不仅研究怎样引导和激励消极、懒惰的员工；研究更有效地解决冲突、压力和工作倦怠；改进不良的态度和对组织变革的抵制。积极组织行为学的提出弥补了传统组织行为学的不足。

(4) 组织行为学的激励理论与领导理论

1) 激励理论

激励，就是激发、鼓励的意思，就是利用某种外部诱因调动人的积极性和创造性，使人有一股内在的动力，向所期望的目标前进的心理过程。激励是行为的钥匙，又是行为的按钮。按动什么样的激励按钮就会产生什么样的行为。激励的含义可以从以下几个方面理解：

① 激励有一定的被激励对象。

② 激励是研究人的行为是由什么激发并赋予活力的。这指的是人们自身有什么样的内在能源或动力，能驱动他们以一定方式表现出某一特定行为，以及有哪些外在的环境性因素触发了此种活动。

③ 是什么因素把人们已被激活的行为引导到一定方向上去的。这指的是人的行为总是指向一定的目的物，总是有所为而发的。

④ 这些行为如何能保持与延续。对这个问题的考察不仅要着眼于人的内在因素，而且要分析环境中有哪些外在因素对这些行为产生影响，从而影响行为内驱力的强度及行为活力的发散方向或怎样为行为导向。

激励的实质就是通过目标导向，使人们出现有利于组织目标的优势动机并按组织所需要的方向行动。

激励的目的是调动积极性。所谓积极性，是指人们从事某种活动的意愿及行为的准备状态。人的积极性产生于自身的需要，受主观认识的调节和客观环境的制约，受行为效果反馈作用的影响。

激励理论分为内容型激励理论、过程型积极理论和行为改造型积极理论。

内容型积极理论是着重研究需要的内容和结构，及其如何推动人们的行为的理论，其中有代表性的理论有：需要层次论、双因素理论、ERG 理论和成就需要激励理论。

过程型积极理论着重研究人们选择其所要进行的行为的过程，即行为是怎样产生的，是怎样向一定方向发展的，如何能使这个行为保持下去，以及怎样结束行为的发展过程。其主要代表理论有期望理论、公平理论等。

行为改造型激励理论是研究如何改造和转化人的行为，变消极为积极的一种理论。对这个问题各学派存在着不同的看法，大体可以归纳为三类：第一类看法认为，人的行为是对外部环境刺激作出的反应，只要通过改变外部环境刺激，就可达到改变行为的目的，如强化理论；第二类看法认为，人的行为是人的内在的思想认识指导和推动的结果，通过改变人的思想认识就可以达到改变人的行为的目的，如归因理论；第三类看法认为，人的行为是外部环境刺激与改变内部思想认识相结合，才能达到改变人的行为的目的，如挫折理论。

激励的手段和方法有思想政治工作、奖惩、工作设计、职工参加管理、培训激励、榜样激励和危机激励。

2）领导理论

领导是一种影响力，是影响个体、群体或组织去实现所期望目标的各种活动的过程。这个领导过程是由领导者、被领导者和其所处环境这三个因素所组成的复合函数。领导工作是管理工作的一项重要职能，是作为一个有效管理者的重要条件之一。

领导工作的作用表现在以下几个方面：

①能更有效、更协调地实现组织目标；

②有利于调动人的积极性；

③有利于个人目标与组织目标相结合。

领导者行为理论主要有：专制、民主和放任自流领导方式，领导的连续统一体，管理系统理论，两维理论。

领导权变理论是近年来国外行为科学家重点研究的领导理论，其所关注的是领导者与被领导者的行为和环境的相互影响。该理论认为，某一具体领导方式并不是到处都适用，领导的行为若想有效，就必须随着被领导者的特点和环境的变化而变化，而不能是一成不变的。这是因为，任何领导者总是在一定的环境条件下，通过与被领导者的相互作用，去完成某个特定目标。因此，领导者的有效行为就要随着自身条件、被领导者的情况和环境的变化而变化。比较有代表性的理论有：费德勒模式、“途径—目标”理论、领导规范模式、阿基里斯的不成熟—成熟理论。

5.1.4 组织设计原则

组织设计就是对组织结构和组织活动的设计过程，是把任务、责任、权力和利益进行有效组合和协调的活动。组织设计过程形成一些职位和一些个人之间的关系网络式结构，又要维持结构，并使结构发挥作用。

组织设计有以下几个基本要点：1）组织设计是管理者在系统中建立最有效相互关系的一种合理化的、有意识的过程；2）该过程既要考虑系统的外部要素，又要考虑系统的内部要素；3）组织设计的结果是形成组织结构。

1）组织构成因素

组织构成一般是上小下大的形式，由管理层次、管理跨度、管理部门、管理职能四大因素组成。各因素是密切相关、相互制约的。

① 管理层次：

管理层次是指从组织的最高管理者到最基层的实际工作人员之间的等级层次的数量。

管理层次可分为三个层次，即决策层、协调层和执行层、操作层。决策层的任务是确定管理组织的目标和大政方针以及实施计划，它必须精干、高效；协调层的任务主要是参谋、咨询职能，其人员应有较高的业务工作能力，执行层的任务是直接调动和组织人力、财力、物力等具体活动内容，其人员应有实干精神并能坚决贯彻管理指令；操作层的任务是从事操作和完成具体任务，其人员应有熟练的作业技能。这三个层次的职能和要求不同，标志着不同的职责和权限，同时也反映出组织机构中的人数变化规律。

组织的最高管理者到最基层的实际工作人员权责逐层递减，而人数却逐层递增。

如果组织缺乏足够的管理层次将使其运行陷于无序的状态。因此，组织必须形成必要的管理层次。不过，管理层次也不宜过多，否则会造成资源和人力的浪费，也会使信息传递慢、指令走样、协调困难。

② 管理跨度：

管理跨度是指一名上级管理人员所直接管理的下级人数。在组织中，某级管理人员的管理跨度的大小直接取决于这一级管理人员所需要协调的工作量。管理跨度越大，领导者需要协调的工作量越大，管理的难度也越大。因此，为了使组织能够高效地运行，必须确定合理的管理跨度。

管理跨度的大小受很多因素影响，它与管理人员性格、才能、个人精力、授权程度以及被管理者的素质有关。此外，还与职能的难易程度、工作的相似程度、工作制度和程序等客观因素有关。确定适当的管理跨度，需积累经验并在实践中进行必要的调整。

③ 管理部门：

组织中各部门的合理划分对发挥组织效应是十分重要的。如果部门划分不合理，会造成控制、协调困难，也会造成人浮于事，浪费人力、物力、财力。管理部门的划分要根据组织目标与工作内容确定，形成既有相互分工又有相互配合的组织机构。

④ 管理职能：

组织设计确定各部门的职能，应使纵向的领导、检查、指挥灵活，达到指令传递快、信息反馈及时；使横向各部门间相互联系、协调一致，使各部门有职有责、尽职尽责。

2）组织设计的基本原则

项目监理机构的组织设计一般需考虑以下几项基本原则：

① 目标明确和功能齐全的原则：

目标是组织设计的前提，任何组织必须满足任务目标的要求，并且应具有达到组织目标的基本功能。例如，建立的项目监理组织机构，应具有项目目标控制的基本功能，这也是检验一个组织机构设置是否合理和科学的一个标准。

② 专业分工与协作统一的原则：

对于项目监理机构来说，分工就是将监理目标，特别是投资控制、进度控制、质量控制三大目标分成各部门以及各监理工作人员的目标、任务，明确干什么、怎么干。在分工中特别要注意以下三点：a. 尽可能按照专业化的要求来设置组织机构；b. 工作上要有严密分工，每个人所承担的工作，应力求达到较熟悉的程度；c. 注意分工的经济效益。

在组织机构中还必须强调协作。所谓协作，就是明确组织机构内部各部门之间和各部门内部的协调关系与配合方法。在协作中应该特别注意以下两点：a. 主动协作。要明确各部门之间的工作关系，找出易出矛盾之点，加以协调。b. 有具体可行的协作配合办法。对协作中的各项关系，应逐步规范化、程序化。

③ 集权与分权统一的原则：

在任何组织中都不存在绝对的集权和分权。在项目监理机构设计中，所谓集权，就是总监理工程师掌握所有监理大权，各专业监理工程师只是其命令的执行者；所谓分权，是指在总监理工程师的授权下，各专业监理工程师在各自管理的范围内有足够的决策权，总监理工程师主要起协调作用。

项目监理机构是采取集权形式还是分权形式，要根据建设工程的特点，监理工作的重要性，总监理工程师的能力、精力及各专业监理工程师的工作经验、工作能力、工作态度等因素进行综合考虑。

④ 权利与责任统一的原则：

在项目监理机构中应明确划分职责、权力范围，做到责任和权力相一致。从组织结构的规律来看，一定的人总是在一定的岗位上担任一定的职务，这样就产生了与岗位职务相适应的权力和责任，只有做到有职、有权、有责，才能使组织机构正常运行。由此可见，组织的权责是相对预定的岗位职务来说的，不同的岗位职务应有不同的权责。权责不一致对组织的效能损害是很大的。权大于责就容易产生瞎指挥、滥用权力的官僚主义；责大于权就会影响管理人员的积极性、主动性、创造性，使组织缺乏活力。

⑤ 管理跨度与管理层次统一的原则：

在组织机构的设计过程中，管理跨度与管理层次成反比例关系。这就是说，当组织机构中的人数一定时，如果管理跨度加大，管理层次就可以适当减少；反之，如果管理跨度缩小，管理层次肯定就会增多。一般来说，项目监理机构的设计过程中，应该在通盘考虑影响管理跨度的各种因素后，在实际运用中根据具体情况确定管理层次。

⑥ 才能与职位相称的原则：

每项工作都应该确定为完成该工作所需要的知识和技能。可以对每个人通过考察他的学历与经历，进行测验及面谈等，了解其知识、经验、才能、兴趣等，并进行评审比较。职务设计和人员评审都可以采用科学的方法，使每个人现有的和可能有的才能与其职务上的要求相适应，做到才职相称，人尽其才，才得其用，用得其所。

⑦ 经济与效率统一的原则：

项目监理机构设计必须将经济性和高效率放在重要地位。组织结构中的每个部门、每个人为了一个统一的目标，应组合成最适宜的结构形式，实行最有效的内部协调，使事情办得简洁而正确，减少重复和扯皮。

⑧ 稳定性与适应性一致原则：

组织机构要有弹性，既要有相对的稳定性，不要总是轻易变动，又要随组织内部和外部条件的变化，根据长远目标作出相应的调整与变化，使组织机构具有一定的适应性。

3）组织设计的程序

组织设计一般常遇到三种不同的情况：其一是新建的组织需要设计管理组织系统；其二是当原有组织结构出现较大的问题或整个组织的目标发生变化时，需对组织系统进行重新评估与设计；其三是对组织系统的局部进行增减或完善。虽然情况不尽相同，但组织设计的基本程序是一致的。

① 围绕目标的完成进行管理业务流程的总体设计，这是组织设计的出发点；

② 按照优化原则对管理业务流程中的管理岗位进行设计，岗位的划分要适度，既要考虑流程的需要，又要考虑管理的方便；

③ 要对每一个岗位进行工作分析，规定其输入与输出的业务名称、时间、数量、实物、信息等，并寻找该岗位最优的管理操作程序，用工作规范将其固定下来；

④ 给各个岗位定员定编；

⑤ 制定各种工作规范及奖惩标准，设置能够优化控制管理流程的组织结构。

5.1.5 组织机构活动基本原理

组织机构的目标必须通过组织机构活动来实现。组织活动应遵循如下基本原理：

（1）要素有用性原理

一个组织机构中的基本要素有人力、物力、财力、信息、时间等。

运用要素有用性原理，首先应看到人力、物力、财力等要素在组织活动中的有用性，充分发挥各要素的作用，根据各要素作用的大小、主次、好坏进行合理安排、组合和使用，做到人尽其才、财尽其利、物尽其用，尽最大可能提高各要素的有用率。

一切要素都有作用，这是要素的共性，然而要素不仅有共性，而且还有个性。例如，同样是监理工程师，由于专业、知识、能力、经验等水平的差异，所起的作用也就不同。因此，管理者在组织活动过程中不但要看到一切要素都有作用，还要具体分析各要素的特殊性，以便充分发挥每一要素的作用。

（2）动态相关性原理

组织机构处在静止状态是相对的，处在运动状态则是绝对的。组织机构内部各要素之间既相互联系，又相互制约；既相互依存，又相互排斥，这种相互作用推动组织活动的进行与发展。这种相互作用的因子，叫做相关因子。充分发挥相关因子的作用，是提高组织管理效应的有效途径。事物在组合过程中，由于相关因子的作用，可以发生质变。一加一可以等于二，也可以大于二，还可以小于二。整体效应不等于其各局部效应的简单相加，这就是动态相关性原理。组织管理者的重要任务就在于使组织机构活动的整体效应大于其局部效应之和，否则，组织就失去了存在的意义。

(3) 主观能动性原理

人和宇宙中的各种事物，运动是其共有的根本属性，它们都是客观存在的物质，不同的是，人是有生命、有思想，有感情、有创造力的。人会制造工具，并使用工具进行劳动；在劳动中改造世界，同时也改造自己；能继承并在劳动中运用和发展前人的知识。人是生产力中最活跃的因素，组织管理者的重要任务就是要把人的主观能动性发挥出来。

(4) 规律效应性原理

组织管理者在管理过程中要掌握规律，按规律办事，把注意力放在抓事物内部的、本质的、必然的联系上，以达到预期的目标，取得良好效应。规律与效应的关系非常密切，一个成功的管理者懂得只有努力揭示规律，才有取得效应的可能，而要取得好的效应，就要主动研究规律，坚决按规律办事。

5.2 项目监理机构的基本组织形式

5.2.1 直线制项目组织形式

这种组织形式的特点是项目监理机构中任何一个下级只接受惟一上级的命令。各级部门主管人员对所属部门的问题负责，项目监理机构中不再另设职能部门。

这种组织形式适用于能划分为若干相对独立的子项目的大、中型建设工程。如图 5-1 所示，总监理工程师负责整个工程的规划、组织和指导，并负责整个工程范围内各方面的指挥、协调工作；子项目监理组分别负责各子项目的目标值控制，具体领导现场专业或专项监理组的工作。

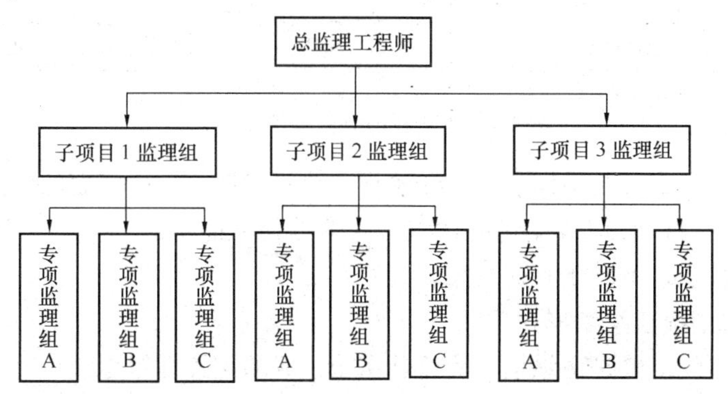

图 5-1　按子项目分解的直线制监理组织形式

对于小型建设工程，监理单位也可以采用按专业内容分解的直线制监理组织形式。

直线制监理组织形式的主要优点是组织机构简单，权力集中，命令统一，职责分明，决策迅速，隶属关系明确。缺点是实行没有职能部门的“个人管理”，这就要求总监理工程师通晓各种业务，通晓多种知识技能，成为“全能”式人物。

5.2.2 职能制项目组织形式

职能制监理组织形式是把管理部门和人员分为两类：一类是直线指挥部门和人员；另一类是职能部门和人员。监理机构内的职能部门按总监理工程师授予的权力和监理职责有权对指挥部门发布指令。如图 5-2 所示。此种组织形式一般适用于大、中型建设工程。

这种组织形式的主要优点是加强了项目监理目标控制的职能化分工，能够发挥职能机构

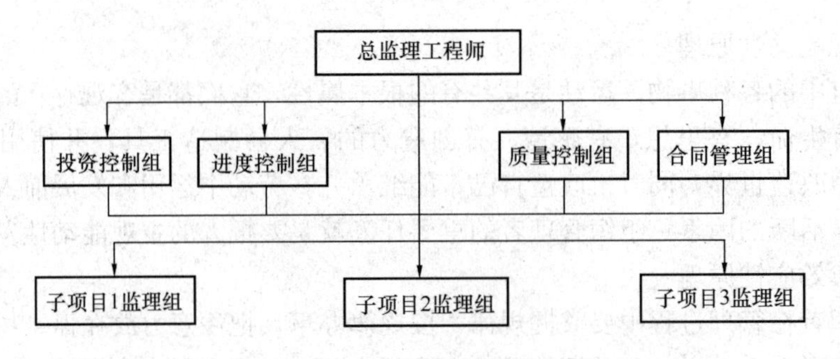

图 5-2　职能制监理组织形式

的专业管理作用，提高管理效率，减轻总监理工程师负担。但由于直线指挥部门人员受职能部门多头领导，如果职能部门指令相互矛盾，将使直线指挥部门人员在工作中无所适从。

5.2.3　直线职能制项目组织形式

直线职能制监理组织形式是吸收了直线制监理组织形式和职能制监理组织形式的优点而形成的一种组织形式。直线指挥部门拥有对下级实行指挥和发布命令的权力，并对该部门的工作全面负责；职能部门是直线指挥部门人员的参谋，他们只能对直线指挥部门进行业务指导，而不能对直线指挥部门直接进行指挥和发布命令。如图 5-3 所示。

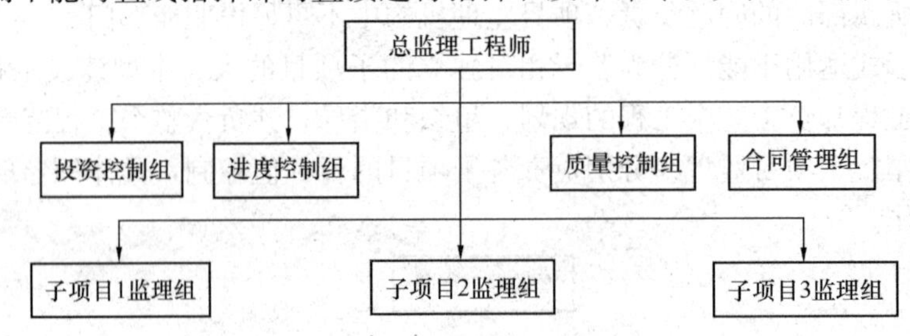

图 5-3　直线职能制监理组织形式

这种形式保持了直线制组织实行直线领导、统一指挥、职责清楚的优点，另一方面又保持了职能制组织目标管理专业化的优点；其缺点是职能部门与直线指挥部门易产生矛盾，信息传递路线长，不利于互通情报。

5.2.4　矩阵制项目组织形式

矩阵制监理组织形式是由纵横两套管理系统组成的矩阵性组织结构，一套是纵向的职能系统，另一套是横向的子项目系统，如图 5-4 所示。

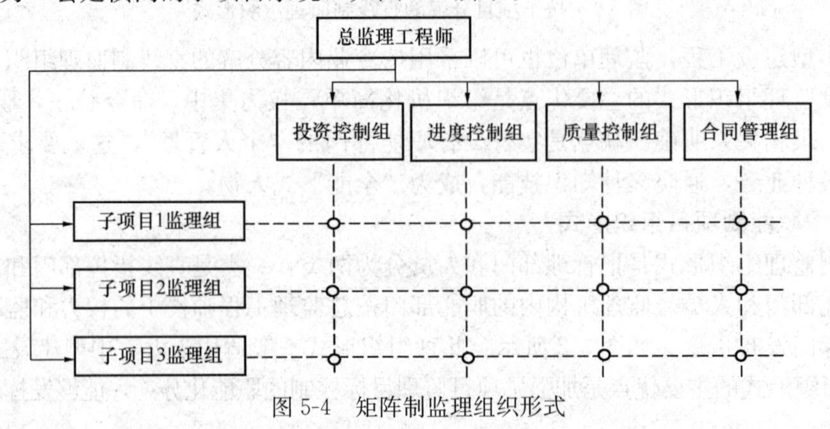

图 5-4　矩阵制监理组织形式

这种形式的优点是加强了各职能部门的横向联系，具有较大的机动性和适应性，把上下左右集权与分权实行最优的结合，有利于解决复杂难题，有利于监理人员业务能力的培养。缺点是纵横向协调工作量大，处理不当会造成扯皮现象，产生矛盾。

【案例 5-1】 某市政工程分为四个施工标段。某监理单位承担了该工程施工阶段的监理任务，一、二标段工程先行开工，项目监理机构组织形式如图 5-5 所示。

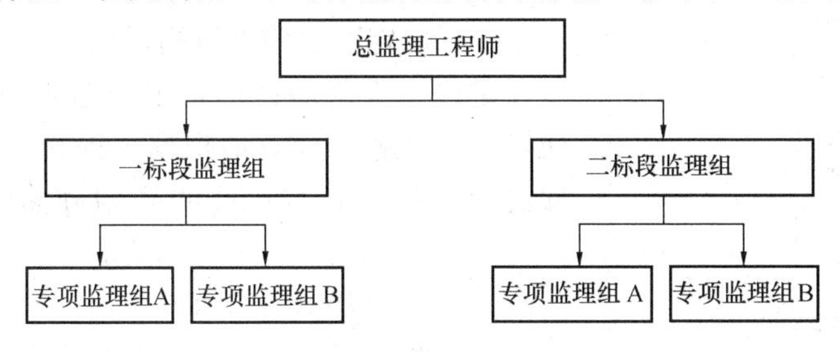

图 5-5　一、二标段工程项目监理机构组织形式图

一、二标段工程开工半年后，三、四标段工程相继准备开工，为适应整个项目监理工作的需要，总监理工程师决定修改监理规划，调整项目监理机构组织形式，按四个标段分别设置监理组，增设投资控制部、进度控制部、质量控制部和合同管理部四个职能部门，以加强各职能部门的横向联系，使上下、左右集权与分权实行最优的结合。

【问题】

1. 图 5-5 所示项目监理机构属何种组织形式？说明其主要优点。

2. 调整后的项目监理机构属何种组织形式？画出该组织结构示意图,并说明其主要缺点。

【答案】

1. 图 5-5 所示项目监理机构属何种组织形式为直线制组织形式。其优点有：机构简单，权力集中，命令统一，职责分明，决策迅速，隶属关系明确。

2. 调整后的项目监理机构属何种组织形式为矩阵制组织形式。组织结构示意图如图 5-6 所示。该组织形式的缺点有：纵横协调工作量大；矛盾指令处理不当，会产生扯皮现象。

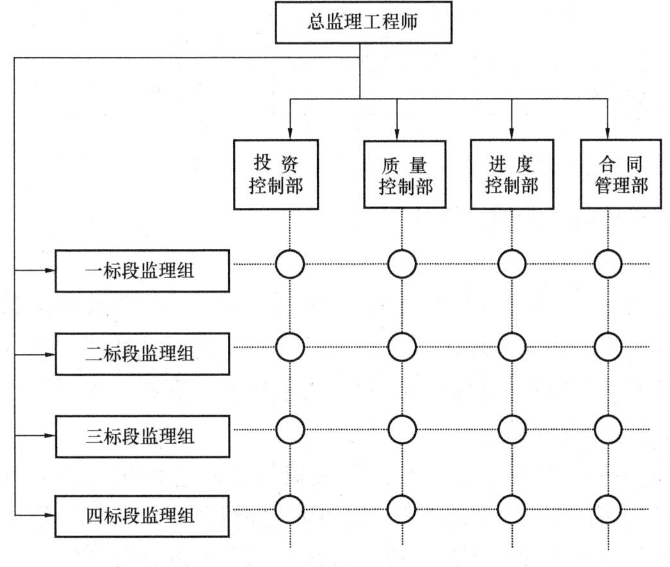

图 5-6　调整后的监理机构组织形式

5.3 项目监理机构的建立步骤和人员配备

5.3.1 项目监理机构的建立步骤

监理单位在组建项目监理机构时，一般按以下步骤进行，如图5-7所示。

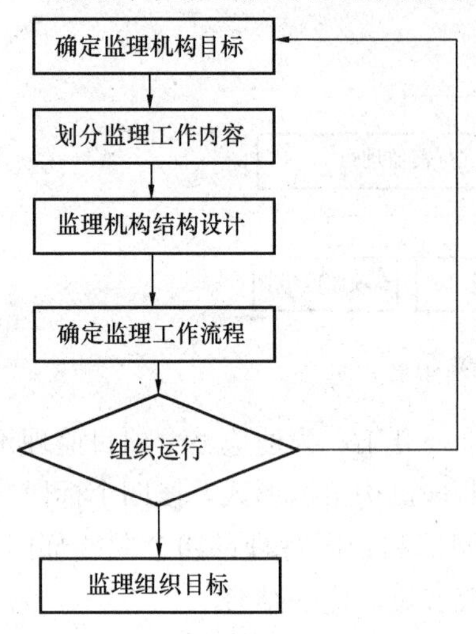

图5-7 项目监理机构设置步骤

（1）确定项目监理机构目标

建设工程监理目标是项目监理机构建立的前提，项目监理机构的建立应根据工程监理合同中确定的监理目标，制定总目标并明确划分监理机构的分解目标。

（2）确定监理工作内容

根据监理目标和工程监理合同中规定的监理任务，明确列出监理工作内容，并进行分类归并及组合。监理工作的归并及组合应便于监理目标控制，并综合考虑监理工程的组织管理模式、工程结构特点、合同工期要求、工程复杂程度、工程管理及技术特点；还应考虑监理单位自身组织管理水平、监理人员数量、技术业务特点等。

如果建设工程施工阶段监理工作按投资控制、进度控制、质量控制分别归并和组合，如图5-8所示。

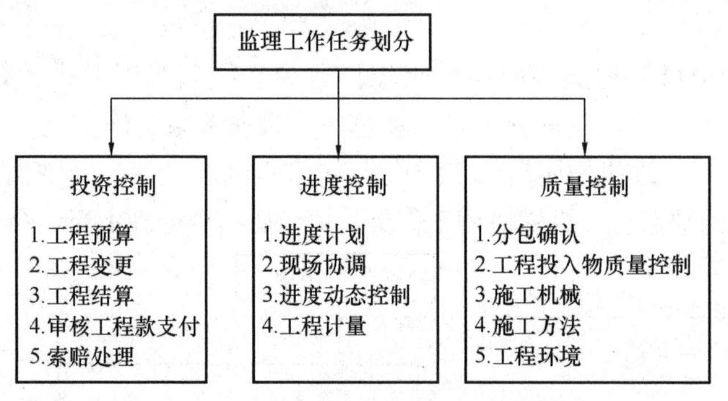

图5-8 施工阶段监理工作划分

（3）项目监理机构的组织结构设计

1）选择组织结构形式

由于建设工程规模、性质、建设阶段等的不同，设计项目监理机构的组织结构时应选择适宜的组织结构形式以适应监理工作的需要。组织结构形式选择的基本原则是：有利于工程合同管理，有利于监理目标控制，有利于决策指挥，有利于信息沟通。

2）确定管理层次和管理跨度

项目监理机构中一般应有三个层次：①决策层。由总监理工程师和其他助手组成，主要根据建设工程监理合同的要求和监理活动内容进行科学化、程序化决策与管理；②协调层和执行层。由各专业监理工程师组成，具体负责监理规划的落实，监理目标控制及合同实施的管理；③作业层（操作层）。主要由监理员、检查员等组成，具体负责监理活动的操作实施。项目监理机构中管理跨度的确定应考虑监理人员的素质、管理活动的复杂性和相似性、监理业务的标准化程度、各项规章制度的建立健全情况、建设工程的集中或分散情况等，按监理工作实际需要确定。

3）划分项目监理机构部门

项目监理机构中合理划分各职能部门，应依据监理机构目标、监理机构可利用的人力和物力资源以及合同结构情况，将投资控制、进度控制、质量控制、合同管理、组织协调等监理工作内容按不同的职能活动或按子项分解形成相应的管理部门。

4）制定岗位职责和考核标准

岗位职务及职责的确定，要有明确的目的性，不可因人设事。根据责权一致的原则，应进行适当的授权，以承担相应的职责；并应确定考核标准，对监理人员的工作进行定期考核，包括考核内容、考核标准及考核时间。表 5-1 和表 5-2 分别为项目总监理工程师和专业监理工程师岗位职责考核标准。

项目总监理工程师岗位职责标准表　　表 5-1

项目	职责内容	考核要求	
		标准	完成时间
工作指标	1. 项目投资控制	符合投资分解规划	每月（季）末
	2. 项目进度控制	符合合同工期及总控制进度计划	每月（季）末
	3. 项目质量控制	符合质量评定验收标准	工程各阶段末
基本职责	1. 根据业主的委托与授权，企业负责和组织项目的监理工作	1. 协调各方面的关系 2. 组织监理活动的实施	
	2. 根据监理委托合同主持制定项目监理规划，并组织实施	1. 对项目监理工作进行系统的策划 2. 组建好项目监理班子	合同生效后 1 月
	3. 审核各子项、各专业监理工程师编制的监理工作计划或实施细则	应符合监理规划，并具有可行性	各子项专业监理开展前 15 天
	4. 监督和指导各子项、各专业监理工程师对投资、进度、质量进行监控，并按合同进行管理	1. 使监理工作进入正常工作状态 2. 使工程处于受控状态	每月末检查
	5. 做好建设过程中有关各方面的协调工作	使工程处于受控状态	每月末检查、协调
	6. 签署监理组对外发出的文件、报表及报告	1. 及时 2. 完整、准确	每月（季）末
	7. 审核、签署项目的监理档案资料	1. 完整 2. 准确、真实	竣工后 15 天或依合同约定

专业监理工程师岗位职责标准表　　表 5-2

项目	职责内容	考核要求	
		标准	完成时间
工作指标	1. 投资控制 2. 进度控制 3. 质量控制 4. 合同管理	符合投资分解规划 符合控制性进度计划 符合质量评定验收标准 按合同约定	月末 月末 工程各阶段 约定

续表

项目	职责内容	考核要求	
		标　准	完成时间
基本职责	1. 在项目总监理工程师领导下，熟悉项目情况，清楚本专业监理的特点和要求	制定本专业监理工作计划或实施细则	实施前1月
	2. 具体负责组织本专业监理工作	监理工作有序，工程处于受控状态	每周（月）检查
	3. 做好与有关部门之间的协调工作	保证监理工作及工程顺利进展	每周（月）检查、协调
	4. 处理与本专业有关的重大问题并及时向总监理工程师报告	及时、真实	问题发生后10日内
	5. 负责与本专业有关的签证、对外通知、备忘录，以及及时向总监理工程师提交的报告、报表资料	及时、真实、准确	
	6. 负责整理与本专业有关的竣工验收资料	完整、准确、真实	竣工后10天或依合同约定

5）选派监理人员

根据监理工作的任务，配备适当的监理人员，包括总监理工程师代表、专业监理工程师和监理员。监理人员的配备除应考虑个人素质外，还应考虑人员总体构成的合理性与协调性。

我国《建设工程监理规范》规定，项目总监理工程师应由具有3年以上同类工程监理工作经验的人员担任；总监理工程师代表应由具有2年以上同类工程监理工作经验的人员担任；专业监理工程师应由具有1年以上同类工程监理工作经验的人员担任。并且项目监理机构的监理人员应专业配套、数量满足建设工程监理工作的需要。

（4）制定工作流程和信息流程

为使监理工作科学、有序进行，应按监理工作的客观规律制定工作流程和信息流程，规范化地开展监理工作，图5-9所示为施工阶段监理工作流程。

5.3.2 项目监理机构的人员配备

项目监理机构中配备监理人员的数量和专业应根据监理的任务范围、内容、期限以及工程的类别、规模、技术复杂程度、工程环境等因素综合考虑，并应符合工程监理合同中对监理深度和密度的要求，能体现项目监理机构的整体素质，满足监理目标控制的要求。

（1）项目监理机构的人员结构

项目监理机构应具有合理的人员结构，包括以下三个方面的内容：

①合理的专业结构。即项目监理机构应由与监理工程的性质（是民用项目或是专业性强的生产项目）及建设单位对工程监理的要求（是全过程监理或是某一阶段如设计或施工阶段的监理及相关服务，是投资、质量、进度的多目标控制或是某一目标的控制）相适应的各专业人员组成，也就是各专业人员要配套。

一般来说，项目监理机构应具备与所承担的监理任务相适应的专业人员。但是，当监

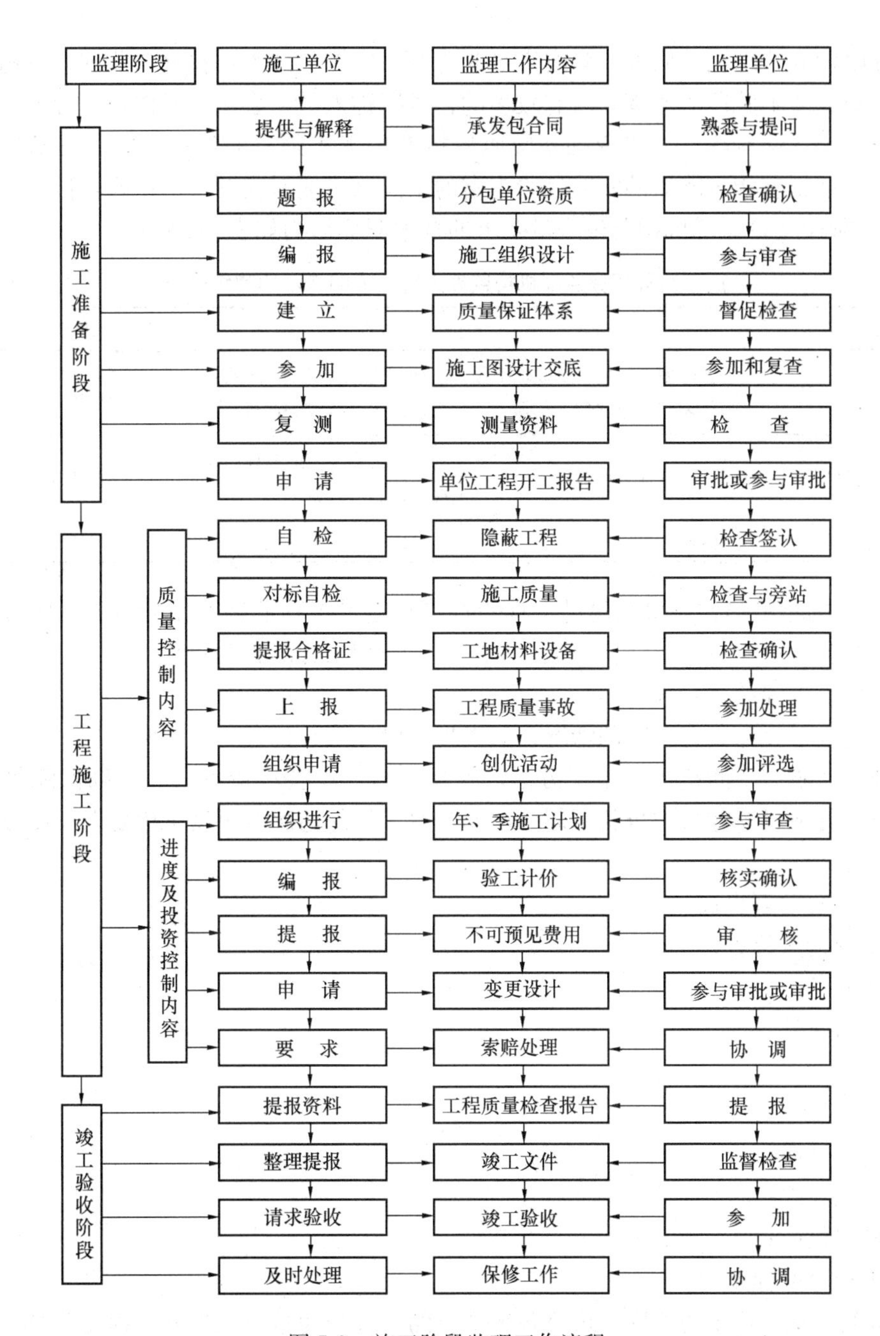

图 5-9 施工阶段监理工作流程

理工程局部有某些特殊性，或建设单位提出某些特殊的监理要求而需要采用某种特殊的监控手段时，如局部的钢结构、网架、罐体等质量监控需采用无损探伤、X 光及超声探测仪，水下及地下混凝土桩基需采用遥测仪器探测等等，此时，将这些局部的专业性强的监控工作另行委托给有相应资质的咨询机构来承担，也应视为保证了人员合理的专业结构。

②合理的技术职称结构。为了提高管理效率和经济性，项目监理机构的监理人员应根据建设工程的特点和建设工程监理工作的需要确定其技术职称结构。合理的技术职称结构表现在高级职称、中级职称和初级职称有与监理工作要求相称的比例。一般来说，决策阶

段、设计阶段的监理相关服务，具有高级职称及中级职称的人员在整个监理人员构成中应占绝大多数。施工阶段的监理，可有较多的初级职称人员从事实际操作，如旁站、填记日志、现场检查、计量等。这里说的初级职称指助理工程师、助理经济师、技术员、经济员，还可包括具有相应能力的实践经验丰富的工人（应能看懂图纸、正确填报有关原始凭证）。施工阶段项目监理机构监理人员要求的技术职称结构如表5-3所示。

施工阶段项目监理机构监理人员要求的技术职称结构表 **表5-3**

层 次	人 员	职 能	职称职务要求
决策层	总监理工程师、总监理工程师代表、专业监理工程师	项目监理的策划、规划；组织、协调、监控、评价等	高级职称
执行层/协调层	专业监理工程师	项目监理实施的具体组织、指挥、控制/协调	中级职称
作业层/操作层	监理员	具体业务的执行	初级职称

③ 合理的年龄结构。根据建设工程的特点和建设工程监理工作的需要，项目监理机构配备的监理人员应该年龄结构合理，形成老中青相结合的管理梯队。

（2）建设工程的复杂程度

每个建设工程都具有不同的情况，如工程建设地点、位置，工程所在地气候、工程地质，工程的性质、空间范围、施工方法，工程材料、设备供应方式，后勤保障等内容不同，则投入的项目监理人力也就不同。根据一般工程的情况，可将工程复杂程度按以下各项因素考虑：

① 设计活动多少；

② 工程地点位置；

③ 气候条件；

④ 地形条件；

⑤ 工程地质；

⑥ 施工方法；

⑦ 工程性质；

⑧ 工期要求；

⑨ 材料供应；

⑩ 工程分散程度等。

根据工程复杂程度的不同，可将各种情况的工程分为若干工程复杂程度等级，不同等级的工程需要配备的项目监理人员数量有所不同。例如，可将工程复杂程度按五级划分：简单、一般、一般复杂、复杂、很复杂。显然，简单等级的工程需要的项目监理人员数量较少，而复杂的工程就要配置较多的项目监理人员。

工程复杂程度定级可采用定量办法：对构成工程复杂程度的每一因素通过专家评估，根据工程实际情况给出相应权重，将各影响因素的评分加权平均后根据其值的大小以确定该工程的复杂程度等级。

例如，将工程复杂程度按10分制计评，则平均分值1～3分者为简单工程，平均分值3～5分，5～7分，7～9者依次为一般工程、一般复杂工程和复杂工程，9分以上为很复杂工程。

（3）监理单位的业务水平

每个监理单位的业务水平和对某类工程的熟悉程度不完全相同，监理人员素质、专业能力、管理水平、工程经验及监理的设备手段等方面存在差异，直接影响到监理效率的高低。高水平的监理单位可以投入较少的监理人力完成一个建设工程的监理工作，而一个经验不多或管理水平不高的监理单位则需要投入较多的监理人力。因此，各监理单位应当根据自己的实际情况制定监理人员需要量定额。具体到一个建设工程，应视其具体特点配备项目监理人员。

（4）项目监理机构的组织结构和任务职能分工

项目监理机构的组织结构情况关系到具体的监理人员配备，务必使项目监理机构任务职能分工的要求得到满足。必要时，还需要根据项目监理机构的职能分工对监理人员的配备做进一步的调整。

有时监理工作需要委托专业咨询机构或专业监测、检验机构进行，当然，项目监理机构的监理人员数量可适当减少。

5.3.3 监理人员的岗位职责

建立和健全监理工程师岗位责任制，是做好工程监理工作的重要保证。岗位责任制的建立可根据监理机构设置状况或“三大控制”的分工状况而定。

（1）按监理机构的设置状况建立岗位责任制

1）总监理工程师。总监理工程师是由监理单位法定代表人任命的项目监理机构的负责人，是监理单位履行工程监理合同的全权代表，是实施监理工作的核心人员。在项目监理机构中，总监理工程师对外代表监理单位，对内负责项目监理机构日常工作。因此，实施建设工程监理制度，在具体的工程项目中必然要实行总监理工程师负责制。

一名总监理工程师只宜担任一项工程监理合同的项目总监理工程师工作。当需要同时担任多项工程监理合同的项目总监理工程师工作时，须经建设单位同意，且最多不得超过三项。

总监理工程师应履行职责如下：

① 确定项目监理机构人员及其岗位职责；

② 主持编写监理规划、审批监理实施细则；

③ 根据工程进展情况安排监理人员进场，检查监理人员工作，调换不称职监理人员；

④ 组织召开监理例会；

⑤ 组织审核分包单位资格；

⑥ 组织审查施工组织设计、（专项）施工方案；

⑦ 签发工程开工令、工程暂停令和工程复工令；

⑧ 组织检查施工单位现场质量、安全生产管理体系的建立和运行情况；

⑨ 组织审核施工单位的付款申请，签发工程款支付证书，组织审核竣工结算；

⑩ 组织审查和处理工程变更；

⑪ 调解建设单位和施工单位的合同争议，处理费用与工期索赔；

⑫ 组织验收分部工程，组织审查单位工程质量检验资料；

⑬ 审查施工单位的竣工申请，组织工程预验收，组织编写工程质量评估报告，参与

工程竣工验收；

⑭ 参与或配合工程质量安全事故的调查和处理；

⑮ 组织编写监理月报、监理工作总结，组织整理监理文件资料。

2）总监理工程师代表。总监理工程师代表是经监理单位法定代表人同意，由总监理工程师书面授权，代表总监理工程师行使其部分职责和权利的项目监理机构中的监理工程师。总监理工程师代表应履行职责如下：

① 负责总监理工程师指定或交办的监理工作；

② 按总监理工程师的授权，行使总监理工程师的部分职责和权力。

为落实总监理工程师负责制，下列工作总监理工程师不得委托总监理工程师代表代为执行：

① 组织编制监理规划、审批监理实施细则；

② 根据工程进展情况安排监理人员，调换不称职进场监理人员；

③ 组织审查施工组织设计、（专项）施工方案；

④ 签发工程开工令、工程暂停令和工程复工令；

⑤ 签发工程款支付证书，组织审核竣工结算；

⑥ 调解建设单位与施工单位的合同争议、处理费用与工期索赔；

3）专业监理工程师。专业监理工程师是根据项目监理岗位职责分工和总监理工程师的指令，负责实施某一专业或某一管理职能的监理工作，具有相应监理文件签发权的监理工程师。专业监理工程师是项目监理机构中的一种岗位设置，可按工程项目的专业设置，也可按管理部门或某一方面的专业业务设置。如合同管理、造价控制职能或土建、电气专业等。专业监理工程师应履行以下职责：

① 参与编制监理规划，负责编制监理实施细则；

② 实施本专业监理工作，指导、检查监理员工作，定期向总监理工程师报告监理实施情况；

③ 参与审核分包单位资格；

④ 审查施工单位提交的报审文件；

⑤ 检查进场的工程材料、设备、构配件质量；

⑥ 验收检验批、分项工程；

⑦ 处理发现的质量问题和安全事故隐患；

⑧ 进行工程计量；

⑨ 参与审查工程变更；

⑩ 填写监理日志，参与编写监理月报；

⑪ 负责监理文件资料的收集、汇总及整理；

⑫ 参加工程竣工预验收和竣工验收。

4）监理员。监理员是经过监理业务培训，具有同类工程相关专业知识，从事具体监理工作的监理人员。监理员属于工程技术人员，不同于项目监理机构中的其他行政辅助人员。监理员应履行的职责如下：

① 检查施工单位投入工程的人力情况，主要设备的使用及运行状况；

② 见证取样进场的工程材料、构配件；

③ 复核工程计量有关数据；

④ 检查和记录工艺过程或施工工序；

⑤ 检查施工单位作业情况，发现问题及时处置并向专业监理工程师报告；

⑥ 负责施工现场监理记录。

(2) 按“三大控制”的分工建立岗位责任制

1) 按质量控制建立岗位责任制。

一般可分为三个阶段进行：

① 施工准备阶段监理。审查承包单位现场项目管理机构的质量管理体系、技术管理体系和质量保证体系；审查分包单位的资格；审查承包单位报送的施工测量成果报告；检查现场资料，对质量或规格不符合标准的材料不允许在现场存放，对数量不足的材料一定要求补足，对存放条件不当的材料一定要求改善存放条件，以免影响工程质量和进度；检查机械设备，对工艺达不到规范规定标准的设备不允许使用，对数量和生产能力不足的设备要求补充，以便保证工程进度和工程质量；审查承包商的开工申请，对开工项目在人员、设备、材料及施工组织计划等方面达不到开工条件者，决不能批准开工。

② 施工阶段。检查承包商质量保证体系，并发挥其作用；对承包商各项工程活动进行监督，发现问题有权指令承包人进行纠正或停止施工。

③ 验收阶段。审查承包商利用保证体系建立的各项自检记录；按照规范标准，对产品的外观、内在质量及几何尺寸等方面进行检查，对产品合格者签发中间交工证书；批准工程的最后验收结果，颁发缺陷责任证书。

2) 按工程进度控制建立岗位责任制

① 下达开工令。应在工程施工中标通知书颁发日之后，按合同中规定的日期发出开工令。

② 审批工程进度计划。在工程施工中标通知书颁发日之后，承包商按规定日期向监理工程师提交工程进度计划，经监理工程师批准后，应视为合同文件的一部分。

③ 监督和检查进度的实施。如果承包商的工程施工进度跟不上被批准的进度计划时，则应指示承包人采取措施使其进度赶上被批准的进度计划。

④ 批准工期延长。如果承包商的进度拖后是由于承包商自身以外的原因，则监理工程师应根据合同条件批准工期延长，否则承包商将受到停止付款或误期损害赔偿的制约。

3) 按造价控制建立岗位责任制

① 计量支付。对承包人已完成的工程进行计量，根据计量结果，出具证明，并向承包单位支付款项。

② 工程变更。国际惯例中的工程变更，除设计图纸的变更外，还包括诸如合同条、技术规范、施工顺序与时间变化等均属于工程变更。任何内容的工程变更指令，均需由监理工程师发出，并确定工程变更的价格和条件。

③ 费用索赔。承包商可根据合同条件的有关规定，通过监理工程师向建设单位索取他应当得到的合同价以外的费用。

④ 价格调整。根据市场的变化情况，按合同规定的方法，对工程中主要材料、劳动力以及设备的价格进行调整。

【案例 5-2】

某工程建设单位与施工总承包单位按《建设工程施工合同（示范文本）》签订了施工合同，并委托某监理公司承担施工阶段的监理任务。施工总承包单位按照施工合同的约定将桩基工程分包给一家专业承包商。

在施工过程中发生了如下事件：

事件 1：施工总承包单位按照施工合同约定的时间向项目监理机构提交了《工程开工报审表》，总监组织专业监理工程师到现场进行了全面检查：施工人员已到位，施工机具已进场，主要材料已落实，进场道路及水、电、通讯满足开工要求，征地拆迁工作满足开工要求，于是总监签署了同意开工的意见，并报告了建设单位。

事件 2：在建设单位主持召开的第一次工地会议上，总监介绍了监理规划的主要内容，其中与承包商密切相关的部分内容如下：

（1）总监授权总监代表全面负责工程监理合同的履行，调解建设单位与承包商的合同争议，审查分包单位资质并提出审查意见。

（2）各专业监理组负责人全面负责本专业的技术方案、进度计划、工程变更、工程延期等事项的审批，负责本专业分部、分项工程和隐蔽工程的验收，负责本专业工程计量工作。

事件 3：在总监主持召开的第一次工地例会上，施工总承包单位提出了屋面防水工程的分包计划，总监与建设单位沟通后，签认了该分包工程计划，并要求承包商会后与建设单位指定的分包单位签订分包合同。

事件 4：桩基工程施工过程中监理人员发现：（1）按合同的约定由建设单位采购的一批水泥，虽然供货方提供了质量合格证，但在使用前的抽检试验中材质检验不合格；（2）钢筋绑扎完毕，未通知监理人员验收，正在准备浇筑混凝土。

事件 5：在施工过程中，某工程部位承包商在测量放线完毕，立即填写了《施工测量放线报验申请表》并附相关资料报送项目监理机构，专业监理工程师对放线依据资料和放线成果表审核后，便进行了签认。

【问题】

1. 事件 1 中，依据《建设工程监理规范》的规定，总监只进行了现场检查便签署同意开工的意见是否妥当？说明原因。

2. 指出事件 2 中总监代表和专业监理组负责人的职责是否妥当？不妥之处说明理由。

3. 指出事件 3 中做法的不妥之处，说明原因。

4. 事件 4 中，对施工过程中出现的问题，监理人员应如何处理？

5. 事件 5 中，指出上述过程中的不妥之处，说明原因。

【答案】

1. 总监签署了同意开工的意见不妥当，因项目监理机构还应审查施工许可证是否已取得、施工组织设计是否经总监审核签认。

2.（1）总监代表职责：

1）“全面负责工程监理合同的履行”不妥，因建设工程监理实行总监负责制。

2）“调解建设单位与承包商的合同争议”不妥，因《监理规范》规定这是总监必须履行的职责，不能授权总监代表。

3)“审查分包单位资质并提出审查意见”妥当。

(2) 各专业监理组负责人的职责：

1)“全面负责本专业的技术方案、进度计划、工程变更、工程延期等事项的审批”不妥，因这是总监的职责。

2)“负责本专业分部工程的验收”不妥，因这是总监的职责。

3)“负责本专业分项工程和隐蔽工程的验收”妥当。

4)“负责本专业工程计量工作”妥当。

3. (1) “总监签认了该分包工程计划”不妥，因分包工程计划的审批权属于建设单位。

(2)“建设单位指定分包单位”不妥，因分包单位的选择权属于施工总承包单位，建设单位无权指定分包单位。

(3) “要求承包商会后签订分包合同”不妥，因总分包单位资格未经审查确认合格，不得签订分包合同。

4. 对“建设单位采购水泥使用前抽检试验材质不合格”的处理：

书面通知施工总承包单位该批水泥不得使用；

书面通知建设单位该批水泥不合格，通过建设单位要求供货单位重新供应合格水泥；

因此增加的费用应予补偿，延误的工期应予顺延；

对“钢筋绑扎完毕，未通知监理人员验收，正在准备浇筑混凝土”的处理：

① 总监签发《工程暂停令》，要求施工总承包单位停止分包单位的施工；

② 要求施工总承包单位钢筋工程检查合格后，提交《隐蔽工程报验申请表》附相关资料；

③ 经专业监理工程师审查合格后，由专业监理工程师组织相关人员到现场检查；

④ 审查和检查均合格后，由专业监理工程师签认，并由总监签署《工程复工报审表》，要求施工总承包单位指令分包单位复工；

⑤ 如审查或检查不合格，要求施工总承包单位指令分包单位整改，并对整改结果进行验收。

5. (1)“承包商在测量放线完毕，立即填写申请表报送项目监理机构”，不妥，因承包商在测量放线完毕，自检合格后方可填写报验申请表报送监理机构。

(2)“专业监理工程师对放线依据资料和放线成果表审核后，便进行了签认”不妥，因还应到现场查验或检查，合格后才能签认。

5.4 建设工程监理的实施原则和程序

5.4.1 建设工程监理的实施原则

监理单位受建设单位委托对建设工程实施监理时，应遵守以下基本原则：

(1) 公正、独立、自主的原则

监理工程师在建设工程监理中必须尊重科学、尊重事实，组织各方协同配合，维护有关各方的合法权益。为此，必须坚持公正、独立、自主的原则。建设单位与承包单位虽然都是独立运行的经济主体，但他们追求的经济目标有差异，监理工程师应在按合同约定的权、责、利关系的基础上，协调双方的一致性。只有按合同的约定建成工程，建设单位才能实现投资的目的，承包商也才能实现自己生产的产品的价值，取得工程款和实现盈利。

（2）总监理工程师负责制的原则

总监理工程师是工程监理全部工作的负责人。要建立和健全总监理工程师负责制，就要明确权、责、利关系，健全项目监理机构，具有科学的运行制度、现代化的管理手段，形成以总监理工程师为首的高效能的决策指挥体系。

总监理工程师负责制的内涵包括：

1）总监理工程师是工程监理的责任主体。责任是总监理工程师负责制的核心，它构成了对总监理工程师的工作压力与动力，也是确定总监理工程师权力和利益的依据。所以总监理工程师应是向建设单位和监理单位所负责任的承担者。

2）总监理工程师是工程监理的权力主体。根据总监理工程师承担责任的要求，总监理工程师全面领导建设工程的监理工作，包括组建项目监理机构，主持编制建设工程监理规划，组织实施监理活动，对监理工作总结、监督、评价。

（3）权责一致的原则

监理工程师承担的职责应与建设单位授予的权限相一致。监理工程师的监理职权，依赖于建设单位的授权。这种权力的授予，除体现在建设单位与监理单位之间签订的工程监理合同之中，而且还应作为建设单位与承包单位之间建设工程合同的合同条件。因此，监理工程师在明确建设单位提出的监理目标和监理工作内容要求后，应与建设单位协商，明确相应的授权，达成共识后明确反映在工程监理合同中及建设工程合同中。据此，监理工程师才能开展监理活动。

总监理工程师代表监理单位全面履行建设工程工程监理合同，承担合同中确定的监理方向建设单位方所承担的义务和责任。因此，在工程监理合同实施中，监理单位应给总监理工程师充分授权，体现权责一致的原则。

（4）严格监理、热情服务的原则

严格监理，就是各级监理人员严格按照国家政策、法规、规范、标准和合同控制建设工程的目标，依照既定的程序和制度，认真履行职责，对承包单位进行严格监理。

监理工程师还应为建设单位提供热情的服务，“应运用合理的技能，谨慎而勤奋地工作”。由于建设单位一般不熟悉建设工程管理与技术业务，监理工程师应按照工程监理合同的要求多方位、多层次地为建设单位提供良好的服务，维护建设单位的正当权益。但是，不能因此而一味向各承包单位转嫁风险，从而损害承包单位的正当经济利益。

（5）预防为主的原则

建设工程监理活动的产生与发展的前提条件，是拥有一批具有工程管理与技术知识和实践经验、精通法律与经济的专门高素质人才，形成专业化、社会化的高智能建设工程监理单位，为建设单位提供服务。由于建设工程的“一次性”、“单件性”等特点，使建设工程实施过程存在很多风险，监理工程师必须具有预见性，并把监理工作的重点放在“预控”上，“防患于未然”。在制定监理规划、编制监理实施细则和实施监理控制过程中，对工程项目投资目标、进度目标和质量目标控制中可能发生的失控问题要有预见性和超前的考虑，制定相应的预控对策和措施予以防范。此外还应考虑多个不同的措施与方案，做到“事前有预测，情况变了有对策”，既可避免被动，又可收到事半功倍之效果。

（6）实事求是的原则

在监理工作中，监理工程师应尊重事实、以理服人。监理工程师的任何决策与判断应以事实为依据，有证明、检验、试验等客观事实资料。特别是对被监理单位下达的某些指令，由于经济利益或认识上的关系，监理工程师与承包商的认识、看法可能存在分歧，监理工程师不应以权压人，而应提出客观事实资料，实事求是地给以分析判断，这是最具有说服力的。监理工作应晓之以理，所谓“理”，即具有说服力的事实依据，做到以“理”服人。

（7）综合效益的原则

建设工程监理活动既要考虑建设单位的经济效益，也必须考虑与社会效益和环境效益的有机统一。建设工程监理活动虽经建设单位的委托和授权才得以进行，但监理工程师应首先严格遵守国家的建设管理法律、法规、标准等，以高度负责的态度和责任感，既对建设单位负责，谋求最大的经济效益，又要对国家和社会负责，取得最佳的综合效益。只有在符合宏观经济效益、社会效益和环境效益的条件下，建设单位投资项目的微观经济效益才能得以实现。

5.4.2 建设工程监理的实施程序

监理合同签订以后，监理单位开展监理工作的实施程序如下：

（1）任命项目总监理工程师，成立项目监理机构

一般情况下，监理单位在承接工程监理任务时，在参与工程监理的投标、拟定监理方案（大纲）以及与建设单位商签工程监理合同时，即应选派称职的人员主持该项工作。在监理任务确定并签订工程监理合同后，该主持人即可任命为项目总监理工程师。这样，项目的总监理工程师在承接任务阶段即早已介入，从而更能了解建设单位的建设意图和对监理工作的要求，并与后续工作能更好地衔接。总监理工程师是一个建设工程监理工作的总负责人，他对内向监理单位负责，对外向建设单位负责。

项目监理机构的人员构成是监理投标书中的重要内容，是建设单位在评标过程中认可的，总监理工程师在组建项目监理机构时，应根据监理投标书和监理合同内容组织人员，并在监理规划和具体实施计划执行中进行及时的调整。

（2）编制建设工程监理规划

建设工程监理规划是开展工程监理活动的纲领性文件，作为监理工作的计划性文件，编制以前总监理工程师应组织监理机构的人员及时收集和熟悉监理工作的相关资料，这些资料将是监理规划编制及监理目标控制的基础。

1）反映工程项目特征的有关资料

① 工程项目的批文；

② 规划部门关于规划红线范围和设计条件通知；

③ 土地管理部门关于准予用地的批文；

④ 批准的建设工程项目可行性研究报告或设计任务书；

⑤ 工程项目地形图；

⑥ 工程项目勘测，设计图纸及有关说明。

2）反映当地建设工程政策、法规的有关资料

① 关于建设工程报建程序的有关规定；

② 当地关于拆迁工作的有关规定；

③ 当地关于建设工程应交纳有关税、费的规定；

④ 当地关于工程项目建设管理机构资质管理的有关规定；

⑤ 当地关于工程项目建设实行建设工程监理的有关规定；

⑥ 当地关于建设工程招投标制的有关规定；

⑦ 当地关于工程造价管理的有关规定等。

3）反映工程所在地区技术经济状况等建设条件的资料

① 气象资料；

② 工程地质及水文地质资料；

③ 与交通运输（包括铁路，公路，航运 ）有关的可提供的能力、时间及价格等资料；

④ 与供水、供电、供热、供燃气、电信有关的可提供的容（用）量、价格等资料；

⑤ 勘测设计单位状况；

⑥ 土建，安装承包商状况；

⑦ 建筑材料及构件、半成品的生产、供应情况；

⑧ 进口设备及材料的有关到货口岸、运输方式的情况等。

4）类似工程项目建设情况的有关资料

① 类似建设工程项目投资方面的有关资料；

② 类似建设工程项目工期方面的有关资料；

③ 类似建设工程项目质量方面的有关资料；

④ 类似建设工程项目的其他技术经济指标等。

监理规划编制的具体要求与内容在第六章中介绍。

（3）制定各专业监理实施细则

在监理规划的指导下，为具体指导投资控制、质量控制、进度控制的进行，还需结合建设工程实际情况，制定相应的实施细则，有关内容在第六章介绍。

（4）规范化地开展监理工作

监理工作的规范化体现在：

1）工作的时序性。这是指监理的各项工作都应按一定的逻辑顺序先后展开，从而使监理工作能有效地达到目标而不致造成工作状态的无序和混乱。

2）职责分工的严密性。建设工程监理工作是由不同专业、不同层次的专家群体共同来完成的，他们之间严密的职责分工是协调进行监理工作的前提和实现监理目标的重要保证。

3）工作目标的确定性。在职责分工的基础上，每一项监理工作的具体目标都应是确定的，完成的时间也应有时限规定，从而能通过报表资料对监理工作及其效果进行检查和考核。

（5）参与验收，签署建设工程监理意见

建设工程施工完成以后，监理单位应在正式验交前组织竣工预验收，在预验收中发现

的问题，应及时与承包商沟通，提出整改要求。监理单位应参加建设单位组织的工程竣工验收，签署监理单位意见。

（6）向建设单位提交建设工程监理档案资料

建设工程监理工作完成后，监理单位向建设单位提交的监理档案资料应在工程监理合同文件中约定。如在合同中没有作出明确规定，监理单位一般应提交如下资料：

1）施工合同文件及工程监理合同；

2）勘察设计文件；

3）监理规划；

4）监理实施细则；

5）分包单位资格报审表；

6）设计交底与图纸会审会议纪要；

7）施工组织设计（方案）报审表；

8）工程开工/复工报审表及工程暂停令；

9）测量核验资料；

10）工程进度计划；

11）工程材料、构配件、设备的质量证明文件；

12）检查试验资料；

13）工程变更资料；

14）隐蔽工程验收资料；

15）工程计量单和工程款支付证书；

16）监理工程师通知单；

17）监理工作联系单；

18）报验申请表；

19）会议纪要；

20）来往函件；

21）监理日记；

22）监理月报；

23）质量缺陷与事故的处理文件；

24）分部工程、单位工程等验收资料；

25）索赔文件资料；

26）竣工结算审核意见书；

27）工程项目施工阶段质量评估报告等专题报告；

28）监理工作总结。

（7）监理工作总结

监理工作完成后，项目监理机构应及时从两方面进行监理工作总结。其一，是向建设单位提交的监理工作总结，其主要内容包括：①工程基本概况；②监理组织机构、监理人员和投入的监理设施；③监理合同履行情况；④监理工作成效；⑤建设工程过程中出现的问题及其处理情况和建议；⑥工程照片（有必要时）等。其二，是向监理单位提交的监理工作总结，其主要内容包括：①监理工作的经验，可以是采用某种监理技术、方法的经验，也可以是采用某种经济措施、组织措施的经验，以及工程监理合同执行方面的经验或如何处理好与建设单位、承包单位关系的经验等；②监理工作中存在的问题及改进的建议。

思 考 题

1. 什么是组织和组织结构?
2. 项目监理机构中的人员如何配备?
3. 项目监理机构中各类人员的基本职责是什么?
4. 建设工程监理实施的程序是什么?
5. 建设工程监理实施的基本原则有哪些?
6. 简述建立项目监理机构的步骤。

第6章　建设工程监理工作计划

监理大纲、监理规划、监理实施细则是相互关联的，他们都是构成建设工程监理计划系列文件的组成部分，他们之间存在着明显的依据性关系：在编写监理规划时，一定要严格根据监理大纲的有关内容来编写；在制定项目监理实施细则时，一定要在监理规划的指导下进行。三者之间比较见表6-1。

监理大纲、监理规划及监理实施之间的比较　　表6-1

计　划	监理大纲	监理规划	监理实施细则
作用	承揽任务	指导监理工作	指导具体操作
性质	方案性	指导性	操作性
编制时间	工程监理投标前	监理合同签订后	专业工程实施前
主持编制	经营、技术部门	总监理工程师	专业监理工程师
着眼层面	宏观	中观	微观
编制深度		——→	
问题重点	why　what	when　where	who　how

一般来说，监理单位开展监理活动应当编制以上系列监理规划文件。但这也不是一成不变的，就像工程设计一样，对于简单的监理活动只编写较为详细的监理规划就可以了，而不再编写监理实施细则。

监理大纲的编制已在第4章中介绍，本章只讲监理规划和监理实施细则的编制。

6.1　建设工程监理规划

监理规划是监理单位接受建设单位委托并签订工程监理合同之后，由项目总监理工程师主持，根据工程监理合同，在监理大纲的基础上，结合项目的具体情况，广泛收集工程信息和资料的情况下制定的指导项目监理机构全面开展监理工作的指导性文件。

从内容范围上讲，监理大纲与监理规划都是围绕着整个项目监理机构所开展的监理工作来编写的，但监理规划的内容要比监理大纲详实、全面。

6.1.1　建设工程监理规划的作用与内容

（1）监理规划的作用

1）指导项目监理机构全面开展监理工作

监理规划最基本的作用是指导项目监理机构全面开展监理工作。

建设工程监理的中心任务是协助建设单位实现项目的总目标，实现项目总目标是一个系统的过程，需要制订计划、建立组织、配备合适的监理人员、进行有效地领导、实施工程的目标控制。只有系统地做好上述工作，实施有效地目标控制，才能完成建设工程监理的任务。

所以，监理规划需要对项目监理机构开展的各项监理工作做出全面、系统地组织和安排。它包括监理工作目标分解，制定监理工作程序，确定目标控制、合同管理、信息管理、协调沟通等各项措施和确定各项工作的方法和手段。

为了全面安排和指导项目监理机构有效地开展各项工作，监理规划应当明确地规定项目监理机构在工程实施过程中，应当做哪些工作、由谁来做这些工作、在什么时间和什么地点做这些工作以及如何做好这些工作，只有为这些问题确定了全面、正确的答案，项目监理机构的各项工作才有了依据。

2）监理规划是建设单位确认监理单位履行合同的主要依据

监理规划的前期文件，即监理大纲，是编制监理规划的基础性文件。而且，经由建设单位确认的监理大纲是监理合同的组成部分之一，作为监理大纲的进一步细化文件，监理规划应当能够全面而详细地为建设单位监督监理合同的履行提供依据。

监理单位如何履行监理合同，如何落实建设单位委托监理单位所承担的各项监理服务工作，作为监理的委托方，建设单位不但需要而且应当了解和确认监理单位的工作。同时，建设单位有权监督监理单位全面、认真执行监理合同。监理规划正是建设单位了解和确认这些问题的最好资料，是建设单位确认监理单位是否履行监理合同的主要说明性文件。

3）监理规划是政府主管机构对监理单位监督管理的依据

政府建设工程监理主管机构对建设工程监理单位要实施监督，管理和指导，对其人员执业资格、专业配套和工程监理业绩等要素进行核查和考评以确认它的资质和资质等级，以规范我国建设工程监理行业市场秩序，促使其健康发展。要做到这一点，除了进行一般性的资质管理工作之外，更为重要的是在监理单位的实际监理工作中对其进行动态管理，例如，工程质量监督机构除了进行工程实体监督外，更为重要的管理职能是对监理单位进行行为监督，包括对监理规划的审查。而监理单位的监理行为可从监理规划和它的实施中充分地表现出来。

因此，政府建设工程监理主管机构对监理单位进行考核时，重视对监理规划的检查，它是政府建设监理主管机构监督，管理和指导监理单位开展监理活动的重要依据。

（2）监理规划的主要内容

由于建设工程监理规划是在明确建设工程监理委托关系及任命项目总监理工程师后，在更详细掌握有关资料的基础上编制的，所以，其包括的内容与深度比建设工程监理大纲更为详细和具体。

监理单位在与建设单位进行建设工程监理合同谈判期间，就应拟定该工程的总监理工程师人选，且该人选应参与监理合同的谈判工作，在建设工程监理合同签订以后，项目总监理工程师应组织监理机构人员详细研究监理合同内容和工程建设条件，主持编制建设工程监理规划。

建设工程监理规划应将工程监理合同中规定的监理单位承担的责任及监理任务具体化，并在此基础上制定实施监理的具体措施。建设工程监理规划，是编制建设工程监理实施细则的依据，是科学、有序地开展建设工程监理工作的基础。

建设工程监理工作是一项系统工程。既然是一项“工程”，就要进行事前的系统策划和设计。监理规划就是进行此项工程的“初步设计”。

建设工程监理规划通常包括以下内容：

1）建设工程概况

工程项目概况应当在监理单位进场、收到设计文件后加以具体化，突出工程的特点和难点。建设工程的概况部分主要编写以下内容：

① 建设工程名称。

② 建设工程地点。

③ 建设工程组成及建筑规模。

④ 主要建筑结构类型。

⑤ 预计工程投资总额。预计工程投资总额可以按以下两种费用编列：

一个是建设工程投资总额；另一个是建设工程投资组成简表。

⑥ 建设工程计划工期。可以以建设工程的计划持续时间或以建设工程开、竣工的具体日历时间表示：

a. 以建设工程的计划持续时间表示：建设工程计划工期为“××个月”或“×××天”；

b. 以建设工程的具体日历时间表示：建设工程计划工期由　　年　　月　　日至　　年　　月　　日。

⑦ 工程质量要求。应具体提出建设工程的质量目标要求。

⑧ 建设工程设计单位及承包商名称。

⑨ 建设工程项目结构图与编码系统。

2）监理工作范围

建设工程监理工作范围是指监理单位所承担的监理任务的工程范围。如果监理单位承担全部建设工程的监理任务，监理范围为全部建设工程，否则应按监理单位所承担的建设工程的建设标段或子项目划分确定建设工程监理范围。按照工程监理合同的规定，写明“三控制、三管理、一协调”方面建设单位的授权范围。

3）监理工作内容

监理工作内容主要是依据建设单位和监理单位签订的工程监理合同的规定来确定，按照建设工程监理的实际情况，监理工作内容可以视具体情况编写。如委托建设工程项目全过程，监理应分别编写工程项目立项阶段、设计阶段、主要施工招标阶段、物资采购阶段、施工阶段以及竣工验收、保修使用等阶段的监理工作内容。

① 立项阶段建设工程监理相关服务工作的主要内容：

工程项目立项阶段，视建设单位委托监理单位具体工作情况而定。监理工作的深度、方式有所不同，具体的监理工作内容也有所不同，主要包括以下内容：

a. 协助建设单位准备工程报建手续；

b. 可行性研究咨询/监理；

c. 技术经济论证；

d. 编制建设工程投资匡算。

② 设计阶段建设工程监理相关服务工作的主要内容：

a. 结合建设工程特点，收集设计所需的技术经济资料；

b. 编写设计要求文件；

c. 组织建设工程设计方案竞赛或设计招标，协助建设单位选择好勘察设计单位；

d. 拟定和商谈设计委托合同内容；

e. 向设计单位提供设计所需的基础资料；

f. 配合设计单位开展技术经济分析，搞好设计方案的比选，优化设计；

g. 配合设计进度，组织设计与有关部门（如消防、环保、土地、人防、防汛、园林，以及供水、供电、供气、供热、电信等部门）的协调工作；

h. 组织各设计单位之间的协调工作；

i. 参与主要设备、材料的选型；

j. 审核工程估算、概算、施工图预算；

k. 审核主要设备、材料清单；

l. 审核工程设计图纸；

m. 检查和控制设计进度；

n. 组织设计文件的报批。

③施工招标阶段建设工程监理相关服务工作的主要内容：

建设项目的招投标工作包括可行性研究、勘察设计、施工、主要物资采购乃至工程项目使用阶段物业管理等各项工作的招投标，建设单位可委托监理单位完成其中几项或全部工作的咨询监理工作。在各阶段工作的招投标过程中，监理工作的主要内容应包括以下内容：

a. 拟定建设工程施工招标方案并征得建设单位同意；

b. 准备建设工程施工招标条件；

c. 办理施工招标申请；

d. 编写施工招标文件；

e. 投标控制价经建设单位认可后，报送所在地方建设主管部门审核；

f. 组织建设工程施工招标工作；

g. 组织现场勘察与答疑会，回答投标人提出的问题；

h. 组织开标、评标工作；

i. 协助建设单位与中标单位商签施工合同。

④ 材料、设备采购供应的工程监理工作主要内容：

对于由建设单位负责采购供应的材料、设备等物资，监理工程师应负责进行制订计划，监督合同的执行和供应工作。具体内容包括以下几点。

a. 制定材料、设备供应计划和相应的资金需求计划；

b. 通过质量、价格、供货期、售后服务等条件的分析和比选，确定材料、设备等物资的供应单位。重要设备尚应访问现有使用用户，并考察生产单位的质量保证体系；

c. 拟定并商签材料、设备的订货合同；

d. 监督合同的实施，确保材料、设备的及时供应。

⑤ 施工准备阶段工程监理工作的主要内容：

a. 审查承包商选择的分包单位的资质；

b. 监督检查承包商质量保证体系及安全技术措施，完善质量管理程序与制度；

c. 检查设计文件是否符合设计规范及标准，检查施工图纸是否能满足施工需要；

d. 协助做好优化设计和改善设计工作；

e. 参加设计单位向承包商的技术交底；

f. 审查承包商上报的实施性组织施工设计，重点对施工方案、劳动力、材料、机械设备的组织及保证工程质量、安全、工期和控制造价等方面的措施进行监督，并向建设单位提出监理意见；

g. 在单位工程开工前检查承包商的复测资料，特别是两个相邻承包商之间的测量资料、控制桩橛是否交接清楚，手续是否完善，质量有无问题，并对贯通测量、中线及水准桩的设置、固桩情况进行审查；

h. 对重点工程部位的中线、水平控制进行复查；

i. 监督落实各项施工条件，审批一般单项工程、单位工程的开工报告，并报建设单位备查。

⑥ 施工阶段建设工程监理工作的主要内容：

进行施工阶段质量控制、进度控制、投资控制、合同管理、信息管理以及组织协调工作。

A. 施工阶段的质量控制：

a. 对所有的隐蔽工程在进行隐蔽以前进行检查和办理签证，对重点工程要派监理人员驻点跟踪监理，签署重要的分项工程、分部工程和单位工程质量评定表；

b. 对施工测量、放样等进行检查，对发现的质量问题应及时通知承包商纠正，并做出监理记录；

c. 检查确认运到现场的工程材料、构件和设备质量，并应查验试验、化验报告单、出厂合格证是否齐全、合格，监理工程师有权禁止不符合质量要求的材料、设备进入工地和投入使用；

d. 监督承包商严格按照施工规范、设计图纸要求进行施工，严格执行施工合同；

e. 对工程主要部位、主要环节及技术复杂工程加强检查；

f. 检查承包商的工程自检工作，数据是否齐全，填写是否正确，并对承包商质量评定自检工作做出综合评价；

g. 对承包商的检验测试仪器、设备、度量衡定期检验，不定期地进行抽验，保证度量资料的准确；

h. 监督承包商对各类土木和混凝土试件按规定进行检查和抽查；

i. 监督承包商认真处理施工中发生的一般质量事故，并认真做好监理记录；

j. 对重大质量事故及其他紧急情况，应及时报告建设单位。

B. 施工阶段的进度控制：

a. 监督承包商严格按施工合同规定的工期组织施工；

b. 对控制工期的重点工程，审查承包商提出的保证进度的具体措施，如发生延误，应及时分析原因，采取对策；

c. 建立工程进度台账，核对工程形象进度，按月、季向建设单位报告施工计划执行情况、工程进度及存在的问题。

C. 施工阶段的投资控制：

a. 审查承包商申报的月、季度计量报表，认真核对其工程数量，不超计、不漏计，严格按合同规定进行计量支付签证；

b. 保证支付签证的各项工程质量合格、数量准确；

c. 建立计量支付签证台账，定期与承包商核对；

d. 按建设单位授权和施工合同的规定审核变更设计。

⑦ 施工验收阶段建设工程监理工作的主要内容：

a. 督促、检查承包商及时整理竣工文件和验收资料，受理单位工程竣工验收报告，提出监理意见；

b. 根据承包商的竣工报告，提出工程质量检验报告；

c. 组织工程预验收，参加建设单位组织的竣工验收。

⑧ 建设工程监理合同管理工作的主要内容：

a. 拟定本建设工程合同体系及合同管理制度，包括合同草案的拟定、会签、协商、修改、审批、签署、保管等工作制度及流程；

b. 协助建设单位拟定项目的各类合同条款，并参与各类合同的商谈；

c. 合同执行情况的分析和跟踪管理；

d. 协助建设单位处理与工程有关的索赔事宜及合同争议事宜。

⑨ 委托的其他服务：

监理单位及其监理工程师受建设单位委托，可承担以下几方面的技术服务：

a. 协助建设单位准备工程条件，办理供水、供电、供气、电信线路等申请或签订协议；

b. 协助建设单位制定产品营销方案；

c. 为建设单位培训技术人员。

4）监理工作目标

建设工程监理目标是指监理单位所承担的建设工程的监理控制预期达到的目标。通常以建设工程的投资、进度、质量三大目标的控制值来表示。

① 投资控制目标：以　　年预算为基价，静态投资为　　万元（或合同价为万元）；

② 工期控制目标：　　个月或自　　年　　月　　日至　　年　　月　　日；

③ 质量控制目标：建设工程质量合格及建设单位的其他要求。

5）监理工作依据

建设工程项目各阶段监理工作的依据各不相同。施工阶段，监理工作的依据应包括以下内容：

① 工程建设方面的法律、法规、条例；

② 政府批准的工程建设文件；

③ 建设工程监理合同；

④ 其他建设工程合同，如施工承包合同、工程设计合同；

⑤ 已经审查批准的施工图设计文件。

6）项目监理机构的组织形式

监理单位履行工程监理合同时，必须建立项目监理机构。施工阶段必须在施工现场建立项目监理机构，项目监理机构在完成工程监理合同约定的监理工作后方可撤离施工现场。

项目监理机构的组织形式和规模应根据建设工程监理要求选择。项目监理机构可用组织结构图表示。一个项目监理机构应设置一名总监理工程师，根据项目具体规模可以设置总监理工程师代表。

7）项目监理机构的人员配备计划

项目监理机构的人员配备应根据建设工程进程和监理工作的需要合理安排、动态调整，如表 6-2 所示。

××工程项目监理机构监理人员配备计划表　　表 6-2

时间	3 月	4 月	5 月	……	12 月
专业监理工程师	8	9	10	……	6
监理员	24	26	30	……	20
文秘人员	2	2	3	……	3

8）项目监理机构的人员岗位职责（详见第五章第三节）

9）监理工作程序

监理工作程序比较简单明了的表达方式是监理工作流程图，具备直观性也便于操作和检查。一般可对不同的监理工作内容分别制定监理工作程序，例如：

① 分包单位资质审查基本程序，如图 6-1 所示。

② 工程延期管理基本程序，如图 6-2 所示。

③ 工程暂停及复工管理的基本程序，如图 6-3 所示。

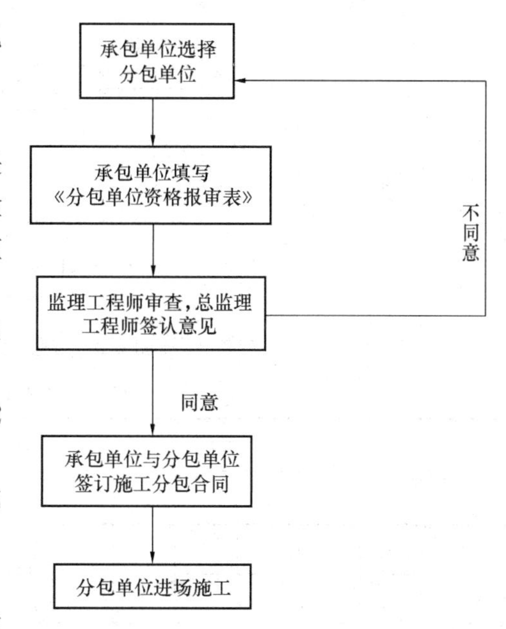

图 6-1　分包单位资质审查基本程序

10）监理工作方法及措施

建设工程监理控制目标的方法与措施应重点围绕投资控制、进度控制、质量控制这三大控制任务展开。

① 投资目标控制方法与措施。

A. 投资目标分解：

a. 按建设工程的投资费用组成分解；

b. 按年度、季度分解；

c. 按建设工程实施阶段分解；

d. 按建设工程组成分解。

B. 投资使用计划：

投资使用计划可列表编制（表 6-3）

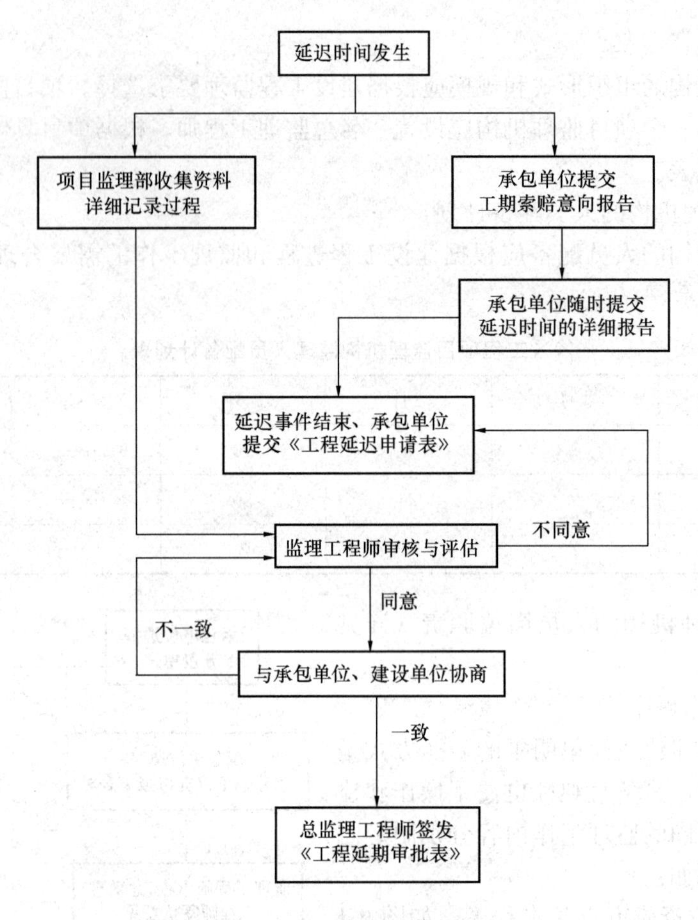

图 6-2　工程延期管理基本程序图

投资使用计划表　　　　**表 6-3**

工程名称	××年度				××年度				××年度				总额
	一	二	三	四	一	二	三	四	一	二	三	四	

C. 投资目标实现的风险分析。

D. 投资控制的工作流程与措施：

a. 工作流程图；

b. 投资控制的具体措施。

投资控制的组织措施。包括建立健全项目监理机构，完善职责分工及有关制度，落实投资控制的责任。

投资控制的技术措施包括：

在设计阶段，推行限额设计和优化设计；

在招标投标阶段，合理确定投标控制价及合同价；

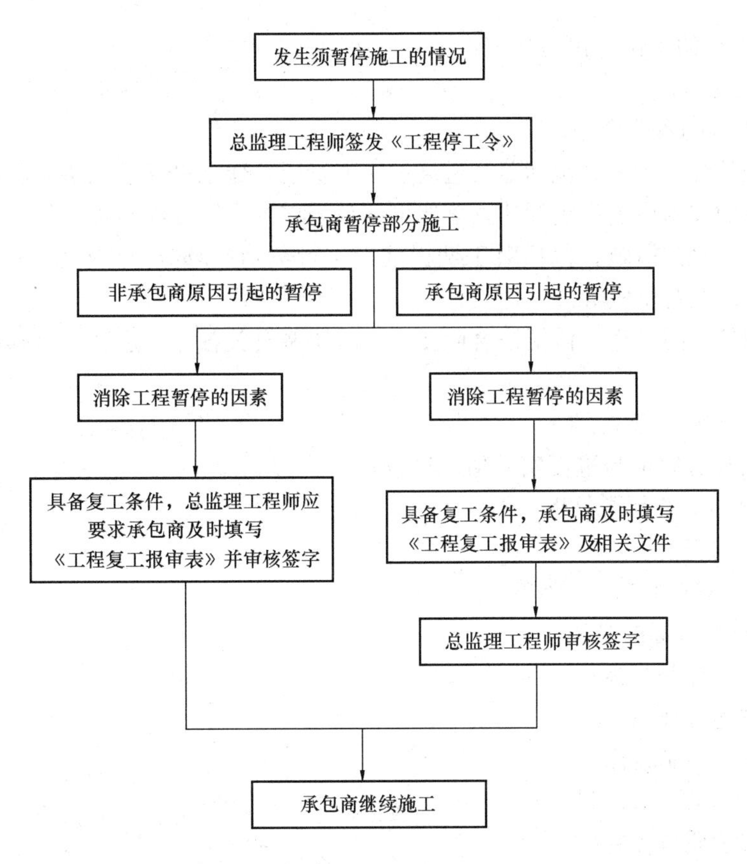

图 6-3　工程暂停及复工管理的基本程序

对材料、设备采购，通过质量价格比选，合理确定生产供应单位；

在施工阶段，通过审核施工组织设计和施工方案，使组织施工合理化。

投资控制的经济措施。包括及时进行计划费用与实际费用的分析比较。对原设计或施工方案提出合理化建议并被采用，由此产生的投资节约按合同规定予以奖励。

投资控制的合同措施。包括按合同条款支付工程款，防止过早、过量的支付。减少承包商的索赔，正确处理索赔事宜等。

E. 投资控制的动态比较。

a. 投资目标分解值与概算值的比较；

b. 概算值与施工图预算值的比较；

c. 合同价与实际投资的比较。

F. 投资控制表格。

②进度目标控制方法与措施。

A. 工程总进度计划。

B. 总进度目标的分解：

a. 年度、季度进度目标；

b. 各阶段的进度目标；

c. 各子项目进度目标。

C. 进度目标实现的风险分析。

D. 进度控制的工作流程与措施：

a. 工作流程图；

b. 进度控制的具体措施。

进度控制的组织措施。包括落实进度控制的责任，建立进度控制协调制度。

进度控制的技术措施。包括建立多级网络计划体系，监控承包单位的作业实施计划。

进度控制的经济措施。包括对工期提前者实行奖励；对应急工程实行较高的计件单价；确保资金的及时供应等。

进度控制的合同措施。包括按合同要求及时协调有关各方的进度，以确保建设工程的形象进度。

E. 进度控制的动态比较：

a. 进度目标分解值与进度实际值的比较；

b. 进度目标值的预测分析；

c. 进度控制表格。

③ 质量目标控制方法与措施。

A. 质量控制目标的描述。

a. 设计质量控制目标；

b. 材料质量控制目标；

c. 设备质量控制目标；

d. 土建施工质量控制目标；

e. 设备安装质量控制目标；

f. 其他说明。

B. 质量目标实现的风险分析。

C. 质量控制的工作流程与措施。

a. 工作流程图；

b. 质量控制的具体措施。

质量控制的组织措施。包括建立健全项目监理机构，完善职责分工，制定有关质量监督制度，落实质量控制责任。

质量控制的技术措施。包括协助完善质量保证体系；严格事前、事中和事后的质量检查监督。

质量控制的经济措施及合同措施。包括严格质检和验收，不符合合同规定质量要求的拒付工程款；达到建设单位特定质量目标要求的，按合同支付质量补偿金或奖金。

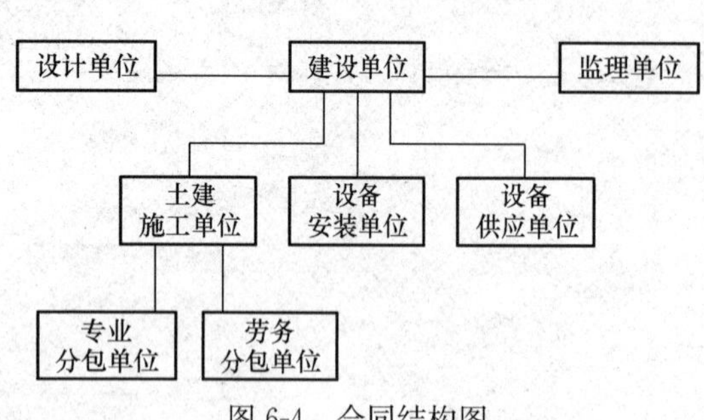

图 6-4　合同结构图

D. 质量目标状况的动态分析。

E. 质量控制表格。

④ 合同管理的方法与措施。

A. 合同结构。

可以以合同结构图的形式表示个工程参与主体之间的合同关系，如图 6-4 所示。

B. 合同目录一览表（表 6-4）。

合同目录一览表 **表 6-4**

序号	合同编号	合同名称	施工单位	合同价格	合同工期	质量标准
1						
2						
3						

C. 合同管理的工作流程与措施。

a. 工作流程图；

b. 合同管理的具体措施。

D. 合同执行状况的动态分析。

E. 合同争议调解与索赔处理程序。

F. 合同管理表格。

⑤ 信息管理的方法与措施。

A. 信息分类表（表 6-5）。

信 息 分 类 表 **表 6-5**

序号	信息类别	信息名称	信息管理要求	责任人

B. 机构内部信息流程图。（图 6-5）

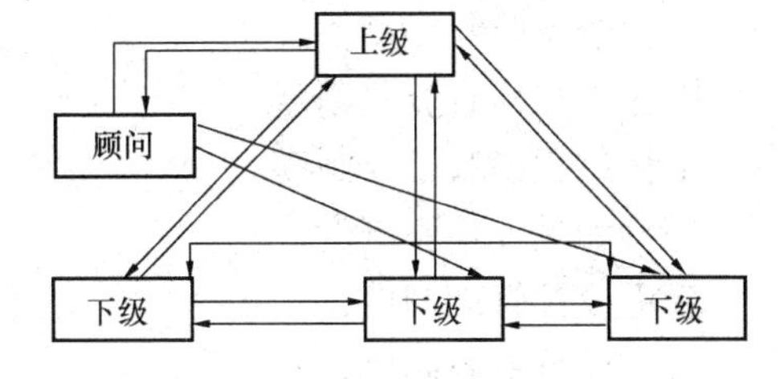

图 6-5　机构内部信息流程图

C. 信息管理的工作流程与措施。

a. 工作流程图；

b. 信息管理的具体措施。

D. 信息管理表格。

⑥ 组织协调的方法与措施。

A. 与建设工程有关的单位。

a. 建设工程系统内的单位：主要有建设单位、设计单位、承包商、材料和设备供应单位、资金提供单位等；

b. 建设工程系统外的单位：主要有政府建设行政主管机构、政府其他有关部门、工程毗邻单位、社会团体等。

B. 协调分析。

a. 建设工程系统内的单位协调重点分析；

b. 建设工程系统外的单位协调重点分析。

C. 协调工作程序。

a. 投资控制协调程序；

b. 进度控制协调程序；

c. 质量控制协调程序；

d. 其他方面工作协调程序。

D. 协调工作表格。

11）监理工作制度

对于大型、复杂的工程，施工单位多、分部分项工程多的情况，在监理大纲列出的工作制度基础上要突出监理的协调工作制度和报告制度。会议制度是监理协调工作的重要手段。在监理规划中，应制定明确的监理例会制度和各种专题会议制度。报告制度，主要指定期的监理月报制度和不定期的专题报告、阶段性监理工作报告和工作总结性报告制度以及必要时，建立和建设单位经常性交流与沟通的制度。

一般监理工作制度包括：

开工报告审批制度；

分包单位资质审查制度；

施工组织设计（方案）审核制度；

施工测量复核及抽检制度；

材料、构配件及设备进场复验制度；

设计文件图纸审查制度；

技术交底制度；

工地例会制度；

日常检查、巡查制度；

从业人员资格审查制度；

安全质量事故报告和处理制度；

安全质量责任追究制度；

工程竣工验收制度；

隐蔽工程检查验收制度；

工程过程检验验收制度；

平行和见证检验制度；

变更设计管理制度；

验工计价审查制度；

安全专项检查制度；

安全教育培训制度；

安全专项例会制度；

安全重大方案审查制度；

应急救援预案审查制度；

安全技术管理制度；

施工进度监督及报告制度；

环保工作制度；

技术攻关创新制度；

监理试验室管理制度；

对外行文审批制度；

监理日记和文档管理制度；

监理工作日志制度；

监理周报、月报制度；

监理工作报告制度；

技术、经济资料及档案管理制度；

监理费用预算制度。

12）监理设施

根据建设工程类别、规模、技术复杂程度、建设工程所在地的环境条件，按工程监理合同的约定，配备满足监理工作需要的常规检测设备和工具（表 6-6）。

常规检测设备和工具表 **表 6-6**

序号	仪器设备名称	型号	数量	使用时间	备注
1					
2					
3					
4					
5					
6					
…					

一般由在工程监理合同中约定由建设单位提供的监理设施有：

① 办公设施；

② 交通设施；

③ 通信设施；

④ 生活设施等。

【案例 6-1】

某工程建设单位与监理单位签订了施工阶段监理合同。施工开始前的一段时间，建设单位要求监理单位提交监理规划，总监理工程师解释说：本工程目前只有±0.000 以下工程施工图，±0.000 以上工程设计单位尚未出施工图，资料不全不好编写监理规划；若要急用，只能用监理大纲暂先代替一下，建设单位驻场代表也就同意了。

【问题】

1. 设计图纸不全是否影响监理规划的编写，为什么？

2. 监理规划与监理大纲是两份不同的监理文件，请具体说明二者的不同点。

【答案】

1. 设计图纸不全不影响监理规划的编写，监理规划的编写应把握工程项目的运行脉搏。随着工程施工的进展，监理规划需要不断地根据收集、掌握的工程信息，进行补充、修改完善；一气呵成的监理规划是不符合实际的，也是不科学的。因此，监理规划的编写需要一个过程，可见图纸不全不影响监理规划的编写。

2. 不同点

（1）作用不同。

监理大纲的作用：承揽监理任务；为今后开展监理工作提供方案；为编写规划提供直接依据。

监理规划的作用：指导项目监理机构全面开展监理工作；监理主管机构对监理单位实施监督的依据；建设单位确认监理单位履行监理合同的依据；监理单位的存档资料。

（2）编写时间不同。

监理大纲是在建设单位要求的投标时间之前编写的。

监理规划应在签订工程监理合同及收到设计文件后开始编写。

(3) 编写主持人不同。

监理规划的编写应由总监理工程师主持、专业监理工程师参加编制。

监理大纲编写主持人为监理单位指定人员或该单位的技术管理部门。

(4) 编写依据不完全相同。

依据《建设工程监理规范》的要求，监理规划的编写依据是：①建设工程的相关法律、法规及项目审批文件；②与建设项目有关的标准、设计文件、技术资料。根据《建设工程监理规范》的规定："监理规划的编写应针对项目的实际情况，明确项目监理机构的工作目标，确定监理的具体工作制度、程序、方法和措施，并应具有可操作性"。监理大纲、监理规划、监理实施细则是构成监理规划的系列性文件，三者之间存在明显的依据性关系。

【案例 6-2】

某监理单位承接了一工程项目施工阶段监理工作。该建设单位要求监理单位必须在监理进场后的一个月内提交监理规划。监理单位因此立即着手编制工作。

一、为了使编制工作顺利地在要求时间内完成，监理单位认为首先必须明确以下问题：

1. 编制建设工程监理规划的重要性；
2. 监理规划由谁来组织编制；
3. 规定其编制的程序和步骤。

二、收集制定编制监理规划的依据资料：

1. 施工承包合同资料；
2. 建设规范、标准；
3. 反映建设单位对项目监理要求的资料；
4. 反映监理项目特征的有关资料；
5. 关于项目承包单位、设计单位的资料。

三、监理规划编制如下基本内容：

1. 各单位之间的协调程序；
2. 工程概况；
3. 监理工作范围和工作内容；
4. 监理工作程序；
5. 项目监理工作责任；
6. 工程基础施工组织等等。

【问题】

1. 建设工程监理规划的重要性是什么？
2. 在一般情况下，监理规划应由谁来组织编制？
3. 在所收集的制定监理规划的资料中哪些是必要的？你认为还应补充哪些方面的资料？
4. 在所编制的监理规划与监理大纲之间有何关系？
5. 所编制的监理规划内容中，哪些内容应该编入监理规划中？并请进一步说明它们包括哪些具体内容。

6. 建设单位要求编制完成的时间合理吗?

【答案】

1. 建设工程监理规划的重要性是：它是监理工作的指导性文件，是监理组织有序地开展监理工作的依据和基础。

2. 监理规划由监理单位在总监理工程师的主持下负责编写制定。

3. 第2、3、4条是必要的。还应补充的资料是：反映项目建设条件的有关资料；反映当地工程建设政策、法规方面的资料。

4. 监理规划是在监理大纲的基础上编写的；监理规划包括的内容与深度比监理大纲更为具体和详细。

5. 应该编入的内容有第2、3、4条。

工程概况应包括：工程名称、建设地址；工程项目组成及建筑规模；主要建筑结构类型；预计工程投资总额；预计项目工期；工程质量等级；主体工程设计单位及施工总承包单位名称；工程特点的简要描述。

监理工作范围和工作内容应包括：施工阶段质量控制；施工阶段的进度控制；施工阶段投资控制。

6. 不合理。应在召开第一次工地会议前报送建设单位。

【案例 6-3】

某建设单位与监理单位及承包商分别签订了施工阶段监理合同和工程施工合同。由于工期紧张，在设计单位仅交付地下室的施工图时，建设单位要求承包商进场施工，同时向监理单位提出对设计图纸质量把关的要求，在此情况下：

监理单位为满足建设单位要求，由项目土建监理工程师向建设单位直接编制报送了监理规划，其部分内容如下：

1. 工程概况；
2. 监理工作范围和目标；
3. 监理组织；
4. 设计方案评选方法及组织设计协调工作的监理措施；
5. 因设计图纸不全，拟按进度分阶段编写基础、主体、装修工程的施工监理措施；
6. 对施工合同进行监督管理；
7. 施工阶段监理工作制度。

【问题】

该监理规划是否有不妥之处？为什么？

【答案】

(1) 首先，建设工程监理规划应由总监理工程师组织编写，试题所给背景材料中是由土建监理工程师直接向建设单位“报送”。第二，本工程项目是施工阶段监理，监理规划中编写的“4. 设计方案评选方法及组织设计协调工作的监理措施”等内容是设计阶段监理规划应编制的内容，不应该编写在施工阶段监理规划中。第三，“5. 因设计图纸不全，拟按进度分阶段编写基础、主体、装修工程的施工监理措施”不妥，施工图不全不应影响监理规划的完整编写。

(2) 由于承包商不具备防水施工技术，故合同约定：地下防水工程可以分包。在承包商尚未确定防水分包单位的情况下，建设单位为保证工期和工程质量，自行选择了一家专承防水施工业务的承包商，承担防水工程施工任务（尚未签订正式合同），并书面通知总监理工程师和承包商，已确定分包单位进场时间，要求配合施工。

6.1.2 监理规划的编写依据

监理规划的编写依据包括：

（1）工程建设方面的法律、法规

工程建设方面的法律、法规具体包括三个方面：

1）国家颁布的有关工程建设的法律、法规；

2）工程所在地或所属部门颁布的工程建设相关的法规、规定和政策；

3）工程建设的各种标准、规范。

国家颁布的有关工程建设的法律、法规是工程建设相关法律、法规的最高层次。在任何地区或任何部门进行工程建设，都必须遵守国家颁布的工程建设方面的法律、法规。一项建设工程必然是在某一地区实施的，也必然是归属于某一部门的，这就要求工程建设必须遵守建设工程所在地颁布的工程建设相关的法规、规定和政策，同时也必须遵守工程所属部门颁布的工程建设相关规定和政策。而工程建设的各种标准、规范也具有法律地位，也必须遵守和执行。

（2）政府批准的工程建设文件

政府批准的工程建设文件包括两个方面：一方面是政府工程建设主管部门批准的可行性研究报告、立项批文。另一方面是政府规划部门确定的规划条件、土地使用条件、环境保护要求、市政管理规定。

（3）建设工程监理合同

在编写监理规划时，必须依据建设工程监理合同以下内容：监理单位和监理工程师的权利和义务，监理工作范围和内容，有关建设工程监理规划方面的要求。

（4）其他建设工程合同

在编写监理规划时，也要考虑其他建设工程合同关于建设单位和承包单位权利和义务的内容。

（5）监理大纲

监理大纲中的监理组织计划，拟投入的主要监理人员，投资、进度、质量控制方案，合同管理方案，信息管理方案，定期提交给建设单位的监理工作阶段性成果等内容都是监理规划编写的依据。

（6）建设工程外部环境调查研究资料

1）自然条件方面的资料

自然条件方面的资料具体包括：建设工程所在地点的地质、水文、气象、地形，以及自然灾害发生情况等方面的资料。

2）社会和经济条件方面的资料

社会和经济条件方面的资料包括：建设工程所在地政治局势、社会治安、建筑市场状况、基础设施（交通设施、通信设施、公用设施、能源设施）、金融市场情况、相关单位（勘察和设计单位、承包商、材料和设备供应单位、工程咨询和建设工程监理单位）等方面的资料。

(7) 工程实施过程输出的有关工程信息

1) 方案设计、初步设计、施工图设计文件；

2) 工程招标投标情况；

3) 工程实施状况；

4) 重大工程变更；

外部环境变化等。

6.1.3 监理规划的编写原则与要求

监理规划是在项目总监理工程师和项目监理机构充分分析和研究建设工程的目标、技术、管理、环境以及参与工程建设的各方等方面的情况后制定的。监理规划要起到指导项目监理机构进行监理工作的作用，就应当有明确具体的、符合该工程要求的工作内容、工作方法、监理措施、工作程序和工作制度，并应具有可操作性。

(1) 监理规划的编写原则

1) 统一性原则

监理规划的总体内容构成应具有统一性。这是监理工作规范化、制度化、科学化的具体体现。

首先，监理规划的内容构成应符合监理服务的基本宗旨，根据建设监理制度和工程监理合同对建设工程监理工作的任务要求制定监理工作计划。建设工程监理的主要内容是控制建设工程的投资、工期和质量，进行建设工程合同管理，监督施工单位安全生产管理，沟通协调有关单位间的工作关系和工程信息管理。这些内容无疑是构成监理规划的基本内容。其次，由于监理规划的基本作用是指导项目监理机构全面开展监理工作，因此完成上述监理工作的组织、控制、方法、措施、制度等将成为监理规划必不可少的内容。具体到某个建设工程的监理规划，要根据监理单位与建设单位签订的监理合同所确定的监理实际范围和深度来加以取舍。

归纳起来，监理规划总体内容构成应当包括：目标规划、监理组织、目标控制、安全生产管理、合同管理和信息管理等。

2) 时效性原则

监理规划的内容应有时效性是指随着工程建设项目的逐步展开对其不切实际的措施进行不断的补充、完善、调整。实际上它是把开始勾画的轮廓进一步的细化，使得监理规划更加详尽可行。在工程建设项目开始阶段编制的监理规划，总监理工程师不可能对项目的具体信息掌握的十分准确，加之工程建设项目在进行过程中，受到来自内外各种因素和条件变化的影响，这就使得监理规划必须进行相应的调整和进一步的完善，才能保证监理目标的实现。

由于建设工程工期长、外界干扰因素多、多变性等特点，不可能在工程监理规划编制初期将施工中的可变因素考虑周全，对于工期长的大、中型工程项目，监理规划应“近细远粗”，使监理规划近期内容与已经掌握的工程信息紧密结合，“细化编制”；随着工程项目进展和针对新情况进行调整、修改，使监理规划“由粗到细”，能够符合客观实际，动态地控制施工项目的正常进行。

3) 针对性原则

监理规划各项具体内容和方法、措施要有针对性。

每一个监理规划都是针对某一个具体建设工程的监理工作计划，都必然有该工程自己的投资目标、进度目标、质量目标，有它自己的项目组织形式，有它自己的监理组织机构，有它自己的目标控制措施、方法和手段，有它自己的信息管理制度，有它自己的合同管理措施。只有具有针对性，建设工程监理规划才能真正起到指导具体监理工作的作用。

4）规律性原则

监理规划是针对一个具体建设工程编写的，而不同的建设工程具有不同的工程特点、工程条件和运行方式。只有把握建设工程运行的客观规律，监理规划的运行才是有效的，才能实施对这项工程的有效监理。监理规划要把握建设工程运行的客观规律，就需要不断地收集大量的编写信息。如果掌握的工程信息很少，就不可能把握工程的内在客观运行规律所编制的监理规划就会不实际，也是不科学的，即使编写出来也是一纸空文，没有任何实施的价值。

（2）监理规划的编审程序要求和表达方式要求

1）监理规划的编审程序要求

① 总监理工程师主持编写要求。

监理规划应当在项目总监理工程师主持下编写制定，这是建设工程监理实施项目总监理工程师负责制的具体体现。在监理规划编写的过程中，应当充分听取建设单位的意见，最大限度地满足他们的合理要求，为进一步搞好监理服务奠定基础。

当然，编制好建设工程监理规划，还要充分调动整个项目监理机构中专业监理工程师的积极性，要广泛征求各专业监理工程师的意见和建议，并吸收其中水平比较高的专业监理工程师共同参与编写。

作为监理单位的业务工作，在编写监理规划时还应当按照本单位的要求进行编写。

在监理规划的编写过程中需要进行审查和修改，因此，监理规划的编写还要留出必要的审查和修改的时间。为此，应当对监理规划的编写时间事先作出明确的规定，以免编写时间过长，从而耽误了监理规划对监理工作的指导，使监理工作陷于被动和无序。

② 监理单位技术负责人审核要求。

监理规划在编写完成后需进行审核并经批准。监理单位的技术主管部门是内部审核单位，其负责人应当签认。监理规划是否要经过建设单位的认可，由工程监理合同或双方协商确定。

从监理规划编写的上述要求来看，它的编写既需要由主要负责者（项目总监理工程师）主持，又需要形成编写班子。同时，项目监理机构的各部门负责人也有相关的任务和责任。监理规划涉及建设工程监理工作的各方面，所以，有关部门和人员都应当关注它，使监理规划编制得科学、完备，真正发挥全面指导监理工作的作用。

2）监理规划的表达方式要求

现代科学管理应当讲究效率、效能和效益，其表现之一就是使控制活动的表达方式格式化、标准化，从而使控制的规划显得更明确、更简洁、更直观。我国的建设监理制度应当走规范化、标准化的道路，这是科学管理与粗放型管理在具体工作上的明显区别。可以这样说，规范化，标准化是科学管理的标志之一。因此，需要选择最有效的方式和方法来表示监理规划的各项内容。比较而言，图、表和简单的文字说明应当是采用的基本方法。所以，编写建设工程监理规划各项内容时应当采用什么表格、图示以及哪些内容需要采用简单的文字说明应当作出统一规定。

6.1.4 监理规划的编写方法

任何工作都要讲究方法，都应按照程序进行，以此来避免工作中出现漏洞，或少犯错误，编制监理规划也是如此。监理规划一般有以下几种编制方法：

（1）重点编写法

当工程项目具有特殊性，或具有新技术、新工艺、新材料、新设备，监理规划的编写工作难以面面俱到、全面展开时，就要从实际出发，先进行重点编写，避免力量分散，防止一般化。

重点编写应有利于集中力量，突出重点。由于事物是发展变化的，实践产生结果，认识发生深化，重点也会变化。未达到预期的目标，编写重点就变了，编写本身就失去了应有的作用和意义。因此，监理规划编写时，在缺乏全面比较的情况下，如何选准重点，是重点编写应解决的一个难题。

（2）全面编写法

全面编写，应着眼总体，全面考虑，统筹安排，并通过制订编写计划来动员和组织专业监理工程师，统一思想，统一认识，统一计划，统一指挥，统一行动，协调各专业的接口，避免盲目片面和顾此失彼。

（3）系统编写法

当全面编写和重点编写工作中遇到困难和发现棘手问题时，应运用系统工程方法进行编写工作。通过系统分析，选定最优目标和最佳途径。对各项工作进行优选排序，把握轻重缓急，照顾全局，争取达到总体效果最优。掌握和运用系统编写法，就要从系统的观念出发，必要时可以采用先进的计算机数据处理技术和系统模拟分析。

（4）滚动编写法

在监理规划编写的执行与实施过程中，不确定因素多，随机变化大，既要有长远的明确的项目目标，又要随着变化了的客观情况及时进行跟踪决策。这就要实行滚动编写，使长远编写计划与具体编写计划联系起来，使需要与可能有机地结合起来，使编写的实现与付出的代价紧密相连，就可提高效率，节省开支，获得最佳经济效益与社会效益。

6.1.5 监理规划的审核

建设工程监理规划在编写完成后监理单位的技术主管部门作为内部审核单位，审核的内容主要包括以下几个方面：

（1）监理范围、工作内容及监理目标的审核

依据监理招标文件和工程监理合同，看其是否理解了建设单位对该工程的建设意图，监理范围、监理工作内容是否包括了全部委托的工作任务，监理目标是否与合同要求和建设意图相一致。

（2）项目监理机构结构的审核

1）组织机构

在组织形式、管理模式等方面是否合理，是否结合了工程实施的具体特点，是否能够与建设单位的组织关系和承包方的组织关系相协调等。

2）人员配备

人员配备方案应从以下几个方面审查：

① 派驻监理人员的专业满足程度。应根据工程特点和委托监理任务的工作范围审查，

不仅考虑专业监理工程师如土建监理工程师、机械监理工程师等能否满足开展监理工作的需要，而且还要看其专业监理人员是否覆盖了工程实施过程中的各种专业要求，以及高、中级职称和年龄结构的组成。

② 人员数量的满足程度。主要审核从事监理工作人员在数量和结构上的合理性。上海市监理人员的配置数量规定见表6-7。在施工阶段，专业监理工程师约占20%～30%。

工程项目监理人数配置参照表　投资额（万元）　表6-7

工程类别	投资额（万元）	前期阶段（人）	设计阶段（人）	施工准备阶段（人）	施工阶段（人）			
					基础阶段	主体阶段	高峰阶段	收尾阶段
房屋建筑工程	M<500	2	2	2	3	3	4	4
	500～1000	2	2	2	3	4	4	4
	1000～5000	3	3	3	4	5	5	5
	5000～10000	4	4	4	5	6	7	5
	10000～50000	4	4	4	7	9	10	7
	50000～100000	4	4	4	8	10	11	7
	M>100000	5	5	5	9	11	12	8
市政工程	M<500	2	—	2	3	3	4	4
	500～1000	2	—	2	4	4	4	4
	1000～5000	3	3	3	5	5	5	4
	5000～10000	4	4	3	5	7	8	4
	10000～50000	4	4	3	—	8	—	5
	50000～100000	4	4	3	—	8	—	5
	M>100000	5	5	4	—	9	—	6
备　注		1. 实际配备人数可为表中人数±1； 2. 投资额与各阶段计费基础相对应。						

③ 专业人员不足时采取的措施是否恰当。大中型建设工程由于技术复杂、涉及的专业面宽，当监理单位的技术人员不足以满足全部监理工作要求时，对拟临时聘用的监理人员的综合素质应认真审核。

④ 派驻现场人员计划表。对于大中型建设工程，不同阶段对监理人员人数和专业等方面的要求不同，应对各阶段所派驻现场监理人员的专业、数量计划是否与建设工程的进度计划相适应进行审核。还应平衡正在其他工程上执行监理业务的人员，是否能按照预定计划进入本工程参加监理工作。

(3) 工作计划审核

在工程进展中各个阶段的工作实施计划是否合理、可行，审查其在每个阶段中如何控制建设工程目标以及组织协调的方法。

(4) 投资、进度、质量控制方法和措施的审核

对三大目标的控制方法和措施应重点审查，看其如何应用组织、技术、经济、合同措施保证目标的实现，方法是否科学、合理、有效。

(5) 监理工作制度审核

主要审查监理的内、外工作制度是否健全。

6.2 建设工程监理实施细则

监理实施细则与监理规划的关系可以比作施工图设计与初步设计的关系。也就是说，监

理实施细则是在监理规划基础上，由项目监理机构的专业监理工程师，针对工程项目中某一专业或某一方面监理工作编写并经总监理工程师批准实施的操作性文件。监理实施细则的编制和实施，体现了监理工作深度的微观性。监理实施细则编写应符合《监理规划》的要求，结合工程项目的专业特点，做到详细、具体，具有最大限度的切实性和可操作性。

6.2.1 监理实施细则的作用与内容

(1) 监理实施细则的作用

监理实施细则的作用是指导本专业或本子项目具体监理业务的开展。

1) 监理实施细则是监理单位开展监理工作的操作性文件

①建立监理工作的标准化，使监理人员遵循监理实施细则的控制方法，能更好地进行质量控制。

②增加监理工程师对本工程控制要点的认识和熟悉程度，针对性地开展监理工作。

③监理实施细则中确定的工程质量通病、重点、难点的分析及预控措施能使现场监理人员在施工中重点监控，有利于保证工程的顺利实施。

④有助于提高监理的专业技术水平与监理素质。

2) 监理实施细则有利于承包方加强管理

①承包人与项目监理机构建立工作关系后，应掌握各分项、分部工程的监理控制程序与监理方法。在以后的工作中能加强项目监理机构的沟通、联系，明确各质量控制点的检验程序与检查方法，在做好自检的基础上，为监理工程师的检查做好各项准备工作。

②监理实施细则中对工程质量的通病、工程施工的重点、难点都有预防与应急处理措施。这对承包人起着良好的警示作用，它能时刻提醒承包人在施工中注意哪些问题，如何预防质量通病的产生，避免工程质量留下隐患及延误工期。

③促进承包人加强自检工作，完善质量保证体系，进行全面的质量管理，提高整体管理水平。

3) 监理实施细则是建设单位确认监理工作能力的主要依据

监理实施细则是监理工作指导操作性资料，它反映了监理单位对项目控制的理解能力、程序控制技术水平。一份详实且针对性较强的监理实施细则可以消除建设单位对监理工作能力的疑虑，增强信任感，有利于建设单位对监理工作的支持。

4) 监理实施细则是规范项目施工行为的依据

在项目施工过程中，不同专业间有不同的施工方案。作为专业监理工程师，要想使各项施工工序做到规范化、标准化，如果没有一个详细的监督实施方案，那么要想达到预期的监理规划目标是难以做到的。因此，对于较复杂和大型工程，专业监理工程师必须编制各专业的监理实施细则，以规范专业施工过程。

5) 监理实施细则是协调各类施工过程中间的矛盾的依据

对于专业工种较多的工程建设项目，各个专业间相互影响的问题往往在施工过程中逐渐出现，如施工面相互交叉、施工顺序相互影响等，产生这些问题当然是在所难免的，但若专业监理工程师在编制监理实施细则就考虑到可能影响不同专业工种间的各种问题，那么在施工中就会尽可能减少或避免，使各项施工活动能够连续不断地进行，减少停工、窝工等事情的发生。

6) 监理实施细则是监理单位重要的存档资料

从监理单位内部管理制度化、规范化、科学化的要求出发，需要对各项目监理机构（包括总监理工程师和专业监理工程师）的工作进行考核，其主要依据就是经过内部主管负责人审批的监理实施细则。通过考核，可以对有关监理人员的监理工作水平和能力作出客观、正确的评价，从而有利于今后在其他工程上更加合理地安排监理人员，提高监理工作效率。

（2）监理实施细则的主要内容

由于监理实施细则是在监理规划基础上，由项目监理机构的专业监理工程师，针对工程项目中某一专业或某一方面监理工作编写并经总监理工程师批准实施的操作性文件，所以，其包括的内容与深度比建设工程监理规划更为详细和具体。

监理实施细则编写应符合监理规划的要求，结合工程项目的专业特点，做到详细、具体，具有最大限度的切实性和可操作性。在监理工作实施过程中，监理实施细则应根据实际情况进行补充、修改和完善。

《监理规范》规定的监理实施细则编制的主要内容是：

① 专业工程的特点；

② 监理工作的流程；

③ 监理工作的控制要点及目标值；

④ 监理工作的方法及措施。

1）监理实施细则的具体内容

① 专业工程的特点

在监理实施细则中，专业工程特点指的是分部或分项工程的“专业性较强、技术复杂”的特点和内容。分部或分项工程的专业工程特点，是编制监理实施细则的根据，决定着监理实施细则的具体内容。监理实施细则中的专业工程特点，不同于监理规划中的工程概况，不可将监理规划中的工程概况照搬列入。

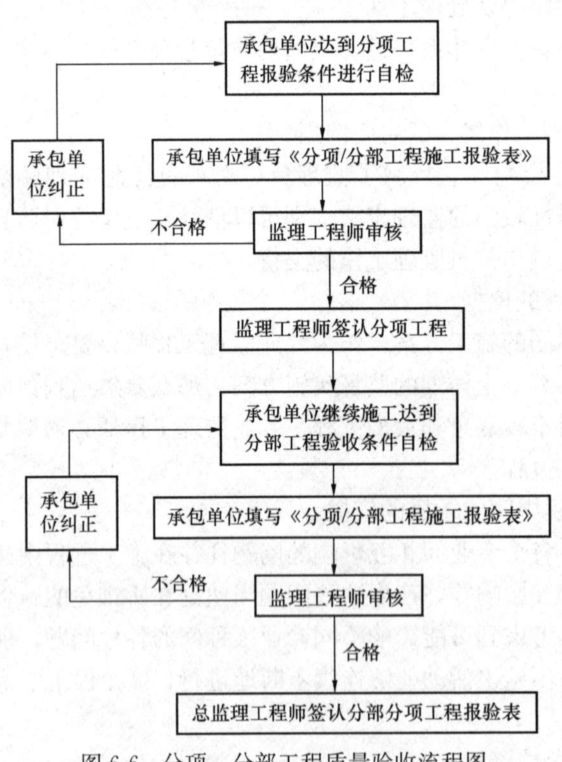

图 6-6　分项、分部工程质量验收流程图

② 监理工作的流程

在监理实施细则中，监理检查检验工作流程指的是分项工程中检验批质量检查验收流程，包括原材料、半成品、设备进场质量检验和分项工程预检、分项工程隐蔽前的质量验收检查流程。监理工程师检验工程原材料、构配件和设备检验批的方法有：审核产品合格证、出场检验报告和进场复试报告；进场材料检验，必要的见证取样。监理工程师检验分项工程检验批的方法有：确定检查要点；检查施工记录；抽查或全数检查；观察或测量；必要的旁站监理。

分项、分部工程质量验收流程见图 6-6，工程原材料、构配件和设备检验批监理质量检验基本流程如下图（图 6-7），分项工程的检验批监理检验基本流程如图 6-8。

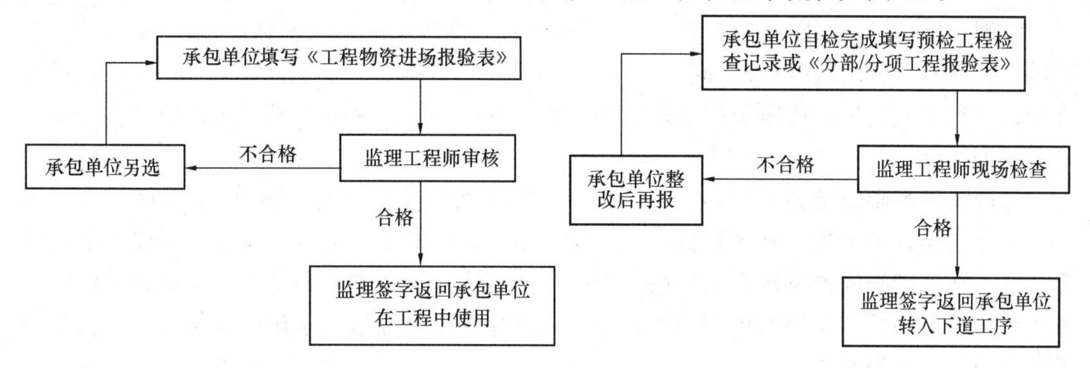

图 6-7　工程原材料、构配件和设备检验批监理质量检验基本流程图

图 6-8　分项工程的检验批监理检验基本流程图

原材料质量检验批按每次进场的一定数量划分，执行验收规范、规程的规定；施工工艺质量验收检验批的划分，要按楼层、施工段、变形缝等条件决定，以适应施工自然形成和便于管理为原则。分项工程验收，必须在所含的全部检验批验收完成并合格的基础上进行。

③ 监理工作的控制要点和目标值

A. 质量控制要点

原材料质量控制，质量检查、检验的要点；

施工工艺方法和施工流程的监理要点；

质量控制方法：执行监理规划中制定的基本方法并具体化。

B. 质量控制的目标值

符合验收规范、规程规定的合格标准；

主控项目尤其是其中强制性条文规定的质量合格指标，必须完全保证；一般项目的质量指标的偏差值，控制在规范、规程规定的允许偏差值范围内。

④ 监理工作的方法和措施

在监理实施细则中，监理工作的方法和措施指的是检验批检查验收的方法和措施，在监理实施细则中应具体列入，不可照抄监理规划中的有关条文。监理工作的方法和措施，主要是规范、规程中规定的检验批的检查数量、检查检验方法，在监理实施细则中应具体列入。

2）目标控制实施细则的主要内容：

① 质量控制实施细则

质量控制实施细则主要内容有适用范围、编制依据（检验标准、施工规范、交工文件规定等）、控制程序、监理要点（控制点设置及预控措施）、资料管理、有关附录。

② 进度控制实施细则

进度控制实施细则主要包括施工组织设计及工程进度计划审查、计划衔接（出图计划、供应计划、人员计划）、控制节点、控制措施、月度计划、协调会议等。

③ 投资控制实施细则

投资控制实施细则包括工程款支付、合同外费用增加、合同变更、索赔处理。

6.2.2 监理实施细则的编写依据

监理实施细则编写除了应符合（1）工程建设方面的法律、法规（2）政府批准的工程建设文件（3）建设工程监理合同（4）其他建设工程合同（5）建设工程外部环境调查研究资料等有关规定外，还应依据监理规划、相关标准和设计文件、施工组织设计和专项施工方案等编制。

监理实施细则应结合工程特点和施工方案进行编制，工程特点来自于设计文件。例如，主体结构分部工程，其工程特点如结构类型、结构构造和混凝土等级、钢筋类型选择等。属于施工措施的护坡桩、土钉墙一类的分项工程的设计文件，是由施工承包单位或由施工承包单位委托专业技术单位编制、经一定程序批准或经过专家论证确定的，其工程特点是它的各种工程参数。

各专业性较强的、技术复杂工程的施工工艺，是由承包商编制的施工方案确定的。施工方案一经审查批准，就决定了施工工艺流程，也确定的监理单位的管理工作特点。例如，主要的施工工序安排、检验批的划分、隐蔽工程的检验程序等，都属于本分部分项工程的特点，结合相关标准和设计文件的要求即可有针对性地编制监理实施细则。

6.2.3 监理实施细则的编写原则与要求

对中型及以上或专业性较强的工程项目，项目监理机构应编制监理实施细则。

（1）监理实施细则的编写原则

1）统一性原则

监理实施细则基本构成内容应当包括：专业工程特点、监理工作的流程、监理工作的控制要点和目标值、监理工作的方法和措施。

2）针对性原则

监理实施细则主要是针对技术复杂或专业性较强的重点分部、重点工序或关键控制点，从质量控制、进度控制、造价控制或安全监理的某一角度设定控制目标。监理实施细则应明确说明，为达到控制目标而采取实施措施，力求做到职责分工明确、工作步骤合理、验收标准清楚。

3）规律性原则

监理实施细则应把握重点分部分项工程的具体特点、工程条件和运行方式，这也决定了建设工程监理实施细则的控制方法与措施要符合工程运行客观规律，必须把握、遵循建设工程运行的规律，监理实施细则的运行才是有效的，才能实施对这项分部分项工程的有效监理。

4）协调性原则

监理实施细则虽然是具体指导各专业开展监理工作的技术性文件，但一个项目的目标实现，必须靠各专业间相互配合协调，才能实现项目的有序进行。如果各管各的专业特点而不考虑与其他专业的协调性，那么整个项目的有序实施就会出现混乱，甚至影响到目标的实现。

5）操作性原则

专业监理工程师必须尽可能地依靠技术指标来进行检验评定。在监理实施细则编写中，要明确国家规范、规程和规定中的技术指标及要求。只有这样，才能使监理实施细则更具规范性和可操作性。

（2）监理实施细则的编审要求

1）专业监理工程师主持编写

监理实施细则由相关专业监理工程师结合本工程特点编制。在监理实施细则编写的过程中，应当充分听取相关专业监理工程师的意见，最大限度地综合协调，为“一盘棋”监理服务奠定基础。

2）总监理工程师审核批准审批制

监理实施细则应由总监理工程师审核批准后执行。监理实施细则在具体执行过程中应根据实际情况进行补充、修改，以满足可操作性要求。补充、修改后的监理实施细则应经总监理工程师审批后执行。

（3）监理实施细则的表达方式应当格式化、标准化

比较而言，图、表和简单的文字说明应当是采用的基本方法。我国的建设监理制度应当走规范化、标准化的道路，这是科学管理与粗放型管理在具体工作上的明显区别。可以这样说，规范化，标准化是科学管理的标志之一。所以，编写建设工程监理实施细则应当格式化、标准化。

6.2.4 监理实施细则的审核

监理实施细则应在相应工程施工开始前编制完成。监理实施细则审核的主要内容主要包括以下几个方面：

（1）审核工程特点（工程概况）及分部分项工程特点的分析是否正确；

（2）审核监理实施细则检查、检验依据是否符合监理合同、设计文件、相应标准和规范规定；

（3）审核目标控制方法和措施的合理性和有效性；

（4）审核工程控制、管理流程的合理性；

（5）审核旁站点设置的准确性监理。

【案例 6-4】

一商业大楼桩基工程采用混凝土灌注桩，主体结构采用钢结构。某监理单位接受建设单位的委托对大楼的施工阶段进行监理，并任命了总监理工程师，组建了现场项目监理机构，总监理工程师根据有关要求编制了监理规划，并制定了监理旁站方案。

在监理规划中编制了如下一些内容：

1. 监理工作目标是确保工程获得“鲁班奖”；
2. 总监理工程师负责签发项目监理机构的文件和指令；
3. 编制工程预算，并对照审核承包商每月提交的工程进度款；
4. 负责桩基工程的施工招标代理工作；
5. 对设计文件中存在的问题直接与设计单位联系进行修改；
6. 由结构专业监理工程师负责主持整个项目监理实施细则的审核工作；
7. 造价控制专业监理工程师负责调解和处理工程索赔，审核签认工程竣工结算；
8. 质量控制专业工程师负责所有分部分项工程的质量验收；
9. 专业监理工程师负责本专业监理资料的收集、汇总及整理，参与编写监理月报；

10. 监理员负责主持整理工程项目的监理资料；

在旁站监理方案中编制了如下一些内容：

11. 实施旁站制度就是对所有的部位和工序的施工过程进行24小时现场跟班监理；

12. 旁站监理在各专业监理工程师的指导下，由现场监理员具体实施完成；

13. 主体结构钢结构的安装必须进行旁站监理；

14. 旁站监理人员仅需认真做好每天的监理日记；

15. 在旁站监理中如发现可能危及工程质量的行为时，旁站人员应及时下达暂停施工指令；

16. 旁站监理人员应检查施工企业现场质检人员到岗、特殊工种人员持证上岗以及施工机械、建筑材料准备情况。

【问题】

1. 监理规划编制的内容中有哪几项内容不妥？不妥之处请说明理由。

2. 旁站监理方案编制的内容中有哪几项内容不妥？不妥之处请说明理由。

3. 旁站监理方案应明确的内容有哪些？旁站监理方案应送达哪些单位？

【答案】

1. 第1项不妥，“鲁班奖”是一种奖项，监理单位的产品是服务，确保工程质量应是承包商的职责；

第2项正确；

第3项不妥，编制工程预算不是监理单位的工作职责，应是审核工程预算；

第4项不妥，本工程监理只承担施工阶段的监理工作；

第5项不妥，应通过建设单位；

第6项不妥，应由总监理工程师负责审核；

第7项不妥，应由总监理工程师负责；

第8项不妥，质量控制专业工程师负责分项工程的质量验收，总监理工程师负责分部和单位工程质量检验评定资料的审核签认；

第9项正确；

第10项不妥，应由总监理工程师主持。

2. 第11项不妥，要求仅对关键部位、关键工序实施旁站监理；

第12项不妥，应在总监理工程师的指导下，由现场监理人员具体实施完成；

第13项正确；

第14项不妥，还应做好旁站监理记录；

第15项不妥，除非总监理工程师，旁站人员无权下达暂停施工指令；

第16项正确。

3. 旁站监理方案应明确旁站监理的范围、内容、程序和旁站监理人员职责等；旁站监理方案应当送建设单位和施工企业各一份，并抄送工程所在地的建设行政主管部门或其委托的工程质量监督机构。

思考题

1. 简述建设工程监理大纲、监理规划、监理实施细则三者之间的关系。

2. 建设工程监理规划有何作用?
3. 编写建设工程监理规划应注意哪些问题?
4. 建设工程监理规划编写的依据是什么?
5. 建设工程监理规划一般包括哪些主要内容?
6. 监理工作中一般需要制定哪些工作制度?

第7章 建设工程监理目标控制

7.1 概 述

7.1.1 控制和控制的基本环节

控制是建设工程监理的重要管理活动。在管理学中，控制通常是指管理人员按计划标准来衡量所取得的成果，纠正所发生的偏差，使目标和计划得以实现的管理活动。管理首先开始于确定目标和制订计划，继而进行组织和人员配备，并进行有效的领导，一旦计划付诸实施或运行，就必须进行检查计划实施情况，找出偏离目标和计划的误差，确定应采取的纠正措施，通过控制和协调以实现预定的目标和计划。

(1) 控制的含义

根据不同的侧重点，控制可以定义为：

第一个定义是监视各项活动以保证它们按计划进行。

第二个定义是为了确保工作目标的实现，各级主管根据事先确定的目标和拟订标准对下级人员的工作进行衡量和评价，并在出现偏差时进行纠正，以防止偏差继续发展或今后再度发生。

第三个定义是根据组内外环境的变化和组织的发展需要，在计划的执行过程中，对原计划进行修订或制订新的计划，并调整整个管理工作的过程。

简单来说，管理包括两大步骤，即计划与控制。管理活动首先开始于制订计划，而一旦计划开始付诸运行，管理就进入到控制状态。这包括实施有效地领导，以检查计划实施情况，找出偏离计划的误差，确定应采取的纠正措施，并采取纠正行动。

不同的控制系统都有区别于其他系统的特点，但同时又都存在许多共性。建设工程目标控制的流程可以用图7-1表示。

由于建设工程的建设周期长，在工程实施过程中所受到的风险因素很多，因而实际状况偏离目标和计划的情况是经常发生的，往往出现投资增加、工期拖延、工程质量和功能未达到预定要求等问题。这就需要在工程实施过程中，通过对目标、过程和活动的跟踪，全面、及时、准确地掌握有关信息，将工程实际状况与目标和计划进行比较。如果偏离了目标和计划，就需要采取纠正措施，或改变投入，或修改计划，使工程能在新的计划状态下进行。而任何控制措施都不可能一劳

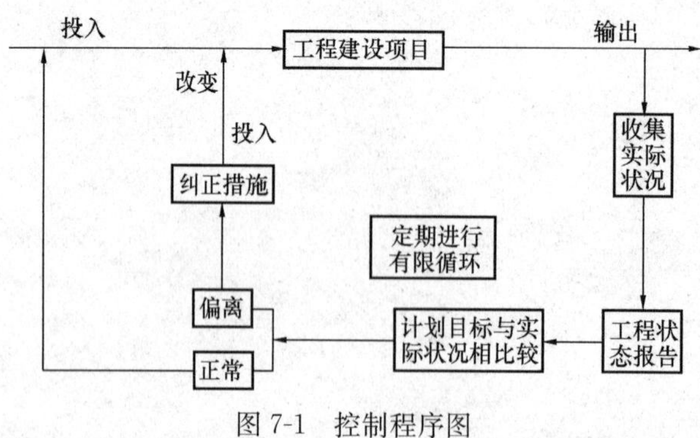

图7-1 控制程序图

永逸，原有的矛盾和问题解决了，还会出现新的矛盾和问题，需要不断地进行控制，这就是动态控制原理。上述控制流程是一个不断循环的过程，直至工程建成交付使用，因而建设工程的目标控制是一个有限循环过程。

动态控制从另一个角度来理解。由于系统本身的状态和外部环境是不断变化的，相应地就要求控制工作也随之变化。目标控制人员对建设工程本身的技术经济规律、目标控制工作规律的认识也是在不断变化的，他们的目标控制能力和水平也是在不断提高的，因而，即使在系统状态和环境变化不大的情况下，目标控制工作也可能发生较大的变化。这表明，目标控制也可能包含着对已采取的目标控制措施的调整或控制。

因此，控制活动是一种循环往复的过程。一个建设项目目标控制的全过程就是由这样的一个个循环过程所组成的。循环控制要持续到建设项目建成动用。控制贯穿建设项目的整个建设过程。

(2) 控制流程的基本环节

图 7-1 所示的控制流程可以进一步抽象为投入、转换、反馈、对比、纠正五个基本环节，如图 7-2 所示。对于每个控制循环来说，如果缺少某一环节或某一环节出现问题，就会导致循环障碍，就会降低控制的有效性，就不能发挥循环控制的整体作用。因此，必须明确控制流程各个基本环节的有关内容并做好相应的控制工作。

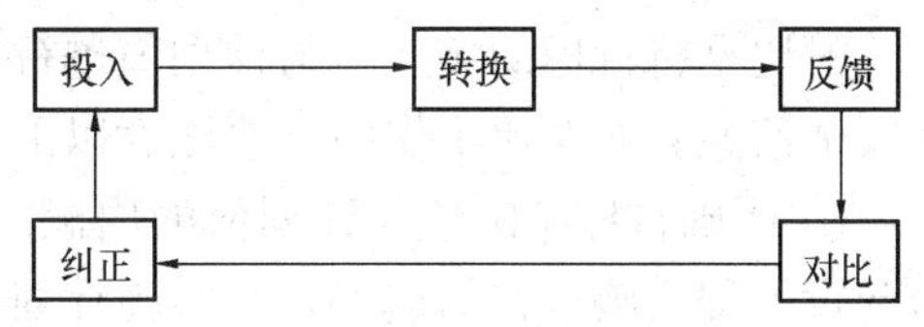

图 7-2　控制流程的基本环节

1) 投入——按计划的要求进行投入

控制流程的每一循环始于投入。对于建设工程的目标控制流程来说，投入首先涉及的是传统的生产要素，包括人力（管理人员、技术人员、工人）、建筑材料、工程设备、施工机具、资金等；此外还包括施工方法、信息等。工程实施计划本身就包含着有关投入的计划。要使计划能够正常实施并达到预定的目标，就应当保证将质量、数量符合计划要求的资源按规定时间和地点投入到建设工程实施过程中去。

2) 转换——做好从投入到产出转换过程的控制工作

所谓转换，是指由投入到产出的转换过程，如建设工程的建造过程，设备购置等活动。转换过程，通常表现为劳动力（管理人员、技术人员、工人）运用劳动资料（如施工机具）将劳动对象（如建筑材料、工程设备等）转变为预定的产出品，如设计图纸、分项工程、分部工程、单位工程、单项工程，最终输出完整的建设工程。在转换过程中，计划的运行往往受到来自外部环境和内部系统的多因素干扰，从而造成实际状况偏离预定的目标和计划。同时，由于计划本身不可避免地存在一定问题，例如，计划没有经过科学的资源、技术、经济和财务可行性分析，从而造成实际输出与计划输出之间发生偏差。

转换过程中的控制工作是实现有效控制的重要工作。在建设工程实施过程中，监理工程师应当跟踪了解工程进展情况，掌握第一手资料，为分析偏差原因、确定纠偏措施提供可靠依据。同时，对于可以及时解决的问题，应及时采取纠偏措施，避免“积重难返”。

3) 反馈——控制过程中必不可少的基础工作

即使是一项制定得相当完善的计划，其运行结果也未必与计划一致。因为在计划实施过程中，实际情况的变化是绝对的，不变是相对的，每个变化都会对目标和计划的实现带来一定的影响。所以，控制部门和控制人员需要全面、及时、准确地了解计划的执行情况及其结果，而这就需要通过反馈信息来实现。

反馈信息包括工程实际状况、环境变化等信息，如投资、进度、质量的实际状况，现场条件，合同履行条件，经济、法律环境变化等。控制部门和人员需要什么信息，取决于监理工作的需要以及工程的具体情况。为了使信息反馈能够有效地配合控制的各项工作，使整个控制过程流畅地进行，需要设计信息反馈系统，预先确定反馈信息的内容、形式、来源、传递等，使每个控制部门和人员都能及时获得他们所需要的信息。

信息反馈方式可以分为正式和非正式两种。正式信息反馈是指书面的工程状况报告之类的信息，它是控制过程中应当采用的主要反馈方式；非正式信息反馈主要指口头方式，如口头指令，口头反映的工程实施情况，对非正式信息反馈也应当予以足够的重视。当然，非正式信息反馈应当适时转化为正式信息反馈，才能更好地发挥其对控制的作用。

4）对比——以确定是否偏离

对比是将目标的实际值与计划值进行比较，以确定是否发生偏离。目标的实际值来源于反馈信息。在对比工作中，要注意以下几点：

① 明确目标实际值与计划值的内涵。目标的实际值与计划值是两个相对的概念。随着建设工程实施过程的进展，其实施计划和目标一般都将逐渐深化、细化，往往还要作适当的调整。从目标形成的时间来看，在前者为计划值，在后者为实际值。以投资目标为例，有投资估算、设计概算、施工图预算、投标控制价、合同价、结算价等表现形式，其中，投资估算相对于其他的投资值都是目标值；施工图预算相对于投资估算、设计概算为实际值，而相对于投标控制价、合同价、结算价则为计划值；结算价则相对于其他的投资值均为实际值（注意不要将投资的实际值与实际投资两个概念相混淆）。

② 合理选择比较的对象。在实际工作中，最为常见的是相邻两种目标值之间的比较。在许多建设工程中，我国建设单位往往以批准的设计概算作为投资控制的总目标，这时，合同价与设计概算、结算价与设计概算的比较也是必要的。另外，结算价以外各种投资值之间的比较都是一次性的，而结算价与合同价（或设计概算）的比较则是经常性的，一般是定期（如每月）比较。

③ 建立目标实际值与计划值之间的对应关系。建设工程的各项目标都要进行适当的分解，通常，目标的计划值分解较粗，目标的实际值分解较细。例如，建设工程初期制定的总进度计划中的工作可能只达到单位工程，而施工进度计划中的工作却达到分项工程；投资目标的分解也有类似问题。因此，为了保证能够切实地进行目标实际值与计划值的比较，并通过比较发现问题，必须建立目标实际值与计划值之间的对应关系。这就要求目标的分解深度、细度可以不同，但分解的原则、方法必须相同，从而可以在较粗的层次上进行目标实际值与计划值的比较。

④ 确定衡量目标偏离的标准。要正确判断某一目标是否发生偏差，就要预先确定衡量目标偏离的标准。例如，某建设工程的某项工作的实际进度比计划要求拖延了一段时间，如果这项工作是关键工作，或者虽然不是关键工作，但该项工作拖延的时间超过了它的总时差，则应当判断为发生偏差，即实际进度偏离计划进度。反之，如果该项工作不是关键工作，且其拖延的时间未超过总时差，则虽然该项工作本身偏离计划进度，但从整个工程的角度来看，则实际进度并未偏离计划进度。又如，某建设工程在实施过程中发生了较为严重的超投资现象，为了使总投资额控制在预定的计划值（如设计概算）之内，决定

删除其中的某单项工程。在这种情况下，虽然整个建设工程投资的实际值未偏离计划值，但是，对于保留的各单项工程来说，投资的实际值可能均不同程度地偏离了计划值。

5）纠正——取得控制应有的效果

对于目标实际值偏离计划值的情况要采取措施加以纠正（或称为纠偏）。根据偏差的具体情况，可以分为以下三种情况进行纠偏：

① 直接纠偏。所谓直接纠偏，是指在轻度偏离的情况下，不改变原定目标的计划值，基本不改变原定的实施计划，在下一个控制周期内，使目标的实际值控制在计划值范围内。例如，某建设工程某月的实际进度比计划进度拖延了一、二天，则在下个月中适当增加人力、施工机械的投入量即可使实际进度恢复到计划状态。

② 不改变总目标的计划值，调整后期实施计划。这是在中度偏离情况下所采取的对策。由于目标实际值偏离计划值的情况已经比较严重，已经不可能通过直接纠偏在下一个控制周期内恢复到计划状态，因而必须调整后期实施计划。例如，某建设工程施工计划工期为24个月，在施工进行到12个月时，工期已经拖延1个月，这时，通过调整后期施工计划，若最终能按计划工期建成该工程，应当说仍然是令人满意的结果。

③ 重新确定目标的计划值，并据此重新制定实施计划。这是在重度偏离情况下所采取的对策。由于目标实际值偏离计划值的情况已经很严重，已经不可能通过调整后期实施计划来保证原定目标计划值的实现，因而必须重新确定目标的计划值。例如，某建设工程施工计划工期为24个月，在施工进行到12个月时，工期已经拖延4个月（仅完成原计划8个月的工程量），这时，不可能在以后12个月内完成16个月的工作量，工期拖延已成定局。但是，从进度控制的要求出发，至少不能在今后12个月内出现等比例拖延的情况；如果能在今后12个月内完成原定计划的工程量，已属不易；而如果最终用26个月建成该工程，则后期进度控制的效果是相当不错的。

需要特别说明的是，只要目标的实际值与计划值有差异，就发生了偏差。但是，对于建设工程目标控制来说，纠偏一般是针对正偏差（实际值大于计划值）而言，如投资增加、工期拖延。而如果出现负偏差，如投资节约、工期提前，并不会采取“纠偏”措施，故意增加投资、放慢进度，使投资和进度恢复到计划状态。不过，对于负偏差的情况，要仔细分析其原因，排除假象。例如，投资的实际值存在缺项、计算依据不当、投资计划值中的风险费估计过高。对于确实是通过积极而有效的目标控制方法和措施而产生负偏差效果的情况，应认真总结经验，扩大其应用范围，更好地发挥其在目标控制中的作用。

7.1.2 控制类型

根据划分依据的不同，可将控制分为不同的类型。例如，按照控制措施作用于控制对象的时间，可分为事前控制、事中控制和事后控制；按照控制信息的来源，可分为前馈控制和反馈控制；按照控制过程是否形成闭合回路，可分为开环控制和闭环控制；按照控制措施制定的出发点，可分为主动控制和被动控制。控制类型的划分是人为的（主观的），是根据不同的分析目的而选择的，而控制措施本身是客观的。因此，同一控制措施可以表述为不同的控制类型，或者说，不同划分依据的不同控制类型之间存在内在的同一性。

（1）主动控制

1）主动控制的含义

所谓主动控制就是控制部门、控制人员预先分析实际目标成果与计划目标偏离的可能性，并以此为前提拟定和采取各项预防性措施，以使计划目标得以实现。主动控制有 3 个主要特点。

① 主动控制是一种面对未来的控制。传统的控制活动是建立在反馈回来的信息的基础上的，由于信息的传递需要一定的时间，这样就不可避免造成信息反馈时滞的现象，即控制部门、控制人员所收到的反馈信息只是反映以前发生的情况，如果信息反馈系统不畅通，这种时滞现象就更为严重。信息反馈存在时滞的现象，使得传统控制活动常常面临这样一种情形，即当控制部门、控制人员通过信息反馈知道实际目标成果与计划目标之间出现严重的偏差时，这种严重的偏差已经成为既成事实而难以改变。因此，信息反馈时滞的现象使传统控制活动的控制效果受到较大的限制。

与传统控制活动不同，主动控制并不是被动地等待反馈回来的信息，而是通过预先分析，在一定程度上解决了传统控制过程中存在的时滞影响，尽最大可能改变偏差已经成为事实的被动局面，从而使控制活动更为有效。

② 主动控制是一种前馈式控制。控制部门、控制人员根据执行部门反馈回来的信息，断定实际目标成果与计划目标存在着偏差之后，就需要研究偏差产生的原因，只有找到了真正造成偏差的原因，才能对症下药，制定有效的纠偏措施。这样，从信息反馈到措施出台之间也存在着一段时间，即措施出台也存在着时滞现象。在现场情况千变万化的条件下，这种措施出台的时滞，就可能造成情况的迅速恶化。当纠偏措施出台时，即使是这种措施在理论上十分有效，但是偏差已经无法改变了。因此，措施出台时滞的现象也使传统控制活动的控制效果受到了较大的限制。

与传统控制活动不同，主动控制并不只是根据已掌握的可靠信息解决目前的偏差（实际上已经是过去的偏差），而是对这些可靠信息进行分析和预测。如果通过分析和预测，得出系统将要输出偏离计划的目标时，就及时制定纠正措施并向系统输入，使系统不发生目标的偏离。这就好比一个骑车人为了在上坡时不至于停下来，在上坡之前就要加大速度一样。

③ 主动控制是一种事前控制。传统的控制活动不仅存在着信息反馈的时滞，措施出台的时滞，而且还存在着措施传达的时滞，即纠偏措施传达到执行部门也需要一定的时间。如果控制组织的管理不善，或者是控制层次过多，或者是存在着组织内部的相互扯皮现象，那么纠偏措施传达到具体的执行部门必将耗费较多的时间。由于措施传达存在时滞，即使是信息反馈及时，措施出台迅速，也可能造成偏差成为既成事实的危险。因此，措施传达的时滞也同样使传统控制活动的控制效果受到了较大的限制。

当然，人们都不会否认，及时采取了主动控制，仍需要衡量最终输出，因为谁也保证不了所有工作都将做得完美无缺，保证不了在完成过程中再没有任何外部干扰。

2）主动控制的措施

如何分析和预测实际目标成果偏离计划目标的可能性？需要采取哪些预防措施来防止实际目标成果偏离计划目标？以下几种办法均能起到重要作用。

① 进行详细调查研究。做好主动控制工作，应该首先进行详细调查并认真分析研究外部环境条件，以便确定存在着哪些影响目标实现和计划运行的各种有利和不利因素，并将它们考虑到计划和其他管理职能当中。

② 做好风险管理工作。研究和预测未来，一个重要的任务就是识别风险。只有识别

了未来存在着哪些风险，才有可能做好避免风险的发生，或者是将风险的危害降低到最小的程度。因此，做好主动控制工作，应当努力将各种影响目标实现和计划执行的潜在因素揭示出来，为风险分析和管理提供依据，并在计划实施过程中做好风险管理工作。

③ 做好可行性分析工作。做好主动控制，必须用科学的方法制订计划，而这就需要做好可行性研究工作。只有做好可行性分析工作，才有可能最大限度地提高决策的科学性。做好计划可行性分析工作，能够消除那些造成资源不可行、技术不可行、经济不可行和财务不可行的各种错误和缺陷，保障工程的实施能够有足够的时间、空间、人力、物力和财力，并在此基础上力求使计划优化。事实上，计划制定的越明确、完善，就越能设计出有效的控制系统，也就越能是控制产生出更好的效果。

④ 做好组织工作。高质量的做好组织工作，是组织与目标和计划高度一致，把目标控制的任务与管理职能落实到适当的机构和人员，做到职权与职责明确，使全体成员能够通力协作，为共同实现目标而努力。高质量的做好组织工作，还可以最大限度地减少信息反馈的时滞、措施出台的时滞和措施传达的时滞。这样，出现偏差就能够及时反馈给控制部门，控制部门就能够根据这些信息及时制定相应的措施，这些纠偏措施也就能够及时传达下去。

⑤ 制定必要的备用方案。常言道，有备无患。面对复杂多变的环境，难以保证原有方案能够顺利执行下去。通过对未来的分析和预测，制订必要的备用方案是十分必要的。制订了必要的备用方案，就可有效对付可能出现的影响目标或计划实现的情况。一旦发生这些情况，则有应急措施作保障，从而可以减少偏离量，或避免发生偏离。

⑥ 计划要留有一定余地。由于外在环境和内部因素的各种干扰，原定计划一般无法完全实现。在这种条件下，在制订计划的时候，就应该留有适当的松弛度，即“计划应留有余地”。这样，可以避免那些经常发生，有不可避免的干扰对计划的不断影响，减少“例外”情况产生的数量，使管理人员处于主动地位。

⑦ 加强信息工作。控制的基础是信息，做好主动控制工作尤其需要做好信息工作。要想做好信息工作，就应该沟通信息流通渠道，加强信息收集、整理和研究工作，为预测工程未来发展状况提供全面、及时、可靠的信息。

(2) 被动控制

1) 被动控制的含义

所谓被动控制，是从计划的实际输出中发现偏差，通过对产生偏差原因的分析，研究制定纠偏措施，以使偏差得以纠正，工程实施恢复到原来的计划状态，或虽然不能恢复到计划状态但可以减少偏差的严重程度。

被动控制也可以表述为其他的控制类型。

被动控制是一种事中控制和事后控制。它是在计划实施过程中对已经出现的偏差采取控制措施，它虽然不能降低目标偏离的可能性，但可以降低目标偏离的严重程度，并将偏差控制在尽可能小的范围内。

被动控制是一种反馈控制。它是根据本工程实施情况（即反馈信息）的综合分析结果进行的控制，其控制效果在很大程度上取决于反馈信息的全面性、及时性和可靠性。

被动控制是一种闭环控制（见图 7-3)。闭环控制即循环控制，也就是说，被动控制表现为一个循环过程：发现偏差，分析产生偏差的原因，研究制定纠偏措施并预计纠偏措施的成效，落实并实施纠偏措施，产生实际成效，收集实际实施情况，对实施的实际效果进行评价，将实际效果与预期效果进行比较，发现偏差，……，直至整个工程建成。

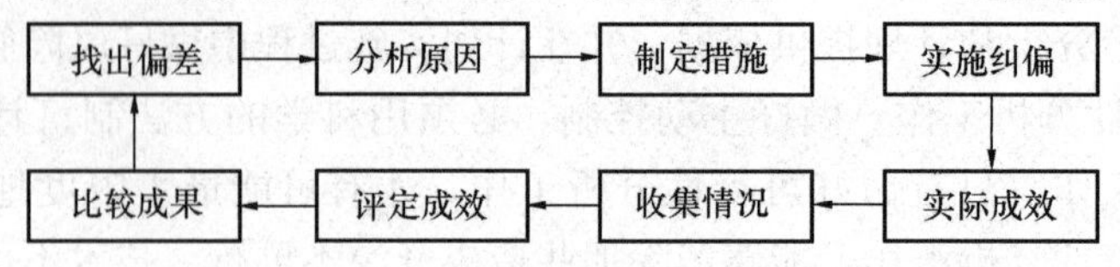

图 7-3 被动控制的闭合回路

综上所述，被动控制是一种面对现实的控制。虽然目标偏离已成为客观事实，但是，通过被动控制措施，仍然可能使工程实施恢复到计划状态，至少可以减少偏差的严重程度。不可否认，被动控制仍然是一种有效的控制，也是十分重要而且经常运用的控制方式。因此，对被动控制应当予以足够的重视，并努力提高其控制效果。

2）被动控制的缺点 被动控制之所以被称为被动控制，最根本的原因就是它只有在发现了偏差之际，才会研究纠偏原因，然后才会采取纠偏措施，而当偏差真的出现之际，控制部门往往无法在较短的时间内弄清偏差产生的真正原因，结果必然是控制工作陷入极其被动的局面中。

被动控制实际上就是传统的控制方式，与主动控制方式相比，它有三个基本特点：

① 被动控制是一种针对当前工作的控制方式。被动控制并不关心未来的事情，当偏差尚未发生时，控制部门就看作没有偏差，它只关注发生的偏差。由于被动控制不关注未来的事情，实际上也就没有研究和预测可能发生的偏差，因此，一旦偏差出现，特别是当这种偏差是由新的原因引发的时候，控制部门就只能处于被动状态。

② 被动控制是一种反馈性的控制。被动控制只有偏差出现后，才研究偏差原因并采取纠偏措施，这种方式就表明被动控制是一种反馈性控制，即只有实际目标成果与计划目标出现偏差的信息反馈到控制部门，控制工作才付诸实施。这样，被动控制只有在确保信息反馈渠道极其畅通的条件下，才不至于影响控制的效果。但是，在实际的控制工作中，由于信息反馈存在着时滞，结果常常是控制效果不佳。

③ 被动控制是一种事后的控制。由于信息反馈存在着时滞，制定出相应的纠偏措施存在着时滞，纠偏措施的传达也存在着时滞，使得被动控制实际上变成为事后的控制。正是由于这一点，使得被动控制的控制效率极低。

（3）主动控制与被动控制的关系

由以上分析可知，在建设工程实施过程中，如果仅仅采取被动控制措施，出现偏差是不可避免的，而且偏差可能有累积效应，即虽然采取了纠偏措施，但偏差可能越来越大，从而难以实现预定的目标。另一方面，主动控制的效果虽然比被动控制好，但是，仅仅采取主动控制措施却是不现实的，或者说是不可能的。因为建设工程实施过程中有相当多的风险因素是不可预见甚至是无法防范的，如政治、社会、自然等因素。而且，采取主动控制措施往往要付出一定的代价，即耗费一定的资金和时间，对于那些发生概率小且发生后损失亦较小的风险因素，采取主动控制措施有时可能是不经济的。这表明，是否采取主动控制措施以及究竟采取什么主动控制措施，应在对风险因素进行定量分析的基础上，通过技术经济分析和比较来决定。在某些情况下，被动控制倒可能是较佳的选择。因此，对于建设工程目标控制来说，主动控制和被动控制两者缺一不可，都是实现建设工程目标所必须采取的控制方式，应将主动控制与被动控制紧密结合起来，如图 7-4 所示。

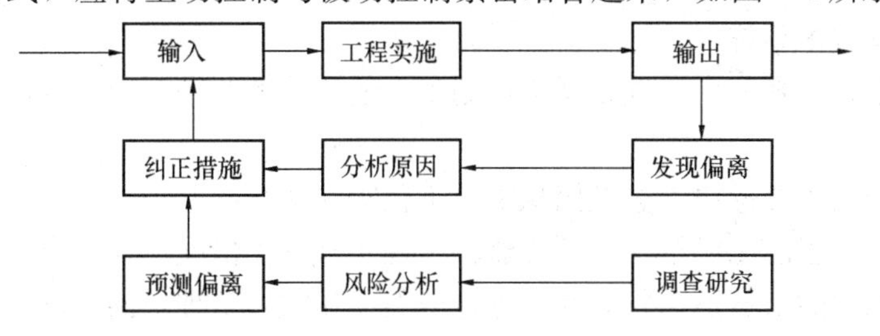

图 7-4　主动控制与被动控制相结合

要做到主动控制与被动控制相结合，关键在于处理好以下两方面问题：一是要扩大信息来源，即不仅要从本工程获得实施情况的信息，而且要从外部环境获得有关信息，包括已建同类工程的有关信息，这样才能对风险因素进行定量分析，使纠偏措施有针对性；二是要把握好输入这个环节，即要输入两类纠偏措施，不仅有纠正已经发生的偏差的措施，而且有预防和纠正可能发生的偏差的措施，这样才能取得较好的控制效果。

需要说明的是，虽然在建设工程实施过程中仅仅采取主动控制是不可能的，有时是不经济的，但不能因此而否定主动控制的重要性。实际上，牢固确立主动控制的思想，认真研究并制定多种主动控制措施，尤其要重视那些基本上不需要耗费资金和时间的主动控制措施，如组织、经济、合同方面的措施，并力求加大主动控制在控制过程中的比例，对于提高建设工程目标控制的效果，具有十分重要而现实的意义。

7.1.3　控制系统

(1) 控制系统的构成

控制系统是与外部大环境相关联的开放系统，它不断地与外部环境进行着各种形式的交换。一般来说，整个控制系统是由三大子系统构成的，这三大子系统是被控制子系统、控制子系统和信息反馈子系统。被控制子系统是控制的对象，控制子系统是控制工作实施的主体，信息反馈子系统则把这两者联系起来，使之成为一个完整的系统。

在控制系统中，控制子系统是居于主导地位的子系统。

(2) 控制子系统的构成

控制子系统又由存储分子系统、调整分子系统构成。它具有制定标准、评定绩效、纠正偏差的控制基本功能。

1) 存储分子系统

存储分子系统首先接受目标规划和计划，并将它们存储于控制子系统内作为控制的基本依据。同时，存储控制程序、评价标准、控制报告等资料。存储分子系统接受来自信息反馈子系统的工程状况报告，将被控制子系统输出的实际目标值和计划运行情况与本系统内存储的各方面控制标准加以对比，并将结果送达到调整分子系统中。

2) 调整分子系统

调整分子系统根据存储分子系统送达过来的经过加工处理的工程输出信息以及外部变化情况进行分析研究，提出解决工程偏差问题的方案。同时，分析预测工程发展趋势并提出预防目标偏离的措施。决策后，决策信息输入到目标规划和计划系统，并按此实施。

同时，经过调整的目标规划和计划还应传送到存储分子系统，存储分子系统将变化了的目标规划和计划、控制程序和评价偏差标准等重新存储起来以备下一循环用于控制。

(3) 信息反馈子系统

将控制子系统内各分子系统以及将控制子系统与被控制子系统、外部环境相联系的是信息反馈子系统。

信息反馈子系统要分派人员专门从事对工程实施系统的监督工作，要跟踪工程进展情况。它不仅监督工程的完成情况，还要监督工程实施过程情况，并注意外部环境变化。它将工程状况和相关的信息不断收集起来进行分类、加工、整理，向控制子系统传递。

在新的控制循环开始之际，信息反馈子系统还应当监督检查工程实施系统是否开始执行调整后的计划和方案。现场执行部门对于新计划或方案的反映也应当及时反馈给调整子系统，以便采用进一步的对策。

在控制子系统内部，它联系着存储分子系统、调整分子系统。它把监督跟踪得到的关于工程输入、变换、输出的情况和控制措施的执行情况传递给存储分子系统；它把从存储分子系统得出的对比结果传递到调整分子系统，以便拿出纠正措施；同时把来自调整分子系统的有关纠正措施的信息反馈给存储分子系统。信息反馈子系统通过信息的传递使整个控制系统成为一体化运行的动态系统。

信息反馈子系统通过纠正信息和工程状况信息把控制系统与被控系统联系起来。又通过向外部环境输出并从外部环境收集信息，将控制系统乃至整个工程建设项目系统与外部环境联系起来，使控制系统成为开放系统。

图 7-5 给出了控制系统各组成部分及与外部环境之间的关系。

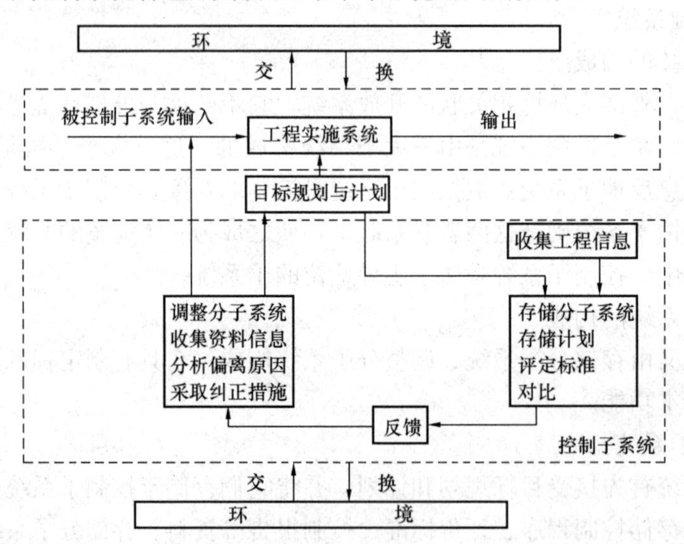

图 7-5 控制系统各组成部分及与外部环境关系图

7.2 建设工程项目目标控制

7.2.1 项目目标控制的含义

(1) 目标控制的含义

由于所有的控制活动都是为了实现一定的目标而开展的，因而在一定意义上来说，所有的控制都可以称为目标控制。不过，当人们强调目标控制的时候，往往表明这种控制活动的目标具有这样两个特点：一是控制活动的目标并不是单一的，而是多个。而且这些目标之间甚至还具有某种矛盾性；二是这些目标的实现具有较大的挑战性，即使是实现其中的一个目标都比较困难，更不用说要同时实现所有的目标。当一项控制活动的目标具有上述两个特点时，这项控制活动也就具有了两个重要的特点：一是特别强调控制的效率，要紧密围绕目标的实现展开控制活动，是紧密围绕目标的控制；二是强调目标控制的挑战性，尤其是强调目标的确定要随时根据实际控制情况的变化而进行必要的调整，也就是说，强调目标控制过程中的随时进行目标调整的必要性。

（2）项目目标控制

1）项目目标控制的含义

任何建设工程都有投资、进度、质量三大目标，这三大目标构成了建设工程的目标系统。为了有效地进行目标控制，必须正确认识和处理投资、进度、质量三大目标之间的关系，并且合理确定和分解这三大目标。

工程建设项目的三大目标分别是：投资目标，即争取以最低的投资金额建成预定的工程建设项目；进度目标，即争取用最短的建设工期建成工程建设项目；质量目标，即争取建成的工程建设项目的质量和功能达到最优水平。

2）投资目标、进度目标、质量目标三者之间的关系

建设工程投资、进度（或工期）、质量三大目标两两之间存在既对立又统一的关系。对此，首先要弄清在什么情况下表现为对立的关系，在什么情况下表现为统一的关系。从建设工程建设单位的角度出发，往往希望该工程的投资少、工期短（或进度快）、质量好。如果采取某种措施可以同时实现其中两个要求（如既投资少又工期短），则该两个目标之间就是统一的关系；反之，如果只能实现其中一个要求（如工期短），而另一个要求不能实现（如质量差），则该两个目标（即工期和质量）之间就是对立的关系。以下就具体分析建设工程三大目标之间的关系。

①建设工程三大目标之间的对立关系

建设工程三大目标之间的对立关系见图 7-6。

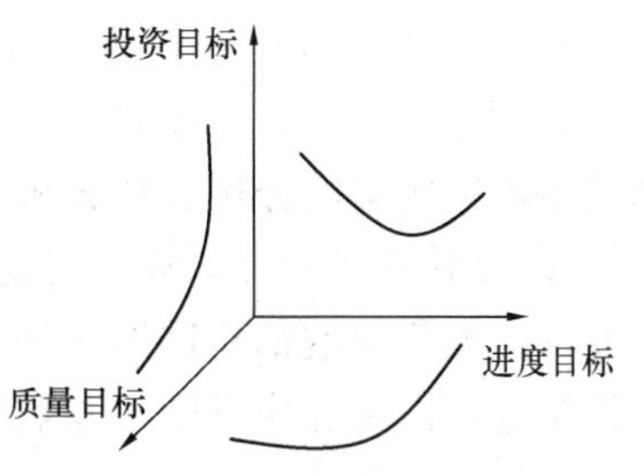

图 7-6　建设工程三大目标之间的对立关系示意图

建设工程三大目标之间的对立关系比较直观，易于理解。一般来说，如果对建设工程的功能和质量要求较高，就需要采用较好的工程设备和建筑材料，就需要投入较多的资金；同时，还需要精工细作，严格管理，不仅增加人力的投入（人工费相应增加），而且需要较长的建设时间。如果要加快进度，缩短工期，则需要加班加点或适当增加施工机械和人力，这将直接导致施工效率下降，单位产品的费用上升，从而使整个工程的总投资增加；另一方面，加快进度往往会打乱原有的计划，使建设工程实施的各个环节之间产生脱节现象，增加控制和协调的难度，不仅有时可能“欲速不达”，而且会对工程质量带来不利影响或留下工程质量隐患。如果要降低投资，就需要考虑降低功能和质量要求，采用较差或普通的工程设备和建筑材料；同时，只能按费用最低的原则安排进度计划，整个工程需要的建设时间就较长。应当说明的是，在这种情况下的工期其实是合理工期，只是相对于加快进度情况下的工期而

言，显得工期较长。

以上分析表明，建设工程三大目标之间存在对立的关系。因此，不能奢望投资、进度、质量三大目标同时达到“最优”，即既要投资少，又要工期短，还要质量好。在确定建设工程目标时，不能将投资、进度、质量三大目标割裂开来，分别孤立地分析和论证，更不能片面强调某一目标而忽略其对其他两个目标的不利影响，而必须将投资、进度、质量三大目标作为一个系统统筹考虑，反复协调和平衡，力求实现整个目标系统最优。

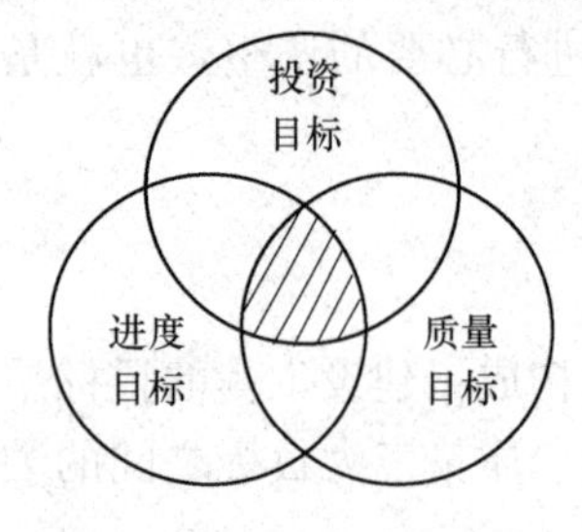

图 7-7　建设工程三大目标之间的统一关系示意图

②建设工程三大目标之间的统一关系

建设工程三大目标之间的统一关系见图 7-7。

对于建设工程三大目标之间的统一关系，需要从不同的角度分析和理解。例如，加快进度、缩短工期虽然需要增加一定的投资，但是可以使整个建设工程提前投入使用，从而提早发挥投资效益，还能在一定程度上减少利息支出，如果提早发挥的投资效益超过因加快进度所增加的投资额度，则加快进度从经济角度来说就是可行的。如果提高功能和质量要求，虽然需要增加一次性投资，但是可能降低工程投入使用后的运行费用和维修费用，从全寿命费用分析的角度则是节约投资的；另外，在不少情况下，功能好、质量优的工程（如宾馆、商用办公楼）投入使用后的收益往往较高；此外，从质量控制的角度，如果在实施过程中进行严格的质量控制，保证实现工程预定的功能和质量要求（相对于由于质量控制不严而出现质量问题可认为是“质量好”），则不仅可减少实施过程中的返工费用，而且可以大大减少投入使用后的维修费用。另一方面，严格控制质量还能起到保证进度的作用。如果在工程实施过程中发现质量问题及时进行返工处理，虽然需要耗费时间，但可能只影响局部工作的进度，不影响整个工程的进度；或虽然影响整个工程的进度，但是比不及时返工而酿成重大工程质量事故对整个工程进度的影响要小，也比留下工程质量隐患到使用阶段才发现而不得不停止使用进行修理所造成的时间损失要小。

在确定建设工程目标时，应当对投资、进度、质量三大目标之间的统一关系进行客观的且尽可能定量的分析。在分析时要注意以下几方面问题：

A. 掌握客观规律，充分考虑制约因素。例如，一般来说，加快进度、缩短工期所提前发挥的投资效益都超过加快进度所需要增加的投资，但不能由此而导出工期越短越好的错误结论，因为加快进度、缩短工期会受到技术、环境、场地等因素的制约（当然还要考虑对投资和质量的影响），不可能无限制地缩短工期。

B. 对未来的、可能的收益不宜过于乐观。通常，当前的投入是现实的，其数额也是较为确定的，而未来的收益却是预期的、不很确定的。例如，提高功能和质量要求所需要增加的投资可以很准确地计算出来，但今后的收益却受到市场供求关系的影响，如果届时同类工程（如五星级宾馆、智能化办公楼）供大于求，则预期收益就难以实现。

C. 将目标规划和计划结合起来。如前所述，建设工程所确定的目标要通过计划的实施才能实现。如果建设工程进度计划制定得既可行又优化，使工程进度具有连续性、均衡性，则不但可以缩短工期，而且有可能获得较好的质量且耗费较低的投资。从这个意义上讲，优化的计划是投资、进度、质量三大目标统一的计划。

在对建设工程三大目标对立统一关系进行分析时，同样需要将投资、进度、质量三大目标作为一个系统统筹考虑，同样需要反复协调和平衡，力求实现整个目标系统最优也就是实现投资、进度、质量三大目标的统一。

7.2.2 项目目标控制的前提

建设工程监理单位及其监理工程师开展目标控制工作之前必须做好两项重要的前提工作：一项就是制定出科学的目标规划的计划，另一项就是在前者的基础上有效地做好目标控制的组织工作。

（1）计划：目标控制的基本前提

计划是目标控制的基本前提。如果建设工程监理单位及其监理工程师事先不知道他们所期望的是什么，也就是并不知道他们的目标是什么，他们就谈不到目标控制。实际上目标规划和计划越明确、全面和完整，目标控制的效果就越好。

控制的效果在很大程度上取决于目标规划和计划的质量和水平，如果工程建设项目的目标规划和计划的质量和水平不高，那么，在工程建设项目的建设工程监理过程中，就很难取得很好的目标控制效果。

（2）组织：目标控制的基本保障

目标控制的目的是为了有效地评价工作，从而及时发现计划执行出现的偏差，并采取有效的纠偏措施，以确保预定的计划目标的实现。因此，管理人员必须知道在实施计划的过程中，如果发生了偏差责任由谁负，采取纠偏行动的职责应由谁承担。由于所有的目标控制活动都是由人来实现的，所以，如果没有明确组织机构和人员，如何承担目标控制的各项工作的职能，那么，目标控制工作就无法进行。因此，与计划一样，组织也是进行目标控制的前提工作。组织机构设置和任务分工越明确、完整、完善，目标控制的效果也就越好。

为了搞好目标控制工作，需要做好以下几方面的组织工作：

（1）设置目标控制机构；

（2）配备合适的建设工程监理人员；

（3）落实机构的人员目标控制的任务和职能分工。

7.2.3 项目目标控制的基本措施

为了取得目标控制的理想成果，应当从多方面采取措施实施控制。通常可以将这些措施归纳为若干方面，如组织方面措施、技术方面措施、经济方面措施、合同方面措施等。

（1）组织方面措施

组织方面的措施是建设工程监理目标控制的必要措施。正如前面所论述过的，如果不落实投资控制、进度控制、质量控制的部门及人员，不确定他们实施目标控制的任务和管理职能，不制订各工程建设项目目标控制的工作流程，那么目标控制就没办法进行。控制是由人来执行的，监督按计划要求投入劳动力、机具、设备、材料、巡视、检查工程运行情况，对工程信息的收集、加工、整理、反馈，发现和预测目标偏差，采取纠正行动都需要事先委任执行人员，授予相应职权，确定职责，制定工作考核标准，并力求使之一体化运行。

除此而外，如何充实控制机构，挑选与其工作相称的人员；对工作进行考评，以便评估工作、改进工作、挖掘潜在工作能力、加强相互沟通；在控制过程中激励人们以调动和发挥他们实现目标的积极性、创造性；培训人员等等都是在控制当中需要考虑采取的措施。只有采取适当的组织措施，保证目标控制的组织工作明确、完善，才能使目标控制有效发挥作用。

（2）技术方面措施

技术方面的措施也是建设工程监理目标控制的必要措施。工程项目建设工程监理中的目标控制工作，在很大程度上要通过技术方面的措施来解决问题。实施有效控制，如果不对多个可能的方案评选事先确定原则，不通过科学试验确定新材料、新工艺、新方法的适用性，不对各投标文件中的主要施工技术方案做必要的论证，不对施工组织设计进行审查，不想方设法在整个工程建设项目实施阶段寻求节约投资、保障工期和质量的技术措施，……，那么目标控制也就毫无效果可谈。

使计划能够输出期望的目标正是依靠掌握这些特定技术的人，并应用各种先进的工程技术，采取一系列有效的技术措施以实现目标控制。

（3）经济方面措施

经济方面的措施更是建设工程监理目标控制的必要措施。这是因为任何一项工程建设项目的建成动用，归根结底是一项投资的实现。从工程建设项目的提出到工程建设项目的实现，自始至终都贯穿着资金的筹集和使用工作。

不仅对投资实施目标控制，离不开经济方面的措施，就是对进度、质量实施目标控制，也离不开经济方面的相应措施。为了理想地实现工程建设项目，监理工程师要收集、加工、整理大量的工程经济信息和数据，要对各种实现预定目标的计划进行必要的资源、经济、财务诸方面的可行性分析，要对经常出现的各种设计变更和其他工程变更方案进行技术经济分析以力求减少对计划目标实现的影响，要对工程概、预算进行审核，要编制资金使用计划，要对工程付款进行审查等。如果监理工程师在目标控制时忽视了经济方面的措施，那么不但投资目标难以实现，而且进度目标和质量目标也难以实现。

（4）合同措施

合同方面的措施同样是建设工程监理目标控制的必要措施。工程项目建设需要设计单位、承包商、材料与设备供应单位分别承担设计、施工、材料与设备供应。没有这些工程建设行为，任何工程建设项目都无法建成动用。

在市场经济条件下，这些承包商是根据分别与建设单位签订的设计合同、施工合同和供销合同来参与工程项目建设的。它们与建设单位构成了工程建设项目的承发包关系。它们是被建设工程监理的一方。承包设计的单位根据工程设计合同要保障工程建设项目设计的安全可靠性，提高工程建设项目的适用性和经济性，并保证设计工期的要求。承包施工的单位要根据工程施工合同保证实现规定的施工质量和建设工期。承包材料与设备供应的单位根据工程供销合同保证按质、按量、按时供应材料和设备。

建设工程监理就是根据这些工程建设合同以及建设工程监理合同来实施的监督管理活动。监理工程师实施目标控制也是紧紧依靠工程建设合同来进行的。依靠合同进行目标控制是建设工程监理目标控制的重要手段。因此，协助建设单位确定对目标控制有利的承发包模式和合同结构，拟定合同条款，参加合同谈判，处理合同执行过程中的问题，做好防止和处理索赔的工作等，都是监理工程师重要的目标控制措施。所以，目标控制离不开合同方面的措施。

7.3 建设工程监理的投资控制

建设工程监理过程中的投资控制是指在整个工程建设项目的实施阶段开展管理活动，力求使工程建设项目在满足质量和进度要求的前提下，实现工程建设项目实际投资额不超过计划投资额。

7.3.1 投资控制目标

建设工程投资控制的目标，就是通过有效的投资控制工作和具体的投资控制措施，在满足进度和质量要求的前提下，力求使工程实际投资不超过计划投资。

"实际投资不超过计划投资"可能表现为以下几种情况：

(1) 在投资目标分解的各个层次上，实际投资均不超过计划投资。这是最理想的情况，是投资控制追求的最高目标。

(2) 在投资目标分解的较低层次上，实际投资在有些情况下超过计划投资，在大多数情况下不超过计划投资，因而在投资目标分解的较高层次上，实际投资不超过计划投资。

(3) 实际总投资未超过计划总投资，在投资目标分解的各个层次上，都出现实际投资超过计划投资的情况，但在大多数情况下实际投资未超过计划投资。

后两种情况虽然存在局部的超投资现象，但建设工程的实际总投资未超过计划总投资，因而仍然是令人满意的结果。何况，出现这种现象，除了投资控制工作和措施存在一定的问题、有待改进和完善之外，还可能是由于投资目标分解不尽合理所造成的，而投资目标分解绝对合理又是很难做到的。

7.3.2 投资控制任务

(1) 设计阶段监理相关服务

在设计阶段，监理单位投资控制的主要任务是通过收集类似建设工程投资数据和资料，协助建设单位制定建设工程投资目标规划；开展技术经济分析等活动，协调和配合设计单位力求使设计投资合理化；审核概（预）算，提出改进意见，优化设计，最终满足建设单位对建设工程投资的经济性要求。

(2) 招投标阶段监理相关服务

建设工程监理施工招标阶段目标控制的主要任务是通过编制施工招标文件、编制投标控制价、做好投标单位资格预审、组织评标和定标、参加合同谈判等工作，根据公开、公正、公平地竞争原则，协助建设单位选择理想的施工承包单位，以期以合理的价格、先进的技术、较高的管理水平、较短的时间、较好的质量来完成工程施工任务。

(3) 施工阶段

施工阶段建设工程投资控制的主要任务是通过工程付款控制、工程变更费用控制、预防并处理费用索赔、挖掘节约投资潜力来努力实现实际发生的费用不超过计划投资。

7.3.3 投资控制内容

(1) 设计准备阶段监理相关服务对投资进行控制的内容

1) 在可行性研究的基础上，进行项目总投资目标的分析论证；

2) 编制项目总投资切块分解的初步规划；

3) 评价总投资目标实现的风险，制定投资风险控制的初步方案；

4）编制设计阶段资金使用计划并控制其执行。

（2）设计阶段监理相关服务对投资进行控制的内容

1）根据选定的项目方案审核项目总投资估算

2）对设计方案提出投资评价建议

3）审核项目设计概算，对设计概算作出评价报告和建议

4）对设计有关内容进行市场调查分析和技术经济比较论证

5）考虑优化设计，进一步挖掘节约投资的潜力

6）审核施工图预算

7）编制设计资金限额指标

8）控制设计变更

9）认真监督勘察设计合同的履行

（3）施工阶段监理投资控制的主要内容

1）投资控制目标及资金使用计划

投资控制的目的是为了确保投资目标的实现。因此，监理工程师必须编制资金使用计划，其中最重要的是确定投资控制目标值，包括投资的总目标值、分目标值、各详细目标值。

投资控制在具体操作上须将投资逐级分解到工程分项上才能具体控制，除了按工程分项分解外，还需要按照工程进度计划中工程分项进展的时间编制资金使用时间计划。资金使用计划包括工程分项资金使用计划和单项工程资金使用时间计划。

① 工程分项资金使用计划

从投资控制角度讲一个项目分解成工程分项，需要综合考虑多方面因素，与工程进度计划中分项的划分协调。项目分解应有层次性，统一编码便于管理。资金使用计划表主要栏目有：工程分项编码、工程内容、计量单位、工程数量、计划综合单价、不可预见费等。

② 资金使用时间计划

建设项目的投资是分阶段、分期支出，并且建设单位按资金使用计划来筹措资金。所以资金应用是否合理与资金的时间安排密切相关。即必须将总投资目标按使用时间进行分解确定分目标值。在工程分项资金使用计划编制后，结合工程进度计划可以按单位工程或整个项目制定资金使用时间计划，这样可以供建设单位筹措资金，保证工程资金及时到位，从而保证工程进度按计划进行。

编制按时间进度的资金使用计划时，通常用控制项目进度的网络计划进一步扩充而得。即在编制网络计划时，一方面确定完成某项施工活动所花的时间；另一方面也要确定完成这项工作的合适的投资支持预算。要尽可能减少资金占用和利息支出。利用双代号时标网络计划，便可以编制出按时间进度划分的投资支出预算。其有两种表达方式：一种是在总体控制时标网络计划上按月（或旬）表示；另一种是利用时间——投资累计曲线（S形曲线）表示。

2）工程款的结算

① 我国现行建安工程价款的主要结算方式：按月结算、分段结算、竣工后一次结算、结算双方约定的其他的结算方式。

② 按月结算建安工程价款的一般程序。

即按分部分项工程以“工程实际完成进度”为对象，按月结算，待工程竣工后再办理竣工结算。

A. 预付备料款

预付备料款是指施工企业承包工程储备主要材料、构件所需的流动资金。

a. 预付备料款限额

备料款限额由下列主要因素决定：主要材料占施工产值的比重、材料储备天数、施工工期。

备料款限额＝[(年度承包工程总值×主要材料所占比重)/年度施工日历天数]
×材料储备天数

一般建筑工程备料款不应超过当年建筑工作量（包括水、暖、电）的30%，安装工程按年安装工作量的10%～15%。

b. 备料款的扣回

建设单位拨付给承包单位的备料款属于预支性质，到了工期后期，随着工程所需主要材料储备的减少，应以抵充工程价款的方式陆续扣回。扣款的方法是从未施工工程尚需的主要材料及构件的价值相当于备料款数额时起扣，从每次结算工程价款中，按材料比重扣抵工程价款，竣工前全部扣清。

开始扣回预付备料款时的工程价值＝年度承包工程总值－预付备料款/
主要材料费比重

B. 中间结算

施工企业在工程建设过程中，按月完成的分部分项工程数量计算各项费用，向建设单位办理中间结算手续。即月中预支，月终根据工程月报表和结算单，并通过银行结算。

C. 竣工结算

竣工结算是指工程按合同规定内容全部完工并交工之后，向发包单位进行的最终工程价款结算。如合同价款发生变化，则按规定对合同价款进行调整。

竣工结算工程价款＝预算或合同价款＋施工过程中预算或合同价款调整数额
－预付及已结算工程价款

3）工程款计量支付

① 工程款计量一般程序

工程计量的一般程序是承包方按协议条款的时间（承包方完成的工程分项获得质量验收合格证书以后），向监理工程师提交《合同工程月计量申请表》，监理工程师接到申请表后7天内按设计图纸核实已完工程数量，并在计量24小时前通知承包方，承包方必须为监理工程师进行计量提供便利条件并派人参加予以确认。承包方无正当理由不参加计量，由监理工程师自行进行，计量结果仍然有效。根据合同的公正原则，如果监理工程师在收到承包方报告后7天内未进行计量，从第8天起，承包方报告中开列的工程量即视为已被确认。所以，监理工程师对工程计量不能有任何拖延。另外监理工程师在计量时必须按约定时间通知承包方参加，否则计量结果按合同视为无效。

② 工程计量的注意事项

A. 严格确定计量内容；

B. 加强隐蔽工程的计量。

③ 合同价款的复核与支付

根据国家工商行政管理总局、住房和城乡建设部的文件规定，合同价款在协议条款约定后，任何一方不得擅自改变，协议条件另有约定或发生下列情况之一的可作调整：

A. 法律、行政法规和国家有关政策变化影响合同价款；

B. 监理工程师确认可调价的工程量增减、设计变更或工程洽商；

C. 工程造价管理部门公布的价格调整；

D. 一周内非承包方费用原因造成停水、停电、停气造成停工累计超过 8h；

E. 合同约定的其他因素。

工程款支付申请表（A5） **表 7-1**

工程名称： 编号：

致： （监理单位） 我方已完成 工作，按施工合同规定，建设单位应在 年 月 日前支付该项工程款共（大写） （小写： ），现报上 工程付款申请表，请予以审查并开具工程款支付证书。 附：1. 工程量清单 2. 计算方法 承包单位（章） 项目经理 日 期

4）审定竣工结算文件和最终工程款支付证书

工程竣工后，项目监理机构应及时按施工合同的有关规定进行竣工结算，并应对竣工结算的价款总额与建设单位和承包单位进行洽商。当无法协商一致时，可由双方提请监理机构进行合同争议调解，或提请仲裁机构进行仲裁。

工程款支付证书（B3） 表 7-2

工程名称： 编号：

<table>
<tr><td>
致： （建设单位）
根据施工的规定，经审核承包单位的付款申请和报表，并扣除有关款项，同意本期支付工程款共（大写）（小写： ）。请按合同规定及时付款。

其中：
1. 承包单位申请款为：

2. 经审核承包单位应得款为：

3. 本期应扣款为：

4. 本期应付款为：

附件：
1. 承包单位的工程付款申请表及附件；
2. 项目监理机构审查纪录。

项目监理机构
总监理工程师
日 期
</td></tr>
</table>

5）工程变更价款审查

由于多方面的原因，工程施工中发生工程变更是难免的。发生工程变更，无论是由设计单位或建设单位或承包单位提出的，均应经过建设单位、设计单位、承包单位和监理单位的代表签字，并通过项目总监理工程师下达变更指令后，承包单位方可进行施工。

变更合同价款按下列方法进行：

① 合同中已有适用于变更工程的价格，按合同已有的价格变更合同价款；

② 合同中只有类似于变更工程的价格，可以参照类似价格变更合同价款；

③ 合同中没有适用或类似于变更工程的价格，由承包人提出适当的变更价格，经监理工程师和建设单位确认后执行。

工程变更单见下表单。在建设单位提出工程变更时，填写后由工程项目监理部签发，必要时建设单位应委托设计单位编制设计变更文件并签转项目监理部；承包单位提出工程变更时，填写本表后报送项目监理部，项目监理部同意后转呈建设单位，需要时由建设单位委托设计单位编制设计变更文件，并签转项目监理部，承包商在收到项目监理部签署的“工程变更单”后，方可实施工程变更，工程分包单位的工程变更应通过承包单位办理。

该表的附件应包括工程变更的详细内容，变更的依据，对工程造价及工期的影响程度，对工程项目功能、安全的影响分析及必要的图示。总监理工程师组织监理工程师收集资料，进行调研，并与有关单位磋商，如取得一致意见时，在本表中写明，并经相关的建设单位的现场代表、承包单位的项目经理、监理单位的项目总监理工程师、设计单位的本工程设计负责人等在本表上签字，此项工程变更才生效。本表由提出工程变更的单位填报，份数视内容而定。

工程变更单（C2） **表 7-3**

工程名称： 编号：

<table>
<tr><td colspan="3">致：
由于　　　　　　　　原因，兹提出
工程变更（内容见附件），请予以审批。
附件：

提出单位
项目经理
日　　期</td></tr>
<tr><td>一致意见：

建设单位代表
签字：
日期</td><td>

设计单位代表
签字：
日期</td><td>

项目监理机构
签字：
日期</td></tr>
</table>

6）工程费用索赔处理

工程费用索赔在工程中是难以避免的，包括承包单位向建设单位的索赔和建设单位向承包单位的索赔。无论是哪方面的费用索赔处理，都应由总监理工程师对费用索赔进行审查，并公正地与建设单位和承包单位进行协商，签署施工承包方（或建设单位）提出的费用索赔审批表。

费用索赔审批表（B6） 表 7-4

工程名称： 编号：

致：(承包单位) 根据施工合同条款　　　　条的规定，我方对你方提出的　　　　费用索赔申请（第　　号），索赔（大写）　　　，经我方审核评估： □不同意此项索赔。 □同意此项索赔，金额为（大写）______。 同意/不同意索赔的理由： 索赔金额计算： 项目监理机构 总监理工程师 日　　期

7.3.4 投资控制方法

（1）系统控制

投资控制是与进度控制和质量控制同时进行的，它是针对整个建设工程目标系统所实施的控制活动的一个组成部分，在实施投资控制的同时需要满足预定的进度目标和质量目标。因此，在投资控制的过程中，要协调好与进度控制和质量控制的关系，做到三大目标控制的有机配合和相互平衡，而不能片面强调投资控制。

目标规划时对投资、进度、质量三大目标进行了反复协调和平衡，力求实现整个目标系统最优。如果在投资控制的过程中破坏了这种平衡，也就破坏了整个目标系统，即使投资控制的效果看起来较好或很好，但其结果肯定不是目标系统最优。

从这个基本思想出发，当采取某项投资控制措施时，如果某项措施会对进度目标和质量目标产生不利的影响，就要考虑是否还有别的更好的措施，要慎重决策。例如，当发现实际投资已经超过计划投资之后，为了控制投资，不能简单地删减工程内容或降低设计标准，即使不得已而这样做，也要慎重选择被删减或降低设计标准的具体工程内容，力求使减少投资对工程质量的影响减少到最低程度。这种协调工作在投资控制过程中是绝对不可缺少的。

简而言之，系统控制的思想就是要实现目标规划与目标控制之间的统一，实现三大目标控制的统一。

（2）全过程控制

所谓全过程，主要是指建设工程实施的全过程，也可以是工程建设全过程。在建设工程的实施阶段中都要进行投资控制，但从投资控制的任务来看，主要集中在设计阶段（含设计准备）、招标阶段和施工阶段。

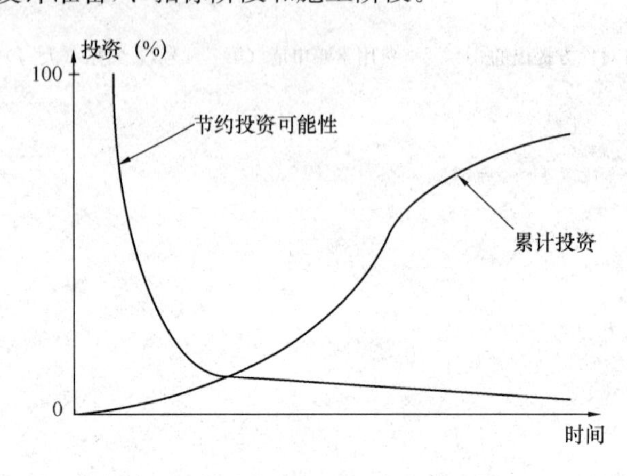

图 7-8　累计投资和节约投资可能性曲线

在建设工程实施过程中，累计投资在设计阶段和招标阶段缓慢增加，进入施工阶段后则迅速增加，到施工后期，累计投资的增加又趋于平缓。另一方面，节约投资的可能性（或影响投资的程度）从设计阶段到施工开始前迅速降低，其后的变化就相当平缓了。累计投资和节约投资可能性的上述特征可用图 7-8 表示。

虽然建设工程的实际投资主要发生在施工阶段，但节约投资的可能性却主要在施工以前的阶段，尤其是在设计阶段。当然，所谓节约投资的可能性，是以进行有效的投资控制为前提的，如果投资控制的措施不得力，则变为浪费投资的可能性了。因此，全过程控制要求从设计阶段就开始进行投资控制，并将投资控制工作贯穿于建设工程实施的全过程，直至整个工程建成且延续到保修期结束。

在明确全过程控制的前提下，还要特别强调早期控制的重要性，越早进行控制，投资控制的效果越好，节约投资的可能性越大。如果能实现工程建设全过程投资控制，效果应当更好。

（3）全方位控制

通常，投资目标的全方位控制主要是指对按总投资构成内容分解的各项费用进行控制，即对建筑安装工程费用、设备和工器具购置费用以及工程建设其他费用等都要进行控制。当然，也可以按工程内容分解的各项投资进行控制，即对单项工程、单位工程，乃至分部分项工程的投资进行控制。

在对建设工程投资进行全方位控制时，应注意以下几个问题：

1）认真分析建设工程及其投资构成的特点，了解各项费用的变化趋势和影响因素。

一般来说，工程建设其他费用一般不超过总投资的 10%。但对于确定建设工程来说，可能远远超过这个比例，如上海南浦大桥的动拆迁费用高达 4 亿元人民币，约占总投资的一半。这些费用相对于结构工程费用而言，有较大的节约投资的“空间”。只要思想重视且方法适当，往往能取得较为满意的投资控制效果。

2）抓主要矛盾、有所侧重。

不同建设工程的各项费用占总投资的比例不同，例如，普通民用建筑工程的建筑工程费用占总投资的大部分，工艺复杂的工业项目以设备购置费用为主，智能化大厦的装饰工程费用和设备购置费用占主导地位，都应分别作为该类建设工程投资控制的重点。

3）根据各项费用的特点选择适当的控制方式。

例如，建筑工程费用可以按照工程内容分解得很细，其计划值一般较为准确，而其实际投资是连续发生的，因而需要经常定期地进行实际投资与计划投资的比较；安装工程费用有时并不独立，或与建筑工程费用合并，或与设备购置费用合并，或兼而有之，需要注意鉴别；设备购置费用有时需要较长的订货周期和一定数额的定金，必须充分考虑利息的支付，等等。

【案例 7-1】

某建设单位与承包商签订了工程施工合同，合同中含甲、乙两个子项工程，甲项估算工程量为 2300m³，合同价为 180 元/m³，乙项估算工程量为 3200m³，合同价为 160 元/m³。施工合同还规定：

(1) 开工前建设单位向承包商支付合同价 20％的预付款；

(2) 建设单位每月从承包商的工程款中，按 5％的比例扣留质量保证金；

(3) 子项工程实际工程量超过估算工程量 10％以上，可进行调价，调整系数为 0.9；

(4) 根据市场预测，价格调整系数平均按 1.2 计算；

(5) 监理工程师签发月度付款最低金额为 25 万元；

(6) 预付款在最后两个月扣回，每月扣 50％。

承包商每月实际完成并经监理工程师签证确认的工程量如表 7-5 所示：

承包商实际完成工程量表 **表 7-5**

子项目 \ 月度	1	2	3	4
甲项（万元）	500	800	800	600
乙项（万元）	700	900	800	600

【问题】

1. 该工程的预付款是多少？

2. 承包商每月工程量价款是多少？监理工程师应签证的工程款是多少？实际签发的付款凭证金额是多少？

【答案】

1. 预付款金额为(2300×180＋3200×160)×20％＝18.52(万元)

2. (1) 第一个月：

工程量价款为 500×180＋700×160＝20.2(万元)

应签证的工程款为 20.2×1.2×(1－5％)＝23.028(万元)

由于合同规定监理工程师签发的最低金额为 25 万元，故本月监理工程师不予签发付款凭证。

(2) 第二个月：

工程量价款为：800×180＋900×160＝28.8（万元）

应签证的工程款为：28.8×1.2×0.95＝32.832（万元）

本月监理工程师实际签发的付款凭证金额为：23.028＋32.832＝55.86（万元）

(3) 第三个月：

工程量价款为：800×180＋800×160＝27.2（万元）

应签证的工程款为：27.2×1.2×0.95＝31.008（万元）

应扣预付款为：18.52×50%＝9.26（万元）

应付款为：31.008－9.26＝21.748（万元）

监理工程师签发月度付款最低金额为25万元，所以本月监理工程师不予签发付款凭证。

(4) 第四个月：

甲项工程累计完成工程量为2700m^3，比原估算工程量300m^3超出400m^3，已超过估算工程量的10%，超出部分其单价应进行调整。

超过估算工程量10%的工程量为：2700－2300×（1＋10%）＝170（m^3）

这部分工程量单价应调整为：180×0.9＝162（元/m^3）

甲项工程工程量价款为：（600－170）×180＋170×162＝10.494（万元）

乙项工程累计完成工程量为：3000m^3，比原估算工程量3200m^3减少200m^3，不超过估算工程量，其单价不予进行调整。

乙项工程工程量价款为：600×160＝9.6（万元）

本月完成甲、乙两项工程量价款合计为：10.494＋9.6＝20.094（万元）

应签证的工程款为：20.094×1.2×0.95＝22.907（万元）

本月监理工程师实际签发的付款凭证金额为：21.748＋22.907－18.52×50%＝35.395（万元）

7.4 建设工程监理的质量控制

建设工程监理过程中的质量控制是指在力求实现工程建设项目总目标的过程中，为满足工程建设项目总体质量要求所开展的有关的监督管理活动。

7.4.1 质量控制目标

建设工程质量控制的目标，就是通过有效的质量控制工作和具体的质量控制措施，在满足投资和进度要求的前提下，实现工程预定的质量目标。

这里，有必要明确建设工程质量目标的含义。

建设工程的质量首先必须符合国家现行的关于工程质量的法律、法规、技术标准和规范等的有关规定，尤其是强制性标准的规定。这实际上也就明确了对设计、施工质量的基本要求。从这个角度讲，同类建设工程的质量目标具有共性，不因其建设单位、建造地点以及其他建设条件的不同而不同。

建设工程的质量目标又是通过合同加以约定的，其范围更广、内容更具体。任何建设工程都有其特定的功能和使用价值。由于建设工程都是根据建设单位的要求而兴建，不同的建设单位有不同的功能和使用价值要求，即使是同类建设工程，具体的要求也不同。因此，建设工程的功能与使用价值的质量目标是相对于建设单位的需要而言，并无固定和统一的标准。从这个角度讲，建设工程的质量目标都具有个性。

因此，建设工程质量控制的目标就要实现以上两方面的工程质量目标。由于工程共性质量目标一般都有严格、明确的规定，因而质量控制工作的对象和内容都比较明确，也可比较准确、客观地评价质量控制的效果。而工程个性质量目标具有一定的主观性，有时没有明确、统一的标准，因而质量控制工作的对象和内容较难把握，对质量控制效果的评价与评价方法和标准密切相关。因此，在建设工程的质量控制工作中，要注意对工程个性质量目标的控制，最好能预先明确控制效果定量评价的方法和标准。另外，对于合同约定的质量目标，必须保证其不得低于国家强制性质量标准的要求。

影响工程建设项目质量目标的因素众多。工程建设项目的实体质量、功能和使用价值、工作质量牵扯到设计、施工、供应、建设工程监理等诸方面的多种因素。例如，人、机械、材料、方法和环境都影响着工程质量。监理工程师应当对这些因素进行有效控制，以保障工程质量。对人，要从思想素质、业务素质、身体素质等多方面综合考虑，全面控制；对材料，要把好检查验收这一关，保证正确合理使用原材料、成品、半成品、构配件，并检查、确认、督促做好收、发、储、运等技术管理工作；对机械，要根据工艺和技术要求，确认是否选用了合适的机械设备，是否建立了各种管理制度；对方法，要通过分析、研究、对比，在确认可行的基础上确定应采用的优化方案、工艺、设计和措施；对环境，要通过指导、督促、检查建立良好的技术环境、管理环境、劳动环境，以确保为实现质量目标提供良好条件。

7.4.2 质量控制任务

（1）设计阶段监理相关服务

在设计阶段，监理单位设计质量控制的主要任务是了解建设单位建设需求，协助建设单位制定建设工程质量目标规划（如设计要求文件）；根据合同要求及时、准确、完善地提供设计工作所需的基础数据和资料；配合设计单位优化设计，并最终确认设计符合有关法规要求，符合技术、经济、财务、环境条件要求，满足建设单位对建设工程的功能和使用要求。

（2）招投标阶段监理相关服务

招投标阶段，监理单位的主要质量控制任务是协助建设单位编制施工招标文件、做好投标资格预审工作和组织开标、评标、定标工作。

（3）施工阶段

施工阶段建设工程质量控制的主要任务是通过对施工投入、施工和安装过程、产出品进行全过程控制，以及对参加施工的单位和人员的资质、材料和设备、施工机械和机具、施工方案和方法、施工环境实施全面控制，以期按标准达到预定的施工质量目标。

7.4.3 质量控制内容

（1）设计阶段监理相关服务质量控制的内容

建设单位委托设计阶段监理时，监理的具体工作内容应在监理合同中明确规定并逐项列出。一般可委托的设计监理中质量控制的主要工作包括以下内容：

1）协助委托方进一步确定项目质量的要求和标准，满足有关部门质量评定标准要求，并作为质量控制目标值，参与分析和评估建筑物使用功能、面积分配、建筑设计标准等，根据委托方的要求，编制详细的设计要求大纲文件，作为方案设计优化任务书的一部分。

一般公共建筑、民用建筑设计要求大纲内容主要有：

①编制的依据。如可行性研究报告、批准的设计任务书等。

②技术经济指标。总投资控制数及分配、建筑物总面积及分配等。

③城市规划要求。如红线范围、建筑高度、层数、消防通道、环保要求、给水排水、电力布置等。

④建筑造型及立面构图要求。如建筑风格、与群体的组合、立面构图、外装修材料色彩等。

⑤使用空间设计要求。平剖面形状、组成、使用空间尺度等。

⑥平面布局要求。各组成部分面积比例及使用功能要求、出入口、辅助用房要求等。

⑦建筑剖面要求。标准层高、特殊层层高、防火要求等。

⑧室内装修设计要求。如一般用房、重点公共用房等。

⑨结构设计要求。主体结构体系选择、基础设计要求、结构设计主要参数的确定等。

⑩设备设计要求。包括燃气设置、调压站及管网要求、给水系统水量及系统设备、生活污水系统、空调系统、电气系统、电信系统等。

⑪消防设计要求。包括消防等级、消防指挥中心、自动报警系统、安全疏散口数量、位置等。

2）研究设计图纸、技术说明和计算书等设计文件。发现问题，及时向设计单位提出。对设计变更进行技术经济合理性分析，并按照规定的程序办理设计变更手续，凡对投资及进度带来影响的变更，须会同委托方核签。

3）审核各设计阶段的图纸、技术说明和计算书等设计文件是否符合国家有关设计规范、有关设计质量要求和标准，并根据需要提出修改意见，争取设计质量通过相关部门的审查。

4）在设计进展过程中，协助审核设计是否符合委托方对设计质量的特殊需要，并根据需要提出修改意见。

5）若有必要，组织有关专家对结构方案进行分析、论证，以确定施工的可行性、结构的可靠性，进一步降低建造成本。

6）协助智能化设计和供货单位进行大楼智能化总体设计方案的技术经济分析。

7）对常规设备系统的技术经济进行分析，并提出改进意见。

8）审核有关水、电、气等系统设计与有关市政工程规范、建设地块市政条件是否相符合，争取通过有关部门的审核。

9）审核施工图设计是否有足够的深度，是否满足可施工性的要求，以确保施工进度计划的顺利进行。在审核施工图时还须考察各专业间的协调问题，避免遗漏和大的矛盾、冲突。

10）审核施工图预算，控制不要超设计投资控制额或批准的设计概算。

11）会同有关部门对设计文件进行审核，必要时组织会议或专家论证。

（2）施工阶段的质量控制内容

1）施工准备阶段的质量控制

①组织监理人员熟悉设计文件，参加设计交底，并对会议纪要进行签认。

②主编监理规划，建立监理机构的技术管理体系和质量控制体系。

③审查承包单位的施工组织设计，侧重质量保证措施。

施工组织设计审查的原则是施工组织设计的规范性、针对性、可操作性及技术方案的先进性。审查施工组织设计时应注意着重审查重要的分部、分项工程的施工方案，在施工顺序上应符合先地下后地上、先土建后设备、先主体后维护的基本规律，施工方案与施工进度计划的一致性，施工方案与施工平面图布置的协调一致。

④审查承包单位现场机构的质量管理体系、技术管理体系、质量保证体系。

⑤对施工承包单位资质的核查。

根据工程的类型、规模和特点，确定参与投标企业的资质等级，并取得招标管理部门的认可。对符合参与投标承包企业的考核，在全面了解的基础上，重点考核与拟建工程类型、规模和特点相似或接近的工程。优先选取创出名牌优质工程的企业。

⑥现场施工准备的质量控制，包括工程定位及标高基准控制、施工平面布置的控制、材料及构配件采购订货的控制、施工机械配置的控制、分包单位资质的审核确认、设计交底与施工图纸的现场核对、严把开工关、监理组织内部的监控准备工作等。

2）施工阶段过程的质量控制

①审批工程项目单位工程、分部、分项工程和检验批的划分，并依据监理规划分析、调整和确定质量控制重点、质量控制工作流程和监理措施。

质量控制点是指为了保证作业过程质量而确定的重点控制对象、关键部位或薄弱环节。设置质量控制点是保证达到施工质量要求的必要前提。质量控制点的设置应当选择那些保证质量难度大的、对质量影响大的或者是发生质量问题时危害大的对象作为质量控制点。例如，施工过程中的关键工序或环节以及隐蔽工程；施工中的薄弱环节，或质量不稳定的工序、部位或对象；对后续工程施工或对后续工序质量或安全有重大影响的工序、部位或对象；采用新技术、新工艺、新材料的部位或环节；施工上无足够把握的、施工条件困难的或技术难度大的工序或环节等。

②组织制定和审批质量控制的监理实施细则、规定及相关管理制度。

③对工程材料、构配件和设备的进场验收。凡运到施工现场的原材料、半成品或构配件，进场前应向项目监理机构提交《工程材料/构配件/设备报审表》，同时要附有产品出厂合格证及技术说明书和由施工承包单位按规定要求进行检验的检验或试验报告，经监理工程师审查并确认其质量合格后，方准进场；进口材料的检查、验收，应会同国家商检部门进行；要对材料构配件存放条件加以控制；对于某些当地材料及现场配置的制品，承包单位要事先进行试验，达到要求的标准后方准施工。

④组织定期或不定期的质量检查分析会。

⑤对施工质量进行全过程的监督管理。

⑥必要时签发工程暂停令、停工令、复工令。

根据工程监理合同中建设单位对监理工程师的授权，出现下列情况需要停工处理时，应下达停工指令：施工作业活动存在重大隐患，可能造成质量事故或已经造成质量事故；承包单位未经许可擅自施工或拒绝项目监理机构管理。

在下列情况下，总监理工程师有权行使质量控制权，下达停工令，及时进行质量控制：施工中出现质量异常情况，经提出后，承包单位未采取有效措施，或措施不力未能扭转异常情况的；隐蔽作业，未经依法查验确认合格而擅自封闭的；已发生质量问题且迟迟未按监理工程师要求进行处理，或者是已发生质量缺陷或问题，如不停工则质量缺陷或问题将继续发展的情况；未经监理工程师审查同意而擅自变更设计或修改图纸进行施工的；未经技术资质审查的人员或不合格人员进入现场施工；使用的原材料、构配件不合格或未经检查确认的，或擅自采用未经审查认可的代用材料的；擅自使用未经项目监理机构审查认可的分包单位进场施工。

总监理工程师下达停工令及复工令，宜事先向建设单位报告。

⑦审核和签发工程变更单。

工程变更的要求可能来自建设单位、设计单位或施工承包单位。为确保工程质量，不同情况下，工程变更的实施和设计图纸的澄清、修改，具有不同的工作程序。

⑧对检验批、分项、分部、单位工程验收签认。

检验批、分项、分部、单位工程完成后，承包单位应首先自行检查验收，确认符合设计文件相关验收规范的规定，然后向监理工程师提交申请，由监理工程师予以检查、确认。如确认其质量符合要求，则予以确认验收。

⑨总监理工程师应主持或参与工程质量事故调查处理。

⑩不合格的处理及成品保护。

上一道工序不合格，不准进入下一道工序施工；不合格的材料、构配件、半成品不准进入施工现场且不允许使用；已经进场的不合格品应及时作出标志、记录，指定专人看管，避免用错，并限期清除出现场；不合格的工序或工程产品不予计价。

监理工程师应对承包单位所承担的成品保护的质量与效果进行经常性的检查。成品保护的一般措施包括防护、包裹、封闭、合理安排施工顺序等。

3）施工竣工阶段的质量控制工作

①总监理工程师应组织对工程质量的竣工预验收。

②总监理工程师应参加竣工验收。

在整个工程项目完成后，施工承包单位应先进行竣工自检，自检合格后，向项目监理机构提交《工程竣工报验单》，总监理工程师组织专业监理工程师进行竣工初检，其主要工作包括：审查施工承包单位提交的竣工验收所需的文件资料；审核施工承包单位提交的竣工图；总监理工程师组织专业监理工程师对拟验收工程项目的现场进行检验；对拟验收项目初检合格后，总监理工程师对承包单位的《工程竣工报验单》予以签认，并上报建设单位，同时提出“工程质量评估报告”；参加由建设单位组织的正式竣工验收。

【案例 7-2】

监理工程师在某工业工程施工过程中进行质量控制，控制的主要内容有：

1. 协助承包商完成工序控制。

2. 严格工序间的交接检查。

3. 重要的工程部位或专业工程进行旁站监督与控制，还要亲自试验或技术复核，见证取样。

4. 对完成的分项、分部（子分部）工程按相应的质量检查、验收程序进行验收。

5. 审核设计变更和图纸修改。

6. 按合同行使质量监督权。

7. 组织定期或不定期的现场会议，及时分析、通报工程质量情况，并协调有关单位间的业务活动。

【问题】

1. 分部工程质量如何验收？分部工程质量验收内容是什么？

2. 监理工程师在工序施工之前应重点控制哪些影响工程质量的因素？

3. 监理工程师现场监督和检查哪些内容？

【答案】

1. 分部工程应由总监理工程师（建设单位项目负责人）组织承包商项目负责人和技术、质量负责人等进行验收，由于地基基础、主体结构技术性能要求严格、技术性强关系到整个工程的安全。此两个分部工程相关勘察、设计单位项目负责人和承包商技术、质量部门负责人也应参加验收。

分部工程质量验收合格的规定：

①分部（子分部）工程所含分项工程的质量均应验收合格；

②质量控制资料应完整；

③地基与基础、主体结构和设备安装等分部工程有关安全及功能的检验和抽样检测的结果应符合要求；

④观感质量验收应符合要求。

2. 人、机、料、法、环。

3. ①开工前的检查；

②工序施工中跟踪监控；

③重要的部位旁站监控。

【案例 7-3】

某输气管道工程在施工过程中，承包商未经监理工程师事先同意，订购了一批钢管，钢管运抵施工现场后监理工程师进行了检验，检验中监理人员发现钢管质量存在以下问题：

1. 承包商未能提交产品合格证、质量保证书和检测证明资料；

2. 实物外观粗糙、标识不清，且有锈斑。

【问题】

监理工程师应如何处理上述问题？

【答案】

1. 由于该批材料由承包商采购，监理工程师检验发现外观不良、标识不清，且无合格证等资料，监理工程师应书面通知承包商不得将该批材料用于工程，并抄送建设单位备案。

2. 监理工程师应要求承包商提交该批产品的产品合格证、质量保证书、材质化验单、技术指标报告和生产厂家生产许可证等资料，以便监理工程师对生产厂家和材质保证等方面进行书面资料的审查。

3. 如果承包商提交了以上资料，经监理工程师审查符合要求，则承包商应按技术规范要求对该产品进行有监理人员鉴证的取样送检。如果经检测后证明材料质量符合技术规范、设计文件和工程承包合同要求，则监理工程师可进行质检签证，并书面通知承包商。

4. 如果承包商不能提供第二条所述的资料，或虽提供了上述资料，但经抽样检测后质量不符合技术规范或设计文件或承包合同要求，则监理工程师应书面通知承包商不得将该批管材用于工程，并要求承包商将该批管材运出施工现场。（施工方与供货厂商之间的经济、法律问题，由他们双方协商解决）。

5. 监理工程师应将处理结果书面通知建设单位。工程材料的检测费用由承包商承担。

7.4.4 质量控制方法

（1）从过程的角度来说，可以采用三阶段控制方法进行质量控制。三阶段控制即事前控制、事中控制和事后控制，三阶段控制构成了质量控制的系统过程。

1）事前控制

事前控制要求预先进行周密的质量计划。尤其是工程项目施工阶段，制订质量计划或编制施工组织设计或施工项目管理实施规划（目前这三种计划方式基本上并用），都必须建立在切实可行，有效实现预期质量目标的基础上，作为一种行动方案进行施工部署。目前有些施工企业，尤其是一些资质较低的企业在承建中小型的一般工程项目时，往往把施工项目经理责任制曲解成“以包代管”的模式，忽略了技术质量管理的系统控制，失去企业整体技术和管理经验对项目施工计划的指导和支撑作用，这将造成质量预控的先天性缺陷。

事前控制包括两层内涵，一是强调质量目标的计划预控，二是按质量计划进行质量活动前的准备工作状态的控制。

2）事中控制

首先是对质量活动的行为约束，即对质量产生过程各项技术作业活动操作者在相关制度的管理下的自我行为约束的同时，充分发挥其技术能力，去完成预定质量目标的作业任务；其次是对质量活动过程和结果，来自他人的监督控制，这里包括来自企业内部管理者的检查检验和来自企业外部的工程监理和政府质量监督部门等的监控。

事中控制虽然包含自控和监控两大环节，但其关键还是增强质量意识，发挥操作者自我约束自我控制，即坚持质量标准是根本的，监控或他人控制是必要的补充，没有前者或用后者取代前者都是不正确的。因此在企业组织的质量活动中，通过监督机制和激励机制相结合的管理方法，来发挥操作者更好的自我控制能力，以达到质量控制的效果，是非常必要的。这也只有通过建立和实施质量体系来达到。

3）事后控制

包括对质量活动结果的评价认定和对质量偏差的纠正。从理论上分析，如果计划预控过程所制订的行动方案考虑得越是周密，事中约束监控的能力越强越严格，实现质量预期目标的可能性就越大，理想的状况就是希望做到各项作业活动“一次成功”、“一次交验合格率100%”。但客观上相当部分的工程不可能达到，因为在过程中不可避免地会存在一些计划时难以预料的影响因素，包括系统因素和偶然因素。因此当出现质量实际值与目标值之间超出允许偏差时，必须分析原因，采取措施纠正偏差，保持质量受控状态。

以上三大环节，不是孤立和截然分开的，它们之间构成有机的系统过程，实质上也就是PDCA循环具体化，并在每一次滚动循环中不断提高，达到质量管理或质量控制的持续改进。

（2）从系统的角度来考虑，则可以采用系统控制、全过程控制、全方位控制的方法进行质量控制。这一方法对建设工程项目的质量控制，同样有理论和实践的指导意义。

1）系统控制

建设工程质量控制的系统控制应从以下几方面考虑：

①合理控制质量目标。要避免不断提高质量目标的倾向。首先，在工程建设早期确定

质量目标时要有一定的前瞻性；其次，对质量目标要有一个理性的认识，不要盲目追求“最新”、“最高”、“最好”等目标；再次，要定量分析提高质量目标后对投资目标和进度目标的影响。在这一前提下，即使确实有必要适当提高质量标准，也要把对投资目标和进度目标的不利影响减少到最低程度。

因为，由于建设工程的建设周期较长，随着技术、经济水平的发展，会不断出现新设备、新工艺、新材料、新理念等，在工程建设早期（如可行性研究阶段）所确定的质量目标，到设计阶段和施工阶段有时就显得相对滞后。不少建设单位往往要求相应地提高质量标准，这样势必要增加投资，而且由于要修改设计、重新制定材料和设备采购计划，甚至将已经施工完毕的部分工程拆毁重建，也会影响进度目标的实现。

②尽可能发挥质量控制对投资目标和进度目标的积极作用。这一点已在本章关于三大目标之间统一关系的内容中说明，此不赘述。

③确保基本质量目标的实现。建设工程的质量目标关系到生命安全、环境保护等社会问题，国家有相应的强制性标准。因此，不论发生什么情况，也不论在投资和进度方面要付出多大的代价，都必须保证建设工程安全可靠、质量合格的目标予以实现。当然，如果投资代价太大而无法承受，可以放弃不建。另外，建设工程都有预定的功能，若无特殊原因，也应确保实现。严格地说，改变功能或删减功能后建成的建设工程与原定功能的建设工程是两个不同的工程，不宜直接比较，有时也难以评价其目标控制的效果。还需要说明的是，有些建设工程质量标准的改变可能直接导致其功能的改变。例如，原定的一条一级公路，由于质量控制不力，只达到二级公路的标准，就不仅是质量标准的降低，而本质是功能的改变。这不仅将大大降低其通车能力，而且也将大大降低其社会效益。

2）全过程控制

全过程控制是指根据工程质量的形成规律，从源头抓起，全过程推进。GB/T19000 强调质量管理的“过程方法”管理原则。按照建设程序，建设工程从项目建议书或建设构想提出，历经项目鉴别，选择，策划，可研，决策，立项，勘察，设计，发包，施工，验收，使用等各个有机联系的环节，构成了建设项目的总过程。其中每个环节又由诸多相互关联的活动构成相应的具体过程，因此，必须掌握识别过程和应用“过程方法”进行全过程质量控制。

全过程控制的主要过程包括：项目策划与决策过程；勘察设计过程；施工采购过程；施工组织与准备过程；检测设备控制与计量过程；施工生产的检验试验过程；工程质量的评定过程；工程竣工验收与交付过程；工程回访维修服务过程。

建设工程的各个阶段都对工程质量的形成起着重要的作用，但各阶段关于质量问题的侧重点不同，应当根据建设工程各阶段质量控制的特点和重点，确定各阶段质量控制的目标和任务，以便实现全过程质量控制。设计阶段监理相关服务主要是解决“做什么”和“如何做”的问题，使建设工程总体质量目标具体化；施工招标阶段主要是解决“谁来做”的问题，使工程质量目标的实现落实到承包商；施工阶段则是通过施工组织设计等文件，进一步解决“如何做”的问题，通过具体的施工解决“做出来”的问题，使建设工程形成实体，将工程质量目标物化地体现出来；竣工验收阶段主要是解决工程实际质量是否符合预定质量的问题；保修阶段监理相关服务主要是解决已发现的质量缺陷问题。

在建设工程的各个阶段中，设计阶段和施工阶段的持续时间较长，其“过程性”也尤为突出。例如，设计工作分为方案设计、初步设计、技术设计、施工图设计，设计过程就表现为设计内容不断深化和细化的过程。如果等施工图设计完成后才进行审查，一旦发现问题，造成的损失后果就很严重。因此，必须对设计质量进行全过程控制，也就是将对设计质量的控制落实到设计工作的过程中。

另外，建设工程竣工检验时难以发现工程内在的、隐蔽的质量缺陷，因而必须加强施工过程中的质量检验。而且，在建设工程施工过程中，由于工序交接多、中间产品多、隐蔽工程多，若不及时检查，就可能将已经出现的质量问题被下道工序掩盖，将不合格产品误认为合格产品，从而留下质量隐患。因此，对建设工程质量进行全过程控制是十分必要而且重要的。

3）全方位控制

对建设工程质量进行全方位控制应从以下几方面着手：

①对建设工程所有工程内容的质量进行控制。建设工程是一个整体，其总体质量是各个组成部分质量的综合体现，也取决于具体工程内容的质量。如果某项工程内容的质量不合格，即使其余工程内容的质量都很好，也可能导致整个建设工程的质量不合格。因此，对建设工程质量的控制必须落实到其每一项工程内容。只有确实实现了各项工程内容的质量目标，才能保证实现整个建设工程的质量目标。

②对建设工程质量目标的所有内容进行控制。建设工程的质量目标包括许多具体的内容，例如，从外在质量、工程实体质量、功能和使用价值质量等方面可分为美观性、与环境协调性、安全性、可靠性、适用性、灵活性、可维修性等目标，还可以分为更具体的目标。这些具体质量目标之间有时也存在对立统一的关系。这些具体质量目标是否实现或实现的程度如何，又涉及评价方法和标准。此外，对功能和使用价值质量目标要予以足够的重视，因为该质量目标的确很重要，而且其控制对象和方法与对工程实体质量的控制不同。为此，要特别注意对设计质量的控制，要尽可能做多方案的比较。

③对影响建设工程质量目标的所有因素进行控制。影响建设工程质量目标的因素很多，可以从不同的角度分类和控制。例如，可以将这些影响因素分为人、机械、材料、方法和环境五个方面。质量控制的全方位控制，就是要对这五方面因素都进行控制。

7.5 建设工程监理的进度控制

建设工程监理所进行的进度控制是指在实现工程建设项目总目标的过程中，为使工程项目建设的实际进度符合工程建设项目进度计划的要求，使工程建设项目按计划要求的时间动用而开展的有关监督管理活动。

7.5.1 进度控制目标

建设工程进度控制的目标可以表达为：通过有效的进度控制工作和具体的进度控制措施，在满足投资和质量要求的前提下，力求使工程实际工期不超过计划工期。但是，进度控制往往更强调对整个建设工程计划总工期的控制，因而上述“工程实际工期不超过计划工期”相应地就表达为“整个建设工程按计划的时间动用”，对于工业项目来说，就是要按计划时间达到负荷联动试车成功，而对于民用项目来说，就是要按计划时间交付使用。

由于进度计划的特点，“实际工期不超过计划工期”的表现不能简单照搬投资控制目标中的表述。进度控制的目标能否实现，主要取决于处在关键线路上的工程内容能否按预定的时间完成。当然，同时要不发生非关键线路上的工作延误而成为关键线路的情况。

在大型、复杂建设工程的实施过程中，总会不同程度地发生局部工期延误的情况。这些延误对进度目标的影响应当通过网络计划定量计算。局部工期延误的严重程度与其对进度目标的影响程度之间并无直接的联系，更不存在某种等值或等比例的关系，这是进度控制与投资控制的重要区别，也是在进度控制工作中要加以充分利用的特点。

7.5.2 进度控制任务

（1）设计阶段监理相关服务

在设计阶段，监理单位设计进度控制的主要任务是根据建设工程总工期要求，协助建设单位确定合理的设计工期要求；根据设计的阶段性输出，由“粗”而“细”地制定建设工程总进度计划，为建设工程进度控制提供前提和依据；协调各设计单位一体化开展设计工作，力求使设计能按进度计划要求进行；按合同要求及时、准确、完整地提供设计所需要的基础资料和数据；与外部有关部门协调相关事宜，保障设计工作顺利进行。

（2）招投标阶段监理相关服务

在招投标阶段，监理单位进度控制的主要任务是协助建设单位编制施工招标文件、做好投标资格预审工作和组织开标、评标、定标工作。

（3）施工阶段

施工阶段建设工程进度控制的主要任务是通过完善建设工程控制性进度计划、审查承包商施工进度计划、做好各项动态控制工作、协调各单位关系、预防并处理好工期索赔，以求实际施工进度达到计划施工进度的要求。

7.5.3 进度控制内容

（1）设计准备阶段监理相关服务的进度控制内容

1）向建设单位提供有关工期信息，协助建设单位分析、论证和确定项目总进度目标。

2）协助建设单位编制项目实施总进度计划，包括设计、招标、采购、施工等全过程和项目实施各个方面的工作规划，其目的是对建设工程进度控制总目标进行规划，明确建设工程前期准备、设计、施工、动用前准备及项目动用等各个阶段的进度安排。（见表 7-6）

3）协助建设单位分析总进度目标实现的风险，编制进度风险管理的初步方案。

4）协助建设单位编制设计任务书中有关进度控制的内容。

5）编制设计准备阶段的详细工作计划并控制执行。

6）审核设计单位提出的设计工作形象进度计划（见表 7-7）并控制执行。

监理总进度计划 **表 7-6**

建设阶段	各阶段进度							
	××年				××年			
	1	2	3	4	1	2	3	4
前期准备								
设计								
施工								
动用前准备								
项目动用								

设计工作形象进度计划表　　表 7-7

项目名称	建设性质	建设规模	初步设计		技术设计		施工图设计	
			进度要求	单位负责人	进度要求	单位负责人	进度要求	单位负责人

注：1. 建设性质栏填写改建、扩建或新建；
　　2. 建设规模栏填写使用规模或建筑面积等。

（2）设计阶段监理相关服务的进度控制内容

1）参与编制项目总进度计划，有关施工现场条件的调研和分析等。

工程项目建设总进度计划，是指初步设计被批准后，编制上报年度计划以前，根据初步设计，对工程项目从开始建设（设计、施工准备）至竣工投产全过程的统一部署，以安排各单项工程和单位工程的建设进度，合理分配年度投资，组织个方面的协作，保证初步设计确定的各项建设任务的完成。它对于保证项目建设的连续性，增强建设工作的预见性，确保项目按期动用，具有重要意义。其主要由以下几部分组成：

①文字部分

包括工程项目的概况和特点，安排建设总进度的原则和依据，投资资金来源和年度安排情况，技术设计、施工图设计、设备交付和施工力量进场时间的安排，道路、供电、供水等方面的协作配合及进度的衔接，计划中存在的主要问题及采取的措施，需要上级及有关部门解决的重大问题等。

②工程项目一览表

表 7-8 把初步设计中确定的建设内容，按照单项工程、单位工程归类并编号，明确其建设内容和投资额，以便各部门按统一的口径确定工程项目控制投资和进行管理。

工程项目一览表　　表 7-8

单项工程和单位工程名称	工程编号	工程内容	概算额（千元）						备注
			合　计	建筑工程费	安装工程费	设备购置费	工器具购置费	工程建设其他费用	

③工程项目总进度计划表（表 7-9）

工程项目总进度计划是根据初步设计中确定的建设工期和工艺流程，具体安排单项工程和单位工程的进度。一般用横道图编制。

工程项目总进度计划表　　表 7-9

工程编号	单项工程和单位工程名称	工程量		××××年				××××年				……
		单位	数量	一季	二季	三季	四季	一季	二季	三季	四季	……

④投资计划年度分配表

表 7-10 根据工程项目总进度计划，安排各个年度的投资，以便预测各个年度的投资规模，筹集建设资金或与银行签订借款合同，规定分年用款计划。

投资计划年度分配表 **表 7-10**

工程编号	单项工程名称	投资额	投资分配（万元）					
			年	年	年	年	年	年
……								
	合计 其中：建安工程投资 设备投资 工器具投资 其他投资							

⑤工程项目进度平衡表

工程项目进度平衡表（表 7-11）用以明确各种设计文件交付日期，主要设备交货日期，承包商进场日期和竣工日期，水、电、道路接通日期等。借以保证建设中各个环节相互衔接，确保工程项目按期投产。

工程项目进度平衡表 **表 7-11**

工程编号	单项工程和单位工程名称	开工日期	竣工日期	要求设计进度				要求设备进度			要求施工进度			道路、水、电接通日期				
				交付日期			设计单位							道路通行日期	供电		供水	
				技术设计	施工图	设备清单		数量	交货日期	供应单位	进场日期	竣工日期	承包商		数量	日期	数量	日期

在此基础上，分别编制综合进度控制计划、设计工作进度计划、采购工作进度计划、施工进度计划、验收和投产进度计划等。

2）审核设计方提出的详细的设计进度计划和出图计划，并控制其执行，避免发生因设计单位延误进度而影响施工进度。

3）督促建设单位对设计文件尽快作出决策和审定。

4）协助建设单位确定专业施工分包合同结构及招投标方式。

5）协助建设单位起草主要甲供材料和设备的采购计划，审核甲供进口材料设备清单。

6）协调室内外装修设计、专业设备设计与主设计的关系，使专业设计进度能满足施工进度的要求。

7）在项目设计实施过程中进行进度计划值和实际值的比较，并提交各种设计进度控制报表和报告（月报、季报、年报）。

（3）施工招标阶段监理相关服务的进度控制内容

1）协助建设单位编制项目的发包计划和各招标项目的招标工作进度计划。

2）会同建设单位审查招标文件编制单位编制的招标文件及商讨修改招标文件。

3）拟定投标单位资格预审文件，参加投标单位资格预审。

4）协助建设单位组织投标单位现场踏勘、答疑及其他开标前的有关工作。

5）参加评标和合同谈判。

6）其他应协助建设单位进行的招标工作。

(4) 施工阶段的进度控制的内容

1) 在施工准备阶段，监理要协助建设单位编制工程项目年度计划。

工程项目年度计划依据工程项目总进度计划进行编制，该计划既要满足工程项目总进度的要求，又要与当年可能获得的资金、设备、材料、施工力量相适应。根据分批配套投产或交付使用的要求，合理安排年度建设的内容。其主要内容如下：

①文字部分：

说明编制年度计划的依据和原则；建设进度；本年计划投资额；本年计划建造的建筑面积；施工图、设备、材料、施工力量等建设条件的落实情况，动员资源情况；对外部协作配合项目建设进度的安排或要求；需要上级主管部门协助解决的问题；计划中存在的其他问题；为完成计划采取的各项措施等。

②表格部分：

A. 年度计划项目表（表 7-12）。

该计划对年度施工的项目确定投资额、年末形象进度，阐明建设条件（图纸、设备、材料、施工力量）的落实情况。

年度计划项目表 **表 7-12**

工程编号	单项工程名称	开工日期	竣工日期	投资额	投资来源	年初已完			本年计划							建设条件落实情况				
									投资		建筑面积									
						投资额	其中建安工程投资	其中设备投资	合计	其中建安工程投资	其中设备投资	新开工	续建	竣工		年末形象进度	施工图	设备	材料	施工力量

B. 年度竣工投产交付使用计划表（表 7-13）。

该计划阐明单项工程的建筑面积，投资额、新增固定资产，新增生产能力等的总规模及本年计划完成数，并阐明竣工日期。

年度竣工投产交付使用计划表 **表 7-13**

工程编号	单项工程名称	总 规 模								
		建筑面积	投资额	新增固定资产	新增生产能力	竣工日期	建筑面积	投资额	新增固定资产	新增生产能力

C. 年度建设资金平衡表和年度设备平衡表（表 7-14、表 7-15）。

年度建设资金平衡表 **表 7-14**

工程编号	单项工程名称	本年计划投资	动员内部资金	为以后年度储备	本年计划需要资金	资 金 来 源			
						预算拨款	自筹资金	基建贷款	……

年度设备平衡表 表 7-15

工程编号	单项工程名称	设备名称规格	要求到货		利用库存	自制		已定货		采购数量
			数量	时间		数量	完成时间	数量	完成时间	

2）编制项目工期控制流程图，并告知承包商。

3）审核分析各承包单位编制提供的相关工程进度计划。

4）审核施工总进度计划，并在项目施工过程中控制其执行，必要时，及时调整施工总进度。

5）审核项目施工年度、季度、月度的进度计划，并控制其执行，必要时作调整。

6）在项目施工过程中，进行进度计划值与实际值得比较，每月、季、年提交各种进度控制报告。

（5）施工阶段监理进度控制的主要实务工作

1）总监理工程师对承包商报送的施工进度计划的审批。

2）总监理对监理进度控制方案的审定。

3）监理对工程进度滞后的处置。

4）监理对工程延期及工程延误的处理。

7.5.4 进度控制方法

（1）控制系统

在采取进度控制措施时，要尽可能采取可对投资目标和质量目标产生有利影响的进度控制措施，例如，完善的施工组织设计，优化的进度计划等。

相对于投资控制和质量控制而言，进度控制措施可能对其他两个目标产生直接的有利作用，但也可能产生不利影响。如果局部关键工作发生工期延误但延误程度尚不严重时，可以通过调整进度计划来保证进度目标，例如可以适当增加施工机械和人力的投入。这时，就会对投资目标产生不利影响，而且由于夜间施工或施工速度过快，也可能对质量目标产生不利影响。因此，当采取进度控制措施时，不能仅仅保证进度目标的实现却不顾投资目标和质量目标，而应当综合考虑三大目标。

根据工程进展的实际情况和要求以及进度控制措施选择的可能性，有以下三种处理方式：

1）在保证进度目标的前提下，将对投资目标和质量目标的影响减少到最低程度；

2）适当调整进度目标（延长计划总工期），不影响或基本不影响投资目标和质量目标；

3）介于上述两者之间。

（2）全过程控制

关于进度控制的全过程控制，要注意以下几个方面的问题：

1）在工程建设的早期就应当编制进度计划。

首先，进度计划不仅仅是指施工进度计划。建设单位方整个建设工程的总进度计划包括的内容很多，除了施工之外，还包括前期工作（如征地、拆迁、施工场地准备等）、勘察、设计、材料和设备采购、动用前准备等。由此可见，建设单位方的总进度计划对整个建设工程进度控制的作用是何等重要。

其次，工程建设早期所编制的建设单位方总进度计划不可能也没有必要达到承包商施工进度计划的详细程度，但也应达到一定的深度和细度，而且应当掌握“远粗近细”的原则，即对于远期工作，如工程施工、设备采购等，在进度计划中显得比较粗略，可能只反映到分部工程，甚至只反映到单位工程或单项工程；而对于近期工作，如征地、拆迁、勘察设计等，在进度计划中就显得比较具体。而所谓“远”和“近”是相对概念，随着工程的进展，最初的远期工作就变成了近期工作，进度计划也应当相应地深化和细化。

在工程建设早期编制进度计划，是早期控制思想在进度控制中的反映。越早进行控制，进度控制的效果越好。

2）在编制进度计划时要充分考虑各阶段工作之间的合理搭接。

合理确定具体的搭接工作内容和搭接时间，是进度计划优化的重要内容。

建设工程实施各阶段的工作是相对独立的，但不是截然分开的，在内容上有一定的联系，在时间上有一定的搭接。搭接时间越长，建设工程的总工期就越短。但是，搭接时间与各阶段工作之间的逻辑关系有关，都有其合理的限度。例如，设计工作与征地、拆迁工作搭接，设备采购和工程施工与设计搭接，装饰工程和安装工程施工与结构工程施工搭接，等等。

3）抓好关键线路的进度控制。

进度控制的重点对象是关键线路上的各项工作，包括关键线路变化后的各项关键工作，这样可取得事半功倍的效果。因此，工程建设早期编制进度计划是十分重要的。如果没有进度计划，就不知道哪些工作是关键工作，进度控制工作就没有重点，精力分散，甚至可能对关键工作控制不力，而对非关键工作却全力以赴，结果是事倍功半。当然，对于非关键线路的各项工作，要确保其不要延误后而变为关键工作。

（3）全方位控制

对进度目标进行全方位控制要从以下几个方面考虑：

1）对整个建设工程所有工程内容的进度控制，包括单项工程、单位工程、区内道路、绿化、配套工程等的进度。这些工程内容都有相应的进度目标，应尽可能将它们的实际进度控制在进度目标之内。

2）对整个建设工程所有工作内容的进度控制。建设工程的各项工作，诸如征地、拆迁、勘察、设计、施工招标、材料和设备采购、施工、动用前准备等，都有进度控制的任务。

全过程控制侧重从各阶段工作关系和总进度计划编制的角度进行阐述，全方位控制侧重从这些工作本身的进度控制进行阐述，可以说是同一问题的两个方面。实际的进度控制，往往既表现为对工程内容进度的控制，又表现为对工作内容进度的控制。

3）对影响进度的各种因素都要进行控制。建设工程的实际进度受到很多因素的影响，例如，建设资金缺乏，不能按时到位；施工现场组织管理混乱，多个承包商之间施工进度不够协调；施工机械数量不足或出现故障；材料和设备不能按时、按质、按量供应；出现异常的工程地质、水文、气候条件；出现政治、社会等风险等。要实现有效的进度控制，必须对上述影响进度的各种因素都进行控制，采取措施减少或避免这些因素对进度的影响。

4）注意各方面工作进度对施工进度的影响。

在总进度计划中的关键线路上，任何导致施工进度拖延的情况，都将导致总进度的拖延。而施工进度的拖延往往是其他方面工作进度的拖延引起的。因此，要考虑围绕施工进度的需要来安排其他方面的工作进度。例如，根据工程开工时间和进度要求安排动拆迁和设计进度计划，必要时可分阶段提供施工场地和施工图纸，等等。这样说，并不是否认其他工作进度计划的重要性，而恰恰相反，这正说明全方位进度控制的重要性，说明建设单位方总进度计划的重要性。

【案例 7-4】

某市政工程，项目的合同工期为 38 周。经总监理工程师批准的施工总进度计划如下图所示（时间单位：周），各工作可以缩短的时间及其增加的赶工费如表 7-16 所示，其中 H、L 分别为道路的路基、路面工程。

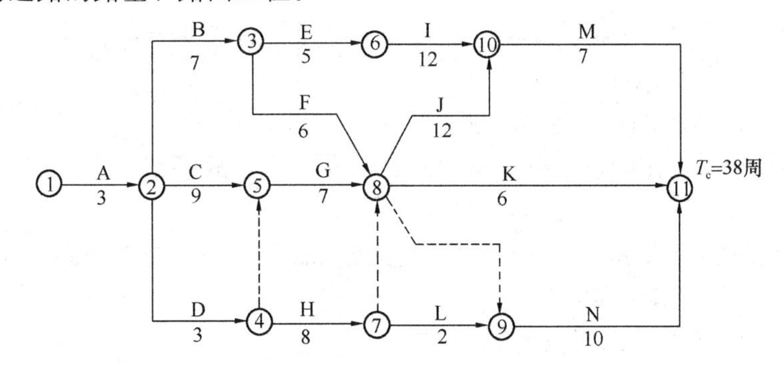

可缩短的时间增加的赶工费用表

表 7-16

分部工程名称	A	B	C	D	E	F	G	H	I	J	K	L	M	N
可缩短的时间（周）	0	1	1	1	2	1	1	0	2	1	1	0	1	3
增加的赶工费（万元/周）	—	0.7	1.2	1.1	1.8	0.5	0.4	—	3.0	2.0	1.0	—	0.8	1.5

该工程实施过程中发生以下事件：

事件 1：开工 1 周后，建设单位要求将总工期缩短 2 周，故请监理单位帮助拟定一个合理赶工方案以便与承包商洽商。

事件 2：建设单位依据调整后的方案与承包商协商，并按此方案签订了补充协议，承包商修改了施工总进度计划。在 H、L 工作施工前，建设单位通过设计单位将此 400m 的道路延长至 600m。请问该道路延长后 H、L 工作的持续时单位将此 400m 的道路延长至 600m。

事件 3：H 工作施工的第一周，监理人员检查发现路基工程分层填土厚度超过规范规定，为保证工程质量，总监理工程师签发了工程暂停令，停止了该部位工程施工。

事件 4：施工中由于建设单位提供的施工条件发生变化，导致 I、J、K、N 四项工作分别拖延 1 周，为确保工程按期完成，须支出赶工费。该项目投入使用后，每周净收益 5.6 万元。

【问题】

1. 事件 1 中，如何调整计划才能既实现建设单位的要求又能使支付承包商的赶工费用最少？说明步骤和理由。

2. 事件 2 中，该道路延长后 H、L 工作的持续时间为多少周（设工程量按单位时间均值增加）？对修改后的施工总进度计划的工期是否有影响？为什么？

3. 事件 3 中，总监理工程师的做法是否正确？总监理工程师在什么情况下可签发工程暂停令？

4. 事件 4 中，从建设单位角度出发，是让承包商赶工合理还是延期完工合理？为什么？

【答案】

1. （1）关键线路为 A→C→G→J→M（或关键线路为①→②→⑤→⑧→⑩→⑪或关键工作为 A、C、G、J、M）。

注：在图中标出正确的关键线路也可得分。

（2）由于缩短 G 工作的持续时间增加的赶工费最少，故将 G 工作的持续时间缩短 1 周，增加赶工费 0.4 万元。

（3）关键线路仍为 A→C→G→J→M（或关键线路为①→②→⑤→⑧→⑩→⑪或关键工作为 A、C、G、J、M）。

注：在图中标出正确的关键线路也可得分。

（4）由于缩短 M 工作的持续时间增加的赶工费最少，故将 M 工作的持续时间缩短 1 周，增加赶工费 0.8 万元。

（5）最优赶工方案是将 G 工作和 M 工作的持续时间各缩短 1 周，增加的赶工费为 1.2 万元。

2. （1）H 工作的持续时间为（600/400）×8＝12（周）

L 工作的持续时间为（600/400）×2＝3（周）

（2）没有影响，因为 H、L 工作增加的持续时间未超过其总时差（或总工期为 36 周）。

3. （1）正确。

（2）发生如下情况之一时可签发工程暂停令：

①建设单位要求暂停施工，且工程需要暂停施工；

②为了保证工程质量而需要进行停工处理；

③施工出现了安全隐患，总监理工程师认为有必要停工以消除隐患；

④发生了必须暂时停止施工的紧急事件；

⑤承包单位未经许可擅自施工，或拒绝项目监理机构管理。

4. 因为在 I、J、K、N 四项工作中，只有 J 工作为关键工作，将该工作的持续时间缩短 1 周，只需增加赶工费 2 万元，而拖延工期 1 周将损失净收益 5.6 万元，故应赶工。

思 考 题

1. 简述目标控制的基本流程。在每个控制流程中有哪些基本环节？
2. 何谓主动控制？何谓被动控制？监理工程师应当如何在工作中总和运用主动控制和被动控制？
3. 目标控制的两个前提条件是什么？请结合自己的监理实践谈谈体会。
4. 控制系统由哪些子系统构成？它们各自的作用是什么？
5. 建设工程的投资、进度、质量目标之间是什么关系？如何理解？
6. 建设工程投资、进度、质量控制的具体含义是什么？
7. 建设工程设计阶段和施工阶段各有哪些特点？
8. 建设工程设计阶段目标控制的基本任务是什么？
9. 建设工程施工阶段目标控制的主要任务是什么？

第 8 章　建设工程监理安全责任、合同管理和信息管理

8.1　建设工程监理的安全责任

为了贯彻《建设工程安全生产管理条例》，指导和督促工程监理单位落实安全生产监理责任，履行好建设工程安全生产的监理职责，建设部 2006 年 10 月 16 日发布了《关于落实建设工程安全生产监理责任的若干意见》；为进一步规范和加强对达到一定规模的危险性较大的分部分项工程安全管理，明确安全专项施工方案编制内容，规范专家论证程序，确保安全专项施工方案实施，积极防范和遏制建筑施工生产安全事故的发生，建设部 2009 年 5 月 13 日修订了《危险性较大的分部分项工程安全管理办法》，以切实保障施工安全。

8.1.1　工程监理安全责任的内容

（1）建设工程安全管理

1）建设工程安全管理的含义

安全生产是指在生产过程中保障人身安全和设备安全。它包含两方面的含义：一是在生产过程中保护职工的安全和健康，防止工伤事故和职业病危害；二是在生产过程中防止其他各类事故的发生，确保生产设备的连续、稳定、安全运转，保护国家财产不受损失。

建设工程安全管理的责任主体是施工单位，监理单位只承担法定的监理安全责任。

2）建设工程安全生产管理的原则

工程安全生产管理的原则包括以下几个方面。

① 持安全第一、预防为主的原则

建设工程安全生产关系到人民生命和财产的安全，因此在建设工程管理中应自始至终把“安全第一”作为基本原则。“预防为主”体现了事先策划、事中控制及事后总结，通过信息收集、归类分析、制定预案等过程进行控制和防范，体现了政府对建设工程安全生产过程中“以人为本”以及“关爱生命”、“关注安全”的宗旨。

②以人为本、关爱生命，维护作业人员合法权益的原则

施工单位作为建筑产品的生产单位，其安全生产管理应遵循维护作业人员的合法权益的原则，改善施工作业人员的工作与生活条件。

③职权与责任一致的原则

建设主体各方应该根据法律法规的规定，落实责任，对工作人员不能够依法履行监督管理职责的，承担各自相应的法律责任。

3）工程安全生产管理的措施

工程安全生产管理的措施包括组织措施、技术措施、经济措施和合同措施四个方面。

组织措施是指从组织管理方面采取相应的措施，如落实安全管理的组织机构和人员，明确各级管理人员的任务、职能分工、权利和责任等等。

技术措施不仅可以解决建设工程实施中所遇到的技术问题，而且对纠正安全管理目标偏差也有相当重要的作用。

经济措施指通过经济手段来保证安全管理目标的实现，如可通过落实安全生产责任制、安全生产奖惩制度等。

合同是进行建设工程安全管理的重要依据，合同措施也是实施安全管理的主要措施。监理工程师应在合同的签订方面协助建设单位确定合同的形式，拟定合同条款，参与合同谈判，以保证安全目标的实现。

（2）工程安全风险识别与评价

施工单位施工前应对工程安全生产进行风险识别和风险评价，以便采取相应的风险应对措施和风险防范策略。

1）危险源的定义

危险源是可能导致人身伤害或疾病、财产损失、工作环境破坏或这些情况组合的危险因素和有害因素。危险因素强调突发性和瞬间作用的因素，有害因素强调在一定时期内的慢性损害和累积作用。危险源是安全控制的主要对象，因此，有人把安全控制也称为危险控制或安全风险控制。

2）危险源的分类

危险源导致事故可归结为能量的意外释放或有害物质的泄漏。根据危险源在事故发生中的作用把危险源分为第一类危险源和第二类危险源。

第一类危险源是指可能发生意外释放的能量的载体或危险物质。能量或危险物质的意外释放是事故发生的物理本质。通常把产生能量的能量源或拥有能量的能量载体作为第一类危险源来处理。

第二类危险源是指造成约束、限制能量措施失效或破坏的各种不安全因素。第二类危险源包括人的不安全行为、物的不安全状态和不良环境条件三个方面。在生产、生活中，为了利用能量，人们制造了各种机器设备，让能量按照人们的意图在系统中流动、转换和做功为人类服务，而这些设备设施又可以看成是限制约束能量的工具。正常情况下，生产过程中的能量或危险物质收到约束或限制，不会发生意外释放，即不会发生事故。但是，一旦这些约束或限制能量或危险物质的措施收到破坏或失效，则将发生事故。

事故的发生是两类危险源共同作用的结果，第一类危险源是事故发生的前提，第二类危险源的出现是第一类危险源导致事故的必要条件。在事故的发生和发展过程中，两类危险源相互依存，相辅相成。第一类危险源是事故的主体，决定事故的严重程度，第二类危险源出现的难易，决定事故发生的可能性大小。

3）危险源的控制方法

①危险源的辨识方法

危险源的辨识方法有专家调查法和安全检查表法等。

Ⅰ专家调查法

专家调查法是通过向有经验的专家咨询、调查，辨识、分析和评价危险源的一类方法。它的优点是简便、易行，缺点是受专家的知识、经验和占有资料的限制，可能出现遗漏。常用的专家调查法有头脑风暴法（Brainstorming）和德尔菲法（Delphi）。

头脑风暴法是通过专家创造性的思考，从而产生大量的观点、问题和议题的方法。其特点是多人讨论，集思广益，可以弥补个人判断的不足，常采取专家会议的方式来相互启发、交换意见，使危险、危害因素的辨识更加细致、具体。常用于目标比较单纯的议题，如果涉及面较广，包含因素多，可以分解目标，再对单一目标或简单目标使用本方法。

德尔菲法是采用背对背的方式对专家进行调查，其特点是避免了集体讨论中的从众性倾向，更代表专家的真实意见。要求对调查的各种意见进行汇总统计处理，再反馈给专家反复征求意见。

Ⅱ安全检查表（SCL）法

安全检查表（Safety Check List）法是实施安全检查和诊断项目的明细表。运用已编制好的安全检查表，进行系统的安全检查，辨识工程项目存在的危险源。检查表的内容一般包括分类项目、检查内容及要求、检查以后处理意见等。可以用“是”、“否”作回答或“√”、“×”符号作标记，同时注明检查日期，并由检察人员和被检单位同时签字。

安全检查表法的优点是：简单易懂、容易掌握，可以事先组织专家编制检查项目，使安全检查做到系统化、完整化。缺点是一般只能作出定性评价。

②风险评价方法

风险评价是评估危险源所带来的风险大小，确定风险是否可以接纳的全过程。根据评价结果对风险进行分级，按不同级别的风险有针对性地采取风险控制措施。

方法一是将安全风险的大小用事故发生的可能性与发生事故后果的严重程度的成绩来衡量，即 $R=p\times f$。可以按照下表 8-1 对风险的大小进行分级。

其中，R 指风险大小，p 指事故发生的概率，f 指事故后果的严重程度

风险分级表 **表 8-1**

风险级别 损失程度 / 后果 可能性	轻度损失	中度损失	重大损失
很大	Ⅲ	Ⅳ	Ⅴ
中度	Ⅱ	Ⅲ	Ⅳ
极小	Ⅰ	Ⅱ	Ⅲ

注：Ⅰ是可忽略风险，Ⅱ是可容许风险，Ⅲ是中度风险，Ⅳ是重大风险，Ⅴ是不容许风险。

方法二，又称 LEC 法，是将可能造成安全风险的大小用事故发生的可能性、人员暴露于危险环境中的频繁程度和事故后果三个自变量的乘积衡量，即：$S=L\times E\times C$

S 指风险大小，L 指事故发生的可能性，E 指人员暴露于危险环境中的频繁程度，C 指事故后果的严重程度。

L、E、C 的取值见下表（表 8-2、表 8-3、表 8-4）。

事故发生的可能性 **表 8-2**

分数值	事故发生的可能性	分数值	事故发生的可能性
10	必然发生的	0.5	很不可能、可以设想
6	相当可能	0.2	极不可能
3	可能、但不经常	0.1	实际不可能
1	可能性极小、完全意外		

人员暴露于危险环境的频繁程度 表 8-3

分数值	人员暴露于危险环境的频繁程度	分数值	人员暴露于危险环境的频繁程度
10	连续暴露	2	每月一次暴露
6	每天工作时间内暴露	1	每年几次暴露
3	每周一次暴露	0.5	非常罕见的暴露

发生事故产生的后果的严重程度 表 8-4

分数值	事故发生造成的后果	分数值	事故发生造成的后果
100	大灾难，许多人死亡	7	严重，重伤
40	灾难，多人死亡	3	较严重，受伤较重
15	非常严重，一人死亡	1	引人关注，轻伤

根据经验，危险性的值在 20 分以下为可忽略风险，危险性分值在 20～70 之间为可容许风险，危险性分值在 70～160 之间为中度风险，危险性的值在 160～320 之间为重大风险。当危险性值大于 320 的为不容许风险。

③ 危险源的控制方法

第一类危险源的控制方法有：防止事故发生的方法，如消除危险源、限制能量或危险物质、隔离；避免或减少事故损失的方法，如隔离、个体防护、设置薄弱环节、使能量或危险物质按人们的意图释放、避难与援救措施。

第二类危险源的控制方法有：减少故障，如增加安全系数、提高可靠性、设置安全监控系统；故障一安全设计，包括故障一消极方案（即故障发生后，设备、系统处于最低能量状态，直到采取校正措施之前不能运转）、故障一积极方案（即故障发生后，在没有采取校正措施之前使系统、设备处于安全的能量状态之下）、故障一正常方案（即保证在采取校正行动之前，设备、系统正常发挥功能）。

④ 危险源控制的策划原则

不同的组织可以根据不同的风险量选择适合的控制策略。

危险源控制的策划原则有：尽可能完全消除有不可接受风险的危险源，如用安全品取代危险品；如果是不可能消除有重大风险的危险源，应努力采取降低风险的措施，如使用低压电器等；在条件允许时，应使工作适合于人，如考虑降低人的精神压力和体能消耗；应尽可能利用技术进步来改善安全控制措施；应考虑保护每个工作人员的措施；将技术管理与程序控制结合起来；应考虑引入诸如机械安全防护装置的维护计划的要求；在各种措施还不能绝对保证安全的情况下，作为最终手段，还应考虑使用个人防护用品；应有可行、有效的应急方案；预防性测定指标是否符合监视控制措施计划的要求。

⑤危险源风险管理的基本过程

施工单位应对危险源进行风险管理，其基本过程包括：识别危险源；评价危险源的安全风险；编制安全管理计划；实施安全措施计划；检查安全管理计划的执行情况，评价其执行效果，同时应注意是否存在遗漏的或新的危险源，及时识别和评价其安全风险，采取有效的控制措施。

（3）工程监理单位的监理安全责任

《建设工程安全生产管理条例》中对监理单位的安全生产管理监理职责作出了下列

规定：

1）工程监理单位应当审查施工组织设计中的安全技术措施或者专项施工方案是否符合工程建设强制性标准。

2）工程监理单位在实施监理过程中，发现存在安全事故隐患的，应当要求施工单位整改；情况严重的，应当要求施工单位暂时停止施工，并及时报告建设单位。施工单位拒不整改或者不停止施工的，工程监理单位应当及时向有关主管部门报告。

3）工程监理单位和监理工程师应当按照法律、法规和工程建设强制性标准实施监理，并对建设工程安全生产承担监理责任。

针对上述监理单位的基本职责，监理单位的法律责任如下：

1）监理单位应对施工组织设计中的安全技术措施或专项施工方案进行审查，未进行审查的，监理单位应承担《条例》第五十七条规定的法律责任。

施工组织设计中的安全技术措施或专项施工方案未经监理单位审查签字认可，承包商擅自施工的，监理单位应及时下达工程暂停令，并将情况及时书面报告建设单位。监理单位未及时下达工程暂停令并报告的，应承担《条例》第五十七条规定的法律责任。

2）监理单位在监理巡视检查过程中，发现存在安全事故隐患的，应按照有关规定及时下达书面指令要求承包商进行整改或停止施工。监理单位发现安全事故隐患没有及时下达书面指令要求承包商进行整改或停止施工的，应承担《条例》第五十七条规定的法律责任。

3）承包商拒绝按照监理单位的要求进行整改或者停止施工的，监理单位应及时将情况向当地建设主管部门或工程项目的行建设单位管部门报告。监理单位没有及时报告，应承担《条例》第五十七条规定的法律责任。

4）监理单位未依照法律、法规和工程建设强制性标准实施监理的，应当承担《条例》第五十七条规定的法律责任。

监理单位履行了上述规定的职责，施工单位未执行监理指令继续施工而发生安全事故的，应依法追究监理单位以外的其他相关单位和人员的法律责任。

8.1.2 工程监理安全责任的履行

根据建设部 2006 年 10 月 16 日发布的《关于落实建设工程安全生产监理责任的若干意见》，监理单位的安全生产管理监督的工作内容和工作程序如下：

（1）建设工程安全监理的主要工作内容

监理单位应当按照法律、法规和工程建设强制性标准及工程监理合同实施监理，对所监理工程的施工安全生产进行监督检查，具体内容包括：

1）施工准备阶段监理相关服务安全监理的主要工作内容

① 监理单位应根据《条例》的规定，按照工程建设强制性标准、《建设工程监理规范》GB 50319 和相关行业监理规范的要求，编制包括安全监理内容的项目监理规划，明确安全监理的范围、内容、工作程序和制度措施，以及人员配备计划和职责等。

② 对中型及以上项目和《条例》第二十六条规定的危险性较大的分部分项工程，监理单位应当编制监理实施细则。实施细则应当明确安全监理的方法、措施和控制要点，以及对承包商安全技术措施的检查方案。

③ 审查承包商编制的施工组织设计中的安全技术措施和危险性较大的分部分项工程

安全专项施工方案是否符合工程建设强制性标准要求。审查的主要内容应当包括：

Ⅰ承包商编制的地下管线保护措施方案是否符合强制性标准要求；

Ⅱ基坑支护与降水、土方开挖与边坡防护、模板、起重吊装、脚手架、拆除、爆破等分部分项工程的专项施工方案是否符合强制性标准要求；

Ⅲ施工现场临时用电施工组织设计或者安全用电技术措施和电气防火措施是否符合强制性标准要求；

Ⅳ冬期、雨期等季节性施工方案的制定是否符合强制性标准要求；

Ⅴ施工总平面布置图是否符合安全生产的要求，办公、宿舍、食堂、道路等临时设施设置以及排水、防火措施是否符合强制性标准要求。

④ 检查承包商在工程项目上的安全生产规章制度和安全监管机构的建立、健全及专职安全生产管理人员配备情况，督促承包商检查各分包单位的安全生产规章制度的建立情况。

⑤ 审查承包商资质和安全生产许可证是否合法有效。

⑥ 审查项目经理和专职安全生产管理人员是否具备合法资格，是否与投标文件相一致。

⑦ 审核特种作业人员的特种作业操作资格证书是否合法有效。

⑧ 审核承包商应急救援预案和安全防护措施费用使用计划。

2）施工阶段安全监理的主要工作内容

① 监督承包商按照施工组织设计中的安全技术措施和专项施工方案组织施工，及时制止违规施工作业。

② 定期巡视检查施工过程中的危险性较大工程作业情况。

③ 核查施工现场施工起重机械、整体提升脚手架、模板等自升式架设设施和安全设施的验收手续。

④ 检查施工现场各种安全标志和安全防护措施是否符合强制性标准要求，并检查安全生产费用的使用情况。

⑤ 督促承包商进行安全自查工作，并对承包商自查情况进行抽查，参加建设单位组织的安全生产专项检查。

（2）危险性较大的分部分项工程安全管理内容

1）监理单位应当将危险性较大的分部分项工程列入监理规划和监理实施细则，应当针对工程特点、周边环境和施工工艺等，制定安全监理工作流程、方法和措施。

2）监理单位应当对专项方案实施情况进行现场监理；对不按专项方案实施的，应当责令整改，承包商拒不整改的，应当及时向建设单位报告；建设单位接到监理单位报告后，应当立即责令承包商停工整改；承包商仍不停工整改的，建设单位应当及时向住房城乡建设主管部门报告。

3）监理单位未按规定审核专项方案或未对危险性较大的分部分项工程实施监理的，住房城乡建设主管部门应当依据有关法律法规予以处罚。

（3）建设工程安全监理的工作程序

1）监理单位按照《建设工程监理规范》和相关行业监理规范要求，编制含有安全监理内容的监理规划和监理实施细则。

2）施工准备阶段监理相关服务，监理单位审查核验承包商提交的有关技术文件及资料，并由项目总监在有关技术文件报审表上签署意见；审查未通过的，安全技术措施及专项施工方案不得实施。

3）在施工阶段，监理单位应对施工现场安全生产情况进行巡视检查，对发现的各类安全事故隐患，应书面通知承包商，并督促其立即整改；情况严重的，监理单位应及时下达工程暂停令，要求承包商停工整改，并同时报告建设单位。安全事故隐患消除后，监理单位应检查整改结果，签署复查或复工意见。承包商拒不整改或不停工整改的，监理单位应当及时向工程所在地有关主管部门报告，以电话形式报告的，应当有通话记录，并及时补充书面报告。检查、整改、复查、报告等情况应记载在监理日志、监理月报中。

监理单位应核查承包商提交的施工起重机械、整体提升脚手架、模板等自升式架设设施和安全设施等验收记录，并由安全监理人员签收备案。

4）工程竣工后，监理单位应将有关安全生产的技术文件、验收记录、监理规划、监理实施细则、监理月报、监理会议纪要及相关书面通知等按规定立卷归档。

（4）落实安全生产监理责任的主要工作

1）健全监理单位安全监理责任制。监理单位法定代表人应对本企业监理工程项目的安全监理全面负责。总监理工程师要对工程项目的安全监理负责，并根据工程项目特点，明确监理人员的安全监理职责。

2）完善监理单位安全生产管理制度。在健全审查核验制度、检查验收制度和督促整改制度基础上，完善工地例会制度及资料归档制度。定期召开工地例会，针对薄弱环节，提出整改意见，并督促落实；指定专人负责监理内业资料的整理、分类及立卷归档。

3）建立监理人员安全生产教育培训制度。监理单位的总监理工程师和安全监理人员需经安全生产教育培训后方可上岗，其教育培训情况记入个人继续教育档案。

8.2 建设工程监理的合同管理

8.2.1 工程监理合同管理

建设单位与监理单位签订的工程监理合同，与其在工程建设实施阶段所签订的其他合同的最大区别表现在标的性质上的差异。勘察设计合同、施工承包合同、物资采购合同、加工承揽合同等的标的是产生新的物质成果或信息成果，而工程监理合同的标的是服务，即监理工程师凭自己的知识、经验、技能，受建设单位的委托为其所签订的其他合同的履行实施监督和管理的职责，通过自己的服务活动获得酬金。根据《合同法》的规定，工程监理合同属于技术合同中的技术服务合同。

监理合同表明，受委托的监理单位不是建筑产品的直接生产者，不向建设单位承包工程造价。如果由于监理工程师的有效管理或采纳了他所提供的合理化建议，使得工程在保证质量的前提下而节约了工程投资或缩短了工期，则建设单位应按照监理合同中的规定给予一定的奖金，作为其所提供的优质服务的奖励。

监理单位与承包商是监理与被监理的关系，双方没有经济利益间的关系。当承包商因接受了监理工程师的指导而节省了投入时，监理单位不参与承包商的盈利分成。

工程监理合同是监理工程师进行监理工作的准则和依据，更为重要的是，对监理合同管理的好坏将直接影响监理单位经济利益。特别是在我国建设监理制度还不完善，监理取费普遍偏低的情况下，加强监理合同的管理尤为重要。

(1)《建设工程监理合同（示范文本）》简介

为了适应建设监理事业发展的需要，提高工程监理合同签订的质量，更好的规范监理合同当事人的行为，国家住房和城乡建设部、国家工商行政管理总局于2012年3月27日颁布了《建设工程监理合同（示范文本）》GF-2012-0202，2000年2月17日颁布的《建设工程委托监理合同示范文本》GF-2000-0202同时废止。新《建设工程监理合同（示范文本）》内容完整、严密，意思表达准确，其推广使用，可以提高监理合同签订的质量，减少扯皮和合同纠纷。

《建设工程监理合同（示范文本）》GF-2012-0202由建设工程监理合同协议书、通用条件和专用条件三部分组成。

1）建设工程监理合同的协议书，是纲领性文件。主要内容是当事人双方确认的委托监理工程的概况（工程名称、工程地点、工程规模、工程概算投资额或建筑安装工程费）、词语限定、组成合同的文件、总监理工程师、签约酬金、监理或相关服务期限、表示双方愿意履行约定的各项义务等。

组成监理合同的文件包括：

① 协议书；

② 中标通知书（适用于招标工程）或委托书（适用于非招标工程）；

③ 投标文件（适用于招标工程）或监理与相关服务建议书（适用于非招标工程）；

④ 专用条件；

⑤ 通用条件；

⑥ 附录，即：附录A相关服务的范围和内容；附录B委托人派遣的人员和提供的房屋、资料、设备

合同签订后，双方依法签订的补充协议也是本合同文件的组成部分。

建设工程监理合同的协议书是一份标准的格式文件，经当事人双方在有限的空格内填写具体规定的内容并签字盖章后，即发生法律效力。

2）通用条件共8个部分，内容包括：①定义与解释，②监理人的义务，③委托人的义务，④违约责任，⑤支付，⑥合同生效、变更、暂停、解除与终止，⑦争议解决，⑧其他。作为工程监理合同的通用文本，适用于各类建设工程监理委托，是所有签约工程都应遵守的基本条件。

3）专用条件。由于通用条件适用于所有的建设工程监理委托，因此其中的某些条款规定得比较笼统；需要在签订具体工程项目的工程监理合同时，就地域特点、专业特点和委托监理项目的工程特点，对通用条件中的某些条款进行补充。如对委托监理的工作内容而言，认为标准条中的条款还不够全面，可以在专用条件中增加合同双方议定的条款内容。

所谓“补充”是指通用条件中的某些条款明确规定，在该条款确定的原则下，在专用条件的条款中进一步明确具体内容，使两个条件中相同序号的条款共同组成一条内容完备的条款。如通用条件中4.1.1规定“因监理人违反本合同约定给委托人造成损失的，监理

人应当赔偿委托人损失。赔偿金额的确定方法在专用条件中约定。监理人承担部分赔偿责任的，其承担赔偿金额由双方协商确定”。在专用条件的相同序号 4.1.1 条款相应约定“监理人赔偿金额按下列方法确定：赔偿金＝直接经济损失×正常工作酬金÷工程概算投资额（或建筑安装工程费）”，作为双方都必须遵守的条件。

（2）建设工程监理合同的主要内容

建设工程监理合同的第二部分为通用条件，具体内容如下：

1. 定义与解释

1.1 定义

除根据上下文另有其意义外，组成本合同的全部文件中的下列名词和用语应具有本款所赋予的含义：

1.1.1 “工程”是指按照本合同约定实施监理与相关服务的建设工程。

1.1.2 “委托人”是指本合同中委托监理与相关服务的一方，及其合法的继承人或受让人。

1.1.3 “监理人”是指本合同中提供监理与相关服务的一方，及其合法的继承人。

1.1.4 “承包人”是指在工程范围内与委托人签订勘察、设计、施工等有关合同的当事人，及其合法的继承人。

1.1.5 “监理”是指监理人受委托人的委托，依照法律法规、工程建设标准、勘察设计文件及合同，在施工阶段对建设工程质量、进度、造价进行控制，对合同、信息进行管理，对工程建设相关方的关系进行协调，并履行建设工程安全生产管理法定职责的服务活动。

1.1.6 “相关服务”是指监理人受委托人的委托，按照本合同约定，在勘察、设计、保修等阶段提供的服务活动。

1.1.7 “正常工作”指本合同订立时通用条件和专用条件中约定的监理人的工作。

1.1.8 “附加工作”是指本合同约定的正常工作以外监理人的工作。

1.1.9 “项目监理机构”是指监理人派驻工程负责履行本合同的组织机构。

1.1.10 “总监理工程师”是指由监理人的法定代表人书面授权，全面负责履行本合同、主持项目监理机构工作的注册监理工程师。

1.1.11 “酬金”是指监理人履行本合同义务，委托人按照本合同约定给付监理人的金额。

1.1.12 “正常工作酬金”是指监理人完成正常工作，委托人应给付监理人并在协议书中载明的签约酬金额。

1.1.13 “附加工作酬金”是指监理人完成附加工作，委托人应给付监理人的金额。

1.1.14 “一方”是指委托人或监理人；“双方”是指委托人和监理人；“第三方”是指除委托人和监理人以外的有关方。

1.1.15 “书面形式”是指合同书、信件和数据电文（包括电报、电传、传真、电子数据交换和电子邮件）等可以有形地表现所载内容的形式。

1.1.16 “天”是指第一天零时至第二天零时的时间。

1.1.17 “月”是指按公历从一个月中任何一天开始的一个公历月时间。

1.1.18 “不可抗力”是指委托人和监理人在订立本合同时不可预见，在工程施工过程中不可避免发生并不能克服的自然灾害和社会性突发事件，如地震、海啸、瘟疫、水灾、骚乱、暴动、战争和专用条件约定的其他情形。

1.2 解释

1.2.1 本合同使用中文书写、解释和说明。如专用条件约定使用两种及以上语言文字时，应以中文为准。

1.2.2 组成本合同的下列文件彼此应能相互解释、互为说明。除专用条件另有约定外，本合同文件的解释顺序如下：

（1）协议书；

（2）中标通知书（适用于招标工程）或委托书（适用于非招标工程）；

（3）专用条件及附录 A、附录 B；

（4）通用条件；

（5）投标文件（适用于招标工程）或监理与相关服务建议书（适用于非招标工程）。

双方签订的补充协议与其他文件发生矛盾或歧义时，属于同一类内容的文件，应以最新签署的为准。

2. 监理人的义务

2.1 监理的范围和工作内容

2.1.1 监理范围在专用条件中约定。

2.1.2 除专用条件另有约定外，监理工作内容包括：

（1）收到工程设计文件后编制监理规划，并在第一次工地会议 7 天前报委托人。根据有关规定和监理工作需要，编制监理实施细则；

（2）熟悉工程设计文件，并参加由委托人主持的图纸会审和设计交底会议；

（3）参加由委托人主持的第一次工地会议；主持监理例会并根据工程需要主持或参加专题会议；

（4）审查施工承包人提交的施工组织设计，重点审查其中的质量安全技术措施、专项施工方案与工程建设强制性标准的符合性；

（5）检查施工承包人工程质量、安全生产管理制度及组织机构和人员资格；

（6）检查施工承包人专职安全生产管理人员的配备情况；

（7）审查施工承包人提交的施工进度计划，核查承包人对施工进度计划的调整；

（8）检查施工承包人的试验室；

（9）审核施工分包人资质条件；

（10）查验施工承包人的施工测量放线成果；

（11）审查工程开工条件，对条件具备的签发开工令；

（12）审查施工承包人报送的工程材料、构配件、设备质量证明文件的有效性和符合性，并按规定对用于工程的材料采取平行检验或见证取样方式进行抽检；

（13）审核施工承包人提交的工程款支付申请，签发或出具工程款支付证书，并报委托人审核、批准；

（14）在巡视、旁站和检验过程中，发现工程质量、施工安全存在事故隐患的，要求施工承包人整改并报委托人；

(15) 经委托人同意，签发工程暂停令和复工令；

(16) 审查施工承包人提交的采用新材料、新工艺、新技术、新设备的论证材料及相关验收标准；

(17) 验收隐蔽工程、分部分项工程；

(18) 审查施工承包人提交的工程变更申请，协调处理施工进度调整、费用索赔、合同争议等事项；

(19) 审查施工承包人提交的竣工验收申请，编写工程质量评估报告；

(20) 参加工程竣工验收，签署竣工验收意见；

(21) 审查施工承包人提交的竣工结算申请并报委托人；

(22) 编制、整理工程监理归档文件并报委托人。

2.1.3 相关服务的范围和内容在附录A中约定。

2.2 监理与相关服务依据

2.2.1 监理依据包括：

(1) 适用的法律、行政法规及部门规章；

(2) 与工程有关的标准；

(3) 工程设计及有关文件；

(4) 本合同及委托人与第三方签订的与实施工程有关的其他合同。

双方根据工程的行业和地域特点，在专用条件中具体约定监理依据。

2.2.2 相关服务依据在专用条件中约定。

2.3 项目监理机构和人员

2.3.1 监理人应组建满足工作需要的项目监理机构，配备必要的检测设备。项目监理机构的主要人员应具有相应的资格条件。

2.3.2 本合同履行过程中，总监理工程师及重要岗位监理人员应保持相对稳定，以保证监理工作正常进行。

2.3.3 监理人可根据工程进展和工作需要调整项目监理机构人员。监理人更换总监理工程师时，应提前7天向委托人书面报告，经委托人同意后方可更换；监理人更换项目监理机构其他监理人员，应以相当资格与能力的人员替换，并通知委托人。

2.3.4 监理人应及时更换有下列情形之一的监理人员：

(1) 严重过失行为的；

(2) 有违法行为不能履行职责的；

(3) 涉嫌犯罪的；

(4) 不能胜任岗位职责的；

(5) 严重违反职业道德的；

(6) 专用条件约定的其他情形。

2.3.5 委托人可要求监理人更换不能胜任本职工作的项目监理机构人员。

2.4 履行职责

监理人应遵循职业道德准则和行为规范，严格按照法律法规、工程建设有关标准及本合同履行职责。

2.4.1　在监理与相关服务范围内，委托人和承包人提出的意见和要求，监理人应及时提出处置意见。当委托人与承包人之间发生合同争议时，监理人应协助委托人、承包人协商解决。

2.4.2　当委托人与承包人之间的合同争议提交仲裁机构仲裁或人民法院审理时，监理人应提供必要的证明资料。

2.4.3　监理人应在专用条件约定的授权范围内，处理委托人与承包人所签订合同的变更事宜。如果变更超过授权范围，应以书面形式报委托人批准。

在紧急情况下，为了保护财产和人身安全，监理人所发出的指令未能事先报委托人批准时，应在发出指令后的24小时内以书面形式报委托人。

2.4.4　除专用条件另有约定外，监理人发现承包人的人员不能胜任本职工作的，有权要求承包人予以调换。

2.5　提交报告

监理人应按专用条件约定的种类、时间和份数向委托人提交监理与相关服务的报告。

2.6　文件资料

在本合同履行期内，监理人应在现场保留工作所用的图纸、报告及记录监理工作的相关文件。工程竣工后，应当按照档案管理规定将监理有关文件归档。

2.7　使用委托人的财产

监理人无偿使用附录B中由委托人派遣的人员和提供的房屋、资料、设备。除专用条件另有约定外，委托人提供的房屋、设备属于委托人的财产，监理人应妥善使用和保管，在本合同终止时将这些房屋、设备的清单提交委托人，并按专用条件约定的时间和方式移交。

3. 委托人的义务

3.1　告知

委托人应在委托人与承包人签订的合同中明确监理人、总监理工程师和授予项目监理机构的权限。如有变更，应及时通知承包人。

3.2　提供资料

委托人应按照附录B约定，无偿向监理人提供工程有关的资料。在本合同履行过程中，委托人应及时向监理人提供最新的与工程有关的资料。

3.3　提供工作条件

委托人应为监理人完成监理与相关服务提供必要的条件。

3.3.1　委托人应按照附录B约定，派遣相应的人员，提供房屋、设备，供监理人无偿使用。

3.3.2　委托人应负责协调工程建设中所有外部关系，为监理人履行本合同提供必要的外部条件。

3.4　委托人代表

委托人应授权一名熟悉工程情况的代表，负责与监理人联系。委托人应在双方签订本合同后7天内，将委托人代表的姓名和职责书面告知监理人。当委托人更换委托人代表时，应提前7天通知监理人。

3.5 委托人意见或要求

在本合同约定的监理与相关服务工作范围内，委托人对承包人的任何意见或要求应通知监理人，由监理人向承包人发出相应指令。

3.6 答复

委托人应在专用条件约定的时间内，对监理人以书面形式提交并要求作出决定的事宜，给予书面答复。逾期未答复的，视为委托人认可。

3.7 支付

委托人应按本合同约定，向监理人支付酬金。

4. 违约责任

4.1 监理人的违约责任

监理人未履行本合同义务的，应承担相应的责任。

4.1.1 因监理人违反本合同约定给委托人造成损失的，监理人应当赔偿委托人损失。赔偿金额的确定方法在专用条件中约定。监理人承担部分赔偿责任的，其承担赔偿金额由双方协商确定。

4.1.2 监理人向委托人的索赔不成立时，监理人应赔偿委托人由此发生的费用。

4.2 委托人的违约责任

委托人未履行本合同义务的，应承担相应的责任。

4.2.1 委托人违反本合同约定造成监理人损失的，委托人应予以赔偿。

4.2.2 委托人向监理人的索赔不成立时，应赔偿监理人由此引起的费用。

4.2.3 委托人未能按期支付酬金超过28天，应按专用条件约定支付逾期付款利息。

4.3 除外责任

因非监理人的原因，且监理人无过错，发生工程质量事故、安全事故、工期延误等造成的损失，监理人不承担赔偿责任。

因不可抗力导致本合同全部或部分不能履行时，双方各自承担其因此而造成的损失、损害。

5. 支付

5.1 支付货币

除专用条件另有约定外，酬金均以人民币支付。涉及外币支付的，所采用的货币种类、比例和汇率在专用条件中约定。

5.2 支付申请

监理人应在本合同约定的每次应付款时间的7天前，向委托人提交支付申请书。支付申请书应当说明当期应付款总额，并列出当期应支付的款项及其金额。

5.3 支付酬金

支付的酬金包括正常工作酬金、附加工作酬金、合理化建议奖励金额及费用。

5.4 有争议部分的付款

委托人对监理人提交的支付申请书有异议时，应当在收到监理人提交的支付申请书后7天内，以书面形式向监理人发出异议通知。无异议部分的款项应按期支付，有异议部分的款项按第7条约定办理。

6. 合同生效、变更、暂停、解除与终止

6.1　生效

除法律另有规定或者专用条件另有约定外，委托人和监理人的法定代表人或其授权代理人在协议书上签字并盖单位章后本合同生效。

6.2　变更

6.2.1　任何一方提出变更请求时，双方经协商一致后可进行变更。

6.2.2　除不可抗力外，因非监理人原因导致监理人履行合同期限延长、内容增加时，监理人应当将此情况与可能产生的影响及时通知委托人。增加的监理工作时间、工作内容应视为附加工作。附加工作酬金的确定方法在专用条件中约定。

6.2.3　合同生效后，如果实际情况发生变化使得监理人不能完成全部或部分工作时，监理人应立即通知委托人。除不可抗力外，其善后工作以及恢复服务的准备工作应为附加工作，附加工作酬金的确定方法在专用条件中约定。监理人用于恢复服务的准备时间不应超过28天。

6.2.4　合同签订后，遇有与工程相关的法律法规、标准颁布或修订的，双方应遵照执行。由此引起监理与相关服务的范围、时间、酬金变化的，双方应通过协商进行相应调整。

6.2.5　因非监理人原因造成工程概算投资额或建筑安装工程费增加时，正常工作酬金应作相应调整。调整方法在专用条件中约定。

6.2.6　因工程规模、监理范围的变化导致监理人的正常工作量减少时，正常工作酬金应作相应调整。调整方法在专用条件中约定。

6.3　暂停与解除

除双方协商一致可以解除本合同外，当一方无正当理由未履行本合同约定的义务时，另一方可以根据本合同约定暂停履行本合同直至解除本合同。

6.3.1　在本合同有效期内，由于双方无法预见和控制的原因导致本合同全部或部分无法继续履行或继续履行已无意义，经双方协商一致，可以解除本合同或监理人的部分义务。在解除之前，监理人应作出合理安排，使开支减至最小。

因解除本合同或解除监理人的部分义务导致监理人遭受的损失，除依法可以免除责任的情况外，应由委托人予以补偿，补偿金额由双方协商确定。

解除本合同的协议必须采取书面形式，协议未达成之前，本合同仍然有效。

6.3.2　在本合同有效期内，因非监理人的原因导致工程施工全部或部分暂停，委托人可通知监理人要求暂停全部或部分工作。监理人应立即安排停止工作，并将开支减至最小。除不可抗力外，由此导致监理人遭受的损失应由委托人予以补偿。

暂停部分监理与相关服务时间超过182天，监理人可发出解除本合同约定的该部分义务的通知；暂停全部工作时间超过182天，监理人可发出解除本合同的通知，本合同自通知到达委托人时解除。委托人应将监理与相关服务的酬金支付至本合同解除日，且应承担第4.2款约定的责任。

6.3.3　当监理人无正当理由未履行本合同约定的义务时，委托人应通知监理人限期改正。若委托人在监理人接到通知后的7天内未收到监理人书面形式的合理解释，则可在7天内发出解除本合同的通知，自通知到达监理人时本合同解除。委托人应将监理与相关服务的酬金支付至限期改正通知到达监理人之日，但监理人应承担第4.1款约定的责任。

6.3.4 监理人在专用条件5.3中约定的支付之日起28天后仍未收到委托人按本合同约定应付的款项，可向委托人发出催付通知。委托人接到通知14天后仍未支付或未提出监理人可以接受的延期支付安排，监理人可向委托人发出暂停工作的通知并可自行暂停全部或部分工作。暂停工作后14天内监理人仍未获得委托人应付酬金或委托人的合理答复，监理人可向委托人发出解除本合同的通知，自通知到达委托人时本合同解除。委托人应承担第4.2.3款约定的责任。

6.3.5 因不可抗力致使本合同部分或全部不能履行时，一方应立即通知另一方，可暂停或解除本合同。

6.3.6 本合同解除后，本合同约定的有关结算、清理、争议解决方式的条件仍然有效。

6.4 终止

以下条件全部满足时，本合同即告终止：

(1) 监理人完成本合同约定的全部工作；

(2) 委托人与监理人结清并支付全部酬金。

7. 争议解决

7.1 协商

双方应本着诚信原则协商解决彼此间的争议。

7.2 调解

如果双方不能在14天内或双方商定的其他时间内解决本合同争议，可以将其提交给专用条件约定的或事后达成协议的调解人进行调解。

7.3 仲裁或诉讼

双方均有权不经调解直接向专用条件约定的仲裁机构申请仲裁或向有管辖权的人民法院提起诉讼。

8. 其他

8.1 外出考察费用

经委托人同意，监理人员外出考察发生的费用由委托人审核后支付。

8.2 检测费用

委托人要求监理人进行的材料和设备检测所发生的费用，由委托人支付，支付时间在专用条件中约定。

8.3 咨询费用

经委托人同意，根据工程需要由监理人组织的相关咨询论证会以及聘请相关专家等发生的费用由委托人支付，支付时间在专用条件中约定。

8.4 奖励

监理人在服务过程中提出的合理化建议，使委托人获得经济效益的，双方在专用条件中约定奖励金额的确定方法。奖励金额在合理化建议被采纳后，与最近一期的正常工作酬金同期支付。

8.5 守法诚信

监理人及其工作人员不得从与实施工程有关的第三方处获得任何经济利益。

8.6 保密

双方不得泄露对方申明的保密资料，亦不得泄露与实施工程有关的第三方所提供的保密资料，保密事项在专用条件中约定。

8.7 通知

本合同涉及的通知均应当采用书面形式，并在送达对方时生效，收件人应书面签收。

8.8 著作权

监理人对其编制的文件拥有著作权。

监理人可单独或与他人联合出版有关监理与相关服务的资料。除专用条件另有约定外，如果监理人在本合同履行期间及本合同终止后两年内出版涉及本工程的有关监理与相关服务的资料，应当征得委托人的同意。

（3）工程监理合同管理

1）认真分析，准确理解合同条款

工程监理合同的签署过程中，双方都应认真注意，涉及合同的每一份文件都是双方在执行合同过程中对各自承担义务相互理解的基础。一旦出现争议，这些文件也是保护双方权利的法律基础。因此，一定要注意合同文字的简洁、清晰，每个措词都应该是经过双方充分讨论，以保证对工作范围、采取的工作方式方法以及双方对相互间的权利和义务确切理解。

2）必须坚持按法定程序签署合同

工程监理合同的签订，意味着委托代理关系的形成，委托与被委托方的关系也将受到合同的约束。在合同签署过程中，要认真注意合同签订的有关法律问题，对于这些问题，一般是由通晓法律的专家或聘请法律顾问指导和协助完成。合同开始执行时，建设单位应当将自己的授权执行人及其所授以的权力以书面形式通知监理单位，监理单位也应将拟派往该项目工作的总监理工程师及其助手的情况告知建设单位。在必要时，双方可以聘请法律顾问，以便证实执行工程监理合同的各方都是适宜的。监理合同签署之后，建设单位应当将委托给监理工程师的权限体现在与承包商签订的工程承包合同中，至少在承包商动工之前要将监理工程师的有关权限书面转达承包商，为监理工程师的工作创造条件。

3）重视来往函件的处理

来往函件包括建设单位的变更指令、认可信、答复信、关于工程的请示信件等。在监理合同洽商及执行过程中，合同双方通常会用一些函件来确认双方达成的某些口头协议，尽管他们不是具有约束力的正规合同文件，但它可以帮助确认双方的关系，以及双方对项目相关问题理解的一致性，以免将来因分歧而否定口头协议。对建设单位的任何口头指令，要及时索取书面证据。监理工程师与建设单位要养成以信件或其他书面形式交往的习惯，这样会减少日后许家不必要的争执。工程实践中的“随便说说，何必当真”之类的话是经常听到的，但是由于“随便说说”引起的后果却无法查证和追究责任。“立个字据”，在监理合同执行过程中是非常必要的。对所有的函件都应建立索引存档保存，直到监理工作结束；对所有的回信也应复印留底，甚至信件和信封也要保存（因为信件通常以发出或收到之日起计算答复天数，且以邮戳为准)，以备待查。

4）严格控制合同的修改和变更

工程建设中难免出现许多不可预见的事项，因而经常会出现要求修改或变更合同条件的情况。具体可能包括改变工作服务范围、工作深度、工作进程、费用的支付或委托和被委托方各自承担的责任等。特别是当出现需要改变服务范围和费用问题时，监理单位应该坚持要求修改合同，口头协议或者临时性交换函件等都是不可取的。可以采取几种方式对合同进行修正：正式文件，信件协议或委托单。如果变动范围太大，重新制订一个新的合同来取代原有的合同，对于双方来说都是好办法。不论是采用什么办法，修改之处一定要便于执行，这是避免纠纷、节约时间和资金的需要。如果忽视了这一点，仅仅是表面上通过的修改，就有可能缺乏合法性和可行性。

5）加强合同风险管理

由于工程建设周期长，协作单位多，资金投入量大，技术要求严，市场制约性强等特点，使得项目实施的预期结果不易准确预测，风险及损失潜在压力大，因此加强合同的风险管理是非常必要的。监理工程师首先要对合同的风险进行分析，分析评价每一合同条款执行的法律后果将给监理单位带来的风险。特别要慎重分析建设单位方的有关风险，如建设单位的资金支付能力、信誉等，应充分了解情况，在合同签订及合同执行过程中采取相应对策，才能免受或少受损失，使建设监理工作得以顺利开展。

6）充分利用有效的法律服务

工程监理合同的法律性很强，监理单位必须配备这方面的专家，这样在准备标准合同格式、检查其他人提供的合同文件以及合同的监督、执行过程中，才不致出现失误。

8.2.2 工程施工合同管理

（1）建设工程施工合同概述

1）建设工程施工合同范本

作为推荐使用的施工合同范本由《协议书》、《通用条款》、《专用条款》三部分组成，并附有三个附件。

①协议书。合同协议书是施工合同的总纲性法律文件，经过双方当事人签字盖章后合同即成立。标准化的协议书格式文字量不大，需要结合承包工程特点填写的约定主要内容包括：工程概况、工程承包范围、合同工期、质量标准、合同价款、合同生效时间，并明确对双方有约束力的合同文件组成。

②通用条款。“通用”的含义是，所列条款的约定不区分具体工程的行业、地域、规模等特点，只要属于建筑安装工程均可适用。通用条款是在广泛总结国内工程实施中成功经验和失败教训基础上，参考 FIDIC 编写的《土木工程施工合同条件》相关内容的规定，编制的规范承发包双方履行合同义务的标准化条款。通用条件包括：词语定义及合同文件；双方一般权利和义务；施工组织设计和工期；质量与检验；安全施工；合同价款与支付；材料设备供应；工程变更；竣工验收与结算；违约、索赔和争议；其他十一部分，共 47 个条款。通用条款在使用时不作任何改动，原文照搬。

③专用条款。由于具体实施工程项目的工作内容各不相同，施工现场和外部环境条件各异，因此还必须有反映招标工程具体特点和要求的专用条款的约定。合同范本中的“专用条款”部分只为当事人提供了编制具体合同时应包括内容的指南，具体内容由当事人根

据发包工程的实际要求细化。

具体工程项目编制专用条款的原则是，结合项目特点，针对通用条款的内容进行补充或修正，达到相同序号的通用条款和专用条款共同组成对某一方面问题内容完备的约定。因此，专用条款的序号不必依此排列，通用条件已构成完善的部分不需重复抄录，只需对通用条款部分需要补充、细化甚至弃用的条款做相应说明后，按照通用条款对该问题的编号顺序排列即可。

④附件。范本中为使用者提供了“承包人承揽工程项目一览表”、“发包人供应材料设备一览表”和“房屋建筑工程质量保修书”三个标准化附件，如果具体项目的实施为包工包料承包，则可以不使用发包人供应材料设备表。

2）合同管理涉及的有关各方

①合同当事人。

A. 发包人。发包人指在协议书中约定，具有工程发包主体资格和支付工程价款能力的当事人以及取得该当事人资格的合法继承人。

B. 承包人。承包人指在协议书中约定，被发包人接受具有工程施工承包主体资格的当事人以及取得该当事人资格的合法继承人。

从以上两个定义可以看出，施工合同签订后，当事人任何一方均不允许转让合同。所谓合法继承人是指因资产重组后，合并或分立后的法人或组织可以作为合同的当事人。

②工程师。

A. 发包人委托的监理。发包人可以委托监理单位，全部或者部分负责合同的履行管理。监理单位委派的总监理工程师在施工合同中称为工程师。

B. 发包人派驻代表。对于国家未规定实施强制监理的工程施工，发包人也可以派驻代表自行管理。

发包人派驻施工场地履行合同的代表在施工合同中也称工程师，但职责不得与监理单位委派的总监理工程师职责相互交叉。双方职责发生交叉或不明确时，由发包人明确双方职责，并以书面形式通知承包人。

（2）建设工程施工合同的订立

依据合同范本，订立合同时应注意的通用条款及专用条款需明确说明的内容。

1）工期和合同价格

①工期

在合同协议书内应明确注明开工日期、竣工日期和合同工期总日历天数。如果是招标选择的承包人，工期总日历天数应为投标书内承包人承诺的天数，不一定是招标文件要求的天数。

②合同价款

A. 发包人接受的合同价款。在合同协议书内要注明合同价款。

B. 追加合同价款。在合同的许多条款内涉及“费用”和“追加合同价款”两个专用术语。追加合同价款是指，合同履行中发生需要增加合同价款的情况，经发包人确认后，按照计算合同价款的方法，给承包人增加的合同价款。费用指不包含在合同价款之内的应当由发包人或承包人承担的经济支出。

C. 合同的计价方式。通用条款中规定有三类可选择的计价方式，本合同采用哪种方式需在专用条款中说明。可选择的计价方式有：

a. 固定价格合同，是指在约定的风险范围内价款不再调整的合同。

b. 可调价格合同，通常用于工期较长的施工合同。为了合理分担外界因素影响的风险，应采用可调价合同。可调价合同的计价方式与固定价格合同基本相同，只是增加可调价的条款，因此在专用条款内需明确约定调价的计算方法。

c. 成本加酬金合同，是指发包人负担全部工程成本，对承包人完成的工作支付相应酬金的计价方式。

2）对双方有约束力的合同文件

①合同文件的组成。

A. 订立合同时已形成的文件：

a. 施工合同协议书；

b. 中标通知书；

c. 投标书及其附件；

d. 施工合同专用条款；

e. 施工合同通用条款；

f. 标准、规范及有关技术文件；

g. 图纸；

h. 工程量清单；

i. 工程报价单或预算书。

B. 合同履行过程中形成的文件：

合同履行过程中，双方有关工程的洽商、变更等书面协议或文件也构成对双方有约束力的合同文件，将其视为协议书的组成部分。

②对合同文件中矛盾或歧义的解释。

A. 合同文件的优先解释次序：

通用条款规定，上述合同文件原则上应能够互相解释、互相说明。但当合同文件中出现含糊不清或不一致时，上面各文件的序号就是合同的优先解释顺序。

B. 合同文件出现矛盾或歧义的处理程序：

按照通用条款的规定，当合同文件内容含糊不清或不一致时，在不影响工程正常进行的情况下，由发包人和承包人协商解决。双方也可以提请负责监理的工程师作出解释。

3）发包人和承包人的工作

①发包人的义务。

通用条款规定以下工作属于发包人应完成的工作。

A. 办理土地征用、拆迁补偿、平整施工场地等工作，使施工场地具备施工条件，并在开工后继续解决以上事项的遗留问题。专用条款内需要约定施工场地具备施工条件的要求及完成的时间，以便承包人能够及时接收适用的施工现场，按计划开始施工。

B. 将施工所需水、电、电信线路从施工场地外部接至专用条款约定地点，并保证施工期间需要。专用条款内需要约定三通的时间、地点和供应要求。某些偏僻地域的工程或大型工程，可能要求承包人自己从水源地（如附近的河中取水）或自己用柴油机发电解决施工用电，则也应在专用条款内明确，说明通用条款的此项规定本合同不采用。

C. 开通施工场地与城乡公共道路的通道，以及专用条款约定的施工场地内的主要交通干道，保证施工期间的畅通，满足施工运输的需要。专用条款内需要约定移交给承包人交通通道或设施的开通时间和应满足的要求。

D. 向承包人提供施工场地的工程地质和地下管线资料，保证数据真实，位置准确。专用条款内需要约定向承包人提供工程地质和地下管线资料的时间。

E. 办理施工许可证和临时用地、停水、停电、中断道路交通、爆破作业以及可能损坏道路、管线、电力、通信等公共设施法律、法规规定的申请批准手续及其他施工所需的证件（证明承包人自身资质的证件除外）。专用条款内需要约定发包人提供施工所需证件、批件的名称和时间，以便承包人合理进行施工组织。

F. 确定水准点与坐标控制点，以书面形式交给承包人，并进行现场交验。专用条款内需要分项明确约定放线依据资料的交验要求，以便合同履行过程中合理地区分放线错误的责任归属。

G. 组织承包人和设计单位进行图纸会审和设计交底。专用条款内需要约定具体的时间。

H. 协调处理施工现场周围地下管线和邻近建筑物、构筑物（包括文物保护建筑）、古树名木的保护工作，并承担有关费用。专用条款内需要约定具体的范围和内容。

I. 发包人应做的其他工作，双方在专用条款内约定。专用条款内需要根据项目的特点和具体情况约定相关的内容。虽然通用条款内规定上述工作内容属于发包人的义务，但发包人可以将上述部分工作委托承包方办理，具体内容可以在专用条款内约定，其费用由发包人承担。属于合同约定的发包人义务，如果出现不按合同约定完成，导致工期延误或给承包人造成损失时，发包人应赔偿承包人的有关损失，延误的工期相应顺延。

②承包人的义务。

通用条款规定，以下工作属于承包人的义务。

A. 根据发包人的委托，在其设计资质允许的范围内，完成施工图设计或与工程配套的设计，经工程师确认后使用，发生的费用由发包人承担。如果属于设计施工总承包合同或承包工作范围内包括部分施工图设计任务，则专用条款内需要约定承担设计任务单位的设计资质等级及设计文件的提交时间和文件要求（可能属于施工承包人的设计分包人）。

B. 向工程师提供年、季、月工程进度计划及相应进度统计报表。专用条款内需要约定应提供计划、报表的具体名称和时间。

C. 按工程需要提供和维修非夜间施工使用的照明、围栏设施，并负责安全保卫。专用条款内需要约定具体的工作位置和要求。

D. 按专用条款约定的数量和要求，向发包人提供在施工现场办公和生活的房屋及设施，发生的费用由发包人承担。专用条款内需要约定设施名称、要求和完成时间。

E. 遵守有关部门对施工场地交通、施工噪音以及环境保护和安全生产等的管理规定，按管理规定办理有关手续，并以书面形式通知发包人。发包人承担由此发生的费用，因承包人责任造成的罚款除外。专用条款内需要约定需承包人办理的有关内容。

F. 已竣工工程未交付发包人之前，承包人按专用条款约定负责已完成工程的成品保护工作，保护期间发生损坏，承包人自费予以修复。要求承包人采取特殊措施保护的单位工程的部位和相应追加合同价款，在专用条款内约定。

G. 按专用条款的约定做好施工现场地下管线和邻近建筑物、构筑物（包括文物保护建筑）、古树名木的保护工作。专用条款内约定需要保护的范围和费用。

H. 保证施工场地清洁符合环境卫生管理的有关规定。交工前清理现场达到专用条款约定的要求，承担因自身原因违反有关规定造成的损失和罚款。专用条款内需要根据施工管理规定和当地的环保法规，约定对施工现场的具体要求。

I. 承包人应做的其他工作，双方在专用条款内约定。

承包人不履行上述各项义务，造成发包人损失的，应对发包人的损失给予赔偿。

（3）施工准备阶段的合同管理

1）施工进度计划

承包人应当在专用条款约定的日期，将施工组织设计和施工进度计划提交工程师。工程师接到承包人提交的进度计划后，应当予以确认或者提出修改意见。工程师对进度计划对承包人施工进度的认可，不免除承包人对施工组织设计和工程进度计划本身的缺陷所应承担的责任。进度计划经工程师予以认可的主要目的，是作为发包人和工程师依据计划进行协调和对施工进度控制的依据。

2）开工

承包人应在专用条款约定的时间按时开工，以便保证在合理工期内及时竣工。但在特殊情况下，工程的准备工作不具备开工条件，则应按合同的约定区分延期开工的责任。

①承包人要求的延期开工。

承包人不能按时开工，应在不迟于协议书约定的开工日期前 7 天，以书面形式向工程师提出延期开工的理由和要求。工程师在接到延期开工申请后的 48 小时内未予答复，视为同意承包人的要求，工期相应顺延。如果工程师不同意延期要求，工期不予顺延。如果承包人未在规定时间内提出延期开工要求，工期也不予顺延。

②发包人原因的延期开工。

因发包人的原因施工现场尚不具备施工的条件，影响了承包人不能按照协议书约定的日期开工时，工程师应以书面形式通知承包人推迟开工日期。发包人应当赔偿承包人因此造成的损失，相应顺延工期。

3）支付工程预付款

发包人不按约定预付，承包人在约定预付时间 7 天后向发包人发出要求预付的通知。发包人收到通知后仍不能按要求预付，承包人可在发出通知后 7 天停止施工，发包人应从约定应付之日起向承包人支付应付款的贷款利息，并承担违约责任。

4）工程的分包

施工合同范本的通用条件规定，未经发包人同意，承包人不得将承包工程的任何部分分包；工程分包不能解除承包人的任何责任和义务。发包人通过复杂的招标程序选择了综合能力最强的投标人，要求其来完成工程的施工，因此合同管理过程中对工程分包要进行严格控制。承包人出于自身能力考虑，可能将部分自己没有实施资质的特殊专业工程分包，也可将部分较简单的工作内容分包。包括在承包人投标书内的分包计划，发包人通过接受投标书已表示了认可，如果施工合同履行过程中承包人又提出分包要求，则需要经过发包人的书面同意。发包人控制工程分包的基本原则是，主体工程的施工任务不允许分包，主要工程量必须由承包人完成。经过发包人同意的分包工程，承包人选择的分包人需要提请工程师同意。工程师主要审查分包人是否具备实施分包工程的资质和能力，未经工程师同意的分包人不得进入现场参与施工。

虽然对分包的工程部位而言涉及两个合同，即发包人与承包人签订的施工合同和承包人与分包人签订的分包合同，但工程分包不能解除承包人对发包人应承担在该工程部位施工的合同义务。同样，为了保证分包合同的顺利履行，发包人未经承包人同意，不得以任何形式向分包人支付各种工程款项，分包人完成施工任务的报酬只能依据分包合同由承包人支付。对工程分包的合同关系、管理关系详见第八章第三节的论述。

（4）施工过程的合同管理

1）对材料和设备的质量控制

①材料设备的到货检验。

A. 发包人供应的材料设备：

a. 发包人供应材料设备的现场接收。发包人在其所供应的材料设备到货前 24 小时，应以书面形式通知承包人，由承包人派人与发包人共同清点。

b. 材料设备接收后移交承包人保管。发包人供应的材料设备经双方共同清点接收后，由承包人妥善保管，发包人支付相应的保管费用。因承包人的原因发生损坏丢失，由承包人负责赔偿。发包人不按规定通知承包人验收，发生的损坏丢失由发包人负责。

c. 发包人供应的材料设备与约定不符时的处理。

a）材料设备单价与合同约定不符时，由发包人承担所有差价；

b）材料设备种类、规格、型号、数量、质量等级与合同约定不符时，承包人可以拒绝接收保管，由发包人运出施工场地并重新采购；

c）发包人供应材料的规格、型号与合同约定不符时，承包人可以代为调剂串换，发包人承担相应的费用；

d）到货地点与合同约定不符时，发包人负责运至合同约定的地点；

e）供应数量少于合同约定的数量时，发包人将数量补齐；多于合同约定的数量时，发包人负责将多出部分运出施工场地；

f）到货时间早于合同约定时间，发包人承担因此发生的保管费用；到货时间迟于合同约定的供应时间，由发包人承担相应的追加合同价款。发生延误，相应顺延工期，发包人赔偿由此给承包人造成的损失。

B. 承包人采购的材料设备：

a. 承包人负责采购材料设备的，应按照合同专用条款约定及设计和有关标准要求采购，并提供产品合格证明，对材料设备质量负责。

b. 承包人在材料设备到货前 24h 应通知工程师共同进行到货清点。

c. 承包人采购的材料设备与设计或标准要求不符时，承包人应在工程师要求的时间内运出施工现场，重新采购符合要求的产品，承担由此发生的费用，延误的工期不予顺延。

②材料和设备使用前的检验。

A. 发包人供应材料设备：

发包人供应的材料设备进入施工现场后需要在使用前检验或者试验的，由承包人负责检查试验，费用由发包人负责。此次检查试验通过后，仍不能解除发包人供应材料设备存在的质量缺陷责任。

B. 承包人负责采购的材料和设备：

a. 采购的材料设备在使用前，承包人应按工程师的要求进行检验或试验，不合格的不得使用，检验或试验费用由承包人承担。

b. 工程师发现承包人采购并使用不符合设计或标准要求的材料设备时，应要求承包人负责修复、拆除或重新采购，并承担发生的费用，由此延误的工期不予顺延。

c. 承包人需要使用代用材料时，应经工程师认可后才能使用，由此增减的合同价款双方以书面形式议定。

d. 由承包人采购的材料设备，发包人不得指定生产厂或供应商。

2）对施工质量的监督管理

①工程质量标准。

A. 工程师对质量标准的控制。承包人施工的工程质量应当达到合同约定的标准。发包人对部分或者全部工程质量有特殊要求的，应支付由此增加的追加合同价款，对工期有影响的应给予相应顺延。

B. 不符合质量要求的处理。不论何时，工程师一经发现质量达不到约定标准的工程部分，均可要求承包人返工。承包人应当按照工程师的要求返工，直到符合约定标准。因承包人的原因达不到约定标准，由承包人承担返工费用，工期不予顺延。因发包人的原因达不到约定标准，由发包人承担返工的追加合同价款，工期相应顺延。

②施工过程中的检查和返工。

工程质量达不到约定标准的部分，工程师一经发现，可要求承包人拆除和重新施工，承包人应按工程师及其委派人员的要求拆除和重新施工，承担由于自身原因导致拆除和重新施工的费用，工期不予顺延。

经过工程师检查检验合格后，又发现因承包人原因出现的质量问题，仍由承包人承担责任，赔偿发包人的直接损失，工期不应顺延。

③使用专利技术及特殊工艺施工。

若承包人提出使用专利技术或特殊工艺施工，应首先取得工程师认可，然后由承包人负责办理申报手续并承担有关费用。

3）隐蔽工程与重新检验

①检验程序：

A. 承包人自检。

B. 共同检验。

工程师接到承包人的请求验收通知后，应在通知约定的时间与承包人共同进行检查或试验。如果工程师不能按时进行验收，应在承包人通知的验收时间前24h，以书面形式向承包人提出延期验收要求，但延期不能超过48h。

若工程师未能按以上时间提出延期要求，又未按时参加验收，承包人可自行组织验收。承包人经过验收的检查、试验程序后，将检查、试验记录送交工程师。本次检验视为工程师在场情况下进行的验收，工程师应承认验收记录的正确性。

②重新检验。

无论工程师是否参加了验收，当其对某部分的工程质量有怀疑，均可要求承包人对已经隐蔽的工程进行重新检验。

重新检验表明质量合格，发包人承担由此发生的全部追加合同价款，赔偿承包人损失，并相应顺延工期；检验不合格，承包人承担发生的全部费用，工期不予顺延。

4）施工进度管理

①承包人修改进度计划。

不管实际进度是超前还是滞后于计划进度，只要与计划进度不符时，工程师都有权通知承包人修改进度计划。承包人应当按照工程师的要求修改进度计划并提出相应措施，经工程师确认后执行。

因承包人自身的原因造成工程实际进度滞后于计划进度，所有的后果都应由承包人自行承担。工程师不对确认后的改进措施效果负责，这种确认并不是工程师对工程延期的批准，而仅仅是要求承包人在合理的状态下施工。

②暂停施工。

A. 工程师指示的暂停施工：

暂停施工的原因。

a. 外部条件的变化，如后续法规政策的变化导致工程停、缓建；地方法规要求在某一时段内不允许施工等；

b. 发包人应承担责任的原因；

c. 协调管理的原因；

d. 承包人的原因。

暂停施工的管理程序。不论发生上述何种情况，工程师应当以书面形式通知承包人暂停施工，并在发出暂停施工通知后的48h内提出书面处理意见。承包人应当按照工程师的要求停止施工，并妥善保护已完工工程。

承包人实施工程师作出的处理意见后，可提出书面复工要求。工程师应当在收到复工要求书后的48h内给予相应的答复。如果工程师未能在规定的时间内提出处理意见，或收到承包人复工要求后48h内未予答复，承包人可以自行复工。

B. 由于发包人不能按时支付的暂停施工：

施工合同范本通用条款中对以下两种情况，给予了承包人暂时停工的权利：

a. 延误支付预付款；

b. 拖欠工程进度款。

③工期延误。

A. 可以顺延工期的条件：

a. 发包人不能按专用条款的约定提供开工条件；

b. 发包人不能按约定日期支付工程预付款、进度款，致使工程不能正常进行；

c. 工程师未按合同约定提供所需指令、批准等，致使施工不能正常进行；

d. 设计变更和工程量增加；

e. 1周内非承包人原因停水、停电、停气造成停工累计超过8h；

f. 不可抗力；

g. 专用条款中约定或工程师同意工期顺延的其他情况。

B. 工期顺延的确认程序：

工程师确认工期是否应予顺延，应当首先考察事件实际造成的延误时间，然后依据合同、施工进度计划、工期定额等进行判定。经工程师确认顺延的工期应纳入合同工期，作为合同工期的一部分。

5）设计变更管理

①工程师指示的设计变更。

工程师依据工程项目的需要和施工现场的实际情况，可以就以下方面向承包人发出变更通知：

a. 更改工程有关部分的标高、基线、位置和尺寸；

b. 增减合同中约定的工程量；

c. 改变有关工程的施工时间和顺序；

d. 其他有关工程变更需要的附加工作。

②变更价款的确定。

A. 确定变更价款的程序：

a. 承包人在工程变更确定后的 14 天内，可提出变更涉及的追加合同价款要求的报告，经工程师确认后相应调整合同价款。如果承包人在双方确定变更后的 14 天内，未向工程师提出变更工程价款的报告，视为该项变更不涉及合同价款的调整。

b. 工程师应在收到承包人的变更合同价款报告后的 14 天内，对承包人的要求予以确认或作出其他答复。工程师无正当理由不确认或答复时，自承包人的报告送达之日起 14 天后，视为变更价款报告已被确认。

工程师确认增加的工程变更价款作为追加合同价款，与工程进度款同期支付。

B. 确定变更价款的原则

确定变更价款时，应维持承包人投标报价单内的竞争性水平。

a. 合同中已有适用于变更工程的价格，按合同已有的价格变更合同价款；

b. 合同中只有类似于变更工程的价格，可以参照类似价格变更合同价款；

c. 合同中没有适用或类似于变更工程的价格，由承包人提出适当的变更价格，经工程师确认后执行。

6）工程量的确认

由于签订合同时在工程量清单内开列的工程量是估计工程量，实际施工可能与其有差异，因此发包人支付工程进度款前应对承包人完成的实际工程量予以确认或核实，按照承包人实际完成永久工程的工程量进行支付。

7）支付管理

①允许调整合同价款的情况。

A. 可以调整合同价款的原因：

a. 法律、行政法规和国家有关政策变化影响到合同价款；

b. 工程造价部门公布的价格调整；

c. 1 周内非承包人原因停水、停电、停气造成停工累计超过 8h；

d. 双方约定的其他因素。

B. 调整合同价款的管理程序：

工程师确认调整金额后作为追加合同价款，与工程款同期支付。

②工程进度款的支付。

A. 工程进度款的计算

a. 经过确认核实的完成工程量对应工程量清单或报价单的相应价格计算应支付的工程款；

b. 设计变更应调整的合同价款；

c. 本期应扣回的工程预付款；

d. 根据合同允许调整合同价款原因应补偿承包人的款项和应扣减的款项；

e. 经过工程师批准的承包人索赔款等。

B. 发包人的支付责任

发包人超过约定的支付时间不支付工程进度款，承包人可向发包人发出要求付款的通知。发包人在收到承包人通知后仍不能按要求支付，可与承包人协商签订延期付款协议，经承包人同意后可以延期支付。发包人不按合同约定支付工程款（进度款），双方又未达成延期付款协议，导致施工无法进行，承包人可停止施工，由发包人承担违约责任。

8）不可抗力

①不可抗力的范围。

不可抗力，是指合同当事人不能预见、不能避免并不能克服的客观情况。建设工程施工中的不可抗力包括因战争、动乱、空中飞行物坠落或其他非发包人责任造成的爆炸、火灾以及专用条款约定的风、雨、雪、洪水、地震等自然灾害。

②不可抗力事件的合同责任。

A. 合同约定工期内发生的不可抗力：

a. 工程本身的损害、因工程损害导致第三方人员伤亡和财产损失以及运至施工场地用于施工的材料和待安装的设备的损害，由发包人承担；

b. 承、发包双方人员的伤亡损失，分别由各自负责；

c. 承包人机械设备损坏及停工损失，由承包人承担；

d. 停工期间，承包人应工程师要求留在施工场地的必要的管理人员及保卫人员的费用由发包人承担；

e. 工程所需清理、修复费用，由发包人承担；

f. 延误的工期相应顺延。

B. 迟延履行合同期间发生的不可抗力：

按照《合同法》规定的基本原则，因合同一方迟延履行合同后发生不可抗力，不能免除迟延履行方的相应责任。

（5）竣工阶段的合同管理

1）工程试车

①竣工前的试车。

A. 试车的组织

a. 单机无负荷试车。由于单机无负荷试车所需的环境条件在承包人的设备现场范围内，因此安装工程具备试车条件时，由承包人组织试车；

b. 联动无负荷试车。进行联动无负荷试车时，由于需要外部的配合条件，因此具备联动无负荷试车条件时，由发包人组织试车。

B. 试车中双方的责任

a. 由于设计原因试车达不到验收要求，发包人应要求设计单位修改设计，承包人按修改后的设计重新安装。发包人承担修改设计、拆除及重新安装的全部费用和追加合同价款，工期相应顺延；

b. 由于设备制造原因试车达不到验收要求，由该设备采购一方负责重新购置或修理，承包人负责拆除或重新安装。设备由承包人采购的，由承包人承担修理或重新购置、拆除及重新安装的费用，工期不予顺延；设备由发包人采购的，发包人承担上述各项追加合同价款，工期相应顺延；

c. 由于承包人施工原因试车达不到要求，承包人按工程师要求重新安装和试车，并承担重新安装和试车的费用，工期不予顺延；

d. 试车费用除已包括在合同价款之内或专用条款另有约定外，均由发包人承担；

e. 工程师在试车合格后不在试车记录上签字，试车结束 24h 后，视为工程师已经认可试车记录，承包人可继续施工或办理竣工手续。

②竣工后的试车。

如果发包人要求在工程竣工验收前进行或需要承包人在试车时予以配合，应征得承包人同意，另行签订补充协议。试车组织和试车工作由发包人负责。

2）竣工验收

①竣工验收需满足的条件。

a. 完成工程设计和合同约定的各项内容；

b. 承包商在工程完工后对工程质量进行了检查，确认工程质量符合有关工程建设强制性标准，符合设计文件及合同要求，并提出工程竣工报告；

c. 对于委托监理的工程项目，监理单位对工程进行了质量评价，具有完整的监理资料，并提出工程质量评价报告；

d. 勘察、设计单位对勘察、设计文件及施工过程中由设计单位签署的设计变更通知书进行了确认；

e. 有完整的技术档案和施工管理资料；

f. 有工程使用的主要建筑材料、建筑构配件和设备合格证及必要的进场试验报告；

g. 有承包商签署的工程质量保修书；

h. 有公安消防、环保等部门出具的认可文件或准许使用文件；

i. 建设行政主管部门及其委托的工程质量监督机构等有关部门责令整改的问题全部整改完毕。

②竣工验收程序。

A. 承包人申请验收；

B. 发包人组织验收组；

C. 验收步骤：

a. 发包人、承包人、勘察、设计、监理单位分别向验收组汇报工程合同履约情况和在工程建设各个环节执行法律、法规和建设工程强制性标准的情况；

b. 验收组审阅建设、勘察、设计、施工、监理单位提供的工程档案资料；

c. 查验工程实体质量；

d. 验收组通过查验后，对工程施工、设备安装质量和各管理环节等方面作出总体评价，形成工程竣工验收意见（包括基本合格对不符合规定部分的整改意见）。

D. 验收后的管理

a. 竣工验收合格的工程移交给发包人运行使用，承包人不再承担工程保管责任。需要修改缺陷的部分，承包人应按要求进行修改，并承担由自身原因造成修改的费用；

b. 发包人收到承包人送交的竣工验收报告后 28 天内不组织验收，或验收后 14 天内不提出修改意见，视为竣工验收报告已被认可；

c. 因特殊原因，发包人要求部分单位工程或工程部位甩项竣工的，双方另行签订甩项竣工协议，明确双方责任和工程价款的支付方法。

③竣工时间的确定。

工程竣工验收通过，承包人送交竣工验收报告的日期为实际竣工日期。工程按发包人要求修改后通过竣工验收的，实际竣工日期为承包人修改后提请发包人验收的日期。这个日期的重要作用是用于计算承包人的实际施工期限，与合同约定的工期比较是提前竣工还是延误竣工。

承包人的实际施工期限，从开工日起到上述确认为竣工日期之间的日历天数。开工日正常情况下为专用条款内约定的日期，也可能是由于发包人或承包人要求延期开工，经工程师确认的日期。

3）工程保修

承包人应当在工程竣工验收之前，应与发包人签订质量保修书，作为合同附件。

①工程质量保修范围和内容。

双方按照工程的性质和特点，具体约定保修的相关内容。

②质量保修期。

保修期从竣工验收合格之日起计算。当事人双方应针对不同的工程部位，在保修证书内约定具体的保修年限。当事人协商约定的保修期限，不得低于法规规定的标准。国务院颁布的《建设工程质量管理条例》明确规定，在正常使用条件下的最低保修期限为：

a. 基础设施工程、房屋建筑的地基基础工程和主体工程，为设计文件规定的该工程的合理使用年限；

b. 屋面防水工程、有防水要求的卫生间和外墙面的防渗漏，为 5 年；

c. 供热与供冷系统，为 2 个采暖期、供冷期；

d. 电气管线、给排水管道、设备安装和装修工程，为 2 年。

③质量保修责任。

a. 属于保修范围、内容的项目，承包人应在接到发包人的保修通知起 7 天内派人保修。承包人不在约定期限内派人保修，发包人可以委托其他人修理；

b. 发生紧急抢修事故时，承包人接到通知后应当立即到达事故现场抢修；

c. 涉及结构安全的质量问题，应当按照《房屋建筑工程质量保修办法》的规定，立即向当地建设行政主管部门报告，采取相应的安全防范措施。由原设计单位或具有相应资质等级的设计单位提出保修方案，承包人实施保修；

d. 质量保修完成后，由发包人组织验收。

④保修费用。

《质量管理条例》颁布后，由于保修期限较长，为了维护承包人的合法利益，竣工结算时不再扣留质量保修金。保修费用由造成质量缺陷的责任方承担。

4）竣工结算

①竣工结算程序。

A. 承包人递交竣工结算报告：

工程竣工验收报告经发包人认可后，承、发包双方应当按协议书约定的合同价款及专用条款约定的合同价款调整方式，进行工程竣工结算。

B. 发包人的核实和支付：

发包人收到竣工结算报告进行核实后，给予确认或提出修改意见。发包人认可竣工结算报告后，及时办理竣工结算价款的支付手续。

C. 移交工程：

承包人收到竣工结算价款后14天内将竣工工程交付发包人，施工合同即告终止。

②竣工结算的违约责任。

A. 发包人的违约责任：

a. 发包人收到竣工结算报告及结算资料后28天内无正当理由不支付工程竣工结算价款，从第29天起按承包人同期向银行贷款利率支付拖欠工程价款的利息，并承担违约责任；

b. 发包人收到竣工结算报告及结算资料后28天内不支付工程竣工结算价款，承包人可以催告发包人支付结算价款。发包人在收到竣工结算报告及结算资料后56天内仍不支付，承包人可以与发包人协议将该工程折价，也可以由承包人申请人民法院将该工程依法拍卖，承包人就该工程折价或者拍卖的价款优先受偿。

B. 承包人的违约责任：

工程竣工验收报告经发包人认可后28天内，承包人未能向发包人递交竣工结算报告及完整的结算资料，造成工程竣工结算不能正常进行或工程竣工结算价款不能及时支付时，如果发包人要求交付工程，承包人应当交付；发包人不要求交付工程，承包人仍应承担保管责任。

（6）监理工程师对施工合同的管理

监理工程师对施工合同管理的主要目的是约束建设单位与承包商双方遵守合同规则，避免双方责任的分歧以及不严格执行合同而造成经济损失，保证工程项目目标的实现。

1）监理工程师的合同管理任务

①协助、参与建设单位确定本建设项目的合同结构。

合同结构是指合同的框架、主要部分和条款构成。

②协助建设单位起草合同及参与合同谈判。

参加施工合同在签订前的谈判和拟订合同初稿，供建设单位决策。

③合同管理和检查。

在建设项目实施阶段，对合同履行、监控、检查、管理的全过程。

④处理合同纠纷和索赔。

协助建设单位和秉公处理建设工程各阶段中产生的索赔；参与协商、调解、仲裁甚至法院解决合同的纠纷。

⑤其他。

合同的鉴证和合同涉及第三方等关系的处理；除以上内容以外有关合同的所有事项。

2）合同管理系统

监理工程师受建设单位委托进行的施工合同管理工作，一般由五个部分组成合同管理系统：合同分析；建立合同数据档案；形成合同网络系统；合同监督；索赔管理。前三部分是合同监督的基础，合同监督又是索赔和反索赔的前提条件。这五部分形成了一个完整的合同管理系统，它们之间的关系十分密切，缺少其中任何一部分，合同管理将失去它的效果。

①合同分析。

合同分析就是对工程承包、共同承担风险的合同条款、法律条款分别进行仔细的分析解释。同时也要对合同条款的更换、延期说明、投资变化等事件进行仔细分析。对于那些与建设单位有关的活动都必须分别存档，以防遗漏。合同分析和工程检查等工作要同工期联系起来。合同分析是解释双方合同责任的根据。

合同分析需要在订立合同的过程中即要按条款逐条分析，如果发现有对本方产生风险较大的条款，要相应增加抵御的条款。要详细分析哪些条款与建设单位有关、与总承包商有关、与分包商有关、与设计单位有关、与工程检查有关、与工期有关等，分门别类分析各自责任和相互联系的关系，做到心中有数。

②建立合同数据档案。

合同数据档案就是把合同条款分门别类的归纳起来，并存放在计算机中，以便于检索。合同中的不同规则、特殊情况、技术规范、特殊的技术规则、协商结果等等都可以利用计算机进行检索，以提高合同管理工作的效率。

图表也是一个重要的管理工具，可以使合同管理中的各个程序具体化，是使合同双方明白合同特殊条款的好办法。这些图表包括试验数据、质量控制、进度控制、运输保险、工程移交手续等。

③形成合同网络系统。

合同网络系统就是把合同中的时间、工作、成本（投资）用网络形式表达。合同计划表是用来处理时间控制的，合同管理是从计划到维护施工过程中每一个活动的。这些计划表包括：图纸目录、试验数据表、到货报告等。形成合同网络系统后，使合同的时间概念、逻辑关系更明确且便于监督。

④合同监督。

合同监督就是要对合同条款经常进行解释，以便根据合同来掌握工程的进展，保证设计、试验报告的精确性，保证发票、订货手续、工作指示等符合合同的要求。图表是解释复杂条款的最好的方法，此外，流程图和质量检查表也是合同监督的好办法，它能保证合同监督步骤的正确性。

合同监督的另一个重要内容是检查解释双方来往的信函和文件，以及会议记录、建设单位指示等，因为这些内容对合同管理是非常重要的。

⑤索赔管理。

索赔管理是合同管理工作中的一个非常重要的部分，它包括索赔和反索赔。索赔和反索赔没有一个明确的标准，只能根据实际发生的事件进行实事求是的评价分析，从中找出索赔的理由和条件。合同管理中前几个部分是索赔管理的基础，例如如果合同档案处理得不好，索赔工作就很难开展。

3）施工合同管理的其他工作

①工程暂停及复工。

总监理工程师在签发工程暂停令时，应根据暂停工程的影响范围和影响程度，按照施工合同和工程监理合同的约定签发。

在发生下列情况之一时，总监理工程师可签发工程暂停令：

a. 建设单位要求暂停施工、且工程需要暂停施工；

b. 为了保证工程质量而需要进行停工处理；

c. 施工出现了安全隐患，总监理工程师认为有必要停工以消除隐患；

d. 发生了必须暂时停止施工的紧急事件；

e. 承包单位未经许可擅自施工，或拒绝项目监理机构管理。

总监理工程师在签发工程暂停令时，应根据停工原因的影响范围和影响程度，确定工程项目停工范围。

由于非承包单位且非上述 b、c、d、e 原因时，总监理工程师在签发工程暂停令之前，应就有关工期和费用等事宜与承包单位进行协商。

由于建设单位原因，或其他非承包单位原因导致工程暂停时，项目监理机构应如实记录所发生的实际情况。总监理工程师应在施工暂停原因消失，具备复工条件时，及时签署工程复工报审表，指令承包单位继续施工。

由于承包单位原因导致工程暂停，在具备恢复施工条件时，项目监理机构应审查承包单位报送的复工申请及有关材料，同意后由总监理工程师签署工程复工报审表，指令承包单位继续施工。

总监理工程师在签发工程暂停令到签发工程复工报审表之间的时间内，宜会同有关各方按照施工合同的约定，处理因工程暂停引起的与工期、费用等有关的问题。

②工程变更的管理。

项目监理机构应按下列程序处理工程变更：

A. 设计单位对原设计存在的缺陷提出的工程变更，应编制设计变更文件；建设单位或承包单位提出的工程变更，应提交总监理工程师，由总监理工程师组织专业监理工程师审查。审查同意后，应由建设单位转交原设计单位编制设计变更文件。当工程变更涉及安全、环保等内容时，应按规定经有关部门审定。

B. 项目监理机构应了解实际情况和收集与工程变更有关的资料。

C. 总监理工程师必须根据实际情况、设计变更文件和其他有关资料，按照施工合同的有关条款，在指定专业监理工程师完成下列工作后，对工程变更的费用和工期作出评估：

a. 确定工程变更项目与原工程项目之间的类似程度和难易程度；

b. 确定工程变更项目的工程量；

c. 确定工程变更的单价或总价。

D. 总监理工程师应就工程变更费用及工期的评估情况与承包单位和建设单位进行协调。

E. 总监理工程师签发工程变更单。

工程变更单应符合附录C2表的格式，并应包括工程变更要求、工程变更说明、工程变更费用和工期、必要的附件等内容，有设计变更文件的工程变更应附设计变更文件。

F. 项目监理机构应根据工程变更单监督承包单位实施。

项目监理机构处理工程变更应符合下列要求：

A. 项目监理机构在工程变更的质量、费用和工期方面取得建设单位授权后，总监理工程师应按施工合同规定与承包单位进行协商，经协商达成一致后，总监理工程师应将协商结果向建设单位通报，并由建设单位与承包单位在变更文件上签字；

B. 在项目监理机构未能就工程变更的质量、费用和工期方面取得建设单位授权时，总监理工程师应协助建设单位和承包单位进行协商，并达成一致；

C. 在建设单位和承包单位未能就工程变更的费用等方面达成协议时，项目监理机构应提出一个暂定的价格，作为临时支付工程进度款的依据。该项工程款最终结算时，应以建设单位和承包单位达成的协议为依据。

在总监理工程师签发工程变更单之前，承包单位不得实施工程变更。

未经总监理工程师审查同意而实施的工程变更，项目监理机构不得予以计量。

③工程延期及工程延误的处理。

当承包单位提出工程延期要求符合施工合同文件的规定条件时，项目监理机构应予以受理。

当影响工期事件具有持续性时，项目监理机构可在收到承包单位提交的阶段性工程延期申请表并经过审查后，先由总监理工程师签署工程临时延期审批表并通报建设单位。当承包单位提交最终的工程延期申请表后，项目监理机构应复查工程延期及临时延期情况，并由总监理工程师签署工程最终延期审批表。

工程延期申请表、工程临时延期审批表、工程最终延期审批表格式应符合相关文件的要求。

项目监理机构在作出临时工程延期批准或最终的工程延期批准之前，均应与建设单位和承包单位进行协商。

项目监理机构在审查工程延期时，应依下列情况确定批准工程延期的时间：

a. 施工合同中有关工程延期的约定；

b. 工期拖延和影响工期事件的事实和程度；

c. 影响工期事件对工期影响的量化程度。

工程延期造成承包单位提出费用索赔时，项目监理机构应按相关文件规定处理。

当承包单位未能按照施工合同要求的工期竣工交付造成工期延误时，项目监理机构应按施工合同规定从承包单位应得款项中扣除误期损害赔偿费。

④合同争议的调解

项目监理机构接到合同争议的调解要求后应进行以下工作：

a. 及时了解合同争议的全部情况，包括进行调查和取证；

b. 及时与合同争议的双方进行磋商；

c. 在项目监理机构提出调解方案后，由总监理工程师进行争议调解；

d. 当调解未能达成一致时，总监理工程师应在施工合同规定的期限内提出处理该合同争议的意见；

e. 在争议调解过程中，除已达到了施工合同规定的暂停履行合同的条件之外，项目监理机构应要求施工合同的双方继续履行施工合同。

在总监理工程师签发合同争议处理意见后，建设单位或承包单位在施工合同规定的期限内未对合同争议处理决定提出异议，在符合施工合同的前提下，此意见应成为最后的决定，双方必须执行。

在合同争议的仲裁或诉讼过程中，项目监理机构接到仲裁机关或法院要求提供有关证据的通知后，应公正地向仲裁机关或法院提供与争议有关的证据。

⑤合同的解除。

施工合同的解除必须符合法律程序。

当建设单位违约导致施工合同最终解除时，项目监理机构应就承包单位按施工合同规定应得到的款项与建设单位和承包单位进行协商，并应按施工合同的规定从下列应得的款项中确定承包单位应得到的全部款项，并书面通知承包单位和建设单位：

a. 承包单位已完成的工程量表中所列的各项工作所应得的款项；

b. 按批准的采购计划订购工程材料、设备、构配件的款项；

c. 承包单位撤离施工设备至原基地或其他目的地的合理费用；

d. 承包单位所有人员的合理遣返费用；

e. 合理的利润补偿；

f. 施工合同规定的建设单位应支付的违约金。

由于承包单位违约导致施工合同终止后，项目监理机构应按下列程序清理承包单位的应得款项，或偿还建设单位的相关款项，并书面通知建设单位和承包单位：

a. 施工合同终止时，清理承包单位已按施工合同规定实际完成的工作所应得的款项和已经得到支付的款项；

b. 施工现场余留的材料、设备及临时工程的价值；

c. 对已完工程进行检查和验收、移交工程资料、该部分工程的清理、质量缺陷修复等所需的费用；

d. 施工合同规定的承包单位应支付的违约金；

e. 总监理工程师按照施工合同的规定，在与建设单位和承包单位协商后，书面提交承包单位应得款项或偿还建设单位款项的证明。

由于不可抗力或非建设单位、承包单位原因导致施工合同依法终止时，项目监理机构应按施工合同规定处理合同解除后的有关事宜。

(7) 施工索赔管理

1) 索赔的概念

索赔是指当事人在合同实施过程中，根据法律、合同规定及惯例，对并非由于自己的过错，而是属于应由合同对方承担责任的情况造成，且实际发生了损失，向对方提出给予补偿或赔偿的权利要求。

2) 施工索赔的分类

①按索赔依据分类

a. 合同内索赔。这种索赔涉及的内容可以在合同内找到依据。如工程量的计算、变更工程的计量和价格、不同原因引起的拖期等；

b. 合同外索赔，亦称超越合同规定的索赔。这种索赔在合同内找不到直接依据，但承包商可根据合同文件的某些条款的含义，或可从一般的民法、经济法或政府有关部门颁布的其他法规中找到依据。此时，承包商有权提出索赔要求；

c. 道义索赔，亦称通融索赔或优惠索赔。这种索赔在合同内或在其他法规中均找不到依据，从法律角度讲没有索赔要求的基础，但承包商确实蒙受损失，他在满足建设单位要求方面也做了最大努力，因而他认为自己有提出索赔的道义基础。因此，他对其损失可以提出优惠性质的补偿。有的建设单位通情达理，出自善良和友好，给承包商以适当补偿。

②按索赔的目的分类

a. 延长工期索赔，简称工期索赔。这种索赔的目的是承包商要求建设单位延长施工期限，使原合同中规定的竣工日期顺延，以避免承担拖期损失赔偿的风险。如遇特殊风险、变更工程量或工程内容等，使得承包商不能按合同规定工期完工，为避免违约责任，承包商在事件发生后提出顺延工期的要求；

b. 费用索赔，亦称经济索赔。它是承包商向建设单位要求补偿自己额外费用支出的一种方式，以挽回不应由他负担的经济损失。

在施工实践中，大多数情况是承包商既提出工期索赔，又提出费用索赔。

3）引起承包商索赔的常见原因

在施工过程中，引起承包商向建设单位索赔的原因多种多样，主要有：

①建设单位违约。

a. 没有按合同规定提供设计资料，图纸，未及时下达指令，答复请示等，使工程延期。

b. 没按合同规定的日期交付施工场地，行驶道路，提供水电，提供应由建设单位供应的设备，使承包商不能及时开工，或造成工程中断。

c. 建设单位未按合同规定按时支付工程款，或不能再继续履行合同。

d. 下达错误的指令，提供错误的信息。

e. 在工程施工和保修期间，由于非承包商原因造成未完或已完工程的损坏。

②合同错误。

a. 合同缺陷，如合同条款不全、不具体、错误。合同条款或合同文件之间存在矛盾。

b. 工程地质与合同规定不一致，出现异常情况，如施工中地下发现图纸上未标明的管线、暗渠、古墓或其他文物等。

c. 设计错误，图纸上给定的基准点、基准线、标高错误，造成设计修改，工程报废，返工、窝工。

③合同变更。

a. 建设单位指令增加、减少工作量，增加新的附加工程，提高设计、施工材料质量标准；

b. 由于非承包商原因，建设单位指令中止工程施工；

c. 建设单位要求承包商加速施工；

d. 建设单位要求修改施工方案，打乱施工秩序；

e. 建设单位要求承包商完成合同规定以外的义务或工作。

④工程环境的变化

a. 材料价格和工资大幅度上涨；

b. 国家法令的修改；

c. 货币贬值、外汇汇率变化。

⑤不可抗力因素

如反常的气候条件，洪水，地震，政局变化，战争状态，经济封锁，禁运等。

4）监理工程师处理索赔的原则和程序

①监理工程师处理索赔的原则。

监理工程师既受委托于建设单位进行工程监理，同时他又作为第三方，不属于合同任何一方。他在行使合同赋予的权力，处理索赔时必须遵循如下原则：

a. 尽量将争执解决于签订合同之前。监理工程师在签订合同前或合同实施前就应对索赔因素，合同中的漏洞有充分预测和分析，在工作中减少失误，减少索赔事件的产生。

b. 公平合理。监理工程师在行使权力，作出决定，下达指令，决定价格，调解争执时不能偏袒任何一方，站在公正的立场上行事。由于建设单位和承包商之间的目的和经济利益有不一致性，所以监理工程师应照顾双方利益，协调双方的经济关系。

c. 与建设单位和承包商协商一致。监理工程师在处理和解决索赔事件时（如决定价格，提出解决方案等），必须充分地与建设单位和承包商协商，考虑双方要求，做两方面的工作，使之尽早达成一致。这是减少争执的有效途径。

d. 实事求是。监理工程师在处理索赔事件时必须以合同和相应的法律为准绳，以事实为依据，完整、正确地理解合同，严格地执行合同。只有监理工程师严格按合同办事，才能促使建设单位和承包商履行合同，工程才能顺利实施。

e. 迅速、及时地处理问题。监理工程师在行使自身权力，处理索赔事务，解决争执时必须迅速行事，在合同规定的期限内，履行自己的职责，否则不仅会给承包商提供新的索赔机会，而且不能保证索赔及时、公正、合理地解决，使许多问题积累起来，造成混乱。

②监理工程师处理索赔的程序。

a. 承包商应按合同的有关规定定期向监理工程师提交一份尽可能详细的索赔清单，对没有列入清单的索赔一般不予考虑；

b. 监理工程师依据索赔清单、建立索赔档案；

c. 对索赔项目进行监督，特别是对提出索赔项目的施工方法、劳务和设备的使用情况进行详细的了解并做好记录，以便核查。

d. 承包商提交正式的索赔文件，内容包括：索赔的基本事实和合同依据，索赔费用（或时间）的计算方法及依据、结果，以及附件（包括监理工程师指令、来往函件、记录、进度计划、进度的延误和所受的干扰以及照片等）；

e. 监理工程师审核索赔文件；

f. 如果需要，可要求承包商进一步提交更详尽的资料；

g. 监理工程师提出索赔的初步审核意见；

h. 与承包商谈判，澄清事实和解决索赔；

i. 如果监理工程师与承包商取得一致意见，则形成最终的处理意见。如果有分歧的话，则监理工程师可单方面提出最终的处理意见。若承包商对监理工程师的决定不服，可提请仲裁或上诉，则监理工程师应准备相应材料。

【案例 8-1】

某钢结构厂房工程，建设单位通过公开招标选择了一家施工总承包单位，并将施工阶段的监理工作委托给了某家监理单位。施工总承包单位将其中钢结构的安装工程分包给某分包单位，安装人员在安装时发现设计图纸标明的安装尺寸等多处地方有明显问题和错误，必须进行设计修改，于是总监理工程师要求安装单位向其提出书面工程变更，安装人员即停止了该部位施工并书面向监理人员作了报告，报告中测算设计修改将可能导致直接费增加 15 万元，工期增加 2 天，25 名工人窝工，一台设备闲置。总监理工程师组织专业监理工程师查阅了总承包施工合同条款，双方约定安装人员窝工费用补偿 15 元/人日，该台设备闲置补偿 1000 元/天，间接费费率 10，利润率 5，税金 3.41，且设计变更应计算利润，索赔费用单独计算，不能进入直接费计算利润，总监理工程师审核了该工程变更，同意后与建设单位和设计单位进行了协商，他们也无疑义，于是总监理工程师通知安装单位照此变更继续施工。

【问题】

1. 总监理工程师处理该工程变更是否妥当？说明理由。

2. 若分包安装单位评估的情况与实际情况一样，该工程设计变更价款和索赔的费用各为多少？

【答案】

1. 不妥当；该工程变更应由施工总承包单位向监理单位提出，监理单位审核同意后应由建设单位转交原设计单位编制设计变更文件，并由总监理工程师就工程变更费用及工期的评估情况与建设单位和施工总承包单位进行协商，一致后由总监理工程师签发工程变更督促施工总承包单位执行；

2. (1) 工程设计变更价款：也可列表计算

1) 直接费＝15 万元

2) 间接费＝(1)×10＝15×10＝1.5 万元

3) 利润＝[(1)＋(2)]×5＝(15＋1.5)×5＝16.5×5＝0.83 万元

4) 税金＝[(1)＋(2)＋(3)]×3.41＝(15＋1.5＋0.83)×3.41＝0.59 万元

5) 工程设计变更价款＝(1)＋(2)＋(3)＋(4)＝15＋1.5＋0.83＋0.59＝17.92 万元

(2) 索赔的费用＝15×25×2＋1000×2＝2750 元

【案例 8-2】

某工程项目土方工程施工中，承包商在合同标明有松软石的地方没有遇到松软石，因此工期提前 1 个月。但在合同中另一未标明有坚硬岩石的地方遇到更多的坚硬岩石，开挖工作变得更加困难，因此工期拖延了 5 个月。由于工期拖延，使得后续工序施工不得不在雨季进行，按一般公认标准推算，影响工期 2 个月。由于实际遇到的地质条件比原合理预计的复杂，造成了实际生产率比原计划低得多，推算影响工期 3 个月。为此承包商准备提出索赔。

【问题】

(1) 该项施工索赔能否成立？为什么？

(2) 在该索赔事件中，应提出的索赔内容包括哪两方面？

(3) 在工程施工中，通常可以提供的索赔证据有哪些？

【答案】

(1) 该项施工索赔能成立。施工中在合同未标明有坚硬岩石的地方遇到更多的坚硬岩石，属于施工现场的施工条件与原来的勘察有很大差异，属于甲方的责任范围。

(2) 本事件使承包商由于意外地质条件造成施工困难，导致工期延长，相应产生额外工程费用，因此，应包括费用索赔和工期索赔。

(3) 可以提供的索赔证据有：

①招标文件、工程合同及附件、建设单位认可的施工组织设计、工程图纸、技术规范等；

②工程各项有关设计交底记录，变更图纸，变更施工指令等；

③工程各项经建设单位或监理工程师签认的签证；

④工程各项往来信件、指令、信函、通知、答复等；

⑤工程各项会议纪要；

⑥施工计划及现场实施情况记录；

⑦施工日报及工长工作日志、备忘录；

⑧工程送电、送水、道路开通、封闭的日期及数量记录；

⑨工程停水、停电和干扰事件影响的日期及恢复施工的日期；

⑩工程预付款、进度款拨付的数额及日期记录；

⑪工程图纸、图纸变更、交底记录的送达份数及日期记录；

⑫工程有关施工部位的照片及录像等；

⑬工程现场气候记录，有关天气的温度、风力、雨雪等；

⑭工程验收报告及各项技术鉴定报告等；

⑮工程材料采购、订货、运输、进场、验收、使用等方面的凭据；

⑯工程会计核算资料；

⑰国家、省、市有关影响工程造价、工期的文件、规定等。

8.3 建设工程监理信息管理

8.3.1 工程监理信息概述

建设工程监理过程实质上是工程建设信息管理的过程。即建设工程监理单位（监理工程师）受工程建设单位的委托，在明确监理信息流程的基础上，通过建立一定的组织机构，对建设工程监理信息进行收集、加工、存储、传递、分析和应用的过程。由此可见，信息管理在建设工程监理工作中具有十分重要的作用，它是监理工程师控制工程建设三大目标的基础。

(1) 建设工程监理信息

1) 信息的概念和特征

作为管理科学领域中的一个概念，信息（Information）的内涵和外延随着时代的发展和科学的进步在不断变化和发展。一般认为，信息是以数据形式表达的客观事实，是一种已被加工或处理成特定形式的数据。它能够提高人们对事物认识的深刻程度，因此对信息接收者当前和将来的行动或决策具有明显的实用价值。

数据是信息的表现形式，是人们用来反映客观世界而记录下来的可鉴别的符号，它与信息是密不可分的，它们之间的关系可以看作是原料与产品的关系，如图 8-1 所示。这里的数据是广义的数据，包括文字、语言、数值、图表、图像、计算机多媒体技术等表达形式。信息用数据表现，数据是信息的载体，但并非任何数据都是信息，因为数据本身只是一个符号，只有当它经过处理、解释、对外产生影响或用于指导客观实践时，才能成为信息。例如混凝土试块抗压强度的测试数据仅仅是一些离散的测试数据，只有将这些数据按一定方法（如直方图法）加工处理后，得到的质量分析报告才具有一定的指导作用，人们可以以此对照质量标准判定产品的质量状况，这些数据也才能成为真正的信息。

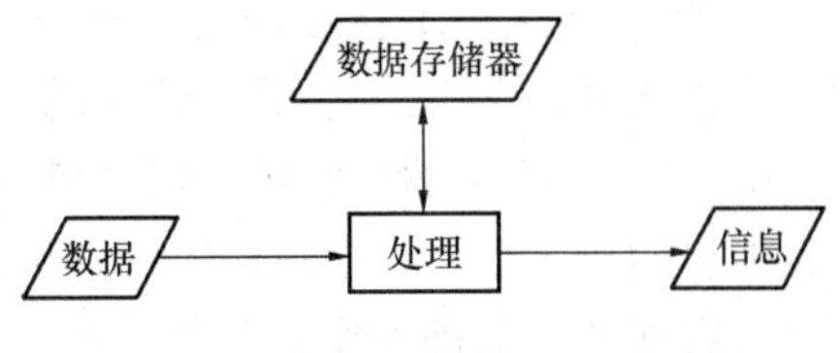

图 8-1　数据与信息的关系

一般来讲，信息具有以下特征：

①伸缩性，即扩充性（非消耗性）和压缩性。任何一种物质和能量资源都是有限的，会越用越少，而信息资源绝大部分会在应用中得到不断的补充和扩展，永远不会耗尽用光。信息还可以进行浓缩，可以通过加工、整理、概括、归纳而使之精练。

②传输扩散性。信息与物质、能量不同，不管怎样保密或封锁，总是可以通过各种传输形式到处扩散。

③可识别性。信息可以通过感官直接识别，也可以通过各种测试手段间接识别。不同的信息源有不同的识别方法。

④可转换存储。同一条信息可以转换成多种形态或载体而存在，如物质信息可以转换为语言文字、图像，还可以转换为计算机代码、广播、电视等信号。信息可以通过各种方法进行存储。

⑤共享性。信息转让和传播出去后，原持有者仍然没有失去，只是可以使第二者，或者更多的人享用同样的信息。

2）建设工程监理信息

所谓建设工程监理信息，是指在建设工程监理活动中产生的、反映着工程建设的状态和规律并直接影响和控制建设工程监理活动的信息。

①监理信息的特点。

建设工程监理信息除具有信息的一般特征外，还具有一些自身的特点：

a. 信息来源的广泛性。建设工程监理位息来自工程建设单位（建设单位）、设计单位、施工承包单位、材料供应单位及监理组织内部各个部门；来自可行性研究、设计、招标、施工及保修等各个阶段中的各个单位乃至各个专业；来自质量控制，投资控制、进度控制、合同管理等各个方面。由于监理信息来源的广泛性。往往给信息的收集工作造成很大困难。如果信息收集得不完整、不准确、不及时，必然会影响到监理工程师判断和决策的正确性和及时性。

b. 信息量大。由于工程建设规模大、牵涉面广、协作关系复杂，使得建设工程监理工作涉及大量的信息。监理工程师不仅要了解国家及地方有关的政策、法规、技术标准规范，而且要掌握工程建设各个方面的信息。既要掌握计划的信息、又要掌握实际进度的信息，还要对它们进行对比分析。因此，监理工程师每天都要处理成千上万的数据，而这样大的数据量单靠人手工操作处理是极困难的，只有使用电子计算机才能及时、准确地进行处理，才能为监理工程师的正确决策提供及时可靠的支持。

c. 动态性强。工程建设的过程是一个动态过程，监理工程师实施的控制也是动态控制，因而大量的监理信息都是动态的，这就需要及时地收集和处理。

d. 有一定的范围和层次。建设单位委托监理的范围不一样，监理信息也不一样。监理信息不等同于工程建设信息，工程建设过程中，会产生很多信息，这些信息并非都是监理信息，只有那些与监理工作有关的信息才是监理信息。不同的工程建设项目，所需的信息既有共性，又有个性。另外，不同的监理组织和监理组织的不同部门，所需的信息也不同。

e. 信息的系统性。建设工程监理信息是在一定时空内形成的，与建设工程监理活动密切相关．而且，建设工程监理信息的收集、加工、传递及反馈是一个连续的闭合环路，具有明显的系统性。

②监理信息的分类

为了有效地管理和应用建设工程监理信息，须将之进行分类。按照不同的分类标准，可将建设工程监理信息分为如下不同的类型（表 8-5）

建设工程监理信息分类表 **表 8-5**

分类标准	类 型	内 容
按照建设工程监理控制目标划分	投资控制信息	与投资控制直接有关的信息，如各种投资估算指标，类似工程造价，物价指数，概预算定额，建设项目投资估算，设计概预算，合同价，工程进度款支付单，竣工结算与决算，原材料价格，机械台班费，人工资，运杂费，投资控制的风险分析等
	质量控制信息	与质量控制直接有关的信息，如国家有关的质量政策、质量标准，项目建设标准，质量目标的分解结果，质量控制工作流程，质量控制工作制度，质量控制的风险分析，工程实体、材料、设备质量检验信息，质量抽样检查结果等
	进度控制信息	与进度控制直接有关的信息，如工期定额，项目总进度计划，进度目标分解结果，进度控制工作流程，进度控制工作制度，进度控制的风险分析，实际进度与计划进度的对比信息，进度统计分析等
按照建设工程监理信息来源划分	工程建设内部信息	内部信息取自建设项目本身。如工程概况，可行性研究报告，设计文件、施工组织设计，施工方案，合同文件，信息资料的编码系统，会议制度，监理组织机构，监理工作制度，工程监理合同，监理规划，项目的投资目标，项目的质量目标，项目的进度目标等
	工程建设外部信息	来自建设项目外部环境的信息称为外部信息。如国家有关的政策及法规，国内及国际市场上原材料及设备价格，物价指数，类似工程的造价，类似工程进度，投标单位的实力，投标单位的信誉，毗邻单位的有关情况等
按照建设工程监理信息稳定程度划分	固定信息	固定信息是指那些具有相对稳定性的信息，或者在一段时间内可以在各项监理工作中重复使用而不发生质的变化的信息，它是建设工程监理工作的重要依据。这类信息有： ①定额标准信息。这类信息内容很广，主要是指各类定额和标准。如概预算定额，施工定额，原材料消耗定额，投资估算指标，生产作业计划标准，监理工作制度等； ②计划合同信息。指计划指标体系，合同文件等； ③查询信息。指国家标准、行业标准、部门标准、设计规范、施工规范、监理工程师的人事卡片等
	流动信息	即作业统计信息，它是反映工程项目建设实际状态的信息。它随着工程项目的进展而不断更新。这类信息时间性较强，如项目实施阶段的质量、投资及进度统计信息。再如项目实施阶段的原材料消耗量、机械台班数、人工工日数等信息。及时收集这类信息，并与计划信息进行对比分析是实施项目目标控制的重要依据。在建设工程监理过程中，这类信息的主要表现形式是统计报表

续表

分类标准	类　型	内　容
按照建设工程监理活动层次划分	总监理工程师所需信息	如有关建设工程监理的程序和制度，监理目标和范围，监理组织机构的设置状况，承包商提交的施工组织设计和施工技术方案，建设工程监理合同，施工承包合同等
	各专业监理工程师所需信息	如工程建设的计划信息、实际信息（包括投资、质量、进度），实际与计划的对比分析结果等。监理工程师通过掌握这些信息可以及时了解工程建设是否达到预期目标并指导其采取必要措施，以实现预定目标
	监理员所需信息	主要是工程现场实际信息，如工程项目的日进展情况，实验数据、现场记录等。这类信息较具体、详细，精度较高，使用频率也较高
按照建设工程监理阶段划分	项目建设前期信息	包括可行性研究报告提供的信息、设计任务书提供的信息、勘察与测量的信息、初步设计文件的信息、招投标方面的信息等，其中大量的信息与监理工作有关
	施工阶段的信息	如施工承包合同，施工组织设计、施工技术方案和施工进度计划，工程技术标准，工程建设实际进展情况报告，工程进度款支付申请，施工图纸及技术资料，工程质量检查验收报告，建设工程监理合同，国家和地方的监理法规等。有来自建设单位、承包商以及有关政府部门的各类信息
	竣工阶段的信息	在工程竣工阶段，需要大量的竣工验收资料，其中包含了大量的信息，这些信息一部分是在整个施工过程中，长期积累形成的，一部分是在竣工验收期间，根据积累的资料整理分析而形成的

以上是常见的几种分类形式。按照一定的标准将建设工程监理信息予以分类，对建设工程监理工作有着重要意义。因为不同的监理范畴，需要不同的信息，而把监理信息予以分类，有助于根据监理工作的不同要求，提供适当的信息。

③建设工程监理信息的作用。

建设工程监理业作为知识密集型的高智力服务业，它依靠的是专业人士的知识、经验为建设单位提供决策、咨询服务，而这些服务是离不开信息的。可以说监理工程师是信息工作者，他生产、收集、使用和处理的都是信息，主要体现监理成果的也是各种信息。建设监理信息对监理工程师开展监理工作，对监理工程师进行决策具有重要的作用。

A. 信息是建设工程监理不可缺少的资源：

工程项目的建设过程，实际上是人财、物、技术、设备等五项资源的投入过程，而要高效、优质、低耗地完成工程建设任务，还必须通过信息的收集、加工和应用实现对上述资源的规划和控制。工程项目的建设过程可用图 8-2 表示。

从图中可以看出。在工程项目的建设过程中有两大流通，即物流和信息流。其中，物流是客观存在的实体，它的畅通无阻，要求有足够的信息流来保证。信息流是伴随着物流而产生的，它对物流起着主导作用，如果不能充分发挥信息流的主导作用，就会导致物流的混乱。建设工程监理的主要功能就是通过信息流的作用来规划、调节物流的数量、方向、速度和目标，使其按照一定的规划运行，最终实现工程建设的三大目标。因此，信息也是建设工程监理工作中不可缺少的重要资源。

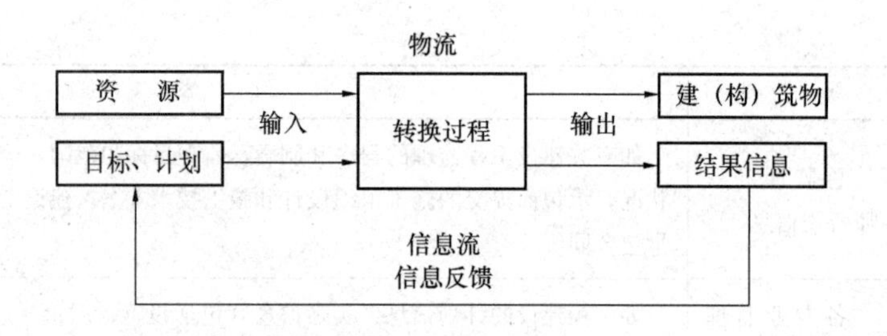

图 8-2 工程项目建设过程

B. 信息是监理工程师实施目标控制的基础：

控制是建设工程监理的主要手段。控制的主要任务是将计划的执行情况与计划目标进行对比分析，找出差异及其产生的原因，然后采取有效措施排除和预防产生差异的原因，保证项目总体目标得以实现。为了有效地控制工程项目投资目标、质量目标及进度目标，监理工程师应首先掌握有关项目三大目标的计划值，它们是控制的依据；其次，监理工程师还应掌握三大目标的实际执行情况。只有充分掌握了这两方面的信息，监理工程师才能实施控制工作。因此，从控制的角度讲，如果没有信息，或信息不准确、不及时，监理工程师将无法实施正确的监理。

C. 信息是进行监理决策的依据：

监理工程师在开展监理工作时，随时都要进行决策，决策正确与否，直接影响工程项目建设总目标的实现及监理单位、监理工程师的信誉。而影响监理决策正确与否的主要因素之一就是信息。如果没有可靠的、充分的信息作为依据，要做出正确的决策是不可能的。例如，在工程施工招标阶段，监理工程师要对投标单位进行资格预审，以确定哪些报名参加投标的承包单位能适应招标工程的需要，为了进行这项工作，监理工程师就必须详细了解各个参加资格预审单位的技术水平、财务实力和施工管理经验等方面的信息。再如，施工阶段对工程进度款的支付决策，监理工程师也只有在掌握有关承包合同的规定及实际施工状况等信息后，才能决定是否支付及支付多少等。由此可见，信息是监理决策的重要依据。

D. 信息是有效进行合同管理的基础：

合同管理是贯穿监理工作始终的一项中心任务，这需要监理工程师必须充分掌握合同信息，熟悉合同内容，掌握合同双方所应承担的权力、义务和责任；为了掌握合同双方履行合同的情况，必须在工作时收集各种信息；对合同出现的争议，必须在大量的信息基础上作出判断和处理；对索赔，需要审查判断索赔的依据，分清责任原因，确定索赔数额，这些工作都必须以自己掌握的大量准确的信息为基础，因此说监理信息是合同管理的基础。

E. 信息是监理工程师协调工程项目建设各有关单位之间关系的纽带：

工程项目的建设过程涉及众多的单位，如：与工程项目审批有关的政府部门、建设单位、设计单位、承包商、材料设备供应单位、资金供应单位、外围工程单位（水、电、煤气、通讯等）、毗邻单位、运输单位、保险单位、税收单位等，这些单位都会给工程项目目标的顺利实现带来一定的影响。要想让他们协调一致地工作，实现工程项目的建设目标，就必须用信息将它们组织起来，处理好它们之间的关系，协调好它们之间的活动。

F. 信息是建设工程监理单位竞争的有力工具：

如果监理工程师能掌握完善、准确的信息，就能为建设单位提供可靠的决策支持，就能有效地控制工程项目的建设目标。特别是监理信息系统的建立，会使监理工程师的工作更加有效。随着市场竞争的加剧，信息和信息技术会为建设工程监理单位创造越来越多的竞争优势，使建设工程监理单位在竞争中得到生存与发展。

总之，建设监理信息渗透到监理工作的每一个方面，它是建设监理工作不可缺少的要素。如同其他资源一样，信息是十分宝贵的资源，要充分地开发和利用它。

(2) 工程建设信息管理

信息管理是指对信息的收集、整理、处理、存储、传递与运用等一系列工作的总称，其实质是根据信息的特点，有计划地组织信息沟通，以保证能及时、准确地获得所需要的信息，达到正确决策的目的。为此，就要把握信息管理的各个环节，包括信息的来源，信息的分类，建立信息管理系统，正确应用信息管理手段，掌握信息流程的不同环节。

1) 信息管理的原则

为了提高信息的真实度和决策的可靠度，对信息管理有以下原则：

①及时、准确和全面地提供信息，以支持决策的科学性；应规格化、规范化地编码信息，以简化信息的表达和综合工作。

②用定量的方法分析数据，定性的方法归纳知识，以实施控制、优化方案。

③适应不同管理层的不同要求。高层领导进行战略性决策，需要战略级信息；中层管理者是在已定战略下的策略性决策，需要策略级信息；基层管理人员是处理执行中的问题，需要执行级信息。自上向下而言，信息应逐级细化，自下向上而言，信息应逐级浓缩。

④尽可能高效、低耗地处理信息，以提高信息的利用率和效益。

2) 信息管理的环节

信息管理的重要环节是收集、整理、存储、传递和使用。

①信息收集，应明确信息的收集部门和收集人，信息的收集规格、时间和方式等，信息收集的最重要标准是及时、准确和全面。

②信息处理，即是对原始信息去粗取精、去伪存真的加工过程，其目的使信息更真实、更有用。

③信息存储，要求做到存储量大，便于查阅，为此应建立储存贮存量大的数据库和知识库。

④信息传递，要保证信息畅通无阻和快速准确地传递，应建立具有一定流量的信息通道。明确规定合理的信息流程以及尽量减少传递的层次；

⑤信息使用，工程建设信息管理的最终目的，就是为了更好地使用信息，为监理决策服务。

3) 信息管理制度

完善信息管理制度，是发挥信息效用的重要保证，为此应合理建立信息收集制度，合理规定信息传递渠道，提高信息的吸收能力和利用率，建立灵敏的信息反馈系统，使信息充分发挥作用。

8.3.2　工程监理文件资料

（1）监理资料

施工阶段的监理资料应包括下列内容：

1）施工合同文件及工程监理合同；

2）勘察设计文件；

3）监理规划；

4）监理实施细则；

5）分包单位资格报审表；

6）设计交底与图纸会审会议纪要；

7）施工组织设计（方案）报审表；

8）工程开工/复工报审表及工程暂停令；

9）测量核验资料；

10）工程进度计划；

11）工程材料、构配件、设备的质量证明文件；

12）检查试验资料；

13）工程变更资料；

14）隐蔽工程验收资料；

15）工程计量单和工程款支付证书；

16）监理工程师通知单；

17）监理工作联系单；

18）报验申请表；

19）会议纪要；

20）来往函件；

21）监理日记；

22）监理月报；

23）质量缺陷与事故的处理文件；

24）分部工程、单位工程等验收资料；

25）索赔文件资料；

26）竣工结算审核意见书；

27）工程项目施工阶段质量评估报告等专题报告；

28）监理工作总结。

（2）监理月报

施工阶段的监理月报应包括以下内容：

1）本月工程概况。

2）本月工程形象进度。

3）工程进度：

①本月实际完成情况与计划进度比较；

②对进度完成情况及采取措施效果的分析。

4）工程质量：

①本月工程质量情况分析；
②本月采取的工程质量措施及效果。
5）工程计量与工程款支付：
①工程量审核情况；
②工程款审批情况及月支付情况；
③工程款到位情况分析；
④本月采取的措施及效果。
6）合同其他事项的处理情况：
①工程变更；
②工程延期；
③费用索赔。
7）本月监理工作小结：
①对本月进度、质量、工程款支付等方面情况的综合评价；
②本月监理工作情况；
③有关本工程的意见和建议；
④下月监理工作的重点。
监理月报应由总监理工程师组织编制，签认后报建设单位和监理单位。
(3) 监理工作总结
监理工作总结应包括以下内容：
1）工程基本概况；
2）监理组织机构、监理人员和投入的监理设施；
3）监理合同履行情况；
4）监理工作成效；
5）建设工程过程中出现的问题及其处理情况和建议；
6）工程照片（有必要时）。
施工阶段监理工作结束时，监理单位应向建设单位提交监理工作总结。
(4) 设备采购监理与设备监造的监理资料
设备采购监理的监理资料应包括以下内容：
1）工程监理合同；
2）设备采购方案计划；
3）设计图纸和文件；
4）市场调查考察报告；
5）设备采购招投标文件；
6）设备采购订货合同；
7）设备采购监理工作总结。
设备采购监理工作结束时，监理单位应向建设单位提交设备采购监理工作总结。
设备监造工作的监理资料应包括以下内容：
1）设备制造合同；
2）设备监造规划；

3）设备制造的生产计划和工艺方案；

4）设备制造的检验计划和检验要求；

5）分包单位资格报审表；

6）原材料、零配件等的质量证明文件和检验报告；

7）开工/复工报审表、暂停令；

8）检验记录及试验报告；

9）报验申请表；

10）设计变更文件；

11）会议纪要；

12）来往文件；

13）监理日记；

14）监理工程师通知单；

15）监理工作联系单；

16）监理月报；

17）质量事故处理文件；

18）设备制造索赔文件；

19）设备验收文件；

20）设备交接文件；

21）支付证书和设备制造结算审核文件；

22）设备监造工作总结。

设备监造工作结束时，监理单位应向建设单位提交设备监造工作总结。

8.3.3 工程监理信息管理内容

工程建设信息管理是在明确监理信息流程，建立监理信息编码系统基础上，围绕监理信息的收集、加工整理、存储、传递和使用而开展的建立健全监理信息采集制度；利用高效的信息处理手段处理监理信息。

（1）监理信息的收集

工程项目建设的每一个阶段都要产生大量的信息。但是，要得到有价值的信息，只靠自发产生的信息是远远不够的，还必须根据需要进行有目的、有组织、有计划的收集，才能提高信息质量，充分发挥信息的作用。

收集信息是运用信息的前提。各种信息一经产生，就必然会受到传输条件、人们的思想意识及各种利益关系的影响。所以，信息有真假、虚实、有用无用之分。监理工程师要取得有用的信息，必须通过各种渠道，采取各种方法收集信息，然后经过加工、筛选，从中选择出对决策有用的信息，没有足够的信息作依据，决策就会产生失误。

收集信息是进行信息处理的基础。信息处理是包括对已经取得的原始信息，进行分类、筛选、分析、加工、评定、编码、存贮、检索、传递的全过程。不经收集就没有进行处理的对象。信息收集工作的好坏，直接决定着信息加工处理质量的高低。在一般情况下，如果收集到的信息时效性强、真实度高、价值大、全面系统，再经加工处理质量就更高，反之则低。

因此，建立一套完善的信息采集制度收集建设工程监理的各阶段、各类信息是监理工作所必需的。本节根据工程建设各阶段监理工作的内容来讨论监理信息的收集。

1）工程建设前期信息的收集

如果监理工程师未参加工程建设的前期工作，在受建设单位的委托对工程建设设计阶段实施监理时，应向建设单位和有关单位收集以下资料，作为设计阶段监理的主要依据。

①批准的“项目建议书”、“可行性研究报告”及“设计任务书”；

②批准的建设选址报告、城市规划部门的批文、土地使用要求、环保要求；

③工程地质和水文地质勘察报告、区域图、地形测量图。对地质气象和地震烈度等自然条件资料；

④矿藏资源报告；

⑤设备条件；

⑥规定的设计标准；

⑦国家或地方的监理法规或规定；

⑧国家或地方有关的技术经济指标和定额等。

2）工程建设设计阶段信息的收集

在工程建设的设计阶段将产生一系列的设计文件，它们是监理工程师协助建设单位选择承包商以及在施工阶段实施监理的重要依据。

建设项目的初步设计文件包含大量的信息，如：建设项目的规模、总体规划布置，主要建筑物的位置、结构形式和设计尺寸，各种建筑物的材料用量，主要设备清单，主要技术经济指标，建设工期，总概算等。还有建设单位与市政、公用、供电、电信、铁路、交通、消防等部门的协议文件或配合方案。

技术设计是根据初步设计和更详细的调查研究资料进行的，用以进一步解决初步设计中的重大技术问题，如工艺流程、建筑结构、设备选型及数量确定等。技术设计文件与初步设计文件相比，提供了更确切的数据资料，如对建筑物的结构形式和尺寸等进行修正并编制了修正后的总概算。

施工图设计文件则完整地表现建筑物外形、内部空间分割、结构体系、构造状况以及建筑群的组成和周围环境的配合，具有详细的构造尺寸。它通过图纸反映出大量的信息；如施工总平面图、建筑物的施工平面图和剖面图、设备安装详图、各种专门工程的施工图，以及各种设备和材料的明细表等。此外，还有根据施工图设计所作的施工图预算等。

3）施工招标阶段信息的收集

在工程建设招标阶段，建设单位或其委托的监理单位要编制招标文件，而投标单位要编制投标文件，在招投标过程中以及在决标以后，招、投标文件及其他一些文件将形成一套对工程建设起制约作用的合同文件，这些合同文件是建设工程监理的法规文件，是监理工程师必须要熟悉和掌握的。

这些文件主要包括：投标邀请书、投标须知、合同双方签署的合同协议书、履约保函、合同条款、投标书及其附件、标价的工程量清单及其附件、技术规范、招标图纸、发包单位在招标期内发出的所有补充通知、投标单位在投标期内补充的所有书面文件、投标单位在投标时随投标书一起递送的资料与附图、发包单位发出的中标通知书、合同双方在洽商合同时共同签字的补充文件等，除上述各种文件资料外，上级有关部门关于建设项目的批文和有关批示、有关征用土地、迁建赔偿等协议文件，都是十分重要的监理信息。

4）工程建设施工阶段信息的收集

在工程建设的整个施工阶段，每天都会产生大量的信息，需要及时收集和处理。因此，工程建设的施工阶段，可以说是大量的信息产生、传递和处理的阶段，监理工程师的信息管理工作，也就主要集中在这一阶段。

①收集建设单位方的信息。建设单位作为工程建设的组织者，在施工过程中要按照合同文件规定提供相应的条件，并要不时发表对工程建设各方面的意见和看法，下达某些指令。因比，监理工程师应及时收集建设单位提供的信息。

当建设单位负责某些设备、材料的供应时，监理工程师需收集建设单位所提供材料的品种，数量、规格、价格、提货地点、提货方式等信息。例如，有一些项目合同约定建设单位负责供应钢材、木材、水泥、砂石等主要材料，建设单位就应及时将这些材料在各个阶段提供的数量、材质证明、检验（试验）资料、运输距离等情况告知有关方面、监理工程师也应及时收集这些信息资料。另外，建设单位对施工过程中有关进度、质量、投资、合同等方面的看法和意见，监理工程师也应及时收集，同时还应及时收集建设单位的上级主管部门对工程建设的各种意见和看法。

②收集承包商提供的信息。在项目的施工过程中，随着工程的进展，承包商一方也会产生大量的信息，除承包商本身必须收集和掌握这些信息外，监理工程师在现场管理中也必须收集和掌握。这类信息主要包括：开工报告、施工组织设计、各种计划、施工技术方案、材料报验单、月支付申请表、分包申请、工料价格调整申报表、索赔申报表、竣工报验单、复工申请、各种工程项目自检报告、质量问题报告、有关问题的意见等等。承包商应向监理单位报送这些信息资料，监理工程师也应全面系统地收集和掌握这些信息资料。

③建设工程监理的现场记录。现场监理人员必须每天利用特定的表式或以日志的形式记录工地上所发生的事情。所有记录应始终保存在工地办公室内，供监理工程师及其他监理人员查阅。这类记录每月由专业监理工程师整理成书面资料上报监理工程师办公室。监理人员在现场遇到的施工中不得不采取紧急措施而对承包商所发出的书面指令，应尽快通报上一级监理组织，以征得其确认或修改指令。

现场记录通常记录以下内容：

a. 现场监理人员对所监理工程范围内的机械、劳力的配备和使用情况作详细记录。如承包人现场人员和设备的配备是否同计划所列的一致；工程质量和进度是否因人员或设备不足而受到影响，受到影响的程度如何；是否缺乏专业施工人员或专业施工设备，承包商有无替代方案；承包商施工机械完好率和使用率是否令人满意；维修车间及设施如何，是否存储有足够的备件等。

b. 记录气候及水文情况：记录每天的最高、最低气温，降雨和降雪量，风力，河流水位；记录有预报的雨、雪、台风及洪水到来之前对永久性或临时性工程所采取的保护措施；记录气候、水文的变化影响施工及造成损失的细节，如停工时间、救灾的措施和财产的损失等。

c. 记录承包商每天工作范围，完成工程数量，以及开始和完成工作的时间，记录出现的技术问题，采取了怎样的措施进行处理，效果如何，能否达到技术规范的要求等。

d. 对工程施工中每步工序完成后的情况作简单描述，如此工序是否已被认可，对缺陷的补救措施或变更情况等作详细记录。监理人员在现场对隐蔽工程应特别注意记录。

e. 记录现场材料供应和储备情况。每一批材料的到达时间、来源、数量、质量、存储方式和材料的抽样检查情况等。

f. 对于一些必须在现场进行的试验，现场监理人员进行记录并分类保存。

④工地会议记录。工地会议是监理工作的一种重要方法，会议中包含着大量的信息。监理工程师必须重视工地会议，并建立一套完善的会议制度，以便于会议信息的收集。会议制度包括会议的名称、主持人、参加人、举行会议的时间及地点等，每次会议都应有专人记录，会后应有正式会议纪要，由与会者签字确认，这些纪要将成为今后解决问题的重要依据。会议纪要应包括以下内容：会议地点及时间；出席者姓名、职务以及他们所代表的单位；会议中发言者的姓名及主要内容；形成的决议；决议由何人及何时执行等；未解决的问题及其原因。

工地会议一般每月召开一次，会议由监理人员、建设单位代表及承包商参加。会议主要内容包括：确认上次工地会议纪要、当月进度总结、进度预测、技术事宜、变更事宜、财务事宜、管理事宜、索赔和延期、下次工地会议及其他事宜。工地会议确定的事宜视为合同文件的一部分，承包商必须执行。

⑤计量与支付记录。包括所有计量及付款资料。应清楚地记录哪些工程进行过计量，哪些工程没有进行计量，哪些工程已经进行了支付，已同意或确定的费率和价格变更等。

⑥试验记录。除正常的试验报告外，试验室应由专人每天以日志形式记录试验室工作情况，包括对承包商的试验的监督、数据分析等。记录内容包括：

a. 工作内容的简单叙述。如进行了哪些试验，结果如何等。

b. 承包商试验人员配备情况。试验人员配备与承包商计划所列是否一致，数量和素质是否满足工作需要，增减或更换试验人员之建议。

c. 对承包商试验仪器、设备配备、使用和调动情况记录，需增加新设备的建议。

d. 监理试验室与承包商试验室所做同一试验，其结果有无重大差异，原因如何。

⑦工程照片和录像

工程照片和录像能直观、真实地反映包括试验、质量、隐蔽工程、引起索赔的事件、工程事故现场等信息。

5）工程建设竣工阶段信息的收集

在工程建设竣工验收阶段，需要大量与竣工验收有关的各种信息资料，这些信息资料一部分是在整个施工过程中，长期积累形成的；一部分是在竣工验收期间，根据积累的资料整理分析得到的，完整的竣工资料应由承包商收集整理，经监理工程师及有关方面审查后，移交建设单位。

（2）建设工程监理信息的加工整理和存储

1）监理信息的加工整理

所谓监理信息的加工整理是对收集来的大量原始信息，进行筛选、分类、排序、压缩、分析、比较、计算等过程。监理工程师为了有效地控制工程建设的投资、进度和质量目标，提高工程建设的投资效益，应在全面、系统收集监理信息的基础上，加工整理收集来的信息资料。

信息的加工整理作用很大。首先，通过加工，将信息进行分类，使之标准化、系统化。收集到的原始信息只有经过加工，使之成为标准的、系统的信息资料，才能进入使用、存贮，以及提供检索和传递。其次，经过收集的资料，真实程度、准确程度都比较低，甚至还混有一些错误，经过对它们进行分析、比较、鉴别，乃至计算、校正，使获得的信息准确、真实。另外，原始状态的信息，一般不便于使用和存贮、检索、传递，经加工后，可以使信息浓缩，以便于进行以上操作。还有，信息在加工过程中，通过对信息的综合、分解、整理、增补，可以得到更多有价值的新信息。

总之，本着标准化、系统化、准确性、时间性和适用性等原则，通过对信息资料的加工整理，一方面可以掌握工程建设实施过程中各方面的进展情况；另一方面可直接或借助于数学模型来预测工程建设未来的进展状况，从而为监理工程师做出正确的决策提供可靠的依据。

在建设项目的施工过程中，监理工程师加工整理的监理信息主要有以下几个方面。

①现场监理日报表。是现场监理人员根据每天的现场记录加工整理而成的报告。主要包括如下内容：当天的施工内容；当天参加施工的人员（工种、数量、承包商等）；当天施工用的机械的名称和数量等；当天发现的施工质量问题；当天的施工进度和计划进度的比较，若发生进度拖延，应说明原因；当天天气综合评语；其他说明及应注意的事项等。

②现场监理工程师周报。是现场监理工程师根据监理日报加工整理而成的报告，每周向项目总监理工程师汇报一周内所有发生的重大事件。

③监理工程师月报。是集中反映工程实况和监理工作的重要文件。一般由项目总监理工程师组织编写，每月一次上报建设单位。大型项目的监理月报，往往由各合同段或子项目的总监理工程师代表组织编写，上报总监理工程师审阅后报建设单位。监理月报一般包括以下内容：

a. 工程进度。描述工程进度情况，工程形象进度和累计完成的比例。若拖延了计划，应分析其原因以及这种原因是否已经消除，就此问题承包商、监理人员所采取的补救措施等。

b. 工程质量。用具体的测试数据评价工程质量，如实反映工程质量的好坏，并分析原因。承包商和监理人员对质量较差工作的改进意见，如有责令承包商返工的项目，应说明其规模、原因以及返工后的质量情况。

c. 计量支付。给出本期支付、累计支付以及必要的分项工程的支付情况，形象地表达支付比例，实际支付与工程进度对照情况等；承包商是否因流动资金短缺而影响了工程进度，并分析造成资金短缺的原因（如是否未及时办理支付等）；有无延迟支票、价格调整等问题，说明其原因及由此而产生的增加费用。

d. 质量事故。质量事故发生的时间、地点、项目、原因、损失估计（经济损失、时间损失、人员伤亡情况）等。事故发生后采取了哪些补救措施，在今后工作中避免类似事故发生的有效措施。由于事故的发生，影响了单项或整体工程进度情况。

e. 工程变更。对每次工程变更应说明：引起变更设计的原因，批准机关，变更项目的规模，工程量增减数量、投资增减的估计等；是否因此变更影响了工程进展，承包商是否就此已提出或准备提出索赔（工期、费用）。

f. 民事纠纷。说明民事纠纷产生的原因，哪些项目因此被迫停工，停工的时间，造成窝工的机械、人力情况等。承包商是否就此已提出或准备提出延期和索赔。

g. 合同纠纷。合同纠纷情况及产生的原因，监理人员进行调解的措施；监理人员在解决纠纷中的体会；建设单位或承包商有无要求进一步处理的意向。

h. 监理工作动态。描述本月的主要监理活动，如工地会议、现场重大监理活动、索赔的处理、上级布置的有关工作的进展情况、监理工作中的困难等。

2）监理信息的存储

经收集和整理后的大量信息资料，应当存档以备将来使用。为了便于管理和使用监理信息，必须在监理组织内部建立完善的信息资料存储制度，将各种资料按不同的类别，进行详细的登录、存放。这种系统地、归集和保存信息的过程称为监理信息的贮存。

信息的贮存，可汇集信息，建立信息库，有利于进行检索，可以实现监理信息资源的共享，促进监理信息的重复利用，便于信息的更新和剔除。

监理信息贮存的主要载体是文件、报告报表、图纸、音像材料等。监理信息的贮存，主要就是将这些材料按不同的类别，进行详细的登录、存放，建立资料归档系统。该系统应简单和易于保存，但内容应足够详细，以便很快查出任何已归档的资料。因此资料的文档管理工作（具体而微小且烦琐）就显得非常重要。监理资料归档，一般按以下几类进行：

①一般函件：与建设单位、承包商和其他有关部门来往的函件按日期归档；监理工程师主持或出席的所有会议记录按日期归档。

②监理报告：各种监理报告按次序归档。

③计量与支付资料：每月计量与支付证书，连同其所附资料每月按编号归档；监理人员每月提供的计量与支付有关的资料应按月份归档；物价指数的来源等资料按编号归档。

④合同管理资料：承包商对延期、索赔和分包的申请、批准的延期、索赔和分包文件按编号归档；变更设计的有关资料编号归档；现场监理人员为应急发出的书面指令及最终指令应按项目归档。

⑤图纸：按分类编号存放归档。

⑥技术资料：现场监理人员每月汇总上报的现场记录及检验报表按月归档，承包商提供的竣工资料分项归档。

⑦试验资料：监理人员所完成的试验资料分类归档；承包商所报试验资料分类归档。

⑧工程照片：反映工程实际进度的照片按日期归档；反映现场监理工作的照片按日期归档；反映工程质量事故及处理情况的照片按日期归档；其他照片，如工地会议和重要监理活动的照片按日期归档。

以上资料在归档的同时，要进行登录，建立详细的目录表，以便随时调用、查寻。

目前，信息存储的介质主要有各类纸张、胶卷、录音（像）带和计算机存储器等。用纸张存储信息的主要优点是便宜，永久保存性好，不易涂改，其缺点是占用大量的空间，不便于检索，传递速度慢。我们应掌握各种存储介质的特点，扬长避短，将纸和计算机及其他存储介质结合起来使用。随着技术的不断发展，计算机的存储量越来越大，且成本越来越低。因此，监理信息的存储应尽量采用电子计算机及其他微缩系统，以节省存储时间、空间和费用。

（3）建设工程监理信息的检索和传递

无论是存储在档案库还是存储在计算机中的信息资料，为了查找方便，在建库时都要拟定一套科学的查找方法和手段，做好分类编目工作。完善健全的检索系统可以使报表、文件、资料、人事和技术档案既保存完好，又查找方便。否则会使资料杂乱无章，无法利用。

监理信息的传递，是指监理信息借助于一定的载体（如纸张、软盘等）从信息源传递到使用者的过程。

监理信息在传递过程中，形成各种信息流。信息流常有以下几种：

1）自上而下的信息流：是指由上级管理机构向下级管理机构流动的信息，上级管理机构是信息源，下级管理机构是信息的接受者。它主要是有关政策法规、合同、各种批文、各种计划信息。

2）自下而上的信息流：是指由下一级管理机构向上一级管理机构流动的信息，它主要是有关工程项目总目标完成情况的信息，也即投资、进度、质量、合同完成情况的信息。其中有原始信息，如实际投资、实际进度、实际质量信息，也有经过加工、处理后的信息，如投资、进度、质量对比信息等。

3）内部横向信息流：是指在同一级管理机构之间流动的信息。由于建设监理是以三大控制为目标，以合同管理为核心的动态控制系统，在监理过程中，三大控制和合同管理分别由不同的组织进行，由此产生各自的信息，并且相互之间又要为监理的目标进行协作、传递信息。

4）外部环境信息流：是指在工程项目内部与外部环境之间流动的信息。外部环境指的是气象部门、环保部门等。

为了有效地传递信息，必须使上述各信息流畅通无阻，只有这样才能保证监理工程师及时得到完整、准确的信息，从而为监理工程师的科学决策提供可靠支持。电子计算机技术及通信技术的迅速发展，为建设工程监理信息的快速传递提供了良好的条件，人们可以通过建立计算机网络来传递各类信息。

（4）建设工程监理信息的使用

工程建设信息管理的最终目的，就是为了更好地使用信息，为监理决策服务。一经过加工处理的信息，要按照监理工作的实际要求，以各种形式提供给各类监理人员，如报表、文字、图形、图像、声音等。信息的使用效率和使用质量随着电子计算机的普及而提高。存储于电子计算机中的信息，是一种为各个部门所共享的资源。因此，利用电子计算机进行信息管理，已成为更好地使用建设工程监理信息的前提条件。

思 考 题

1. 简述工程监理安全生产管理职责。
2. 工程监理合同管理主要包括哪些方面？
3. 建设工程监文件资料都包括什么？
4. 如何进行工程监理信息管理？

第9章　建设工程监理协调和沟通

9.1　概　　述

建设监理目标的实现，需要监理工程师有较强的专业知识和对监理程序的充分理解，还有一个重要方面，就是要有较强的协调沟通能力。通过协调和沟通，使影响项目监理目标实现的各个方面处于统一体中，使项目系统结构均衡，使监理工作实施和运行过程顺利。

9.1.1　协调

（1）协调的含义

协调就是联结、联合、调和所有的活动及力量，使各方配合得适当，其目的是促使各方协同一致，以实现预定目标。协调工作应贯穿于整个建设工程实施及其管理过程中。

建设工程系统就是一个由人员、物质、信息等构成的人为组织系统。用系统方法分析，建设工程的协调一般有三大类：一是“人员/人员界面”；二是“系统/系统界面”；三是“系统/环境界面”。

建设工程组织是由各类人员组成的工作班子，由于每个人的性格、习惯、能力、岗位、任务、作用的不同，即使只有两个人在一起工作，也有潜在的人员矛盾或危机。这种人和人之间的间隔，就是所谓的“人员/人员界面”。

建设工程系统是由若干个子项目组成的完整体系，子项目即子系统。由于子系统的功能、目标不同，容易产生各自为政的趋势和相互推诿的现象。这种子系统和子系统之间的间隔，就是所谓的“系统/系统界面”。

建设工程系统是一个典型的开放系统。它具有环境适应性，能主动从外部世界取得必要的能量、物质和信息。在取得的过程中，不可能没有障碍和阻力。这种系统与环境之间的间隔，就是所谓的“系统/环境界面”。

工程项目建设协调管理就是在“人员/人员界面”、“系统/系统界面”、“系统/环境界面”之间，对所有的活动及力量进行联结、联合、调和的工作。系统方法强调，要把系统作为一个整体来研究和处理，因为总体的作用规模要比各子系统的作用规模之和大。为了顺利实现工程项目建设系统目标，必须重视协调管理，发挥系统整体功能。在工程项目建设监理中，要保证项目的参与各方面围绕项目开展工作，使项目目标顺利实现，组织协调最为重要、最为困难，也是监理工作能否成功的关键，只有通过积极的组织协调才能实现整个系统全面协调的目的。

建设工程监理目标的实现，需要监理工程师扎实的专业知识和对监理程序的有效执行，此外，还要求监理工程师有较强的组织协调能力。通过组织协调，使影响监理目标实现的各方主体有机配合，使监理工作实施和运行过程顺利。

(2) 组织协调的原则

1) 以人为本，相互理解；

2) 公正待人；

3) 原则性和灵活性相结合；

4) 调和冲突，化解矛盾；

5) 顾全大局，服从整体。

(3) 项目监理工作中组织协调的范围和层次

从系统方法的角度看，项目监理机构协调的范围分为系统内部的协调和系统外部的协调，工程项目外部协调又可以分为近外层协调和远外层协调（图 9-1 所示）。近外层和远外层的主要区别是，工程项目与近外层关联单位一般有合同关系，包括直接的和间接的合同关系，如与建设单位、设计单位、总承包单位、分包单位等的关系；和远外层关联单位一般没有合同关系，但却受法律、法规和社会公德等的约束，如与政府、项目周边居民社区组织、环保、交通、环卫、绿化、文物、消防、公安等单位的关系。项目监理组织协调的范围与层次见图 9-1 所示。

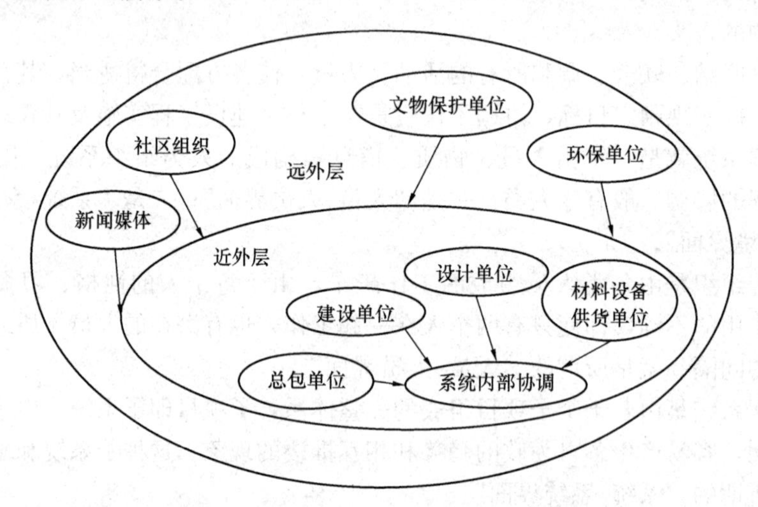

图 9-1　工程项目监理协调的范围和层次

9.1.2　沟通

(1) 沟通的含义

沟通，也称信息交流，是指将某一信息传递给客体或对象，以期取得客体作出相应反应的过程。一般而言，沟通是双方的行为，有三种表现形式：人与人之间的沟通，人与机之间的沟通，机与机之间的沟通。

人与人之间的沟通主要是通过语言或文字来进行的，其沟通不仅是信息的交流，而且包括情感、思想、态度、观点的交流。在人与人之间的沟通过程中，心理因素有着重要意义。在人与人之间的沟通过程中，会出现特殊的沟通障碍。这种障碍不仅是由于信息渠道的失真或错误，而且还是人所特有的心理障碍。例如，由于人的知识、经历、职业、政治观点等不同，对同一信息可能有不同看法和不同理解。这些特性表明，在研究人与人之间的沟通过程时，需要研究其特殊规律。

(2) 沟通的作用

1) 收集与分享信息

沟通对外可以获得有关外部环境的各种信息与情报，对内可以了解组织成员的意见倾向和工作成果，并把握他们的工作积极性与要求，洞察部门之间的关系与管理效率等。

2) 稳定情绪，改善人际关系

沟通可以解除人们内心的紧张与怨恨，使人感到心情舒畅，避免“集邮”心理现象的形成，在相互沟通中可以增进成员彼此的了解，消除误会，改善人际关系。

3) 调动组织成员工作的积极性

组织内部良好的沟通过程，就是成员参与管理的过程，这种参与是对组织成员最大的激励。

4) 使决策更加合理和有效

在组织内部充分利用各种沟通的渠道、方式、方法。实行信息高效率的沟通，是提高决策水平的根本所在。

(3) 沟通的过程

一个完整的沟通过程包括以下七个环节：

1) 沟通主体：信息的发出者或来源；

2) 编码：主体采取某种形式来传递信息的内容；

3) 媒体：沟通渠道，指信息的流通载体；

4) 客体：信息的接收者；

5) 译码：客体对接收到的信息所作出的解释、理解；

6) 作出反应：体现出沟通效果；

7) 反馈：客体对信息作出反应的回路。

沟通过程由发送者开始，发送者首先将头脑中的思想进行编码，形成信息，然后通过传递信息的媒体发送给接收者。接收者在接收信息之前，必须先将其翻译成可以理解的形式，即译码。发送者进行编码和接收者进行译码都要受到个人的知识、经验、文化背景等的影响。接收者把信息返回给发送者，即反馈。至此完成一个沟通过程。

(4) 沟通的类型

1) 按沟通的组织系统划分为正式沟通和非正式沟通；

2) 按沟通的方式划分为口头沟通、书面沟通、语言沟通、非语言沟通；

3) 按信息传播的方向划分为上行沟通、下行沟通、平行沟通；

4) 按沟通网络的基本形式划分为链式沟通、环式沟通、Y式沟通、轮式沟通、全通道式沟通；

5) 按沟通方向的可逆性划分为单向沟通、双向沟通；

6) 按沟通的功能和目的划分为工具沟通、满足需要的沟通。

9.2 建设工程监理协调

9.2.1 项目监理机构内部协调

(1) 项目监理机构内部人际关系的协调

项目监理机构是由人组成的工作体系，工作效率很大程度上取决于人际关系的协调程度，总监理工程师应首先抓好人际关系的协调，激励项目监理机构成员。

1）在人员安排上要量才录用。对项目监理机构各种人员，要根据每个人的专长进行安排，做到人尽其才。人员的搭配应注意能力互补和性格互补，人员配置应尽可能少而精，防止力不胜任和忙闲不均现象。

2）在工作委任上要职责分明。对项目监理机构内的每一个岗位，都应订立明确的目标和岗位责任制，应通过职能清理，使管理职能不重不漏，做到事事有人管，人人有专责，同时明确岗位职权。

3）在成绩评价上要实事求是。谁都希望自己的工作做出成绩，并得到肯定。但工作成绩的取得，不仅需要主观努力，而且需要一定的工作条件和相互配合。要发扬民主作风，实事求是评价，以免人员无功自傲或有功受屈，使每个人热爱自己的工作，并对工作充满信心和希望。

4）在矛盾调解上要恰到好处。人员之间的矛盾总是存在的，一旦出现矛盾就应进行调解，要多听取项目监理机构成员的意见和建议，及时沟通，使人员始终处于团结、和谐、热情高涨的工作气氛之中。

（2）项目监理机构内部组织关系的协调

项目监理机构是由若干部门（专业组）组成的工作体系。每个专业组都有自己的目标和任务。如果每个子系统都从建设工程的整体利益出发，理解和履行自己的职责，则整个系统就会处于有序的良性状态，否则，整个系统便处于无序的紊乱状态，导致功能失调，效率下降。

项目监理机构内部组织关系的协调可从以下几方面进行：

1）在职能划分的基础上设置组织机构，根据工程对象及工程监理合同所规定的工作内容，确定职能划分，并相应设置配套的组织机构。

2）明确规定每个部门的目标、职责和权限，最好以规章制度的形式作出明文规定。

3）事先约定各个部门在工作中的相互关系。在工程建设中许多工作是由多个部门共同完成的，其中有主办、牵头和协作、配合之分，事先约定，才不至于出现误事、脱节等贻误工作的现象。

4）建立信息沟通制度，如采用工作例会、业务碰头会、发会议纪要、工作流程图或信息传递卡等方式来沟通信息，这样可使局部了解全局，服从并适应全局需要。

5）及时消除工作中的矛盾或冲突。总监理工程师应采用民主的作风，注意从心理学、行为科学的角度激励各个成员的工作积极性；采用公开的信息政策，让大家了解建设工程实施情况、遇到的问题或危机；经常性地指导工作，和成员一起商讨遇到的问题，多倾听他们的意见、建议，鼓励大家同舟共济。

（3）项目监理机构内部需求关系的协调

建设工程监理实施中有人员需求、试验设备需求、材料需求等，而资源是有限的，因此，内部需求平衡至关重要。需求关系的协调可从以下环节进行：

1）对监理设备、材料的平衡。建设工程监理开始时，要做好监理规划和监理实施细则的编写工作，提出合理的监理资源配置，要注意抓住期限上的及时性、规格上的明确性、数量上的准确性、质量上的规定性。

2）对监理人员的平衡。要抓住调度环节，注意各专业监理工程师的配合。一个工程包括多个分部分项工程，复杂性和技术要求各不相同，这就存在监理人员配备、衔接和调度问题。如土建工程的主体阶段，主要是钢筋混凝土工程或预应力钢筋混凝土工程；设备安装阶段，材料、工艺和测试手段就不同；还有配套、辅助工程等。监理力量的安排必须考虑到工程进展情况，作出合理的安排，以保证工程监理目标的实现。

9.2.2 项目监理机构外部协调

（1）与建设单位的协调

监理实践证明，监理目标的顺利实现和与建设单位协调的好坏有很大的关系。

我国长期的计划经济体制使得建设单位合同意识差、随意性大，主要体现在：一是沿袭计划经济时期的基建管理模式，搞“大建设单位，小监理”，在一个建设工程上，建设单位的管理人员要比监理人员多或管理层次多，对监理工作干涉多，并插手监理人员应做的具体工作；二是不把合同中规定的权力交给监理单位，致使监理工程师有职无权，发挥不了作用；三是科学管理意识差，在建设工程目标确定上压工期、压造价，在建设工程实施过程中变更多或时效不按要求，给监理工作的质量、进度、投资控制带来困难。因此，与建设单位的协调是监理工作的重点和难点。监理工程师应从以下几方面加强与建设单位的协调：

1）监理工程师首先要理解建设工程总目标、理解建设单位的意图。对于未能参加项目决策过程的监理工程师，必须了解项目构思的基础、起因、出发点，否则可能对监理目标及完成任务有不完整的理解，会给他的工作造成很大的困难。

2）利用工作之便做好监理宣传工作，增进建设单位对监理工作的理解，特别是对建设工程管理各方职责及监理程序的理解；主动帮助建设单位处理建设工程中的事务性工作，以自己规范化、标准化、制度化的工作去影响和促进双方工作的协调一致。

3）尊重建设单位，让建设单位一起投入建设工程全过程。尽管有预定的目标，但建设工程实施必须执行建设单位的指令，使建设单位满意。对建设单位提出的某些不适当的要求，只要不属于原则问题，都可先执行，然后利用适当时机、采取适当方式加以说明或解释；对于原则性问题，可采取书面报告等方式说明原委，尽量避免发生误解，以使建设工程顺利实施。

（2）与承包商的协调

监理工程师对质量、进度和投资的控制都是通过承包商的工作来实现的，所以做好与承包商的协调工作是监理工程师组织协调工作的重要内容。

与承包商的协调原则：

①坚持原则，实事求是，严格按规范、规程办事，讲究科学态度

监理工程师在监理工作中应强调各方面利益的一致性和建设工程总目标；监理工程师应鼓励承包商将建设工程实施状况、实施结果和遇到的困难和意见向他汇报，以寻找对目标控制可能的干扰。双方了解得越多越深刻，监理工作中的对抗和争执就越少。

②注重语言艺术、感情交流和用权适度

有时尽管协调意见是正确的，但由于方式或表达不妥，反而会激化矛盾。而高超的协调能力则往往能起到事半功倍的效果，令各方面都满意。

③与承包商的协调工作内容

与承包商协调工作的主要内容如下：

①进度问题的协调。由于影响进度的因素错综复杂，因而进度问题的协调工作也十分复杂。实践证明，有两项协调工作很有效：一是建设单位和承包商双方共同商定一级网络计划，并由双方主要负责人签字，作为工程施工合同的附件；二是设立提前竣工奖，由监理工程师按一级网络计划节点考核，分期支付阶段工期奖，如果整个工程最终不能保证工期，由建设单位从工程款中将已付的阶段工期奖扣回并按合同规定予以罚款。

②质量问题的协调。在质量控制方面应实行监理工程师质量签字认可制度。对没有出厂证明、不符合使用要求的原材料、设备和构件，不准使用；对工序交接实行报验签证；对不合格的工程部位不予验收签字，也不予计算工程量，不予支付工程款。在建设工程实施过程中，设计变更或工程内容的增减是经常出现的，有些是合同签订时无法预料和明确规定的。对于这种变更，监理工程师要认真研究，合理计算价格，与有关方面充分协商，达成一致意见，并实行监理工程师签证制度。

③对分包单位的管理。主要是对分包单位明确合同管理范围，分层次管理。将总包合同作为一个独立的合同单元进行投资、进度、质量控制和合同管理，不直接和分包合同发生关系。对分包合同中的工程质量、进度进行直接跟踪监控，通过总包商进行调控、纠偏。分包商在施工中发生的问题，由总包商负责协调处理，必要时，监理工程师帮助协调。当分包合同条款与总包合同发生抵触，以总包合同条款为准。此外，分包合同不能解除总包商对总包合同所承担的任何责任和义务。分包合同发生的索赔问题，一般由总包商负责，涉及总包合同中建设单位义务和责任时，由总包商通过监理工程师向建设单位提出索赔，由监理工程师进行协调。

④合同争议的协调。对于工程中的合同争议，监理工程师应首先采用协商解决的方式，协商不成时才由当事人向合同管理机关申请调解。只有当对方严重违约而使自己的利益受到重大损失且不能得到补偿时才采用仲裁或诉讼手段。如果遇到非常棘手的合同争议问题，不妨暂时搁置等待时机，另谋良策。

⑤对承包商违约行为的处理。在施工过程中，监理工程师对承包商的某些违约行为进行处理是一件很慎重而又难免的事情。当发现承包商采用一种不适当的方法进行施工，或是用了不符合合同规定的材料时，监理工程师除了立即制止外，可能还要采取相应的处理措施。遇到这种情况，监理工程师应该考虑的是自己的处理意见是否是监理权限以内的，根据合同要求，自己应该怎么做等等。在发现质量缺陷并需要采取措施时，监理工程师必须立即通知承包商。监理工程师要有时间期限的概念，否则承包商有权认为监理工程师对已完成的工程内容是满意或认可的。

监理工程师最担心的可能是工程总进度和质量受到影响。有时，监理工程师会发现，承包商的项目经理或某个工地工程师不称职。此时明智的做法是继续观察一段时间，待掌握足够的证据时，总监理工程师可以正式向承包商发出警告。万不得已时，总监理工程师有权要求撤换承包商的项目经理或工地工程师。

（3）与设计单位的协调

监理单位必须协调与设计单位的工作，以加快工程进度，确保质量，降低消耗。

1）真诚尊重设计单位的意见，在设计单位向承包商介绍工程概况、设计意图、技术要求、施工难点等时，注意标准过高、设计遗漏、图纸差错等问题，并将其解决在施工之前；施工阶段，严格按图施工；结构工程验收、专业工程验收、竣工验收等工作，约请设计代表参加；若发生质量事故，认真听取设计单位的处理意见，等等。

2）施工中发现设计问题，应及时通过建设单位向设计单位提出，以免造成大的直接损失；若监理单位掌握比原设计更先进的新技术、新工艺、新材料、新结构、新设备时，可主动通过建设单位向设计单位推荐。为使设计单位有修改设计的余地而不影响施工进度，协调各方达成协议，约定一个期限，争取设计单位、承包商的理解和配合。

3）注意信息传递的及时性和程序性。监理工作联系单、工程变更单传递，要按规定的程序进行传递。

这里要注意的是，在施工监理的条件下，监理单位与设计单位都是受建设单位委托进行工作的，两者之间并没有合同关系，所以监理单位主要是和设计单位做好交流工作，协调要靠建设单位的支持。设计单位应就其设计质量对建设单位负责，因此《建筑法》指出：工程监理人员发现工程设计不符合建筑工程质量标准或者合同约定的质量要求的，应当报告建设单位要求设计单位改正。

（4）与政府部门及其他单位的协调

一个建设工程的开展还存在政府部门及其他单位的影响，如政府部门、金融组织、社会团体、新闻媒介等，它们对建设工程起着一定的控制、监督、支持、帮助作用，这些关系若协调不好，建设工程实施也可能严重受阻。

1）与政府部门的协调

①工程质量监督站是由政府授权的工程质量监督的实施机构，对委托监理的工程，质量监督站主要是核查勘察设计单位、承包商和监理单位的资质，监督这些单位的质量行为和工程质量。监理单位在进行工程质量控制和质量问题处理时，要做好与工程质量监督站的交流和协调。

②重大质量事故，在承包商采取急救、补救措施的同时，应敦促承包商立即向政府有关部门报告情况，接受检查和处理。

③建设工程合同应送公证机关公证，并报政府建设管理部门备案；征地、拆迁、移民要争取政府有关部门支持和协作；现场消防设施的配置，宜请消防部门检查认可；要敦促承包商在施工中注意防止环境污染，坚持做到文明施工。

2）协调与社会团体的关系

一些大中型建设工程建成后，不仅会给建设单位带来效益，还会给该地区的经济发展带来好处，同时给当地人民生活带来方便，因此必然会引起社会各界关注。建设单位和监理单位应把握机会，争取社会各界对建设工程的关心和支持。这是一种争取良好社会环境的协调。

对本部分的协调工作，从组织协调的范围看是属于远外层的管理。根据目前的工程监理实践，对远外层关系的协调，应由建设单位主持，监理单位主要是协调近外层关系。如建设单位将部分或全部远外层关系协调工作委托监理单位承担，则应在工程监理合同专用条件中明确委托的工作和相应的报酬。

9.3 建设工程监理沟通

工程监理方作为建设工程的三大主体之一，在建设单位授权下承担着对施工承包合同进行全面管理，并对工程质量、造价、进度、安全进行监督管理和对参建各方“沟通”，以确保工程目标的全面实现。在工程建设过程中，监理方处理好与建设方、承包方的关系，对整个工程建设的顺利进行起到极为关键的作用。或者说，通过沟通，让建设单位充分了解监理的能力，对监理服务可能达到的效果充满信心，才可能在过程中积极支持监理工程师开展工作。当然，要达到这样的效果，除了监理方认真履行自己的职责，完成好本职工作以外，还要靠监理方与建设方在整个建设过程中全方位的、不间断的沟通。

通过沟通，监理方可以了解建设方的意图、需要和关注焦点等信息，在分析信息的基础上，向建设方提供专业的、有针对性的监理服务；通过沟通，建设方亦可以了解监理方在工程建设过程中做了些什么，提出了那些有益的建设性意见和建议等；让建设方感受到监理方在工程建设中起到的作用，加强建设方对监理方的信任和支持，这样的结果就是协调沟通要达到的目的。

通过沟通，承包商项目经理可以与监理工程师及时交流，从监理工程师处得到明确而不是含糊的指示，并且能够对他们所询问的问题得到及时的答复；监理工程师的指示能够及时发出，并与承包商达成共识。通过沟通，监理工程师可以成为一个既懂得坚持原则，又善于理解承包商项目经理的意见，工作方法灵活，随时可能提出或愿意接受变通办法的合格监理人员。

在监理过程中，监理工程师处于一种十分特殊的位置。建设单位希望得到专业的高质量服务，而承包商则希望监理单位能对合同条件有一个公正的解释。因此，监理工程师必须通过沟通处理各种人际关系，既要严格遵守职业道德，礼貌而坚决地拒收任何礼物，以保证行为的公正性，也要利用各种机会增进与各方面人员的友谊与合作，以利于工程的进展。否则，便有可能引起建设单位或承包商对其可信赖程度的怀疑。

监理的沟通管理，就是为了确保项目信息合理收集和传输，以及最终处理所需实施的一系列过程。监理沟通管理具有复杂和系统的特征。监理沟通管理是由监理沟通计划编制、信息发布、目标控制分析报告、管理收尾四部分组成。

（1）监理沟通计划编制

无论什么样的项目都有其特定的周期。项目周期的各个阶段就好像“环环相扣”中的每个环一样重要的，甚至是关键性的。为了做好每个阶段的工作，以达到预期标准和效果，就必须在项目监理机构部门内部、部门与部门之间，以及项目与外界之间建立沟通渠道，能够快速、准确地传递沟通信息，以使项目监理机构内各部门达到协调一致；使项目监理机构成员明确各自的工作职责，并且了解他们的工作对实现整个组织目标所做出的贡献；通过大量的信息沟通，找出项目管理的问题，制定政策并控制评价结果。因此，缺乏良好的沟通，就不可能做好人力资源管理工作，更不可能较好地实现项目目标控制。监理沟通管理涉及知识领域是保证项目信息及时正确地提取、收集、传播、储存以及最终处置所必需的。

监理沟通计划是确定利害关系者的信息交流和沟通要求。项目干系人都必须准备相应项目“语言”进行沟通。并且要明白：每个项目干系人所参与的沟通将会如何影响到项目的整体；谁需要何种信息、何时需要以及相应如何将其交到他们手中就好通过沟通方式和手段。因而沟通计划对于项目的成功很重要。

在编制监理沟通计划时，最重要的是理解组织结构和做好项目干系人分析。总监理工程师所在的组织结构通常对沟通需求有较大影响，比如组织要求总监理工程师定期向项目管理部门做进展分析报告，那么沟通计划中就必须包含这条。项目干系人的利益要受到项目成败的影响，因此他们的需求必须予以考虑。最典型也最重要的项目干系人是建设单位，而项目组成员、总监理工程师以及他的上司也是较重要的项目干系人。所有这些人员各自需要什么信息、在每个阶段要求的信息是否不同、信息传递的方式上有什么偏好，都是需要细致分析的。比如有的建设单位希望每周提交进度报告，有的建设单位除周报外还希望有电话交流，也有的建设单位希望定期检查项目成果，种种情形都要考虑到，分析后的结果要在沟通计划中体现并能满足不同人员的信息需求，这样建立起来的沟通体系才会全面、有效。

监理沟通计划的结果有项目利益相关者的分析结果和沟通管理计划。分析确定项目的利益。编制计划的成员是非常重要的。好的沟通计划具有可行性。考虑问题的影响因素是否全面和解决问题的方法是否可行决定了计划的可行性和可操作性。尽量选择经验丰富的团队是最明智的选择。计划需经过各部门专业监理工程师的认可，方可公布。是执行和控制的有力保证。

(2) 信息发布

信息发布涉及向建设单位和施工单位及时提供所需信息，包括实施沟通管理计划以及始料未及的信息需求应对。

信息公布应做好信息公布的反馈问题。如：与公布信息有关建设单位和施工单位的签字以及对信息意见的文字记录。

(3) 目标控制分析报告报告

目标控制分析报告涉及绩效信息的收集和公布，以便向建设单位和施工单位提供有关资源如何利用来完成项目目标的信息。目标控制分析报告一般应提供关于范围、进度计划、成本和质量的信息。

要做好目标控制分析报告，就必须选择合理的目标控制分析的工具和技术（评审、偏差分析、趋势分析、净值分析），使目标控制分析报告与项目的实际情况最接近。

(4) 管理收尾

管理收尾包含项目结果文档的形成（这些文档可以使建设单位对项目产品的验收正式化），包括项目记录的收集、对符合最终规范的保证、对项目的成功、效果及取得的教训进行分析，以及这些信息的存档以备将来使用。

管理收尾活动不能等到项目结束才进行，项目的每个阶段都要进行适当的收尾，保证重要的、有价值的信息不流失，另外，监理工程师数据库中的人员技能应该得到更新，以反映新的技能和熟练程度的提高。只要认识到监理沟通的重要性，才会做好监理沟通管理计划。有了好的监理沟通计划，只有执行好计划，才能发挥他的作用，才会顺利地实现项目目标，才会对监理沟通管理的重要性有更深一层的认识，才会在以后的项目中继续执行，才会为企业带来更好的效益。

9.3.1 工程监理沟通渠道

(1) 正式沟通和非正式沟通

1) 正式沟通

正式沟通指的是通过组织明文规定的渠道进行信息的传递和交流。如书面形式的文件沟通、会议沟通等。另外，团体所组织的参观访问、技术交流、市场调查等也在此列。在组织中，上级的命令、指示按系统逐级向下传送；下级的情况逐级向上报告，以及规定的会议、汇报、请示制度等。

正式沟通的优点有：沟通效果好，比较严肃，约束力强，易于保密，可以使信息沟通保持权威性。重要信息的传达一般都采取这种方式。

正式沟通的缺点是由于依靠组织系统层层传递，因而沟通速度比较慢，而且比较刻板。

2）非正式沟通

非正式沟通指的是在正式沟通渠道之外进行信息的传递和交流，它不受组织监督，自由选择沟通渠道。如员工之间私下交换意见、朋友聚会、小道消息等都属非正式沟通。

非正式沟通的优点有沟通方便，内容广泛，方式灵活，沟通速度快，可用以传播一些不便正式沟通的信息。非正式沟通是正式沟通的有机补充。在许多组织中，决策时利用的情报大部分是由非正式信息系统传递的。同正式沟通相比，非正式沟通往往能更灵活迅速地适应事态的变化，省略许多繁琐的程序；并且常常能提供大量的通过正式沟通渠道难以获得的信息，真实地反映员工的思想、态度和动机。因此，这种动机往往能够对管理决策起重要作用。一般来说，这种非正式沟通比较难以控制，传递的信息往往不确切，易于失真、曲解，而且，它可能导致小集团、小圈子，影响人心稳定和团体的凝聚力。

（2）上行沟通、下行沟通和平行沟通

上行沟通是指下级向上级的意见反映，是自下而上的信息沟通。

下行沟通是指上级向下级进行的自上而下的信息沟通，即领导者以命令或文件的方式向下级发布指示、传达政策、安排和布置计划工作等。这是传统组织内部最主要的一种沟通方式。

平行沟通是部门之间或朋友之间等平等的信息交流。

（3）单向沟通和双向沟通

单向沟通是指发送者和接收者两者之间的地位不变的沟通，其中一方只发送信息，而另一方只接收信息。如做报告、发布指令等。优点是信息传递快，但准确性差，有时容易产生抗拒心理。

双向沟通是指发送者和接收者之间的地位不断交换，且发送者是以协商和讨论的姿态面对接收者，信息发出以后还需及时听取反馈意见，必要时双方可多次反复商议，直到双方共同满意为止。其优点是信息准确性较高，接收者有反馈意见的机会，缺点是对于发送者，在沟通时随时会受到接受者的质询、批评和挑剔，同时信息传递速度也较慢。

（4）口头沟通和书面沟通

口头沟通是指用口头表达的方式进行信息的传递和交流。

书面沟通是指用书面形式进行的信息传递和交流，如监理通知单、会议记录、纪要以及其他文件等。其优点是可作为资料长期保存，这种沟通也是监理工程师在实际监理过程中的主要沟通方式。

另外还有言语沟通和非语言沟通。

9.3.2 工程监理沟通方法

项目中的沟通方法是多种多样的，通常分为书面和口头两种形式。书面沟通一般在以下情况使用：监理机构中使用的内部备忘录，或者对建设单位和非公司成员使用报告的方式，如正式的项目报告、年报、非正式的个人记录、报事帖。书面沟通大多用来进行通知、确认和要求等活动，一般在描述清楚事情的前提下尽可能简洁，以免增加负担而流于形式。口头沟通包括会议、评审、私人接触、自由讨论等。这一方式简单有效，更容易被大多数人接受，但是不像书面形式那样“白纸黑字”留下记录，因此不适用于类似确认这样的沟通。口头沟通过程中应该坦白、明确，避免由于文化背景、民族差异、用词表达等因素造成理解上的差异，这是特别需要注意的。沟通的双方一定不能带有想当然或含糊的心态，不理解的内容一定要表示出来，以求对方的进一步解释，直到达成共识。像手势、图形演示、视频会议都可以用来作为补充方式。它的优点是摆脱了口头表达的枯燥，在视觉上把信息传递给接受者，更容易理解。

（1）书面形式文件沟通

书面形式文件沟通主要包括监理规划、参建各方工作制度、监理月报、监理工程师通知、建设单位意见调查表等，不同书面形式的沟通，代表着不同的作用。

1）监理规划

监理规划是根据监理合同、投标时的监理大纲、工程特点等内容，有项目监理机构总监组织编写并经监理公司技术负责人审核合格后，在工程开工后提交给建设方的文件。监理规划则是项目监理机构开展监理工作的指导性文件，监理方报送建设方的目的是让建设方全面了解监理部的组织机构、人员分工、岗位职责、工作内容、工作方法和措施、工作程序、工作制度、监理资源投入和管理等监理任务的内容。通过该文件，建设方可以对监理工作计划就有一个更加全面的了解。所以，内容全面、针对性强的监理规划能够让建设方对监理的工作充满信心，并可能直接影响到建设方对监理方的信任程度。因此，可以说监理规划是监理方与建设方沟通过程中非常重要的书面文件，也是监理方履行监理合同的主要说明性文件，必须认真编写。

2）参建各方工作制度

该制度的建立，本身就是一个协调沟通的过程，通过建设方、承包方、监理方的协调沟通、交流、讨论后，最终形成的参建各方工作制度，是规范参建各方行为的一种制度。建设方对工程建设工作中的主要要求都可以纳入该制度中，通过这种协调沟通，监理方和建设方可以充分地进行意见交换，找到最佳结合点，制定既满足工程项目要求和监理管理规定，又能照顾到对方工作特点的业务程序，该制度作为规范参建各方相互往来工作关系的行为准则，各方应认真执行，使各方职责、权限及相应工作关系明确，做到相互配合、相互监督，保证工作规范、有序地进行，最终确保工程建设任务的圆满完成。

3）监理月报

是由项目监理机构每月底提交给建设方的阶段性文件，反映的内容是当月的施工及监理情况，使建设方能够掌握工程建设情况作出下一步合理的布置和安排，如资金的布置，监理月报中反映的对本工程建设的建议和意见，是让建设方体会监理方的责任感与专业性，是监理方超前管理意识的一种体现，使得监理被建设方认同并感激。

4）监理工程师通知单

此种形式的交流是向建设方反馈一种监理效果的信息，工程建设中发生了违反设计、规范规定的操作或发生了质量事故、安全隐患，监理方就向承包方下发监理通知单并对整改结果进行验证，此过程表现了监理方的专业性、技术性以及责任心，也是监理方发现问题、解决问题能力的体现。《监理工程师通知》要有针对性、依据充分、用词要准确、同时要让承包方将问题处理回复。

5）建设单位意见调查表

一般半年一次由公司对建设单位发调查表，是建设方对监理方服务质量情况全面反映的评价。此外，书面形式的协调沟通还包括备忘录、报告、建议书、监理工作总结等，在此就不再赘述。

（2）会议形式沟通

会议形式包括监理例会、专题会议以及技术交底会，图纸会审会等。

1）监理例会及专题讨论会

一般都是由监理方主持，参建各方参与的一种协调沟通形式。各方在会上提出相应的要求、请示、意见等，是参建各方对工程建设进行的一种或交心或针锋相对或互相体谅的交流协调沟通，大家取得一致意见，解决了问题。会议是一种高效的解决问题的协调沟通方式，监理方在会议上不但要平衡各方意见，也要敢于表述自己的意见，做到公正、专业的评判和准确的表述；掌握会议的议题和进程是反映监理方（特别是总监）的一种组织协调能力，语言表达能力的具体体现。会议结束，形成会议记录文件。

其中，监理例会是由总监理工程师主持，按一定程序召开的，研究施工中出现的计划、进度、质量及工程款支付等问题的工地会议。监理例会应当定期召开，宜每周召开一次。参加人包括：项目总监理工程师（也可为总监理工程师代表）、其他有关监理人员、承包商项目经理、承包单位其他有关人员。需要时，还可邀请其他有关单位代表参加。会议的主要议题如下：

a. 对上次会议存在问题的解决和纪要的执行情况进行检查；

b. 工程进展情况；

c. 对下月（或下周）的进度预测及其落实措施；

d. 施工质量、加工订货、材料的质量与供应情况；

e. 质量改进措施；

f. 有关技术问题；

g. 索赔及工程款支付情况；

h. 需要协调的有关事宜。

2）技术交底会

这里所说的技术交底会是指某个分项工程和工序，监理方按照监理实施细则以及相关规范（特别是新材料、新工艺），向承包方进行的技术和要求的交底。建设方作为旁听。此种沟通形式专业性强，要求监理方做好充分的准备，要让建设方感受到监理方高水准的专业技术能力。监理方要以建设单位的眼光来要求承包商，这是一种监理方验收标准的交底，也是把建设方高标准、高质量要求的隐含需求的明示。通过这种协调沟通，建设方也会很认同监理方这种把顾客需求转化为相关要求的一种做法。

（3）日常工作中的交流沟通

日常工作中的交流沟通主要是通过交谈的方式进行。可别小看一个专业监理工程师的综合素质，包括敬业精神、专业技术水平、应变能力、协调能力、语言表达能力等，所以应该支持并鼓励这种协调沟通形式，让专业监理工程师参与建设方管理人员交流，一是充分获取建设方的相关信息，为向建设方充分展现自我，让建设方认同项目监理机构每一个监理人员及其工作效果，直至认可并满意项目监理机构提供的服务质量。

（4）沟通时机与策略的选择

沟通时机与策略的选择因人、因时、因地、因事件不同而不同，绝不能一概而论。

1）尽早沟通、主动沟通

尽早沟通要求项目经理要有前瞻性，定期和项目成员建立沟通，不仅容易发现当前存在的问题，很多潜在问题也能暴露出来。在项目中出现问题并不可怕，可怕的是问题没被发现。沟通得越晚，暴露得越迟，带来的损失越大。曾经碰到一个项目经理，检查团队成员的工作时松时紧，工期快到了和大家一沟通才发现进度比想象慢得多，以后的工作自然很被动。

主动沟通是对沟通的一种态度。在项目中，应极力提倡主动沟通，尤其是发现必须要进行沟通时。当沟通是项目经理面对用户或上级、团队成员面对项目经理时，主动沟通不仅能建立紧密的联系，更能表明你对项目的重视和参与，会使沟通的另一方满意度大大提高，对整个项目非常有利。

2）保持畅通的沟通渠道

沟通看似简单，实际很复杂。这种复杂性表现在很多方面，比如，当沟通的人数增加时，沟通渠道急剧增加，给相互的沟通带来困难。典型的问题是“过滤”，也就是信息丢失。产生过滤的原因很多，比如语言、文化、语义、知识、信息内容、道德规范、名誉、权利、组织状态等等，在实际中很容易由于工作背景不同而在沟通过程中对某一问题的理解产生差异。

从沟通模型中可以看出，如果要想最大程度保障沟通顺畅，当信息在媒介中传播时要尽力避免各种各样的干扰，使得信息在传递中保持原始状态。信息发送出去并接收到之后，双方必须对理解情况做检查和反馈，确保沟通的正确性。

如果结合项目，那么项目经理在沟通管理计划中应该根据项目的实际明确双方认可的沟通渠道，比如与用户之间通过正式的报告沟通，与项目成员之间通过电子邮件沟通；建立沟通反馈机制，任何沟通都要保证到位，没有偏差，并且定期检查监理沟通情况，不断加以调整。这样顺畅、有效的沟通就不再是一个难题。

3）重视协调沟通的“软管理”

“软管理”就是监理工程师对项目参与者心理活动的管理，是沟通时机和选择的重要依据。人有自然和社会双重属性，协调沟通时应分析沟通参与者所属部门对事件的要求和看法，分析某个人的经历、职位、价值观、爱好等，找准切入点，适时的展开协调沟通。另一方面，监理工程师也应对自身的专业修养，心理活动进行管理，监理工程师在任何情况下，即使有充足的理由，也应避免愤怒、发火、喜乐等情绪波动；或者因自责、愧疚而轻易承担责任。协调沟通应在一个理智、平和、友好的氛围中进行。

4）斟酌书面协调沟通文件中的用词

在书面沟通形式的文件中，用词一定要准确，依据一定要充分，且应多用事实或数据支持，文字要精炼。特别要慎重使用诸如“所有”、“全部”、“完全”、“一切”等词，要考虑特殊情况，避免让人误解或有人钻空子；另外，应斟酌多义词可能带来的误解，因为

“重要的不是你说了什么，而是别人领会了什么”。

5）建设单位对监理服务有意见时的沟通

工程监理过程中，总会出现某个时期或个别问题，建设单位对监理方提供的服务有意见或不满意的情况，这时就应该选择一个建设方代表心情比较平顺的时候，由总监主动找建设方代表交谈，了解建设方是为什么事情对监理方有意见，在知道了事情的原因后，向建设方做进一步表述，表达自己的意见。如果确定是监理方的责任，则要具体分析，该改进的改进，该调整的调整，并且还要将改进的意见和改进的结果以书面形式汇报给建设方，让建设方明白监理方很尊重建设方的意见，目的是能够提供让建设方满意的监理服务。

6）建设单位对某个监理人员有意见时的沟通

如果建设单位对项目监理机构提供的服务总体是满意，但是对某个监理人员有意见时的，总监理工程师应及时找建设单位了解相关情况，然后分析原因。如果属专业水平不够，能力差的原因不能胜任岗位职责而引起的建设单位有意见的，应该立刻撤换；如果只是因人的性格不合，则总监理工程师应做好协调沟通工作，将原因分析给该监理人员听，鼓励其主动与建设单位进行协调沟通，作为工程部总监，本人或监理部人员，一般都应该少说多做，试着改变去适应建设单位的合理要求。

思 考 题

1. 何谓建设工程监理的协调？
2. 何谓建设工程监理的沟通？
3. 建设工程监理协调的范围有哪些？
4. 建设工程监理的协调内容有哪些？
5. 建设工程监理的常用协调方法有哪些？
6. 工程监理的沟通包括哪些内容？如何进行工程监理沟通？

第10章 建设工程监理风险管理

10.1 概 述

10.1.1 风险的定义与相关概念

要进行风险管理，当然要首先了解风险的含义，并弄清风险与其他相关概念之间的联系和区别。

(1) 风险的定义

风险的概念可以从经济学、保险学、风险管理等不同的角度给出不同的定义，至今尚无统一的定义。其中，为学术界和实务界较为普遍接受的有以下两种定义：

其一，风险就是与出现损失有关的不确定性；

其二，风险就是在给定情况下和特定时间内，可能发生的结果之间的差异（或实际结果与预期结果之间的差异）。

当然，也可以考虑把这两种定义结合起来。

由上述风险的定义可知，所谓风险要具备两方面条件：一是不确定性，二是产生损失后果，否则就不能称为风险。因此，肯定发生损失后果的事件不是风险，没有损失后果的不确定性事件也不是风险。

(2) 与风险相关的概念

与风险相关的概念有：风险因素、风险事件、损失、损失机会。

1) 风险因素（Hazard）

风险因素是指能产生或增加损失概率和损失程度的条件或因素，是风险事件发生的潜在原因，是造成损失的内在或间接原因，通常，风险因素可分为以下三种：

① 自然风险因素（Physical Hazard）。按英文词意，国内也有人将其译为物理风险因素。

如果从与道德风险因素和心理风险因素对应的关系考虑，转义翻译为客观风险因素可能更为贴切。该风险因素系指有形的、并能直接导致某种风险的事物，如冰雪路面、汽车发动机性能不良或制动系统故障等均可能引发车祸而导致人员伤亡。

② 道德风险因素（Moral Hazard）。为无形的因素，与人的品德修养有关，如人的品质缺陷或欺诈行为。

③ 心理风险因素（Morale Hazard）。也是无形的因素，与人的心理状态有关，例如，投保后疏于对损失的防范，自认为身强力壮而不注意健康。

2) 风险事件（Peril）

风险事件是指造成损失的偶发事件，是造成损失的外在原因或直接原因，如失火、雷电、地震、偷盗、抢劫等事件。要注意把风险事件与风险因素区别开来，例如，汽车的制动系统失灵导致车祸中人员伤亡，这里制动系统失灵是风险因素，而车祸是风险事件。不过，有时两者很难区别。

3）损失

损失是指非故意的、非计划的和非预期的经济价值的减少，通常以货币单位来衡量。损失一般可分为直接损失和间接损失两种，也有的学者将损失分为直接损失、间接损失和隐蔽损失三种。其实，在对损失后果进行分析时，对损失如何分类并不重要，重要的是要找出一切已经发生和可能发生的损失，尤其是对间接损失和隐蔽损失要进行深入分析，其中有些损失是长期起作用的，是难以在短期内弥补和扭转的，即使做不到定量分析，至少也要进行定性分析，以便对损失后果有一个比较全面而客观的估计。

4）损失机会

损失机会是指损失出现的概率。概率分为客观概率和主观概率两种。

客观概率是某事件在长时期内发生的频率。客观概率的确定主要有以下三种方法：一是演绎法。例如，掷硬币每一面出现的概率各为1/2，掷骰子每一面出现的概率为1/6。二是归纳法。例如，60岁人比70岁人在5年内去世的概率小，木结构房屋比钢筋混凝土结构房屋失火的概率大。三是统计法，即根据过去的统计资料的分析结果所得出的概率。根据概率论的要求，采用这种方法时，需要有足够多的统计资料。

主观概率是个人对某事件发生可能性的估计。主观概率的结果受到很多因素的影响，如个人的受教育程度、专业知识水平、实践经验等，还可能与年龄、性别、性格等有关。因此，如果采用主观概率，应当选择在某一特定事件方面专业知识水平较高、实践经验较为丰富的人来估计。对于工程风险的概率，在统计资料不够充分的情况下，以专家作出的主观概率代替客观概率是可行的，必要时可综合多个专家的估计结果。

（3）风险的性质

建设项目风险的基本特征如下：

1）客观性。即风险是客观存在的，无论是自然现象中地震、洪水，还是现实社会中的矛盾、冲突等，不可能根除，只能采取措施降低其不利影响。随着社会发展和科技进步，人们对自然界和社会的认识逐步加深，对风险的认识也逐步提高。

2）系统性。必须树立项目全寿命周期的理念，充分考虑项目前期、建设和运营三个阶段的需要，采用科学的方法，系统分析项目存在的潜在风险因素。风险分析评价应贯穿于项目分析的各个环节和全过程。即在项目可行性研究的主要环节，包括市场、技术、资源、环境、财务、社会分析中进行相应的风险分析，并进行全面的综合分析和评价。

3）可变性。可能造成损失，也可能带来收益是风险的基本特征。风险是否发生，风险事件的后果如何都是难以确定的。可以通过历史数据和经验，对风险发生的可能性和后果进行一定的分析预测。

4）阶段性。建设项目的不同阶段存在的主要风险有所不同，投资决策阶段的风险主要包括政策风险、融资风险等，项目实施阶段的主要风险可能是工程风险和建设风险等，而在项目运营阶段的主要风险可能是市场风险、管理风险等；因此，风险对策是因时而变的。

5）多样性。依行业和项目不同具有特殊性，不同的行业和不同的项目具有不同的风险，如高新技术项目的主要风险可能是技术风险和市场风险，而基础设施项目的主要风险则可能是工程风险和政策风险，必须结合行业特征和不同项目的情况来识别风险。

6）相对性。对于项目的有关各方（不同的风险管理主体）可能会有不同的风险，而且对于同一风险因素，对不同主体的影响是不同的甚至是截然相反的；如工程风险对业主而言可能产生不利后果，而对于保险公司而言，正是由于工程风险的存在，才使得保险公司有了通过工程保险而获利的机会。

7）层次性。风险的表现具有层次性，需要层层剖析，才能深入到最基本的风险单元，以明确风险的根本来源。如市场风险，可能表现为市场需求量的变化、价格的波动以及竞争对手的策略调整等，而价格的变化又可能包括产品或服务的价格、原材料的价格和其他投入物价格的变化等，必须挖掘最关键的风险因素，才能制定有效的风险应对措施。

10.1.2 风险的分类

风险可根据不同的角度进行分类，常见的风险分类方式见表 10-1。

常见风险分类方式 **表 10-1**

<table>
<tr><td rowspan="9">（1）按风险产生的原因分</td><td>政治风险</td><td>战争、暴乱、政变、政策变化</td></tr>
<tr><td>经济风险</td><td>汇率、利率、通货膨胀、通货紧缩、税收变化、融资、贷款</td></tr>
<tr><td>技术风险</td><td>设计、新技术、新工艺、新材料、成熟度、技术标准</td></tr>
<tr><td>管理风险</td><td>管理制度、管理体系、管理技术、管理方法、管理工具</td></tr>
<tr><td>市场风险</td><td>需求、竞争、替代产品、消费意愿</td></tr>
<tr><td>环境风险</td><td>自然条件、环境污染、环境法规、地质条件、气候条件、水文条件</td></tr>
<tr><td>实施风险</td><td>组织能力、采购策略、施工经验、施工程序、施工方案、劳动力组织</td></tr>
<tr><td>安全风险</td><td>坍塌、坠落、触电、物体打击、火灾、雷电、危险物品</td></tr>
<tr><td>人为风险</td><td>疲劳、违章、欺骗、疏忽、素质低、能力差</td></tr>
<tr><td rowspan="2">（2）按风险的后果分</td><td>纯风险</td><td>只会造成损失而不会带来收益的风险。例如自然灾害，一旦发生，将会导致重大损失，甚至人员伤亡；如果不发生，只是不造成损失而已，但不会带来额外的收益。此外，政治、社会方面的风险一般也都表现为纯风险
纯风险重复出现的概率较大，表现出某种规律性，因而人们可能较成功地预测其发生的概率，从而相对容易采取防范措施</td></tr>
<tr><td>投机风险</td><td>既可能造成损失也可能创造额外收益的风险。例如，一项重大投资活动可能因决策错误或因遇到不测事件而使投资者蒙受灾难性的损失；但如果决策正确，经营有方或赶上大好机遇，则有可能给投资人带来巨额利润。投机风险具有极大的诱惑力，人们常常注意其有利可图的一面，而忽视其带来厄运的可能
预测的准确性相对较差，也就较难防范</td></tr>
<tr><td rowspan="2">（3）按风险的影响范围分</td><td>基本风险</td><td>作用于整个经济或大多数人群的风险，具有普遍性，如战争、自然灾害、高通胀率等。显然，基本风险的影响范围大，其后果严重</td></tr>
<tr><td>特殊风险</td><td>仅作用于某一特定单体（如个人或企业）的风险，不具有普遍性，例如，偷车、抢银行、房屋失火等。特殊风险的影响范围小，虽然就个体而言，其损失有时亦相当大，但相对于整个经济而言，其后果不严重</td></tr>
<tr><td rowspan="2">（4）按照风险事件主体的承受能力分</td><td>可承受风险</td><td>风险的影响在风险事件主体的承受范围内</td></tr>
<tr><td>不可承受风险</td><td>风险的影响超出了风险事件主体的承受范围</td></tr>
</table>

续表

（5）按照技术因素分	技术风险	由于技术原因而造成的风险，如技术进步使得原有的产品寿命周期缩短，选择的技术不成熟而影响生产等
	非技术风险	非技术原因带来的风险，如社会风险、经济风险、管理风险等
（6）按照独立性分	独立风险	风险独立发生
	非独立风险	风险依附于其他风险而发生
（7）按照风险的可管理性分	可管理风险（可保风险）	即可以通过购买保险等方式来控制风险的影响
	不可管理风险（不可保风险）	不能通过保险等方式来控制风险的影响
（8）按照风险的边界划分	内部风险	风险发生在风险事件主体的组织内部，如生产风险、管理风险等
	外部风险	风险发生在风险事件主体的组织外部，只能被动接受，如政策风险、自然风险等

10.1.3 建设工程风险与风险管理目标

（1）建设工程风险

对建设工程风险的认识，要明确两个基本点：

1）建设工程风险大。建设工程建设周期持续时间长，所涉及的风险因素多。对建设工程的风险因素，最常用的是按风险产生的原因进行分类，即将建设工程的风险因素分为政治、社会、经济、自然、技术等因素。这些风险因素都会不同程度地作用于建设工程，产生错综复杂的影响。同时，每一种风险因素又都会产生许多不同的风险事件。这些风险事件虽然不会都发生，但总会有风险事件发生。总之，建设工程风险因素和风险事件发生的概率均较大，其中有些风险因素和风险事件的发生概率很大。这些风险因素和风险事件一旦发生，往往造成比较严重的损失后果。

明确这一点，有利于确立风险意识，只有从思想上重视建设工程的风险问题，才有可能对建设工程风险进行主动的预防和控制。

2）参与工程建设的各方均有风险，但各方的风险不尽相同。工程建设各方所遇到的风险事件有较大的差异，即使是同一风险事件，对建设工程不同参与方的后果有时迥然不同。例如，同样是通货膨胀风险事件，在可调价格合同条件下，对建设单位来说是相当大的风险，而对承包商来说则风险很小（其风险主要表现在调价公式是否合理）；但是，在固定总价合同条件下，对建设单位来说就不是风险，而对承包商来说是相当大的风险（其风险大小还与承包商在报价中所考虑的风险费或不可预见费的数额或比例有关）。

明确这一点，有利于准确把握建设工程风险。在对建设工程风险作具体分析时，首先要明确出发点，即从哪一方的角度进行分析。分析的出发点不同，分析的结果自然也就不同。本章以下关于建设工程风险的内容，主要是从建设单位的角度进行阐述。还需指出，对于建设单位来说，建设工程决策阶段的风险主要表现为投机风险，而在实施阶段的风险主要表现为纯风险。本章仅考虑建设单位在建设工程实施阶段的风险以及相应的风险管理问题。

(2) 风险管理目标的确定原则

风险管理是一项有目的的管理活动，只有目标明确，才能起到有效的作用。否则，风险管理就会流于形式，没有实际意义，也无法评价其效果。风险管理目标的确定一般要满足以下基本原则：

1) 目标的一致性原则，风险管理目标与风险管理主体的总体目标应保持一致，建设工程总体目标通常具体地表述为：实际投资不超过计划投资；实际工期不超过计划工期；实际质量满足预期的质量要求；建设过程安全。

2) 目标的现实性原则，确定目标要充分考虑其实现的客观可能性。

3) 目标的明确性原则，以便于正确选择和实施各种方案，并对其效果进行客观的评价。

4) 目标的层次性原则，从总体目标出发，根据目标的重要程度，区分风险管理目标的主次，以利于提高风险管理的综合效果。

(3) 风险管理目标

1) 风险事件发生前，风险管理的首要目标是使潜在损失最小，这一目标要通过最佳的风险对策组合来实现。其次，是减少忧虑及相应的忧虑价值。忧虑价值是比较难以定量化的，但由于对风险的忧虑，分散和耗用建设工程决策者的精力和时间，却是不争的事实。再次，是满足外部的附加义务，例如，政府明令禁止的某些行为、法律规定的强制性保险等。

2) 风险事件发生后，风险管理的首要目标是使实际损失减少到最低程度。要实现这一目标，不仅取决于风险对策的最佳组合，而且取决于具体的风险对策计划和措施。其次，是保证建设工程实施的正常进行，按原定计划建成工程。同时，在必要时还要承担社会责任。

10.2 风险分析的程序

建设项目风险分析是认识项目可能存在的潜在风险因素，估计这些因素发生的可能性及由此造成的影响，分析为防止或减少不利影响而采取对策的一系列活动，它包括风险识别、风险估计、风险评价和风险对策四个基本阶段。风险分析所经历的四个阶段，实质上是从定性分析到定量分析，再从定量分析到定性分析的过程。其基本流程如图 10-1 所示。

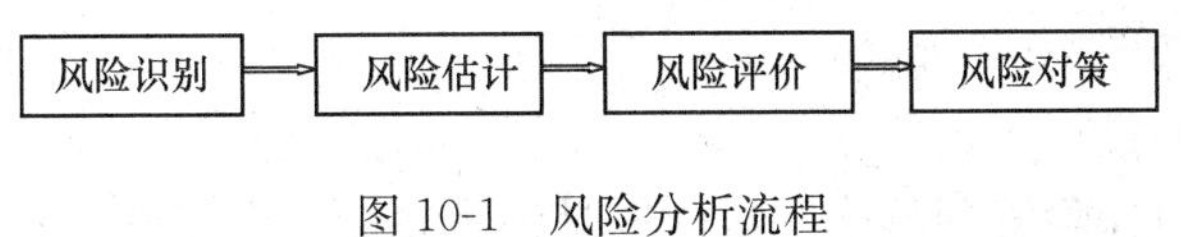

图 10-1 风险分析流程

10.2.1 风险识别

风险识别是风险分析的基础，是指在各类风险事件发生之前，运用各种方法对风险进行辨认和鉴别，是系统地发现风险和不确定性的过程。风险识别的目的有两点：一是为了便于估计和评价风险的大小，二是为了选择最适当的管理对策。风险识别在风险管理中具有很重要的地位，风险识别结论的正确与否直接关系到风险管理的成效，关系到整个项目的建设运行。

（1）风险识别的特点

风险识别有以下几个特点：

1）个别性。任何风险都有与其他风险不同之处，没有两个风险是完全一致的。不同类型建设工程的风险不同自不必说，而同一建设工程如果建造地点不同，其风险也不同；即使是建造地点确定的建设工程，如果由不同的承包商承建，其风险也不同。因此，虽然不同建设工程风险有不少共同之处，但一定存在不同之处，在风险识别时尤其要注意这些不同之处，突出风险识别的个别性。

2）主观性。风险识别都是由人来完成的，由于个人的专业知识水平（包括风险管理方面的知识）、实践经验等方面的差异，同一风险由不同的人识别的结果就会有较大的差异。风险本身是客观存在，但风险识别是主观行为。在风险识别时，要尽可能减少主观性对风险识别结果的影响。要做到这一点，关键在于提高风险识别的水平。

3）复杂性。建设工程所涉及的风险因素和风险事件均很多，而且关系复杂、相互影响，这给风险识别带来很强的复杂性。因此，建设工程风险识别对风险管理人员要求很高，并且需要准确、详细的依据，尤其是定量的资料和数据。

4）不确定性。这一特点可以说是主观性和复杂性的结果。在实践中，可能因为风险识别的结果与实际不符而造成损失，这往往是由于风险识别结论错误导致风险对策决策错误而造成的。由风险的定义可知，风险识别本身也是风险。因而避免和减少风险识别的风险也是风险管理的内容。

（2）建设工程风险的分解

建设工程风险的分解是根据工程风险的相互关系将其分解成若干个子系统，其分解的程度要足以使人们较容易地识别出建设工程的风险，使风险识别具有较好的准确性、完整性和系统性。

根据建设工程的特点，建设工程风险的分解可以按目标维、时间维、结构维、因素维进行。目标维是指按建设工程目标进行分解，即考虑影响建设工程投资、进度、质量和安全目标实现的各种风险。时间维是指按建设工程实施的各个阶段进行分解，也就是考虑建设工程实施不同阶段的不同风险。结构维是指按建设工程组成内容进行分解，也就是考虑不同单项工程、单位工程的不同风险。因素维是指按建设工程风险因素的分类分解，如政治、社会、经济、自然、技术等方面的风险。

在风险分析过程中，有时并不仅仅是采用一种方法就能达到目的的，而需要几种方法组合。例如，常用的组合分解方式是由时间维、目标维和因素维三方面从总体上进行建设工程风险的分解，如图 10-2 所示。

（3）风险识别的过程

风险识别是项目风险管理的第一步，也是最重要的一个步骤，它是整个风险管理系统的基础。建设工程自身及其外部环境的复杂性，给人们全面地、系统地识别工程风险带来了许多具体的困难，同时也要求明确建设工程风险识别的过程。由于建设工程风险识别的方法与风险管理理论中提出的一般的风险识别方法有所不同，因而其风险识别的过程也有所不同。

建设工程的风险识别过程是：通过对经验数据的分析、风险调查、专家咨询以及实验论证等方式，在对建设工程风险进行多维分解的过程中认识工程风险、建立工程风险清

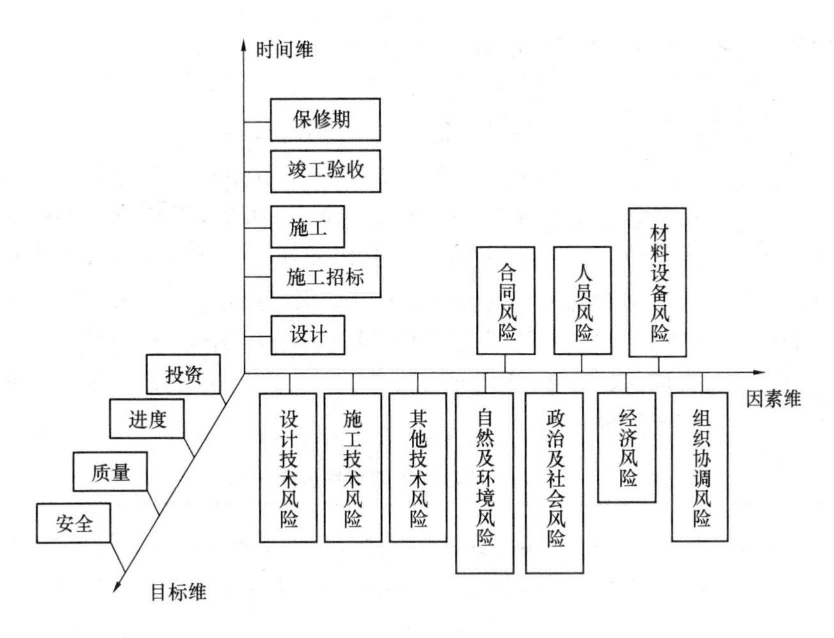

图 10-2　建设工程风险三维分解图

单。建立初步清单是识别风险的起点。清单中应明确列出客观存在的和潜在的各种风险，包括影像各种生产率、操作运行、质量和经济效益的各种因素。

建设工程风险识别的过程可用图 10-3 表示。

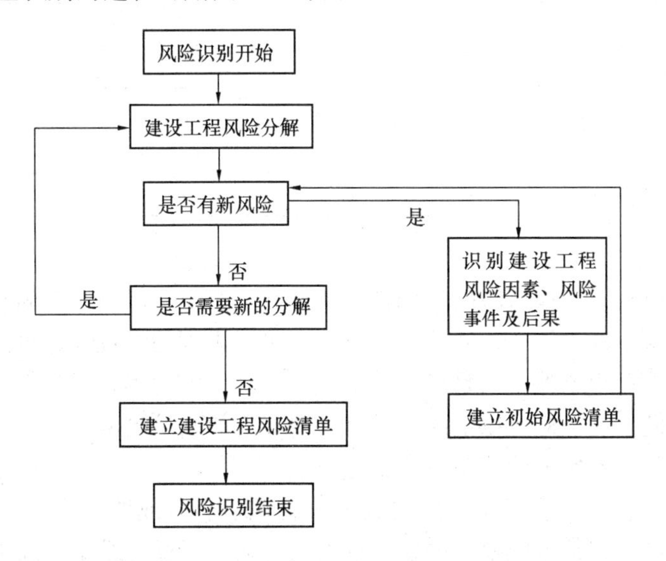

图 10-3　建设工程风险识别过程

由图 10-3 可知，风险识别的结果是建立建设工程风险清单。在建设工程风险识别过程中，核心工作是“建设工程风险分解”和“识别建设工程风险因素、风险事件及后果”。以下对这两部分内容作具体的阐述。

（4）风险识别的方法

建设工程风险的识别，要根据其自身特点，采用相应的方法。当然，也可以采用风险管理理论中所提出的风险识别的基本方法。综合来讲，建设工程风险识别的方法有：专家调查法、初始清单法、经验数据法和风险调查法等。

1）专家调查法

专家调查法又有两种方式：一种是召集有关专家开会，专家们各抒己见，充分发表意见，起到集思广益的作用；另一种是采用问卷式调查（各专家不知道其他专家的意见）。采用专家调查法时，所选择的专家应熟悉该行业和所评估的风险因素，并能做到客观公正。为减少主观性，专家应有10～20位左右。具体操作上，将项目可能出现的各类风险因素及其风险程度采取表格形式一一列出，请专家凭借经验独立对各类风险因素的风险程度做出定性估计，然后将各位专家的意见归集起来形成分析结论。

专家评定表的通常格式如表10-2所示，表中风险种类应随行业和项目特点而异，其具体内容可根据实际情况细分。

风险因素和风险程度估计表 **表10-2**

序号	风险因素名称	风险程度				说明
		严重	较大	一般	较小	
1	市场风险					
2	技术风险					
3	设计风险					
4	施工风险					
5	资金风险					
6	管理风险					
7	政策风险					
8	外部协作条件风险					
9	社会风险					
10	其他风险					

2）初始清单法

如果对每一个建设工程风险的识别都从头做起，至少有以下三方面缺陷：一是耗费时间和精力多，风险识别工作的效率低；二是由于风险识别的主观性，可能导致风险识别的随意性，其结果缺乏规范性；三是风险识别成果资料不便积累，对今后的风险识别工作缺乏指导作用。因此，为了避免以上缺陷，有必要建立初始风险清单。

建立建设工程的初始风险清单有两种途径：

第一种是常规途径，采用保险公司或风险管理学会（或协会）公布的潜在损失一览表，即任何企业或工程都可能发生的所有损失一览表。以此为基础，风险管理人员再结合本企业或某项工程所面临的潜在损失对一览表中的损失予以具体化，从而建立特定工程的风险一览表。我国至今尚没有这类一览表，即使在发达国家，一般也都是对企业风险公布潜在损失一览表，对建设工程风险则没有这类一览表。因此，这种潜在损失一览表对建设工程风险的识别作用不大。

第二种是通过适当的风险分解方式来识别风险，建立建设工程初始风险清单。对于大型、复杂的建设工程，首先将其按单项工程、单位工程分解，再对各单项工程、单位工程分别从时间维、目标维和因素维进行分解，可以较容易地识别出建设工程主要的、常见的风险。从初始风险清单的作用来看，因素维仅分解到各种不同的风险因素是不够的，还应进一步将各风险因素分解到风险事件。

表 10-3 为建设工程初始风险清单示例。

建设工程初始风险清单表 **表 10-3**

风险因素		典型风险事件
技术风险	设计	设计内容不全、设计缺陷、错误和遗漏，应用规范不恰当，未考虑地质条件，未考虑施工可能性等
	施工	施工工艺落后，施工技术和方案不合理，施工安全措施不当，应用新技术新方案失败，未考虑场地情况等
	其他	工艺设计未达到先进性指标，工艺流程不合理，未考虑操作安全性等
非技术风险	自然与环境	洪水、地震、火灾、台风、雷电等不可抗拒自然力，不明的水文气象条件，复杂的工程地质条件，恶劣的气候，施工对环境的影响等
	政治法律	法律及规章的变化，战争和骚乱、罢工、经济制裁或禁运等
	经济	通货膨胀或紧缩，汇率变动，市场动荡，社会各种摊派和征费的变化，资金不到位，资金短缺等
	组织协调	建设单位和上级主管部门的协调，建设单位和设计方、施工方以及监理方的协调，建设单位内部的组织协调等
	合同	合同条款遗漏、表达有误，合同类型选择不当，承发包模式选择不当，索赔管理不力，合同纠纷等
	人员	建设单位人员、设计人员、监理人员、一般工人、技术员、管理人员的素质（能力、效率、责任心、品德）不高
	材料设备	原材料、半成品、成品或设备供货不足或拖延，数量差错或质量规格问题，特殊材料和新材料的使用问题，过度损耗和浪费，施工设备供应不足、类型不配套、故障、安装失误、选型不当等

初始风险清单只是为了便于人们较全面地认识风险的存在，而不至于遗漏重要的工程风险，但并不是风险识别的最终结论。在初始风险清单建立后，还需要结合特定建设工程的具体情况进一步识别风险，从而对初始风险清单作一些必要的补充和修正。为此，需要参照同类建设工程风险的经验数据（若无现成的资料，则要多方收集）或针对具体建设工程的特点进行风险调查。

3）经验数据法

经验数据法也称为统计资料法，即根据已建各类建设工程与风险有关的统计资料来识别拟建建设工程的风险。不同的风险管理主体都应有自己关于建设工程风险的经验数据或统计资料。在工程建设领域，可能有工程风险经验数据或统计资料的风险管理主体包括咨询公司（含设计单位）、承包商以及长期有工程项目的建设单位（如房地产开发商）。由于这些不同的风险管理主体的角度不同、数据或资料来源不同，其各自的初始风险清单一般多少有些差异。但是，建设工程风险本身是客观事实，有客观的规律性，当经验数据或统计资料足够多时，这种差异性就会大大减小。

风险识别只是对建设工程风险的初步认识，还是一种定性分析，因此，这种基于经验数据或统计资料的初始风险清单可以满足对建设工程风险识别的需要。

例如，根据建设工程的经验数据或统计资料可以得知，减少投资风险的关键在设计阶段，尤其是初步设计以前的阶段，因此，方案设计和初步设计阶段的投资风险应当作为重点进行详细的风险分析；设计阶段和施工阶段的质量风险最大，需要对这两个阶段的质量风险作进一步的分析；施工阶段存在较大的进度风险，需要作重点分析。由于施工活动是由一个个分部分项工程按一定的逻辑关系组织实施的，因此，进一步分析各分部分项工程对施工进度或工期的影响，更有利于风险管理人员识别建设工程进度风险。图 10-4 是某风险管理主体根据房屋建筑工程各主要分部分项工程对工期影响的统计资料绘制的。

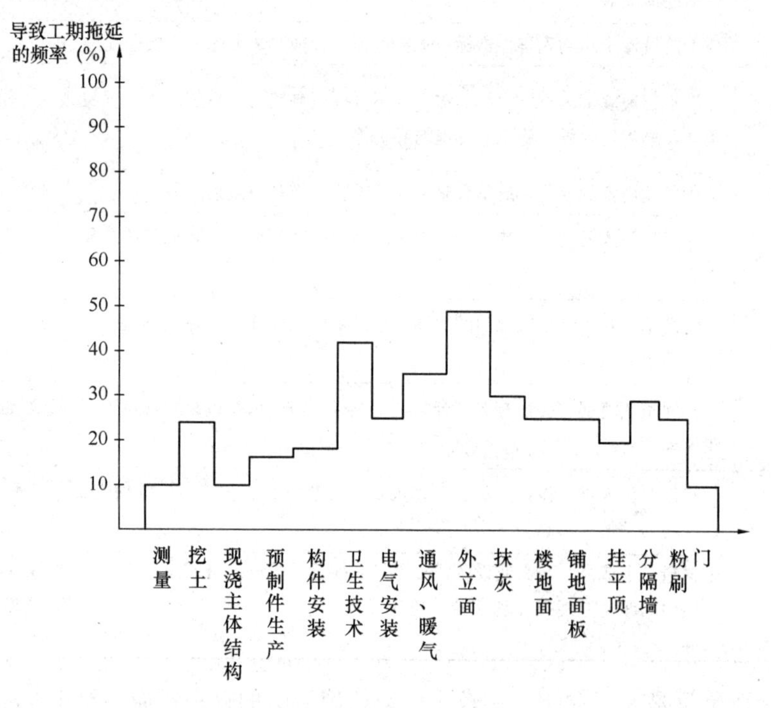

图 10-4　各主要分部分项工程对工期的影响

4）风险调查法

由风险识别的个别性可知，两个不同的建设工程不可能有完全一致的工程风险。因此，在建设工程风险识别的过程中，花费人力、物力、财力进行风险调查是必不可少的，这既是一项非常重要的工作，也是建设工程风险识别的重要方法。

风险调查应当从分析具体建设工程的特点入手，一方面对通过其他方法已识别出的风险（如初始风险清单所列出的风险）进行鉴别和确认，另一方面，通过风险调查有可能发现此前尚未识别出的重要的工程风险。

通常，风险调查可以从组织、技术、自然及环境、经济、合同等方面分析拟建建设工程的特点以及相应的潜在风险。

风险调查并不是一次性的。由于风险管理是一个系统的、完整的循环过程，因而风险调查也应该在建设工程实施全过程中不断地进行，这样才能了解不断变化的条件对工程风险状态的影响。当然，随着工程实施的进展，不确定性因素越来越少，风险调查的内容亦将相应减少，风险调查的重点有可能不同。

对于建设工程的风险识别来说，仅仅采用一种风险识别方法是远远不够的，一般都应综合采用两种或多种风险识别方法，才能取得较为满意的结果。而且，不论采用何种风险识别方法组合，都必须包含风险调查法。从某种意义上讲，前几种风险识别方法的主要作用在于建立初始风险清单，而风险调查法的作用则在于建立最终的风险清单。

10.2.2 风险估计

系统而全面地识别建设工程风险只是风险管理的第一步，对认识到的工程风险还要作进一步的分析，也就是风险评价。风险评价是对工程项目各个阶段的风险事件发生可能性的大小、可能出现的后果、可能发生的事件和影像范围的大小等的估计。

风险评价可以采用定性和定量两大类方法。定性风险评价方法有专家打分法、层次分析法等，其作用在于区分出不同风险的相对严重程度以及根据预先确定的可接受的风险水平（有文献称为“风险度”）作出相应的决策。从广义上讲，定量风险评价方法也有许多种，如敏感性分析、盈亏平衡分析、决策树、随机网络等，但是，这些方法大多有较为确定的适用范围，如敏感性分析用于项目财务评价，随机网络用于进度计划。

（1）风险评价的作用

通过定量方法进行风险评价的作用主要表现在：

1）更准确地认识风险。

风险识别的作用仅仅在于找出建设工程所可能面临的风险因素和风险事件，其对风险的认识还是相当肤浅的。通过定量方法进行风险评价，可以定量地确定建设工程各种风险因素和风险事件发生的概率大小或概率分布，及其发生后对建设工程目标影响的严重程度或损失严重程度。

损失严重程度可以从两个不同的方面来反映：一方面是不同风险的相对严重程度，用以区分主要风险和次要风险；另一方面是各种风险的绝对严重程度，用以了解各种风险所造成的损失后果。

2）保证目标规划的合理性和计划的可行性。

建设工程数据库中的数据都是历史数据，是包含了各种风险作用于建设工程实施全过程的实际结果。但是，建设工程数据库中通常没有具体反映工程风险的信息，充其量只有关于重大工程风险的简单说明。因此，建设工程数据库只能反映各种风险综合作用的后果，而不能反映各种风险各自作用的后果。由于建设工程风险的个别性，只有对特定建设工程的风险进行定量评价，才能正确反映各种风险对建设工程目标的不同影响，才能使目标规划的结果更合理、更可靠，使在此基础上制定的计划具有现实的可行性。

3）合理选择风险对策，形成最佳风险对策组合。

不同风险对策的适用对象各不相同，因此，风险对策的适用性需从效果和代价两个方面考虑。风险对策的效果表现在降低风险发生概率和（或）降低损失严重程度的幅度，有些风险对策（如损失控制）在这一点上较难准确地量度。风险对策一般都要付出一定的代价，如采取损失控制时的措施费，投保工程险时的保险费等，这些代价一般都可准确地量度。而定量风险评价的结果是各种风险的发生概率及其损失严重程度。

在选择风险对策时，应将不同风险对策的适用性与不同风险的后果结合起来考虑，对不同的风险选择最适宜的风险对策，从而形成最佳的风险对策组合。

(2) 风险量函数

在定量评价建设工程风险时，首要工作是将各种风险的发生概率及其潜在损失定量化，这一工作也称为风险衡量。

为此，需要引入风险量的概念。所谓风险量，是指各种风险的量化结果，其数值大小取决于各种风险的发生概率及其潜在损失。如果以 R 表示风险量，p 表示风险的发生概率，q 表示潜在损失，则 R 可以表示为 p 和 q 的函数，即：

$$R = f(p,q) \tag{10-1}$$

式（10-1）反映的是风险量的基本原理，具有一定的通用性，其应用前提是能通过适当的方式建立关于 p 和 q 的连续性函数。但是，这一点不是很容易做到的。在风险管理理论和方法中，在多数情况下是以离散形式来定量表示风险的发生概率及其损失，因而风险量 R 相应地表示为：

$$R = \Sigma p_i \cdot q_i \tag{10-2}$$

式中，$i=1, 2, \cdots\cdots, n$，表示风险事件的数量。

与风险量有关的另一个概念是等风险量曲线，就是由风险量相同的风险事件所形成的曲线，如图 10-5 所示。在图 10-5 中，R_1、R_2、R_3 为三条不同的等风险量曲线。不同等风险量曲线所表示的风险量大小与其与风险坐标原点的距离成正比，即距原点越近，风险量越小；反之，则风险量越大。因此，$R_1<R_2<R_3$。

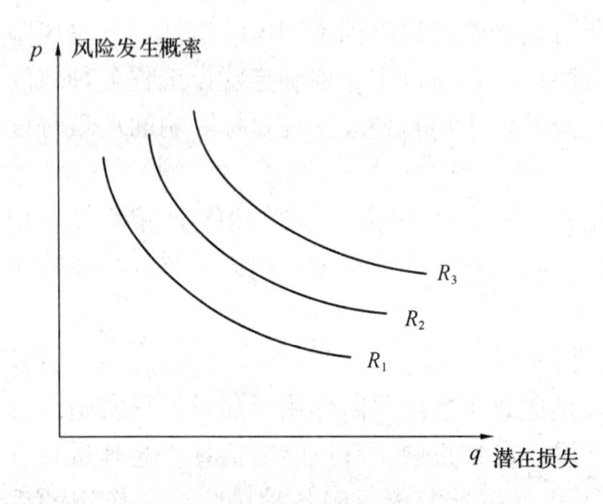

图 10-5　等风险量曲线

(3) 风险损失的衡量

风险损失的衡量就是定量确定风险损失值的大小。建设工程风险损失包括以下几方面：

1) 投资风险

投资风险导致的损失可以直接用货币形式来表现，即法规、价格、汇率和利率等的变化或资金使用安排不当等风险事件引起的实际投资超出计划投资的数额。

2) 进度风险

进度风险导致的损失由以下部分组成：

①货币的时间价值。进度风险的发生可能会对现金流动造成影响，在利率的作用下，引起经济损失。

②为赶上计划进度所需的额外费用。包括加班的人工费、机械使用费和管理费等一切因追赶进度所发生的非计划费用。

③延期投入使用的收入损失。这方面损失的计算相当复杂，不仅仅是延误期间内的收入损失，还可能由于产品投入市场过迟而失去商机，从而大大降低市场份额，因而这方面的损失有时是相当巨大的。

3) 质量风险

质量风险导致的损失包括事故引起的直接经济损失，以及修复和补救等措施发生的费用以及第三者责任损失等，可分为以下几个方面：

①建筑物、构筑物或其他结构倒塌所造成的直接经济损失；

②复位纠偏、加固补强等补救措施和返工的费用；

③造成的工期延误的损失；

④永久性缺陷对于建设工程使用造成的损失；

⑤第三者责任的损失。

4）安全风险

安全风险导致的损失包括：

①受伤人员的医疗费用和补偿费；

②财产损失，包括材料、设备等财产的损毁或被盗；

③因引起工期延误带来的损失；

④为恢复建设工程正常实施所发生的费用；

⑤第三者责任损失。

在此，第三者责任损失为建设工程实施期间，因意外事故可能导致的第三者的人身伤亡和财产损失所作的经济赔偿以及必须承担的法律责任。

投资增加可以直接用货币来衡量；进度的拖延则属于时间范畴，同时也会导致经济损失；而质量事故和安全事故既会产生经济影响又可能导致工期延误和第三者责任，显得更加复杂。而第三者责任除了法律责任之外，一般都是以经济赔偿的形式来实现的。因此，这四方面的风险最终都可以归纳为经济损失。

在建设工程实施过程中，某一风险事件的发生往往会同时导致一系列损失。例如，地基的坍塌引起塔吊的倒塌，并进一步造成人员伤亡和建筑物的损坏，以及施工被迫停止等。这表明，这一地基坍塌事故影响了建设工程所有的目标——投资、进度、质量和安全，从而造成相当大的经济损失。

（4）风险概率的衡量

衡量建设工程风险概率有两种方法：相对比较法和概率分布法。一般而言，相对比较法主要是依据主观概率，而概率分布法的结果则接近于客观概率。

在采用相对比较法时，建设工程风险导致的损失也将相应划分成重大损失、中等损失和轻度损失，从而在风险坐标上对建设工程风险定位，反映出风险量的大小。

概率分布法可以较为全面地衡量建设工程风险。因为通过潜在损失的概率分布，有助于确定在一定情况下哪种风险对策或对策组合最佳。

10.2.3 风险评价

风险评价把注意力转向包括项目所有阶段的整体风险，即评价各个风险之间的相互影响、相互作用及对项目的总体影响，评价项目主体对风险的承受能力。

在风险衡量过程中，建设工程风险被量化为关于风险发生概率和损失严重性的函数，但在选择对策之前，还需要对建设工程风险量作出相对比较，以确定建设工程风险的相对严重性。

等风险量曲线（图 10-5）指出，在风险坐标图上，离原点位置越近则风险量越小。据此，可以将风险发生概率（p）和潜在损失（q）分别分

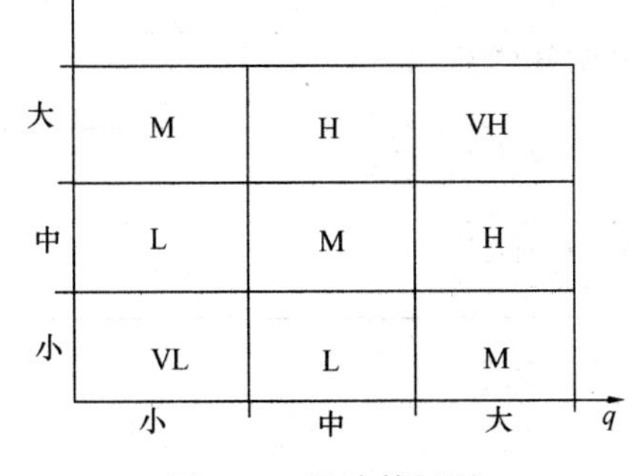

图 10-6 风险等级图

为L（小）、M（中）、H（大）三个区间，从而将等风险量图分为LL、ML、HL、LM、MM、HM、LH、MH、HH九个区域。在这九个不同区域中，有些区域的风险量是大致相等的，例如，如图10-6所示，可以将风险量的大小分成五个等级：

(1) VL（很小）；(2) L（小）；(3) M（中等）；(4) H（大）；(5) VH（很大）。

风险评价可分为三步：

(1) 确定风险评价基准。风险评价基准就是项目主体针对每一种风险后果确定的可接受水平。风险的可接受水平可以是绝对的，也可以是相对的。

(2) 确定项目整体风险水平。项目整体风险水平是综合了所有的个别风险之后确定的。

(3) 将单个风险与单个评价基准、项目整体风险水平与整体评价基准比较，确认项目风险是否在可接受的范围之内，进而确定该项目是停止或是继续进行。

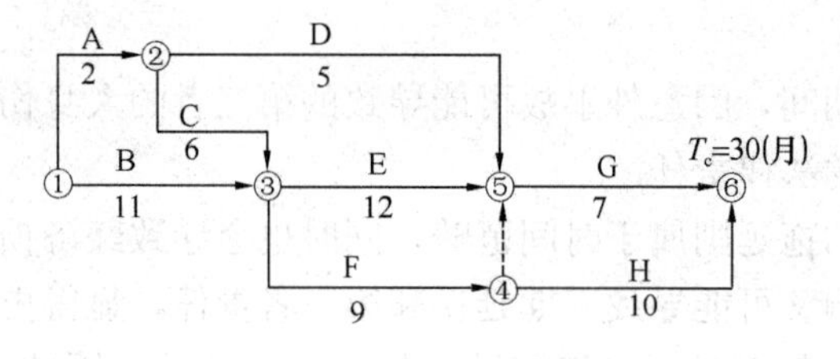

图10-7　项目施工总进度计划

【案例10-1】

某工程，施工单位向项目监理机构提交了项目施工总进度计划（图10-7）和各分部工程的施工进度计划。项目监理机构建立了各分部工程的持续时间延长的风险等级划分图（图10-8）和风险分析表（表10-4），要求施工单位对风险等级在“大”和“很大”范围内的分部工程均要制定相应的风险预防措施。

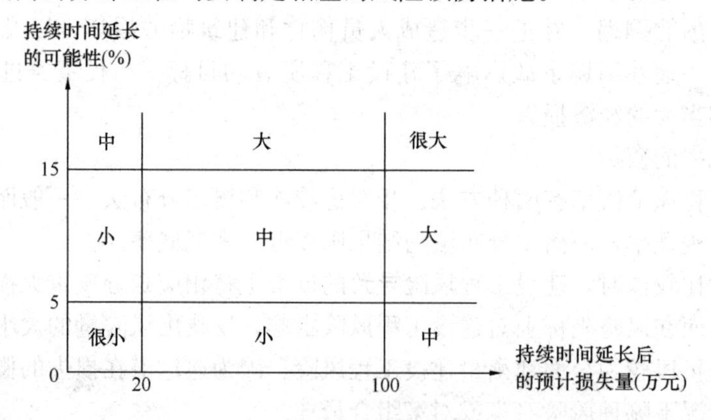

图10-8　风险等级划分

风险分析表　　　　表10-4

分部工程名称	A	B	C	D	E	F	G	H
持续时间预计延长值（月）	0.5	1	0.5	1	1	1	1	0.5
持续时间延长的可能性（%）	10	8	3	20	2	12	18	4
持续时间延长后的损失量（万元）	5	110	25	120	150	40	30	50

【问题】

1. 风险等级为“大”和“很大”的分部工程有哪些？

2. 如果只有风险等级为“大”和“很大”的风险事件同时发生，此时的工期为多少个月（写出或在图上标明计算过程）？关键线路上有哪些分部工程？

【答案】

1. 根据风险等级划分图(图 10-8)，各分部工程的风险等级分别为：A(风险概率 10，风险损失 5，风险等级小)、B(风险概率 8，风险损失 110，风险等级大)、C(风险概率 3，风险损失 25，风险等级小)、D(风险概率 20，风险损失 120，风险等级很大)、E(风险概率 2，风险损失 150，风险等级中)、F(风险概率 12，风险损失 40，风险等级中)、G(风险概率 18，风险损失 30，风险等级大)和 H(风险概率 4，风险损失 50，风险等级小)。

风险等级为“大”和“很大”的分部工程有 B（风险等级大)、D（风险等级很大）和 G（风险等级大)。

2. 如果只有风险等级为“大”和“很大”的风险事件同时发生，此时的工期为 32 个月（计算过程见图 10-9)，关键线路上的分部工程有 B、E 和 G。

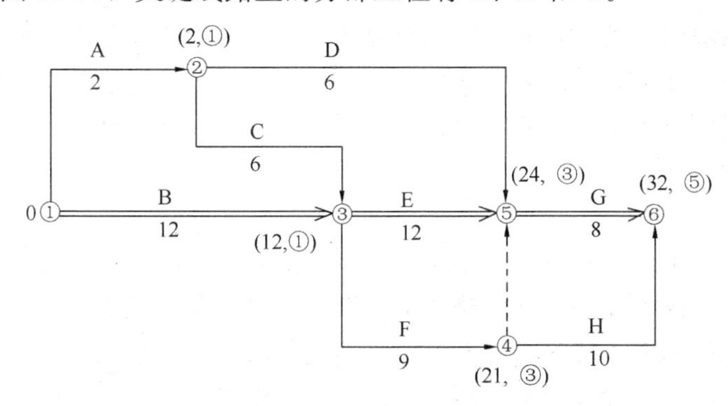

图 10-9　工期计算过程

10.2.4　风险对策

现代风险管理一般由四个阶段组成，即在识别、估计、评价了风险之后，就应考虑如何有效地控制和处理风险，即风险对策。风险对策也称风险防范手段或风险管理技术。

(1) 风险回避

风险回避就是以一定的方式中断风险源，使其不发生或不再发展，从而避免可能产生的潜在损失，即当项目风险潜在威胁发生可能性太大，不利后果也太严重，又无其他策略可用时，主动放弃项目或改变项目目标与行动方案，从而避免可能产生的潜在损失。例如，某建设工程的可行性研究报告表明，虽然从净现值、内部收益率指标看是可行的，但敏感性分析的结论是对投资额、产品价格、经营成本均很敏感，这意味着该建设工程的不确定性很大，亦即风险很大，因而决定不投资建造该建设工程。

采用风险回避这一对策时，有时需要作出一些牺牲，但较之承担风险，这些牺牲比风险真正发生时可能造成的损失要小得多。例如，某承包商参与某建设工程的投标，开标后发现自己的报价远远低于其他承包商的报价，经仔细分析发现，自己的报价存在严重的误算和漏算，因而拒绝与建设单位签订施工合同。虽然这样做将被没收投标保证金或投标保函，但比承包后严重亏损的损失要小得多。在某些情况下，风险回避是最佳对策。

在采用风险回避对策时需要注意以下问题：

首先，回避一种风险可能产生另一种新的风险。在建设工程实施过程中，绝对没有风险的情况几乎不存在。就技术风险而言，即使是相当成熟的技术也存在一定的风险。例如，在地铁工程建设中，采用明挖法施工有支撑失败、顶板坍塌等风险。如果为了回避这种风险而采用逆作法施工方案的话，又会产生地下连续墙失败等其他新的风险。

其次，回避风险的同时也失去了从风险中获益的可能性。由投机风险的特征可知，它具有损失和获益的两重性。例如，在涉外工程中，由于缺乏有关外汇市场的知识和信息，为避免承担由此而带来的经济风险，决策者决定选择本国货币作为结算货币，从而也就失去了从汇率变化中获益的可能性。

再次，回避风险可能不实际或不可能。这一点与建设工程风险的定义或分解有关。建设工程风险定义的范围越广或分解得越粗，回避风险就越不可能。例如，如果将建设工程的风险仅分解到风险因素这个层次，那么任何建设工程都必然会发生经济风险、自然风险和技术风险，根本无法回避。由此，可以得出结论：不可能回避所有的风险。正因为如此，才需要其他不同的风险对策。

总之，虽然风险回避是一种必要的、有时甚至是最佳的风险对策，但应该承认这是一种消极的风险对策。如果处处回避，事事回避，其结果只能是停止发展，直至停止生存。因此，应当勇敢地面对风险，这就需要适当运用风险回避以外的其他风险对策。

（2）风险抑制

1）风险抑制的概念

风险抑制是一种主动、积极的风险对策。风险抑制可分为预防损失和减少损失两方面工作。预防损失措施的主要作用在于降低或消除（通常只能做到减少）损失发生的概率，而减少损失措施的作用在于降低损失的严重性或遏制损失的进一步发展，使损失最小化。一般来说，风险抑制方案都应当是预防损失措施和减少损失措施的有机结合。

2）制定风险抑制措施的依据和代价

制定风险抑制措施必须以定量风险评价的结果为依据，才能确保损失控制措施具有针对性，取得预期的控制效果。风险评价时特别要注意间接损失和隐蔽损失。

制定风险抑制措施还必须考虑其付出的代价，包括费用和时间两方面的代价，而时间方面的代价往往还会引起费用方面的代价。风险抑制措施的最终确定，需要综合考虑损失控制措施的效果及其相应的代价。由此可见，风险抑制措施的选择也应当进行多方案的技术经济分析和比较。

3）风险抑制计划系统

在采用风险抑制这一风险对策时，所制定的风险抑制措施应当形成一个周密的、完整的损失控制计划系统。就施工阶段而言，该计划系统一般应由预防计划（有文献称为安全计划）和应急预案两部分组成。

① 预防计划：

预防计划的目的在于有针对性地预防损失的发生，其主要作用是降低损失发生的概率，在许多情况下也能在一定程度上降低损失的严重性。在损失控制计划系统中，预防计划的内容最广泛，具体措施最多，包括组织措施、管理措施、合同措施、技术措施。

组织措施的首要任务是明确各部门和人员在损失控制方面的职责分工，以使各方人员都能为实施预防计划而有效地配合；还需要建立相应的工作制度和会议制度；必要时，还应对有关人员（尤其是现场工人）进行安全培训等等。

管理措施，既可采取风险分隔措施，将不同的风险单位分离间隔开来，将风险局限在尽可能小的范围内，以避免在某一风险发生时，产生连锁反应或互相牵连，如在施工现场将易发生火灾的木工加工场尽可能设在远离现场办公用房的位置；也可采取风险分散措施，通过增加风险单位以减轻总体风险的压力，达到共同分摊总体风险的目的，如在涉外工程结算中采用多种货币组合的方式付款，从而分散汇率风险。

合同措施除了要保证整个建设工程总体合同结构合理、不同合同之间不出现矛盾之外，要注意合同具体条款的严密性，并作出与特定风险相应的规定，如要求承包商提供履约保证和预付款保证等等。

技术措施是在建设工程施工过程中常用的预防损失措施，如地基加固、周围建筑物防护、材料检测等。与其他几方面措施相比，技术措施的显著特征是必须付出费用和时间两方面的代价，应当慎重比较后选择。

② 应急预案：

应急预案是一组事先编制好的、目的明确的工作程序和具体措施，为现场人员提供明确的行动指南，使其在各种严重、恶性的紧急事件发生后，可以做到从容不迫、及时、妥善地处理，从而减少人员伤亡以及财产和经济损失。

（3）风险转移

风险转移是建设工程风险管理中非常重要而且广泛应用的一项对策，分为非保险转移和保险转移两种形式。

根据风险管理的基本理论，建设工程的风险应由有关各方分担。风险分担的原则是：任何一种风险都应由最适宜承担该风险或最有能力进行损失控制的一方承担。符合这一原则的风险转移是合理的，可以取得双赢或多赢的结果。否则，风险转移就可能付出较高的代价。例如，项目决策风险应由建设单位承担，设计风险应由设计方承担，而施工技术风险应由承包商承担等等。

1）非保险转移

非保险转移又称为合同转移，因为这种风险转移一般是通过签订合同的方式将工程风险转移给非保险人的对方当事人。建设工程风险最常见的非保险转移有以下三种形式：

① 建设单位将合同责任和风险转移给对方当事人。

在这种情况下，被转移者多数是承包商。例如，在合同条款中规定，建设单位对场地条件不承担责任；又如，采用固定总价合同将涨价风险转移给承包商，等等。

② 承包商进行合同转让或工程分包。

承包商中标承接某工程后，可能由于资源安排出现困难而将合同转让给其他承包商，以避免由于自己无力按合同规定时间建成工程而遭受违约罚款；或将该工程中专业技术要求很强而自己缺乏相应技术的工程内容分包给专业分包商，从而更好地保证工程质量。

③ 第三方担保。

合同当事人的一方要求另一方为其履约行为提供第三方担保。担保方所承担的风险仅限于合同责任，即由于委托方不履行或不适当履行合同以及违约所产生的责任。第三方担保的主要表现是建设单位要求承包商提供履约保证和预付款保证（在投标阶段还有投标保证）。我国施工合同（示范文本）也有发包人和承包人互相提供履约担保的规定。

与其他的风险对策相比，非保险转移的优点主要体现在：

① 可以转移某些不可保的潜在损失，如物价上涨、法规变化、设计变更等引起的投

资增加；

② 被转移者往往能较好地进行损失控制，如承包商相对于建设单位能更好地把握施工技术风险，专业分包商相对于总包商能更好地完成专业性强的工程内容。

非保险转移的缺点主要体现在：

① 因为双方当事人对合同条款的理解发生分歧而导致转移失效；

② 可能因被转移者无力承担实际发生的重大损失而导致仍然由转移者来承担损失。

2）保险转移

保险转移通常直接称为保险，对于建设工程风险来说，则为工程保险。通过购买保险，建设工程建设单位或承包商作为投保人将本应由自己承担的工程风险（包括第三方责任）转移给保险公司，从而使自己免受风险损失。保险这种风险转移形式符合风险分担的基本原则，即保险人较投保人更适宜承担有关的风险。对于投保人来说，某些风险的不确定性很大（即风险很大），但是对于保险人来说，这种风险的发生则趋近于客观概率，不确定性降低，即风险降低。

保险转移的优点主要体现在：

① 建设工程在发生重大损失后可以从保险公司及时得到赔偿，使建设工程实施能不中断地、稳定地进行，从而最终保证建设工程的进度和质量，也不致因重大损失而增加投资；

② 使决策者和风险管理人员对建设工程风险的担忧减少，从而可以集中精力研究和处理建设工程实施中的其他问题，提高目标控制的效果；

③ 保险公司可向建设单位和承包商提供较为全面的风险管理服务，从而提高整个建设工程风险管理的水平。

保险转移的缺点主要体现在：

① 投资效益好的情况下，机会成本高；

② 保险合同谈判常常耗费较多的时间和精力。工程保险合同的内容较为复杂，保险费没有统一固定的费率，需根据特定建设工程的类型、建设地点的自然条件（包括气候、地质、水文等条件）、保险范围、免赔额的大小等加以综合考虑；

③ 投保人可能产生心理麻痹而疏于风险管理，以致增加实际损失和未投保损失。

需要说明的是，工程保险并不能转移建设工程的所有风险，一方面是因为存在不可保风险，另一方面则是因为有些风险不宜保险。因此，对于建设工程风险，应将工程保险与风险回避、风险抑制和风险自留结合起来运用。对于不可保风险，必须采取风险抑制措施。对于可保风险，也应当采取一定的风险抑制措施，这有利于改变风险性质，达到降低风险量的目的，从而改善工程保险条件，节省保险费。

（4）风险自留

风险自留是指将风险留给自己承担，是从企业内部财务的角度应对风险。风险自留与其他风险对策的根本区别在于，它不改变建设工程风险的客观性质，即既不改变工程风险的发生概率，也不改变工程风险潜在损失的严重性。

1）风险自留可分为非计划性风险自留和计划性风险自留两种类型

非计划性风险自留是由于风险管理人员没有意识到建设工程某些风险的存在，或者不曾有意识地采取有效措施，以致风险发生后只好由自己承担。这样的风险自留就是非计划性的和被动的。

计划性风险自留是主动的、有意识的、有计划的选择，是风险管理人员在经过正确的风险识别和风险评价后作出的风险对策决策，是整个建设工程风险对策计划的一个组成部分。也就是说，风险自留绝不可能单独运用，而应与其他风险对策结合使用。在实行风险自留时，应保证重大和较大的建设工程风险已经进行了工程保险或实施了损失控制计划。

2）计划性风险自留的计划性主要体现在风险自留水平和损失支付方式两方面

所谓风险自留水平，是指选择哪些风险事件作为风险自留的对象。一般应选择风险量小或较小的风险事件作为风险自留的对象。

常见的损失支付方式有以下几种：从现金净收入中支出；建立非基金储备；自我保险和母公司保险。

10.2.5　风险对策决策过程

风险管理人员在选择风险对策时，要根据建设工程的自身特点，从系统的观点出发，从整体上考虑风险管理的思路和步骤，从而制定一个与建设工程总体目标相一致的风险管理原则。这种原则需要指出风险管理各基本对策之间的联系，为风险管理人员进行风险对策决策提供参考。图 10-10 描述了风险对策决策过程以及这些风险对策之间的选择关系。

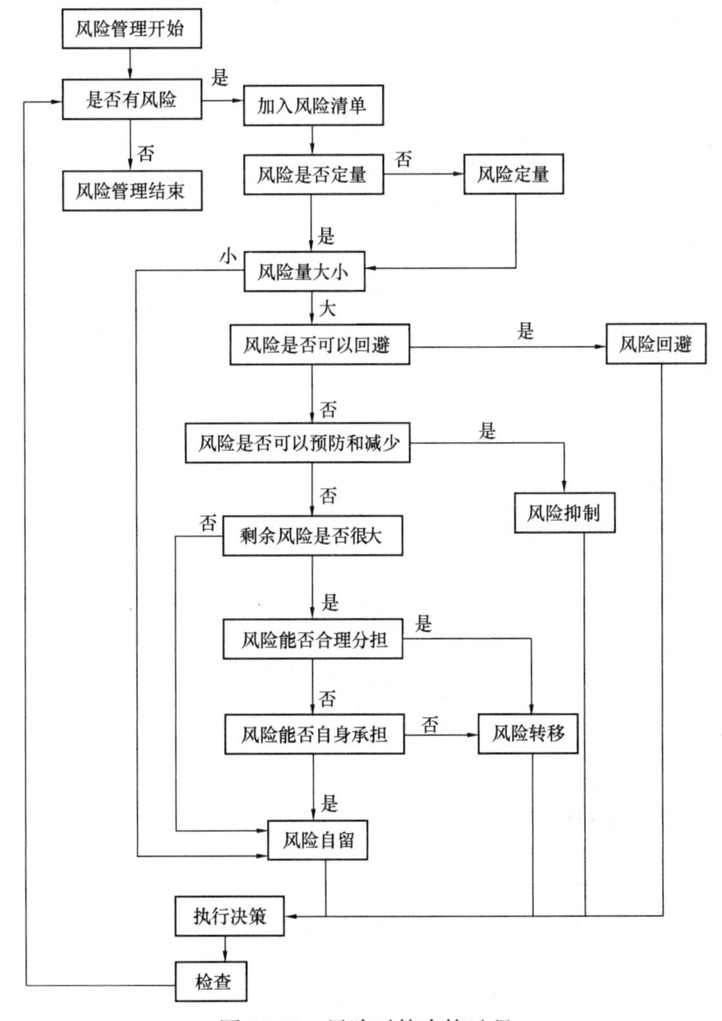

图 10-10　风险对策决策过程

思 考 题

1. 简述风险、风险因素、风险事件、损失、损失机会的概念。
2. 常见的风险分类方式有哪几种？具体如何分类？
3. 简述风险管理的基本过程。
4. 风险识别有哪些特点？应遵循什么原则？
5. 简述风险识别各种方法的要点。
6. 风险评价的主要作用是什么？
7. 简述风险损失衡量的要点。
8. 如何运用概率分布法进行风险概率的衡量？
9. 风险对策有哪几种？简述各种风险对策的要点。

第11章　建设工程监理相关法规

11.1　概　　述

建设工程法律法规体系是指根据《中华人民共和国立法法》的规定，制定和公布施行的有关建设工程的各项法律、行政法规、地方性法规、自治条例、单行条例、部门规章和地方政府规章的总称。目前，这个体系已经基本形成。本节列举和介绍的是与建设工程监理有关的法律、行政法规和部门规章，不涉及地方性法规、自治条例、单行条例和地方政府规章。

11.1.1　建设工程法律法规规章的制定机关和法律效力

建设工程法律是指由全国人民代表大会及其常务委员会通过的规范工程建设活动的法律规范，由国家主席签署主席令予以公布，如《中华人民共和国建筑法》、《中华人民共和国招标投标法》、《中华人民共和国合同法》、《中华人民共和国政府采购法》、《中华人民共和国城乡规划法》等。

建设工程行政法规是指由国务院根据宪法和法律制定的规范工程建设活动的各项法规，由总理签署国务院令予以公布，如《建设工程质量管理条例》、《建设工程安全生产管理条例》、《建设工程勘察设计管理条例》等。

建设工程部门规章是指建设部按照国务院规定的职权范围，独立或同国务院有关部门联合根据法律和国务院的行政法规、决定、命令，制定的规范工程建设活动的各项规章，属于建设部制定的由部长签署建设部令予以公布，如《工程监理企业资质管理规定》、《注册监理工程师管理规定》等。

上述法律法规规章的效力是：法律的效力高于行政法规；行政法规的效力高于部门规章。

11.1.2　与建设工程监理有关的建设工程法律法规规章

（1）法律

1）中华人民共和国建筑法；

2）中华人民共和国合同法；

3）中华人民共和国招标投标法；

4）中华人民共和国土地管理法；

5）中华人民共和国城乡规划法；

6）中华人民共和国城市房地产管理法；

7）中华人民共和国环境保护法；

8）中华人民共和国环境影响评价法。

（2）行政法规

1）建设工程质量管理条例；

2）建设工程安全管理管理条例；

3）建设工程勘察设计管理条例；

4）中华人民共和国土地管理法实施条例。

（3）部门规章

1）监理单位资质管理规定；

2）注册监理工程师管理规定；

3）建设工程监理范围和规模标准规定；

4）建筑工程设计招标投标管理办法；

5）房屋建筑和市政基础设施工程施工招标投标管理办法；

6）评标委员会和评标方法暂行规定；

7）建筑工程施工发包与承包计价管理办法；

8）建筑工程施工许可管理办法；

9）实施工程建设强制性标准监督规定；

10）房屋建筑工程质量保修办法；

11）房屋建筑工程和市政基础设施工程竣工验收备案管理暂行办法；

12）建设工程施工现场管理规定；

13）建筑安全生产监督管理规定；

14）工程建设重大事故报告和调查程序规定；

15）城市建设档案管理规定。

监理工程师应当了解和熟悉我国建设工程法律法规规章体系，并熟悉和掌握其中与监理工作关系比较密切的法律法规规章，以便依法进行监理和规范自己的工程监理行为。

11.2 建　筑　法

《建筑法》是我国工程建设领域的一部大法。全文分 8 章共计 85 条。整部法律内容是以建筑市场管理为中心，以建筑工程质量和安全为重点，以建筑活动监督管理为主线形成的。

《全国人民代表大会常务委员会关于修改〈中华人民共和国建筑法〉的决定》已由中华人民共和国第十一届全国人民代表大会常务委员会第二十次会议于 2011 年 4 月 22 日通过，自 2011 年 7 月 1 日起施行。

11.2.1 总则

《建筑法》总则一章，是对整部法律的纲领性规定。内容包括：立法目的、调整对象和适用范围、建筑活动基本要求、建筑业的基本政策、建筑活动当事人的基本权利和义务、建筑活动监督管理主体。

（1）为了加强对建筑活动的监督管理，维护建筑市场秩序，保证建筑工程的质量和安全，促进建筑业健康发展，制定本法。

（2）在中华人民共和国境内从事建筑活动，实施对建筑活动的监督管理，应当遵守本法。

本法所称建筑活动，是指各类房屋建筑及其附属设施的建造和与其配套的线路、管道、设备的安装活动。

（3）建筑活动应当确保建筑工程质量和安全，符合国家的建筑工程安全标准。

（4）国家扶持建筑业的发展，支持建筑科学技术研究，提高房屋建筑设计水平，鼓励节约能源和保护环境，提倡采用先进技术、先进设备、先进工艺、新型建筑材料和现代管理方式。

（5）从事建筑活动应当遵守法律、法规，不得损害社会公共利益和他人的合法权益。

任何单位和个人都不得妨碍和阻挠依法进行的建筑活动。

（6）国务院建设行政主管部门对全国的建筑活动实施统一监督管理。

11.2.2　建筑许可

（1）建筑工程施工许可

1）建筑工程开工前，建设单位应当按照国家有关规定向工程所在地县级以上人民政府建设行政主管部门申请领取施工许可证；但是，国务院建设行政主管部门确定的限额以下的小型工程除外。

按照国务院规定的权限和程序批准开工报告的建筑工程，不再领取施工许可证。

2）申请领取施工许可证，应当具备下列条件：

①已经办理该建筑工程用地批准手续；

②在城市规划区的建筑工程，已经取得规划许可证；

③需要拆迁的，其拆迁进度符合施工要求；

④已经确定建筑施工企业；

⑤有满足施工需要的施工图纸及技术资料；

⑥有保证工程质量和安全的具体措施；

⑦建设资金已经落实；

⑧法律、行政法规规定的其他条件。

建设行政主管部门应当自收到申请之日起十五日内，对符合条件的申请颁发施工许可证。

3）建设单位应当自领取施工许可证之日起三个月内开工。因故不能按期开工的，应当向发证机关申请延期；延期以两次为限，每次不超过三个月。既不开工又不申请延期或者超过延期时限的，施工许可证自行废止。

4）在建的建筑工程因故中止施工的，建设单位应当自中止施工之日起一个月内，向发证机关报告，并按照规定做好建筑工程的维护管理工作。

建筑工程恢复施工时，应当向发证机关报告；中止施工满一年的工程恢复施工前，建设单位应当报发证机关核验施工许可证。

5）按照国务院有关规定批准开工报告的建筑工程，因故不能按期开工或者中止施工的，应当及时向批准机关报告情况。因故不能按期开工超过六个月的，应当重新办理开工报告的批准手续。

（2）从业资格

1）从事建筑活动的建筑施工企业、勘察单位、设计单位和工程监理单位，应当具备下列条件：

①有符合国家规定的注册资本；

②有与其从事的建筑活动相适应的具有法定执业资格的专业技术人员；

③有从事相关建筑活动所应有的技术装备；

④法律、行政法规规定的其他条件。

2）从事建筑活动的建筑施工企业、勘察单位、设计单位和工程监理单位，按照其拥有的注册资本、专业技术人员、技术装备和已完成的建筑工程业绩等资质条件，划分为不同的资质等级，经资质审查合格，取得相应等级的资质证书后，方可在其资质等级许可的范围内从事建筑活动。

3）从事建筑活动的专业技术人员，应当依法取得相应的执业资格证书，并在执业资格证书许可的范围内从事建筑活动。

11.2.3 建筑工程发包与承包

（1）一般规定

1）建筑工程的发包单位与承包单位应当依法订立书面合同，明确双方的权利和义务。

发包单位和承包单位应当全面履行合同约定的义务。不按照合同约定履行义务的，依法承担违约责任。

2）建筑工程发包与承包的招标投标活动，应当遵循公开、公正、平等竞争的原则，择优选择承包单位。

建筑工程的招标投标，本法没有规定的，适用有关招标投标法律的规定。

3）发包单位及其工作人员在建筑工程发包中不得收受贿赂、回扣或者索取其他好处。

承包单位及其工作人员不得利用向发包单位及其工作人员行贿、提供回扣或者给予其他好处等不正当手段承揽工程。

4）建筑工程造价应当按照国家有关规定，由发包单位与承包单位在合同中约定。公开招标发包的，其造价的约定，须遵守招标投标法律的规定。

发包单位应当按照合同的约定，及时拨付工程款项。

（2）发包

1）建筑工程依法实行招标发包，对不适于招标发包的可以直接发包。

2）建筑工程实行公开招标的，发包单位应当依照法定程序和方式，发布招标公告，提供载有招标工程的主要技术要求、主要的合同条款、评标的标准和方法以及开标、评标、定标的程序等内容的招标文件。

开标应当在招标文件规定的时间、地点公开进行。开标后应当按照招标文件规定的评标标准和程序对标书进行评价、比较，在具备相应资质条件的投标者中，择优选定中标者。

3）建筑工程招标的开标、评标、定标由建设单位依法组织实施，并接受有关行政主管部门的监督。

4）建筑工程实行招标发包的，发包单位应当将建筑工程发包给依法中标的承包单位。建筑工程实行直接发包的，发包单位应当将建筑工程发包给具有相应资质条件的承包单位。

5）政府及其所属部门不得滥用行政权力，限定发包单位将招标发包的建筑工程发包给指定的承包单位。

6）提倡对建筑工程实行总承包，禁止将建筑工程肢解发包。

建筑工程的发包单位可以将建筑工程的勘察、设计、施工、设备采购一并发包给一个工程总承包单位，也可以将建筑工程勘察、设计、施工、设备采购的一项或者多项发包给一个工程总承包单位；但是，不得将应当由一个承包单位完成的建筑工程肢解成若干部分发包给几个承包单位。

7）按照合同约定，建筑材料、建筑构配件和设备由工程承包单位采购的，发包单位不得指定承包单位购入用于工程的建筑材料、建筑构配件和设备或者指定生产厂、供应商。

（3）承包

1）承包建筑工程的单位应当持有依法取得的资质证书，并在其资质等级许可的业务范围内承揽工程。

禁止建筑施工企业超越本企业资质等级许可的业务范围或者以任何形式用其他建筑施工企业的名义承揽工程。禁止建筑施工企业以任何形式允许其他单位或者个人使用本企业的资质证书、营业执照，以本企业的名义承揽工程。

2）大型建筑工程或者结构复杂的建筑工程，可以由两个以上的承包单位联合共同承包。共同承包的各方对承包合同的履行承担连带责任。

两个以上不同资质等级的单位实行联合共同承包的，应当按照资质等级低的单位的业务许可范围承揽工程。

3）禁止承包单位将其承包的全部建筑工程转包给他人，禁止承包单位将其承包的全部建筑工程肢解以后以分包的名义分别转包给他人。

4）建筑工程总承包单位可以将承包工程中的部分工程发包给具有相应资质条件的分包单位；但是，除总承包合同中约定的分包外，必须经建设单位认可。施工总承包的，建筑工程主体结构的施工必须由总承包单位自行完成。

建筑工程总承包单位按照总承包合同的约定对建设单位负责；分包单位按照分包合同的约定对总承包单位负责。总承包单位和分包单位就分包工程对建设单位承担连带责任。

禁止总承包单位将工程分包给不具备相应资质条件的单位。禁止分包单位将其承包的工程再分包。

11.2.4 建筑工程监理

1）国家推行建筑工程监理制度。

国务院可以规定实行强制监理的建筑工程的范围。

2）实行监理的建筑工程，由建设单位委托具有相应资质条件的工程监理单位监理。建设单位与其委托的工程监理单位应当订立书面工程监理合同。

3）建筑工程监理应当依照法律、行政法规及有关的技术标准、设计文件和建筑工程承包合同，对承包单位在施工质量、建设工期和建设资金使用等方面，代表建设单位实施监督。

工程监理人员认为工程施工不符合工程设计要求、施工技术标准和合同约定的，有权要求建筑施工企业改正。

工程监理人员发现工程设计不符合建筑工程质量标准或者合同约定的质量要求的，应当报告建设单位要求设计单位改正。

4）实施建筑工程监理前，建设单位应当将委托的工程监理单位、监理的内容及监理权限，书面通知被监理的建筑施工企业。

5）工程监理单位应当在其资质等级许可的监理范围内，承担工程监理业务。

工程监理单位应当根据建设单位的委托，客观、公正地执行监理任务。

工程监理单位与被监理工程的承包单位以及建筑材料、建筑构配件和设备供应单位不得有隶属关系或者其他利害关系。

工程监理单位不得转让工程监理业务。

6）工程监理单位不按照委托监理合同的约定履行监理义务，对应当监督检查的项目不检查或者不按照规定检查，给建设单位造成损失的，应当承担相应的赔偿责任。

工程监理单位与承包单位串通，为承包单位谋取非法利益，给建设单位造成损失的，应当与承包单位承担连带赔偿责任。

11.2.5 建筑安全生产管理

（1）建筑工程安全生产管理必须坚持安全第一、预防为主的方针，建立健全安全生产的责任制度和群防群治制度。

（2）建筑工程设计应当符合按照国家规定制定的建筑安全规程和技术规范，保证工程的安全性能。

（3）建筑施工企业在编制施工组织设计时，应当根据建筑工程的特点制定相应的安全技术措施；对专业性较强的工程项目，应当编制专项安全施工组织设计，并采取安全技术措施。

（4）建筑施工企业应当在施工现场采取维护安全、防范危险、预防火灾等措施；有条件的，应当对施工现场实行封闭管理。

施工现场对毗邻的建筑物、构筑物和特殊作业环境可能造成损害的，建筑施工企业应当采取安全防护措施。

（5）建设单位应当向建筑施工企业提供与施工现场相关的地下管线资料，建筑施工企业应当采取措施加以保护。

（6）建筑施工企业应当遵守有关环境保护和安全生产的法律、法规的规定，采取控制和处理施工现场的各种粉尘、废气、废水、固体废物以及噪声、振动对环境的污染和危害的措施。

（7）有下列情形之一的，建设单位应当按照国家有关规定办理申请批准手续：

1）需要临时占用规划批准范围以外场地的；

2）可能损坏道路、管线、电力、邮电通信等公共设施的；

3）需要临时停水、停电、中断道路交通的；

4）需要进行爆破作业的；

5）法律、法规规定需要办理报批手续的其他情形。

（8）建设行政主管部门负责建筑安全生产的管理，并依法接受劳动行政主管部门对建筑安全生产的指导和监督。

（9）建筑施工企业必须依法加强对建筑安全生产的管理，执行安全生产责任制度，采取有效措施，防止伤亡和其他安全生产事故的发生。

建筑施工企业的法定代表人对本企业的安全生产负责。

（10）施工现场安全由建筑施工企业负责。实行施工总承包的，由总承包单位负责。分包单位向总承包单位负责，服从总承包单位对施工现场的安全生产管理。

（11）建筑施工企业应当建立健全劳动安全生产教育培训制度，加强对职工安全生产的教育培训；未经安全生产教育培训的人员，不得上岗作业。

（12）建筑施工企业和作业人员在施工过程中，应当遵守有关安全生产的法律、法规和建筑行业安全规章、规程，不得违章指挥或者违章作业。作业人员有权对影响人身健康的作业程序和作业条件提出改进意见，有权获得安全生产所需的防护用品。作业人员对危及生命安全和人身健康的行为有权提出批评、检举和控告。

（13）建筑施工企业应当依法为职工参加工伤保险缴纳工伤保险费。鼓励企业为从事危险作业的职工办理意外伤害保险，支付保险费。

（14）涉及建筑主体和承重结构变动的装修工程，建设单位应当在施工前委托原设计单位或者具有相应资质条件的设计单位提出设计方案；没有设计方案的，不得施工。

（15）房屋拆除应当由具备保证安全条件的建筑承包商承担，由建筑承包商负责人对安全负责。

（16）施工中发生事故时，建筑施工企业应当采取紧急措施减少人员伤亡和事故损失，并按照国家有关规定及时向有关部门报告。

11.2.6 建筑工程质量管理

（1）建筑工程勘察、设计、施工的质量必须符合国家有关建筑工程安全标准的要求，具体管理办法由国务院规定。

有关建筑工程安全的国家标准不能适应确保建筑安全的要求时，应当及时修订。

（2）国家对从事建筑活动的单位推行质量体系认证制度。从事建筑活动的单位根据自愿原则可以向国务院产品质量监督管理部门或者国务院产品质量监督管理部门授权的部门认可的认证机构申请质量体系认证。经认证合格的，由认证机构颁发质量体系认证证书。

（3）建设单位不得以任何理由，要求建筑设计单位或者建筑施工企业在工程设计或者施工作业中，违反法律、行政法规和建筑工程质量、安全标准，降低工程质量。

建筑设计单位和建筑施工企业对建设单位违反前款规定提出的降低工程质量的要求，应当予以拒绝。

（4）建筑工程实行总承包的，工程质量由工程总承包单位负责，总承包单位将建筑工程分包给其他单位的，应当对分包工程的质量与分包单位承担连带责任。分包单位应当接受总承包单位的质量管理。

（5）建筑工程的勘察、设计单位必须对其勘察、设计的质量负责。勘察、设计文件应当符合有关法律、行政法规的规定和建筑工程质量、安全标准、建筑工程勘察、设计技术规范以及合同的约定。设计文件选用的建筑材料、建筑构配件和设备，应当注明其规格、型号、性能等技术指标，其质量要求必须符合国家规定的标准。

（6）建筑设计单位对设计文件选用的建筑材料、建筑构配件和设备，不得指定生产厂、供应商。

（7）建筑施工企业对工程的施工质量负责。

建筑施工企业必须按照工程设计图纸和施工技术标准施工，不得偷工减料。工程设计的修改由原设计单位负责，建筑施工企业不得擅自修改工程设计。

(8) 建筑施工企业必须按照工程设计要求、施工技术标准和合同的约定，对建筑材料、建筑构配件和设备进行检验，不合格的不得使用。

(9) 建筑物在合理使用寿命内，必须确保地基基础工程和主体结构的质量。

建筑工程竣工时，屋顶、墙面不得留有渗漏、开裂等质量缺陷；对已发现的质量缺陷，建筑施工企业应当修复。

(10) 交付竣工验收的建筑工程，必须符合规定的建筑工程质量标准，有完整的工程技术经济资料和经签署的工程保修书，并具备国家规定的其他竣工条件。

建筑工程竣工经验收合格后，方可交付使用；未经验收或者验收不合格的，不得交付使用。

(11) 建筑工程实行质量保修制度。

建筑工程的保修范围应当包括地基基础工程、主体结构工程、屋面防水工程和其他土建工程，以及电气管线、上下水管线的安装工程，供热、供冷系统工程等项目；保修的期限应当按照保证建筑物合理寿命年限内正常使用，维护使用者合法权益的原则确定。具体的保修范围和最低保修期限由国务院规定。

(12) 任何单位和个人对建筑工程的质量事故、质量缺陷都有权向建设行政主管部门或者其他有关部门进行检举、控告、投诉。

11.2.7 法律责任

(1) 违反本法规定，未取得施工许可证或者开工报告未经批准擅自施工的，责令改正，对不符合开工条件的责令停止施工，可以处以罚款。

(2) 发包单位将工程发包给不具有相应资质条件的承包单位的，或者违反本法规定将建筑工程肢解发包的，责令改正，处以罚款。

超越本单位资质等级承揽工程的，责令停止违法行为，处以罚款，可以责令停业整顿，降低资质等级；情节严重的，吊销资质证书；有违法所得的，予以没收。

未取得资质证书承揽工程的，予以取缔，并处罚款；有违法所得的，予以没收。

以欺骗手段取得资质证书的，吊销资质证书，处以罚款；构成犯罪的，依法追究刑事责任。

(3) 建筑施工企业转让、出借资质证书或者以其他方式允许他人以本企业的名义承揽工程的，责令改正，没收违法所得，并处罚款，可以责令停业整顿，降低资质等级；情节严重的，吊销资质证书。对因该项承揽工程不符合规定的质量标准造成的损失，建筑施工企业与使用本企业名义的单位或者个人承担连带赔偿责任。

(4) 承包单位将承包的工程转包的，或者违反本法规定进行分包的，责令改正，没收违法所得，并处罚款，可以责令停业整顿，降低资质等级；情节严重的，吊销资质证书。

承包单位有前款规定的违法行为的，对因转包工程或者违法分包的工程不符合规定的质量标准造成的损失，与接受转包或者分包的单位承担连带赔偿责任。

(5) 在工程发包与承包中索贿、受贿、行贿，构成犯罪的，依法追究刑事责任；不构成犯罪的，分别处以罚款，没收贿赂的财物，对直接负责的主管人员和其他直接责任人员给予处分。

对在工程承包中行贿的承包单位，除依照前款规定处罚外，可以责令停业整顿，降低资质等级或者吊销资质证书。

(6) 工程监理单位与建设单位或者建筑施工企业串通，弄虚作假、降低工程质量的，责令改正，处以罚款，降低资质等级或者吊销资质证书；有违法所得的，予以没收；造成损失的，承担连带赔偿责任；构成犯罪的，依法追究刑事责任。

工程监理单位转让监理业务的，责令改正，没收违法所得，可以责令停业整顿，降低资质等级；情节严重的，吊销资质证书。

(7) 违反本法规定，涉及建筑主体或者承重结构变动的装修工程擅自施工的，责令改正，处以罚款；造成损失的，承担赔偿责任；构成犯罪的，依法追究刑事责任。

(8) 建筑施工企业违反本法规定，对建筑安全事故隐患不采取措施予以消除的，责令改正，可以处以罚款；情节严重的，责令停业整顿，降低资质等级或者吊销资质证书；构成犯罪的，依法追究刑事责任。

建筑施工企业的管理人员违章指挥、强令职工冒险作业，因而发生重大伤亡事故或者造成其他严重后果的，依法追究刑事责任。

(9) 建设单位违反本法规定，要求建筑设计单位或者建筑施工企业违反建筑工程质量、安全标准，降低工程质量的，责令改正，可以处以罚款；构成犯罪的，依法追究刑事责任。

(10) 建筑设计单位不按照建筑工程质量、安全标准进行设计的，责令改正，处以罚款；造成工程质量事故的，责令停业整顿，降低资质等级或者吊销资质证书，没收违法所得，并处罚款；造成损失的，承担赔偿责任；构成犯罪的，依法追究刑事责任。

(11) 建筑施工企业在施工中偷工减料的，使用不合格的建筑材料、建筑构配件和设备的，或者有其他不按照工程设计图纸或者施工技术标准施工的行为的，责令改正，处以罚款；情节严重的，责令停业整顿，降低资质等级或者吊销资质证书；造成建筑工程质量不符合规定的质量标准的，负责返工、修理，并赔偿因此造成的损失；构成犯罪的，依法追究刑事责任。

(12) 建筑施工企业违反本法规定，不履行保修义务或者拖延履行保修义务的，责令改正，可以处以罚款，并对在保修期内因屋顶、墙面渗漏、开裂等质量缺陷造成的损失，承担赔偿责任。

(13) 本法规定的责令停业整顿、降低资质等级和吊销资质证书的行政处罚，由颁发资质证书的机关决定；其他行政处罚，由建设行政主管部门或者有关部门依照法律和国务院规定的职权范围决定。

依照本法规定被吊销资质证书的，由工商行政管理部门吊销其营业执照。

(14) 违反本法规定，对不具备相应资质等级条件的单位颁发该等级资质证书的，由其上级机关责令收回所发的资质证书，对直接负责的主管人员和其他直接责任人员给予行政处分；构成犯罪的，依法追究刑事责任。

(15) 政府及其所属部门的工作人员违反本法规定，限定发包单位将招标发包的工程发包给指定的承包单位的，由上级机关责令改正；构成犯罪的，依法追究刑事责任。

(16) 负责颁发建筑工程施工许可证的部门及其工作人员对不符合施工条件的建筑工程颁发施工许可证的，负责工程质量监督检查或者竣工验收的部门及其工作人员对不合格的建筑工程出具质量合格文件或者按合格工程验收的，由上级机关责令改正，对责任人员给予行政处分；构成犯罪的，依法追究刑事责任；造成损失的，由该部门承担相应的赔偿责任。

(17) 在建筑物的合理使用寿命内，因建筑工程质量不合格受到损害的，有权向责任者要求赔偿。

11.2.8 附则

(1) 本法关于施工许可、建筑施工企业资质审查和建筑工程发包、承包、禁止转包，以及建筑工程监理、建筑工程安全和质量管理的规定，适用于其他专业建筑工程的建筑活动，具体办法由国务院规定。

(2) 建设行政主管部门和其他有关部门在对建筑活动实施监督管理中，除按照国务院有关规定收取费用外，不得收取其他费用。

(3) 省、自治区、直辖市人民政府确定的小型房屋建筑工程的建筑活动，参照本法执行。

依法核定作为文物保护的纪念建筑物和古建筑等的修缮，依照文物保护的有关法律规定执行。

抢险救灾及其他临时性房屋建筑和农民自建低层住宅的建筑活动，不适用本法。

(4) 军用房屋建筑工程建筑活动的具体管理办法，由国务院、中央军事委员会依据本法制定。

(5) 本法自1998年3月1日起施行。

11.3 合 同 法

11.3.1 一般规定

(1) 为了保护合同当事人的合法权益，维护社会经济秩序，促进社会主义现代化建设，制定本法。

(2) 本法所称合同是平等主体的自然人、法人、其他组织之间设立、变更、终止民事权利义务关系的协议。婚姻、收养、监护等有关身份关系的协议，适用其他法律的规定。

(3) 合同当事人的法律地位平等，一方不得将自己的意志强加给另一方。

(4) 当事人依法享有自愿订立合同的权利，任何单位和个人不得非法干预。

(5) 当事人应当遵循公平原则确定各方的权利和义务。

(6) 当事人行使权利、履行义务应当遵循诚实信用原则。

(7) 当事人订立、履行合同，应当遵守法律、行政法规，尊重社会公德，不得扰乱社会经济秩序，损害社会公共利益。

(8) 依法成立的合同，对当事人具有法律约束力。当事人应当按照约定履行自己的义务，不得擅自变更或者解除合同。依法成立的合同，受法律保护。

11.3.2 合同的订立

(1) 当事人订立合同，应当具有相应的民事权利能力和民事行为能力。当事人依法可以委托代理人订立合同。

(2) 当事人订立合同，有书面形式、口头形式和其他形式。法律、行政法规规定采用书面形式的，应当采用书面形式。当事人约定采用书面形式的，应当采用书面形式。

(3) 书面形式是指合同书、信件和数据电文（包括电报、电传、传真、电子数据交换和电子邮件）等可以有形地表现所载内容的形式。

（4）合同的内容由当事人约定，一般包括以下条款：

1）当事人的名称或者姓名和住所；

2）标的；

3）数量；

4）质量；

5）价款或者报酬；

6）履行期限、地点和方式；

7）违约责任；

8）解决争议的方法。当事人可以参照各类合同的示范文本订立合同。

（5）当事人订立合同，采取要约、承诺方式。

（6）要约是希望和他人订立合同的意思表示，该意思表示应当符合下列规定：

1）内容具体确定；

2）表明经受要约人承诺，要约人即受该意思表示约束。

（7）要约邀请是希望他人向自己发出要约的意思表示。寄送的价目表、拍卖公告、招标公告、招股说明书、商业广告等为要约邀请。商业广告的内容符合要约规定的，视为要约。

（8）要约到达受要约人时生效。

采用数据电文形式订立合同，收件人指定特定系统接收数据电文的，该数据电文进入该特定系统的时间，视为到达时间；未指定特定系统的，该数据电文进入收件人的任何系统的首次时间，视为到达时间。

（9）要约可以撤回。撤回要约的通知应当在要约到达受要约人之前或者与要约同时到达受要约人。

（10）要约可以撤销。撤销要约的通知应当在受要约人发出承诺通知之前到达受要约人。

（11）有下列情形之一的，要约不得撤销：

1）要约人确定了承诺期限或者以其他形式明示要约不可撤销；

2）受要约人有理由认为要约是不可撤销的，并已经为履行合同作了准备工作。

（12）有下列情形之一的，要约失效：

1）拒绝要约的通知到达要约人；

2）要约人依法撤销要约；

3）承诺期限届满，受要约人未作出承诺；

4）受要约人对要约的内容作出实质性变更。

（13）承诺是受要约人同意要约的意思表示。

（14）承诺应当以通知的方式作出，但根据交易习惯或者要约表明可以通过行为作出承诺的除外。

（15）承诺应当在要约确定的期限内到达要约人。要约没有确定承诺期限的，承诺应当依照下列规定到达：

1）要约以对话方式作出的，应当即时作出承诺，但当事人另有约定的除外；

2）要约以非对话方式作出的，承诺应当在合理期限内到达。

（16）要约以信件或者电报作出的，承诺期限自信件载明的日期或者电报交发之日开始计算。信件未载明日期的，自投寄该信件的邮戳日期开始计算。要约以电话、传真等快速通讯方式作出的，承诺期限自要约到达受要约人时开始计算。

（17）承诺生效时合同成立。

（18）承诺通知到达要约人时生效。承诺不需要通知的，根据交易习惯或者要约的要求作出承诺的行为时生效。

采用数据电文形式订立合同的，承诺到达的时间适用本法第十六条第二款的规定。

（19）承诺可以撤回。撤回承诺的通知应当在承诺通知到达要约人之前或者与承诺通知同时到达要约人。

（20）受要约人超过承诺期限发出承诺的，除要约人及时通知受要约人该承诺有效的以外，为新要约。

（21）受要约人在承诺期限内发出承诺，按照通常情形能够及时到达要约人，但因其他原因承诺到达要约人时超过承诺期限的，除要约人及时通知受要约人因承诺超过期限不接受该承诺的以外，该承诺有效。

（22）承诺的内容应当与要约的内容一致。受要约人对要约的内容作出实质性变更的，为新要约。有关合同标的、数量、质量、价款或者报酬、履行期限、履行地点和方式、违约责任和解决争议方法等的变更，是对要约内容的实质性变更。

（23）承诺对要约的内容作出非实质性变更的，除要约人及时表示反对或者要约表明承诺不得对要约的内容作出任何变更的以外，该承诺有效，合同的内容以承诺的内容为准。

（24）当事人采用合同书形式订立合同的，自双方当事人签字或者盖章时合同成立。

（25）当事人采用信件、数据电文等形式订立合同的，可以在合同成立之前要求签订确认书。签订确认书时合同成立。

（26）承诺生效的地点为合同成立的地点。

采用数据电文形式订立合同的，收件人的主营业地为合同成立的地点；没有主营业地的，其经常居住地为合同成立的地点。当事人另有约定的，按照其约定。

（27）当事人采用合同书形式订立合同的，双方当事人签字或者盖章的地点为合同成立的地点。

（28）法律、行政法规规定或者当事人约定采用书面形式订立合同，当事人未采用书面形式但一方已经履行主要义务，对方接受的，该合同成立。

（29）采用合同书形式订立合同，在签字或者盖章之前，当事人一方已经履行主要义务，对方接受的，该合同成立。

（30）国家根据需要下达指令性任务或者国家订货任务的，有关法人、其他组织之间应当依照有关法律、行政法规规定的权利和义务订立合同。

（31）采用格式条款订立合同的，提供格式条款的一方应当遵循公平原则确定当事人之间的权利和义务，并采取合理的方式提请对方注意免除或者限制其责任的条款，按照对方的要求，对该条款予以说明。

格式条款是当事人为了重复使用而预先拟定，并在订立合同时未与对方协商的条款。

（32）格式条款具有本法第五十二条和第五十三条规定情形的，或者提供格式条款一方免除其责任、加重对方责任、排除对方主要权利的，该条款无效。

（33）对格式条款的理解发生争议的，应当按照通常理解予以解释。对格式条款有两种以上解释的，应当作出不利于提供格式条款一方的解释。格式条款和非格式条款不一致的，应当采用非格式条款。

（34）当事人在订立合同过程中有下列情形之一，给对方造成损失的，应当承担损害赔偿责任：

1）假借订立合同，恶意进行磋商；

2）故意隐瞒与订立合同有关的重要事实或者提供虚假情况；

3）有其他违背诚实信用原则的行为。

（35）当事人在订立合同过程中知悉的商业秘密，无论合同是否成立，不得泄露或者不正当地使用。泄露或者不正当地使用该商业秘密给对方造成损失的，应当承担损害赔偿责任。

11.3.3　合同的效力

（1）依法成立的合同，自成立时生效。

法律、行政法规规定应当办理批准、登记等手续生效的，依照其规定。

（2）当事人对合同的效力可以约定附条件。附生效条件的合同，自条件成就时生效。附解除条件的合同，自条件成就时失效。

当事人为自己的利益不正当地阻止条件成就的，视为条件已成就；不正当地促成条件成就的，视为条件不成就。

（3）当事人对合同的效力可以约定附期限。附生效期限的合同，自期限届至时生效。附终止期限的合同，自期限届满时失效。

（4）限制民事行为能力人订立的合同，经法定代理人追认后，该合同有效，但纯获利益的合同或者与其年龄、智力、精神健康状况相适应而订立的合同，不必经法定代理人追认。

相对人可以催告法定代理人在一个月内予以追认。法定代理人未作表示的，视为拒绝追认。合同被追认之前，善意相对人有撤销的权利。撤销应当以通知的方式作出。

（5）行为人没有代理权、超越代理权或者代理权终止后以被代理人名义订立的合同，未经被代理人追认，对被代理人不发生效力，由行为人承担责任。

相对人可以催告被代理人在一个月内予以追认。被代理人未作表示的，视为拒绝追认。合同被追认之前，善意相对人有撤销的权利。撤销应当以通知的方式作出。

（6）行为人没有代理权、超越代理权或者代理权终止后以被代理人名义订立合同，相对人有理由相信行为人有代理权的，该代理行为有效。

（7）法人或者其他组织的法定代表人、负责人超越权限订立的合同，除相对人知道或者应当知道其超越权限的以外，该代表行为有效。

（8）无处分权的人处分他人财产，经权利人追认或者无处分权的人订立合同后取得处分权的，该合同有效。

（9）有下列情形之一的，合同无效：

1）一方以欺诈、胁迫的手段订立合同，损害国家利益；

2）恶意串通，损害国家、集体或者第三人利益；

3）以合法形式掩盖非法目的；

4）损害社会公共利益；

5）违反法律、行政法规的强制性规定。

（10）合同中的下列免责条款无效：

1）造成对方人身伤害的；

2）因故意或者重大过失造成对方财产损失的。

（11）下列合同，当事人一方有权请求人民法院或者仲裁机构变更或者撤销：

1）因重大误解订立的；

2）在订立合同时显失公平的。

一方以欺诈、胁迫的手段或者乘人之危，使对方在违背真实意思的情况下订立的合同，受损害方有权请求人民法院或者仲裁机构变更或者撤销。

当事人请求变更的，人民法院或者仲裁机构不得撤销。

（12）有下列情形之一的，撤销权消灭：

1）具有撤销权的当事人自知道或者应当知道撤销事由之日起一年内没有行使撤销权；

2）具有撤销权的当事人知道撤销事由后明确表示或者以自己的行为放弃撤销权。

（13）无效的合同或者被撤销的合同自始没有法律约束力。合同部分无效，不影响其他部分效力的，其他部分仍然有效。

（14）合同无效、被撤销或者终止的，不影响合同中独立存在的有关解决争议方法的条款的效力。

（15）合同无效或者被撤销后，因该合同取得的财产，应当予以返还；不能返还或者没有必要返还的，应当折价补偿。有过错的一方应当赔偿对方因此所受到的损失，双方都有过错的，应当各自承担相应的责任。

（16）当事人恶意串通，损害国家、集体或者第三人利益的，因此取得的财产收归国家所有或者返还集体、第三人。

11.3.4 合同的履行

（1）当事人应当按照约定全面履行自己的义务。

当事人应当遵循诚实信用原则，根据合同的性质、目的和交易习惯履行通知、协助、保密等义务。

（2）合同生效后，当事人就质量、价款或者报酬、履行地点等内容没有约定或者约定不明确的，可以协议补充；不能达成补充协议的，按照合同有关条款或者交易习惯确定。

（3）当事人就有关合同内容约定不明确，依照本法第六十一条的规定仍不能确定的，适用下列规定：

1）质量要求不明确的，按照国家标准、行业标准履行；没有国家标准、行业标准的，按照通常标准或者符合合同目的的特定标准履行。

2）价款或者报酬不明确的，按照订立合同时履行地的市场价格履行；依法应当执行政府定价或者政府指导价的，按照规定履行。

3）履行地点不明确，给付货币的，在接受货币一方所在地履行；交付不动产的，在不动产所在地履行；其他标的，在履行义务一方所在地履行。

4）履行期限不明确的，债务人可以随时履行，债权人也可以随时要求履行，但应当给对方必要的准备时间。

5）履行方式不明确的，按照有利于实现合同目的的方式履行。

6）履行费用的负担不明确的，由履行义务一方负担。

（4）执行政府定价或者政府指导价的，在合同约定的交付期限内政府价格调整时，按照交付时的价格计价。逾期交付标的物的，遇价格上涨时，按照原价格执行；价格下降时，按照新价格执行。逾期提取标的物或者逾期付款的，遇价格上涨时，按照新价格执行；价格下降时，按照原价格执行。

（5）当事人约定由债务人向第三人履行债务的，债务人未向第三人履行债务或者履行债务不符合约定，应当向债权人承担违约责任。

（6）当事人约定由第三人向债权人履行债务的，第三人不履行债务或者履行债务不符合约定，债务人应当向债权人承担违约责任。

（7）当事人互负债务，没有先后履行顺序的，应当同时履行。一方在对方履行之前有权拒绝其履行要求。一方在对方履行债务不符合约定时，有权拒绝其相应的履行要求。

（8）当事人互负债务，有先后履行顺序，先履行一方未履行的，后履行一方有权拒绝其履行要求。先履行一方履行债务不符合约定的，后履行一方有权拒绝其相应的履行要求。

（9）应当先履行债务的当事人，有确切证据证明对方有下列情形之一的，可以中止履行：

1）经营状况严重恶化；

2）转移财产、抽逃资金，以逃避债务；

3）丧失商业信誉；

4）有丧失或者可能丧失履行债务能力的其他情形。

当事人没有确切证据中止履行的，应当承担违约责任。

（10）当事人依照本法第六十八条的规定中止履行的，应当及时通知对方。对方提供适当担保时，应当恢复履行。中止履行后，对方在合理期限内未恢复履行能力并且未提供适当担保的，中止履行的一方可以解除合同。

（11）债权人分立、合并或者变更住所没有通知债务人，致使履行债务发生困难的，债务人可以中止履行或者将标的物提存。

（12）债权人可以拒绝债务人提前履行债务，但提前履行不损害债权人利益的除外。债务人提前履行债务给债权人增加的费用，由债务人负担。

（13）债权人可以拒绝债务人部分履行债务，但部分履行不损害债权人利益的除外。债务人部分履行债务给债权人增加的费用，由债务人负担。

（14）因债务人怠于行使其到期债权，对债权人造成损害的，债权人可以向人民法院请求以自己的名义代位行使债务人的债权，但该债权专属于债务人自身的除外。

代位权的行使范围以债权人的债权为限。债权人行使代位权的必要费用，由债务人负担。

（15）因债务人放弃其到期债权或者无偿转让财产，对债权人造成损害的，债权人可以请求人民法院撤销债务人的行为。债务人以明显不合理的低价转让财产，对债权人造成损害，并且受让人知道该情形的，债权人也可以请求人民法院撤销债务人的行为。

撤销权的行使范围以债权人的债权为限。债权人行使撤销权的必要费用，由债务人负担。

（16）撤销权自债权人知道或者应当知道撤销事由之日起一年内行使。自债务人的行为发生之日起五年内没有行使撤销权的，该撤销权消灭。

（17）合同生效后，当事人不得因姓名、名称的变更或者法定代表人、负责人、承办人的变动而不履行合同义务。

11.3.5 合同的变更和转让

（1）当事人协商一致，可以变更合同。

法律、行政法规规定变更合同应当办理批准、登记等手续的，依照其规定。

（2）当事人对合同变更的内容约定不明确的，推定为未变更。

（3）债权人可以将合同的权利全部或者部分转让给第三人，但有下列情形之一的除外：

1）根据合同性质不得转让；

2）按照当事人约定不得转让；

3）依照法律规定不得转让。

（4）债权人转让权利的，应当通知债务人。未经通知，该转让对债务人不发生效力。

债权人转让权利的通知不得撤销，但经受让人同意的除外。

（5）债权人转让权利的，受让人取得与债权有关的从权利，但该从权利专属于债权人自身的除外。

（6）债务人接到债权转让通知后，债务人对让与人的抗辩，可以向受让人主张。

（7）债务人接到债权转让通知时，债务人对让与人享有债权，并且债务人的债权先于转让的债权到期或者同时到期的，债务人可以向受让人主张抵消。

（8）债务人将合同的义务全部或者部分转移给第三人的，应当经债权人同意。

（9）债务人转移义务的，新债务人可以主张原债务人对债权人的抗辩。

（10）债务人转移义务的，新债务人应当承担与主债务有关的从债务，但该从债务专属于原债务人自身的除外。

（11）法律、行政法规规定转让权利或者转移义务应当办理批准、登记等手续的，依照其规定。

（12）当事人一方经对方同意，可以将自己在合同中的权利和义务一并转让给第三人。

（13）权利和义务一并转让的，适用本法 11.3.5 中（3）、（5）、（6）、（7）、（9）、（11）的规定。

（14）当事人订立合同后合并的，由合并后的法人或者其他组织行使合同权利，履行合同义务。当事人订立合同后分立的，除债权人和债务人另有约定的以外，由分立的法人或者其他组织对合同的权利和义务享有连带债权，承担连带债务。

11.3.6 合同的权利义务终止

（1）有下列情形之一的，合同的权利义务终止：

1）债务已经按照约定履行；

2）合同解除；

3）债务相互抵消；

4）债务人依法将标的物提存；

5）债权人免除债务；

6）债权债务同归于一人；

7）法律规定或者当事人约定终止的其他情形。

（2）合同的权利义务终止后，当事人应当遵循诚实信用原则，根据交易习惯履行通知、协助、保密等义务。

（3）当事人协商一致，可以解除合同。

当事人可以约定一方解除合同的条件。解除合同的条件成就时，解除权人可以解除合同。

（4）有下列情形之一的，当事人可以解除合同：

1）因不可抗力致使不能实现合同目的；

2）在履行期限届满之前，当事人一方明确表示或者以自己的行为表明不履行主要债务；

3）当事人一方迟延履行主要债务，经催告后在合理期限内仍未履行；

4）当事人一方迟延履行债务或者有其他违约行为致使不能实现合同目的；

5）法律规定的其他情形。

（5）法律规定或者当事人约定解除权行使期限，期限届满当事人不行使的，该权利消灭。

法律没有规定或者当事人没有约定解除权行使期限，经对方催告后在合理期限内不行使的，该权利消灭。

（6）当事人一方依照本法第九十三条第二款、第九十四条的规定主张解除合同的，应当通知对方。合同自通知到达对方时解除。对方有异议的，可以请求人民法院或者仲裁机构确认解除合同的效力。

法律、行政法规规定解除合同应当办理批准、登记等手续的，依照其规定。

（7）合同解除后，尚未履行的，终止履行；已经履行的，根据履行情况和合同性质，当事人可以要求恢复原状、采取其他补救措施，并有权要求赔偿损失。

（8）合同的权利义务终止，不影响合同中结算和清理条款的效力。

（9）当事人互负到期债务，该债务的标的物种类、品质相同的，任何一方可以将自己的债务与对方的债务抵消，但依照法律规定或者按照合同性质不得抵消的除外。

当事人主张抵消的，应当通知对方。通知自到达对方时生效。抵消不得附条件或者附期限。

（10）当事人互负债务，标的物种类、品质不相同的，经双方协商一致，也可以抵消。

（11）有下列情形之一，难以履行债务的，债务人可以将标的物提存：

1）债权人无正当理由拒绝受领；

2）债权人下落不明；

3）债权人死亡未确定继承人或者丧失民事行为能力未确定监护人；

4）法律规定的其他情形。

标的物不适于提存或者提存费用过高的，债务人依法可以拍卖或者变卖标的物，提存所得的价款。

(12) 标的物提存后，除债权人下落不明的以外，债务人应当及时通知债权人或者债权人的继承人、监护人。

(13) 标的物提存后，毁损、灭失的风险由债权人承担。提存期间，标的物的孳息归债权人所有。提存费用由债权人负担。

(14) 债权人可以随时领取提存物，但债权人对债务人负有到期债务的，在债权人未履行债务或者提供担保之前，提存部门根据债务人的要求应当拒绝其领取提存物。

债权人领取提存物的权利，自提存之日起五年内不行使而消灭，提存物扣除提存费用后归国家所有。

(15) 债权人免除债务人部分或者全部债务的，合同的权利义务部分或者全部终止。

(16) 债权和债务同归于一人的，合同的权利义务终止，但涉及第三人利益的除外。

11.3.7 违约责任

(1) 当事人一方不履行合同义务或者履行合同义务不符合约定的，应当承担继续履行、采取补救措施或者赔偿损失等违约责任。

(2) 当事人一方明确表示或者以自己的行为表明不履行合同义务的，对方可以在履行期限届满之前要求其承担违约责任。

(3) 当事人一方未支付价款或者报酬的，对方可以要求其支付价款或者报酬。

(4) 当事人一方不履行非金钱债务或者履行非金钱债务不符合约定的，对方可以要求履行，但有下列情形之一的除外：

1) 法律上或者事实上不能履行；

2) 债务的标的不适于强制履行或者履行费用过高；

3) 债权人在合理期限内未要求履行。

(5) 质量不符合约定的，应当按照当事人的约定承担违约责任。对违约责任没有约定或者约定不明确，依照本法第六十一条的规定仍不能确定的，受损害方根据标的的性质以及损失的大小，可以合理选择要求对方承担修理、更换、重作、退货、减少价款或者报酬等违约责任。

(6) 当事人一方不履行合同义务或者履行合同义务不符合约定的，在履行义务或者采取补救措施后，对方还有其他损失的，应当赔偿损失。

(7) 当事人一方不履行合同义务或者履行合同义务不符合约定，给对方造成损失的，损失赔偿额应当相当于因违约所造成的损失，包括合同履行后可以获得的利益，但不得超过违反合同一方订立合同时预见到或者应当预见到的因违反合同可能造成的损失。

经营者对消费者提供商品或者服务有欺诈行为的，依照《中华人民共和国消费者权益保护法》的规定承担损害赔偿责任。

(8) 当事人可以约定一方违约时应当根据违约情况向对方支付一定数额的违约金，也可以约定因违约产生的损失赔偿额的计算方法。

约定的违约金低于造成的损失的，当事人可以请求人民法院或者仲裁机构予以增加；约定的违约金过分高于造成的损失的，当事人可以请求人民法院或者仲裁机构予以适当减少。

当事人就迟延履行约定违约金的，违约方支付违约金后，还应当履行债务。

(9) 当事人可以依照《中华人民共和国担保法》约定一方向对方给付定金作为债权的担保。债务人履行债务后，定金应当抵作价款或者收回。给付定金的一方不履行约定的债务的，无权要求返还定金；收受定金的一方不履行约定的债务的，应当双倍返还定金。

(10) 当事人既约定违约金，又约定定金的，一方违约时，对方可以选择适用违约金或者定金条款。

(11) 因不可抗力不能履行合同的，根据不可抗力的影响，部分或者全部免除责任，但法律另有规定的除外。当事人迟延履行后发生不可抗力的，不能免除责任。

本法所称不可抗力，是指不能预见、不能避免并不能克服的客观情况。

(12) 当事人一方因不可抗力不能履行合同的，应当及时通知对方，以减轻可能给对方造成的损失，并应当在合理期限内提供证明。

(13) 当事人一方违约后，对方应当采取适当措施防止损失的扩大；没有采取适当措施致使损失扩大的，不得就扩大的损失要求赔偿。

当事人因防止损失扩大而支出的合理费用，由违约方承担。

(14) 当事人双方都违反合同的，应当各自承担相应的责任。

(15) 当事人一方因第三人的原因造成违约的，应当向对方承担违约责任。当事人一方和第三人之间的纠纷，依照法律规定或者按照约定解决。

(16) 因当事人一方的违约行为，侵害对方人身、财产权益的，受损害方有权选择依照本法要求其承担违约责任或者依照其他法律要求其承担侵权责任。

11.3.8 其他规定

(1) 其他法律对合同另有规定的，依照其规定。

(2) 本法分则或者其他法律没有明文规定的合同，适用本法总则的规定，并可以参照本法分则或者其他法律最相类似的规定。

(3) 当事人对合同条款的理解有争议的，应当按照合同所使用的词句、合同的有关条款、合同的目的、交易习惯以及诚实信用原则，确定该条款的真实意思。

合同文本采用两种以上文字订立并约定具有同等效力的，对各文本使用的词句推定具有相同含义。各文本使用的词句不一致的，应当根据合同的目的予以解释。

(4) 涉外合同的当事人可以选择处理合同争议所适用的法律，但法律另有规定的除外。涉外合同的当事人没有选择的，适用与合同有最密切联系的国家的法律。

在中华人民共和国境内履行的中外合资经营企业合同、中外合作经营企业合同、中外合作勘探开发自然资源合同，适用中华人民共和国法律。

(5) 工商行政管理部门和其他有关行政主管部门在各自的职权范围内，依照法律、行政法规的规定，对利用合同危害国家利益、社会公共利益的违法行为，负责监督处理；构成犯罪的，依法追究刑事责任。

(6) 当事人可以通过和解或者调解解决合同争议。

当事人不愿和解、调解或者和解、调解不成的，可以根据仲裁协议向仲裁机构申请仲裁。涉外合同的当事人可以根据仲裁协议向中国仲裁机构或者其他仲裁机构申请仲裁。当事人没有订立仲裁协议或者仲裁协议无效的，可以向人民法院起诉。当事人应当履行发生法律效力的判决、仲裁裁决、调解书；拒不履行的，对方可以请求人民法院执行。

(7) 因国际货物买卖合同和技术进出口合同争议提起诉讼或者申请仲裁的期限为四

年，自当事人知道或者应当知道其权利受到侵害之日起计算。因其他合同争议提起诉讼或者申请仲裁的期限，依照有关法律的规定。

11.4 招标投标法

11.4.1 总则

（1）为了规范招标投标活动，保护国家利益、社会公共利益和招标投标活动当事人的合法权益，提高经济效益，保证项目质量，制定本法。

（2）在中华人民共和国境内进行招标投标活动，适用本法。

（3）在中华人民共和国境内进行下列工程建设项目包括项目的勘察、设计、施工、监理以及与工程建设有关的重要设备、材料等的采购，必须进行招标：1）大型基础设施、公用事业等关系社会公共利益、公众安全的项目；2）全部或者部分使用国有资金投资或者国家融资的项目；3）使用国际组织或者外国政府贷款、援助资金的项目。前款所列项目的具体范围和规模标准，由国务院发展计划部门会同国务院有关部门制订，报国务院批准。法律或者国务院对必须进行招标的其他项目的范围有规定的，依照其规定。

（4）任何单位和个人不得将依法必须进行招标的项目化整为零或者以其他任何方式规避招标。

（5）招标投标活动应当遵循公开、公平、公正和诚实信用的原则。

（6）依法必须进行招标的项目，其招标投标活动不受地区或者部门的限制。任何单位和个人不得违法限制或者排斥本地区、本系统以外的法人或者其他组织参加投标，不得以任何方式非法干涉招标投标活动。

（7）招标投标活动及其当事人应当接受依法实施的监督。有关行政监督部门依法对招标投标活动实施监督，依法查处招标投标活动中的违法行为。对招标投标活动的行政监督及有关部门的具体职权划分，由国务院规定。

11.4.2 招标

（1）招标人是依照本法规定提出招标项目、进行招标的法人或者其他组织。

（2）招标项目按照国家有关规定需要履行项目审批手续的，应当先履行审批手续，取得批准。招标人应当有进行招标项目的相应资金或者资金来源已经落实，并应当在招标文件中如实载明。

（3）招标分为公开招标和邀请招标。公开招标，是指招标人以招标公告的方式邀请不特定的法人或者其他组织投标。邀请招标，是指招标人以投标邀请书的方式邀请特定的法人或者其他组织投标。

（4）国务院发展计划部门确定的国家重点项目和省、自治区、直辖市人民政府确定的地方重点项目不适宜公开招标的，经国务院发展计划部门或者省、自治区、直辖市人民政府批准，可以进行邀请招标。

（5）招标人有权自行选择招标代理机构，委托其办理招标事宜。任何单位和个人不得以任何方式为招标人指定招标代理机构。招标人具有编制招标文件和组织评标能力的，可以自行办理招标事宜。任何单位和个人不得强制其委托招标代理机构办理招标事宜。依法必须进行招标的项目，招标人自行办理招标事宜的，应当向有关行政监督部门备案。

(6) 招标代理机构是依法设立、从事招标代理业务并提供相关服务的社会中介组织。招标代理机构应当具备下列条件：1) 有从事招标代理业务的营业场所和相应资金；2) 有能够编制招标文件和组织评标的相应专业力量；3) 有符合本法第三十七条第三款规定条件、可以作为评标委员会成员人选的技术、经济等方面的专家库。

(7) 从事工程建设项目招标代理业务的招标代理机构，其资格由国务院或者省、自治区、直辖市人民政府的建设行政主管部门认定。具体办法由国务院建设行政主管部门会同国务院有关部门制定。从事其他招标代理业务的招标代理机构，其资格认定的主管部门由国务院规定。招标代理机构与行政机关和其他国家机关不得存在隶属关系或者其他利益关系。

(8) 招标代理机构应当在招标人委托的范围内办理招标事宜，并遵守本法关于招标人的规定。

(9) 招标人采用公开招标方式的，应当发布招标公告。依法必须进行招标的项目的招标公告，应当通过国家指定的报刊、信息网络或者其他媒介发布。招标公告应当载明招标人的名称和地址、招标项目的性质、数量、实施地点和时间以及获取招标文件的办法等事项。

(10) 招标人采用邀请招标方式的，应当向三个以上具备承担招标项目的能力、资信良好的特定的法人或者其他组织发出投标邀请书。投标邀请书应当载明本法第十六条第二款规定的事项。

(11) 招标人可以根据招标项目本身的要求，在招标公告或者投标邀请书中，要求潜在投标人提供有关资质证明文件和业绩情况，并对潜在投标人进行资格审查；国家对投标人的资格条件有规定的，依照其规定。招标人不得以不合理的条件限制或者排斥潜在投标人，不得对潜在投标人实行歧视待遇。

(12) 招标人应当根据招标项目的特点和需要编制招标文件。招标文件应当包括招标项目的技术要求、对投标人资格审查的标准、投标报价要求和评标标准等所有实质性要求和条件以及拟签订合同的主要条款。国家对招标项目的技术、标准有规定的，招标人应当按照其规定在招标文件中提出相应要求。招标项目需要划分标段、确定工期的，招标人应当合理划分标段、确定工期，并在招标文件中载明。

(13) 招标文件不得要求或者标明特定的生产供应者以及含有倾向或者排斥潜在投标人的其他内容。

(14) 招标人根据招标项目的具体情况，可以组织潜在投标人踏勘项目现场。

(15) 招标人不得向他人透露已获取招标文件的潜在投标人的名称、数量以及可能影响公平竞争的有关招标投标的其他情况。

(16) 招标人对已发出的招标文件进行必要的澄清或者修改的，应当在招标文件要求提交投标文件截止时间至少十五日前，以书面形式通知所有招标文件收受人。该澄清或者修改的内容为招标文件的组成部分。

(17) 招标人应当确定投标人编制投标文件所需要的合理时间；但是，依法必须进行招标的项目，自招标文件开始发出之日起至投标人提交投标文件截止之日止，最短不得少于二十日。

11.4.3 投标

（1）投标人是响应招标、参加投标竞争的法人或者其他组织。依法招标的科研项目允许个人参加投标的，投标的个人适用本法有关投标人的规定。

（2）投标人应当具备承担招标项目的能力；国家有关规定对投标人资格条件或者招标文件对投标人资格条件有规定的，投标人应当具备规定的资格条件。

（3）投标人应当按照招标文件的要求编制投标文件。投标文件应当对招标文件提出的实质性要求和条件作出响应。招标项目属于建设施工的，投标文件的内容应当包括拟派出的项目负责人与主要技术人员的简历、业绩和拟用于完成招标项目的机械设备等。

（4）投标人应当在招标文件要求提交投标文件的截止时间前，将投标文件送达投标地点。招标人收到投标文件后，应当签收保存，不得开启。投标人少于三个的，招标人应当依照本法重新招标。在招标文件要求提交投标文件的截止时间后送达的投标文件，招标人应当拒收。

（5）投标人在招标文件要求提交投标文件的截止时间前，可以补充、修改或者撤回已提交的投标文件，并书面通知招标人。补充、修改的内容为投标文件的组成部分。

（6）投标人根据招标文件载明的项目实际情况，拟在中标后将中标项目的部分非主体、非关键性工作进行分包的，应当在投标文件中载明。

（7）两个以上法人或者其他组织可以组成一个联合体，以一个投标人的身份共同投标。联合体各方均应当具备承担招标项目的相应能力；国家有关规定或者招标文件对投标人资格条件有规定的，联合体各方均应当具备规定的相应资格条件。由同一专业的单位组成的联合体，按照资质等级较低的单位确定资质等级。联合体各方应当签订共同投标协议，明确约定各方拟承担的工作和责任，并将共同投标协议连同投标文件一并提交招标人。联合体中标的，联合体各方应当共同与招标人签订合同，就中标项目向招标人承担连带责任。招标人不得强制投标人组成联合体共同投标，不得限制投标人之间的竞争。

（8）投标人不得相互串通投标报价，不得排挤其他投标人的公平竞争，损害招标人或者其他投标人的合法权益。投标人不得与招标人串通投标，损害国家利益、社会公共利益或者他人的合法权益。禁止投标人以向招标人或者评标委员会成员行贿的手段谋取中标。

（9）投标人不得以低于成本的报价竞标，也不得以他人名义投标或者以其他方式弄虚作假，骗取中标。

11.4.4 开标、评标和中标

（1）开标应当在招标文件确定的提交投标文件截止时间的同一时间公开进行；开标地点应当为招标文件中预先确定的地点。

（2）开标由招标人主持，邀请所有投标人参加。

（3）开标时，由投标人或者其推选的代表检查投标文件的密封情况，也可以由招标人委托的公证机构检查并公证；经确认无误后，由工作人员当众拆封，宣读投标人名称、投标价格和投标文件的其他主要内容。招标人在招标文件要求提交投标文件的截止时间前收到的所有投标文件，开标时都应当当众予以拆封、宣读。开标过程应当记录，并存档备查。

（4）评标由招标人依法组建的评标委员会负责。依法必须进行招标的项目，其评标委员会由招标人的代表和有关技术、经济等方面的专家组成，成员人数为五人以上单数，其中技术、经济等方面的专家不得少于成员总数的三分之二。前款专家应当从事相关领域工作满八年并具有高级职称或者具有同等专业水平，由招标人从国务院有关部门或者省、自治区、直辖市人民政府有关部门提供的专家名册或者招标代理机构的专家库内的相关专业的专家名单中确定；一般招标项目可以采取随机抽取方式，特殊招标项目可以由招标人直接确定。与投标人有利害关系的人不得进入相关项目的评标委员会；已经进入的应当更换。评标委员会成员的名单在中标结果确定前应当保密。

（5）招标人应当采取必要的措施，保证评标在严格保密的情况下进行。任何单位和个人不得非法干预、影响评标的过程和结果。

（6）评标委员会可以要求投标人对投标文件中含义不明确的内容作必要的澄清或者说明，但是澄清或者说明不得超出投标文件的范围或者改变投标文件的实质性内容。

（7）评标委员会应当按照招标文件确定的评标标准和方法，对投标文件进行评审和比较。评标委员会完成评标后，应当向招标人提出书面评标报告，并推荐合格的中标候选人。招标人根据评标委员会提出的书面评标报告和推荐的中标候选人确定中标人。招标人也可以授权评标委员会直接确定中标人。国务院对特定招标项目的评标有特别规定的，从其规定。

（8）中标人的投标应当符合下列条件之一：1）能够最大限度地满足招标文件中规定的各项综合评价标准；2）能够满足招标文件的实质性要求，并且经评审的投标价格最低；但是投标价格低于成本的除外。

（9）评标委员会经评审，认为所有投标都不符合招标文件要求的，可以否决所有投标。依法必须进行招标的项目的所有投标被否决的，招标人应当依照本法重新招标。

（10）在确定中标人前，招标人不得与投标人就投标价格、投标方案等实质性内容进行谈判。

（11）评标委员会成员应当客观、公正地履行职务，遵守职业道德，对所提出的评审意见承担个人责任。评标委员会成员不得私下接触投标人，不得收受投标人的财物或者其他好处。评标委员会成员和参与评标的有关工作人员不得透露对投标文件的评审和比较、中标候选人的推荐情况以及与评标有关的其他情况。

（12）中标人确定后，招标人应当向中标人发出中标通知书，并同时将中标结果通知所有未中标的投标人。中标通知书对招标人和中标人具有法律效力。中标通知书发出后，招标人改变中标结果的，或者中标人放弃中标项目的，应当依法承担法律责任。

（13）招标人和中标人应当自中标通知书发出之日起三十日内，按照招标文件和中标人的投标文件订立书面合同。招标人和中标人不得再行订立背离合同实质性内容的其他协议。招标文件要求中标人提交履约保证金的，中标人应当提交。

（14）依法必须进行招标的项目，招标人应当自确定中标人之日起十五日内，向有关行政监督部门提交招标投标情况的书面报告。

（15）中标人应当按照合同约定履行义务，完成中标项目。中标人不得向他人转让中标项目，也不得将中标项目肢解后分别向他人转让。中标人按照合同约定或者经招标人同意，可以将中标项目的部分非主体、非关键性工作分包给他人完成。接受分包的人应当具备相应的资格条件，并不得再次分包。中标人应当就分包项目向招标人负责，接受分包的人就分包项目承担连带责任。

11.4.5 法律责任

(1) 违反本法规定，必须进行招标的项目而不招标的，将必须进行招标的项目化整为零或者以其他任何方式规避招标的，责令限期改正，可以处项目合同金额千分之五以上千分之十以下的罚款；对全部或者部分使用国有资金的项目，可以暂停项目执行或者暂停资金拨付；对单位直接负责的主管人员和其他直接责任人员依法给予处分。

(2) 招标代理机构违反本法规定，泄露应当保密的与招标投标活动有关的情况和资料的，或者与招标人、投标人串通损害国家利益、社会公共利益或者他人合法权益的，处五万元以上二十五万元以下的罚款，对单位直接负责的主管人员和其他直接责任人员处单位罚款数额百分之五以上百分之十以下的罚款；有违法所得的，并处没收违法所得；情节严重的，暂停直至取消招标代理资格；构成犯罪的，依法追究刑事责任。给他人造成损失的，依法承担赔偿责任。前款所列行为影响中标结果的，中标无效。

(3) 招标人以不合理的条件限制或者排斥潜在投标人的，对潜在投标人实行歧视待遇的，强制要求投标人组成联合体共同投标的，或者限制投标人之间竞争的，责令改正，可以处一万元以上五万元以下的罚款。

(4) 依法必须进行招标的项目的招标人向他人透露已获取招标文件的潜在投标人的名称、数量或者可能影响公平竞争的有关招标投标的其他情况的，或者泄露标底的，给予警告，可以并处一万元以上十万元以下的罚款；对单位直接负责的主管人员和其他直接责任人员依法给予处分；构成犯罪的，依法追究刑事责任。前款所列行为影响中标结果的，中标无效。

(5) 投标人相互串通投标或者与招标人串通投标的，投标人以向招标人或者评标委员会成员行贿的手段谋取中标的，中标无效，处中标项目金额千分之五以上千分之十以下的罚款，对单位直接负责的主管人员和其他直接责任人员处单位罚款数额百分之五以上百分之十以下的罚款；有违法所得的，并处没收违法所得；情节严重的，取消其一年至二年内参加依法必须进行招标的项目的投标资格并予以公告，直至由工商行政管理机关吊销营业执照；构成犯罪的，依法追究刑事责任。给他人造成损失的，依法承担赔偿责任。

(6) 投标人以他人名义投标或者以其他方式弄虚作假，骗取中标的，中标无效，给招标人造成损失的，依法承担赔偿责任；构成犯罪的，依法追究刑事责任。依法必须进行招标的项目的投标人有前款所列行为尚未构成犯罪的，处中标项目金额千分之五以上千分之十以下的罚款，对单位直接负责的主管人员和其他直接责任人员处单位罚款数额百分之五以上百分之十以下的罚款；有违法所得的，并处没收违法所得；情节严重的，取消其一年至三年内参加依法必须进行招标的项目的投标资格并予以公告，直至由工商行政管理机关吊销营业执照。

(7) 依法必须进行招标的项目，招标人违反本法规定，与投标人就投标价格、投标方案等实质性内容进行谈判的，给予警告，对单位直接负责的主管人员和其他直接责任人员依法给予处分。前款所列行为影响中标结果的，中标无效。

(8) 评标委员会成员收受投标人的财物或者其他好处的，评标委员会成员或者参加评标的有关工作人员向他人透露对投标文件的评审和比较、中标候选人的推荐以及与评标有关的其他情况的，给予警告，没收收受的财物，可以并处三千元以上五万元以下的罚款，对有所列违法行为的评标委员会成员取消担任评标委员会成员的资格，不得再参加任何依法必须进行招标的项目的评标；构成犯罪的，依法追究刑事责任。

（9）招标人在评标委员会依法推荐的中标候选人以外确定中标人的，依法必须进行招标的项目在所有投标被评标委员会否决后自行确定中标人的，中标无效。责令改正，可以处中标项目金额千分之五以上千分之十以下的罚款；对单位直接负责的主管人员和其他直接责任人员依法给予处分。

（10）中标人将中标项目转让给他人的，将中标项目肢解后分别转让给他人的，违反本法规定将中标项目的部分主体、关键性工作分包给他人的，或者分包人再次分包的，转让、分包无效，处转让、分包项目金额千分之五以上千分之十以下的罚款；有违法所得的，并处没收违法所得；可以责令停业整顿；情节严重的，由工商行政管理机关吊销营业执照。

（11）招标人与中标人不按照招标文件和中标人的投标文件订立合同的，或者招标人、中标人订立背离合同实质性内容的协议的，责令改正；可以处中标项目金额千分之五以上千分之十以下的罚款。

（12）中标人不履行与招标人订立的合同的，履约保证金不予退还，给招标人造成的损失超过履约保证金数额的，还应当对超过部分予以赔偿；没有提交履约保证金的，应当对招标人的损失承担赔偿责任。中标人不按照与招标人订立的合同履行义务，情节严重的，取消其二年至五年内参加依法必须进行招标的项目的投标资格并予以公告，直至由工商行政管理机关吊销营业执照。因不可抗力不能履行合同的，不适用前两款规定。

（13）本章规定的行政处罚，由国务院规定的有关行政监督部门决定。本法已对实施行政处罚的机关作出规定的除外。

（14）任何单位违反本法规定，限制或者排斥本地区、本系统以外的法人或者其他组织参加投标的，为招标人指定招标代理机构的，强制招标人委托招标代理机构办理招标事宜的，或者以其他方式干涉招标投标活动的，责令改正；对单位直接负责的主管人员和其他直接责任人员依法给予警告、记过、记大过的处分，情节较重的，依法给予降级、撤职、开除的处分。个人利用职权进行前款违法行为的，依照前款规定追究责任。

（15）对招标投标活动依法负有行政监督职责的国家机关工作人员徇私舞弊、滥用职权或者玩忽职守，构成犯罪的，依法追究刑事责任；不构成犯罪的，依法给予行政处分。

（16）依法必须进行招标的项目违反本法规定，中标无效的，应当依照本法规定的中标条件从其余投标人中重新确定中标人或者依照本法重新进行招标。

11.4.6　附则

（1）投标人和其他利害关系人认为招标投标活动不符合本法有关规定的，有权向招标人提出异议或者依法向有关行政监督部门投诉。

（2）涉及国家安全、国家秘密、抢险救灾或者属于利用扶贫资金实行以工代赈、需要使用农民工等特殊情况，不适宜进行招标的项目，按照国家有关规定可以不进行招标。

（3）使用国际组织或者外国政府贷款、援助资金的项目进行招标，贷款方、资金提供方对招标投标的具体条件和程序有不同规定的，可以适用其规定，但违背中华人民共和国的社会公共利益的除外。

（4）本法自2000年1月1日起施行。

11.4.7 政府行政主管部门对招标投标管理

(1) 依法核查必须采用招标方式选择承包单位的建设项目

1) 必须招标的范围

要求各类工程项目的建设活动，达到下列标准之一者，必须进行招标：

①施工单项合同估算价在200万元人民币以上；

②重要设备、材料等货物的采购，单项合同估算价在100万元人民币以上；

③勘察、设计、监理等服务的采购，单项合同估算价在50万元人民币以上。

为了防止将应该招标的工程项目化整为零规避招标，即使单项合同估算价低于上述第①、②、③项规定的标准，但项目总投资在3000万元人民币以上的勘察、设计、施工、监理以及与建设工程有关的重要设备、材料等的采购，也必须采用招标方式委托工作任务。

2) 可以不进行招标的范围

①涉及国家安全、国家秘密的工程；

②抢险救灾工程；

③利用扶贫资金实行以工代赈、需要使用农民工等特殊情况；

④建筑造型有特殊要求的设计；

⑤采用特定专利技术、专有技术进行勘察、设计或施工；

⑥停建或者缓建后恢复建设的单位工程，且承包人未发生变更的；

⑦施工企业自建自用的工程，且该施工企业资质等级符合工程要求的；

⑧在建工程追加的附属小型工程或者主体加层工程，且承包人未发生变更的；

⑨法律、法规、规章规定的其他情形。

(2) 招标备案

1) 前期准备应满足的要求

①建设工程已批准立项；

②向建设行政主管部门履行了报建手续，并取得批准；

③建设资金能满足建设工程的要求，符合规定的资金到位率；

④建设用地已依法取得，并领取了建设工程规划许可证；

⑤技术资料能满足招标投标的要求；

⑥法律、法规、规章规定的其他条件。

2) 对招标人的招标能力要求

①有与招标工作相适应的经济、法律咨询和技术管理人员；

②有组织编制招标文件的能力；

③有审查招标单位资质的能力；

④有组织开标、评标、定标的能力。

3) 招标代理机构的资质条件

①有从事招标代理业务的营业场所和相应资金；

②有能够编制招标文件和组织评标的相应专业能力；

③有可以作为评标委员会成员人选的技术、经济等方面的专家库。

(3) 对招标有关文件的核查备案

1）对投标人资格审查文件的核查

①不得以不合理条件限制或排斥潜在投标人；

②不得对潜在投标人实行歧视待遇；

③不得强制投标人组成联合体投标。

2）对招标文件的核查

①招标文件的组成是否包括招标项目的所有实质性要求和条件，以及拟签订合同的主要条款，能使投标人明确承包工作范围和责任，并能够合理预见风险编制投标文件。

②招标项目需要划分标段时，承包工作范围的合同界限是否合理。

③招标文件是否有限制公平竞争的条件。在文件中不得要求或标明特定的生产供应者以及含有倾向或排斥潜在投标人的其他内容。主要核查是否有针对外地区或外系统设立的不公正评标条件。

（4）对投标活动的监督

全部使用国有资金投资或者国有资金投资占控股或者主导地位，依法必须进行施工招标的工程项目，应当进入有形建筑市场进行招标投标活动。

（5）查处招标投标活动中的违法行为

11.4.8　招标程序

（1）招标准备阶段主要工作

1）选择招标方式

①根据工程特点和招标人的管理能力确定发包范围；

②依据工程建设总进度计划确定项目建设过程中的招标次数和每次招标的工作内容；

③按照每次招标前准备工作的完成情况，选择合同的计价方式；

④依据工程项目的特点、招标前准备工作的完成情况、合同类型等因素的影响程度，最终确定招标方式。

2）办理招标备案

3）编制招标有关文件

（2）招标阶段的主要工作内容

1）发布招标广告

2）资格预审

① 资格预审的目的。一是保证参与投标的法人或组织在资质和能力等方面能够满足完成招标工作的要求；二是通过评审优选出综合实力较强的一批申请投标人，再请他们参加投标竞争，以减小评标的工作量。

② 资格预审程序。

a. 招标人依据项目的特点编写资格预审文件。资格预审文件分为资格预审须知和资格预审表两大部分。

b. 资格预审表是以应答方式给出的调查文件。所有申请参加投标竞争的潜在投标人都可以购买资格预审文件，由其按要求填报后作为投标人的资格预审文件。

c. 招标人依据工程项目特点和发包工作性质划分评审的几大方面，如资质条件、人员能力、设备和技术能力、财务状况、工程经验、企业信誉等，并分别给予不同权重。

d. 资格预审合格的条件。首先投标人必需满足资格预审文件规定的必要合格条件和附加合格条件，其次评定分必须在预先确定的最低分数线以上。

③ 投标人必须满足的基本资格条件。

资格预审须知中明确列出投标人必需满足的最基本条件，可分为必要合格条件和附加合格条件两类。

a. 必要合格条件通常包括法人地位、资质等级、财务状况、企业信誉、分包计划等具体要求，是潜在投标人应满足的最低标准。

b. 附加合格条件视招标项目是否对潜在投标人有特殊要求决定有无。附加合格条件是为了保证承包工作能够保质、保量、按期完成，按照项目特点设定而不是针对外地区或外系统投标人，因此不违背《招标投标法》的有关规定。招标人可以针对工程所需的特别措施或工艺的专长；专业工程施工资质；环境保护方针和保证体系；同类工程施工经历；项目经理资质要求；安全文明施工要求等方面设立附加合格条件。

3）招标文件

招标人根据招标项目特点和需要编制招标文件，它是投标人编制投标文件和报价的依据，因此应当包括招标项目的所有实质性要求和条件。招标文件通常分为投标须知、合同条件、技术规范、图纸和技术资料、工程量清单几大部分内容。

4）现场考察

设置此程序的目的，一方面让投标人了解工程项目的现场情况、自然条件、施工条件以及周围环境条件，以便于编制投标书；另一方面也是要求投标人通过自己的实地考察确定投标的原则和策略，避免合同履行过程中投标人以不了解现场情况为理由推卸应承担的合同责任。

5）解答投标人的质疑

招标人对任何一位投标人所提问题的回答，必须发送给每一位投标人，保证招标的公开和公平，但不必说明问题的来源。回答函件作为招标文件的组成部分，如果书面解答的问题与招标文件中的规定不一致，以函件的解答为准。

（3）决标成交阶段的主要工作内容

1）开标

所有在投标致函中提出的附加条件、补充声明、优惠条件、替代方案等均应宣读。

在开标时，如果发现投标文件出现下列情形之一，应当作为无效投标文件，不再进入评标：

①投标文件未按照招标文件的要求予以密封；

②投标文件中的投标函未加盖投标人的企业及企业法定代表人印章，或者企业法定代表人委托代理人没有合法、有效的委托书（原件）及委托代理人印章；

③投标文件的关键内容字迹模糊、无法辨认；

④投标人未按照招标文件的要求提供投标保证金或者投标保函；

⑤组成联合体投标的，投标文件未附联合体各方共同投标协议。

2）评标

① 评标委员会。评标委员会由招标人的代表和有关技术、经济等方面的专家组成，成员人数为5人以上单数，其中招标人以外的专家不得少于成员总数的2/3。

② 评标工作程序。大型工程项目的评标通常分成初评和详评两个阶段进行。

A. 初评。评标委员会以招标文件为依据，审查各投标书是否为响应性投标，确定投标书的有效性。

投标文件对招标文件实质性要求和条件响应的偏差分为重大偏差和细微偏差两类。未作实质性响应的重大偏差包括：

a. 没有按照招标文件要求提供投标担保或者所提供的投标担保有瑕疵；

b. 没有按照招标文件要求由投标人授权代表签字并加盖公章；

c. 投标文件记载的招标项目完成期限超过招标文件规定的完成期限；

d. 明显不符合技术规格、技术标准的要求；

e. 投标文件记载的货物包装方式、检验标准和方法等不符合招标文件的要求；

f. 投标附有招标人不能接受的条件；

g. 不符合招标文件中规定的其他实质性要求。

所有存在重大偏差的投标文件都属于初评阶段应该淘汰的投标书。

对于存在细微偏差的投标文件，指投标文件基本上符合招标文件要求，但在个别地方存在漏项或者提供了不完整的技术信息和数据等情况，并且补正这些遗漏或者不完整不会对其他投标人造成不公平的结果。对招标文件的响应存在细微偏差的投标文件仍属于有效投标书。

属于存在细微偏差的投标书，可以书面要求投标人在评标结束前予以澄清、说明或者补正，但不得超出投标文件的范围或者改变投标文件的实质性内容。

B. 详评。评审时不应再采用招标文件中要求投标人考虑因素以外的任何条件作为标准。

由于工程项目的规模不同、各类招标的标的不同，评审方法可以分为定性评审和定量评审两大类。大型工程应采用“综合评分法”或“评标价法”对投标书进行科学的量化比较。综合评分法是指将评审内容分类后分别赋予不同权重，评标委员依据评分标准对各类内容细分的小项进行相应的打分，最后计算的累计分值反映投标人的综合水平，以得分最高的投标书为最优。评标价法是指评审过程中以该标书的报价为基础，将报价之外需要评定的要素按预先规定的折算办法换算为货币价值，根据对招标人有利或不利的原则在投标报价上增加或扣减一定金额，最终构成评标价格。因此“评标价”既不是投标价也不是中标价，只是用价格指标作为评审标书优劣的衡量方法，评标价最低的投标书为最优。定标签订合同时，仍以报价作为中标的合同价。

③ 评标报告。评标报告应包括评标情况说明；对各个合格投标书的评价；推荐合格的中标候选人等内容。

3）定标

① 定标程序。确定中标人前，招标人不得与投标人就投标价格、投标方案等实质性内容进行谈判。招标人应该根据评标委员会提出的评标报告和推荐的中标候选人确定中标人，也可以授权评标委员会直接确定中标人。

② 定标原则。《招标投标法》规定，中标人的投标应当符合下列条件之一：

a. 能够最大限度地满足招标文件中规定的各项综合评价标准；

b. 能够满足招标文件各项要求，并经评审的价格最低，但投标价格低于成本的除外。

11.5 建设工程质量管理条例

《建设工程质量管理条例》(以下简称《质量管理条例》)以建设工程质量责任主体为基线，规定了建设单位、勘察单位、设计单位、承包商和工程监理单位的质量责任和义务，明确了工程质量保修制度、工程质量监督制度等内容，并对各种违法违规行为的处罚作了原则规定。

11.5.1 总则

包括：制定条例的目的和依据；条例所调整的对象和适用范围；建设工程质量责任主体；建设工程质量监督管理主体；关于遵守建设程序的规定等。

(1) 制定条例的目的和依据：为了加强对建设工程质量的管理，保证建设工程质量，保护人民生命和财产安全，根据《建筑法》，制定本条例；

(2) 调整对象和适用范围：凡在中华人民共和国境内从事建设工程的新建、扩建、改建等有关活动及实施对建设工程质量监督管理的，必须遵守本条例；

(3) 建设工程质量责任主体：建设单位、勘察单位、设计单位、承包商、工程监理单位依法对建设工程质量负责；

(4) 建设工程质量监督管理主体：县级以上人民政府建设行政主管部门和其他有关部门应当加强对建设工程质量的监督管理；

(5) 必须严格遵守建设程序：从事建设工程活动，必须严格执行基本建设程序，坚持先勘察、后设计、再施工的原则。县级以上人民政府及其有关部门不得超越权限审批建设项目或擅自简化基本建设程序。

11.5.2 建设单位的质量责任和义务

《质量管理条例》对建设单位的质量责任和义务进行了多方面的规定。包括：工程发包方面的规定；依法进行工程招标的规定；向其他建设工程质量责任主体提供与建设工程有关的原始资料和对资料要求的规定；工程发包过程中的行为限制；施工图设计文件审查制度的规定；委托监理以及必须实行监理的建设工程范围的规定；办理工程质量监督手续的规定；建设单位采购建筑材料、建筑构配件和设备的要求，以及建设单位对承包商使用建筑材料、建筑构配件和设备方面的约束性规定；涉及建筑主体和承重结构变动的装修工程的有关规定；竣工验收程序、条件和使用方面的规定；建设项目档案管理的规定。

《质量管理条例》的第12条，对委托监理作了重要规定：

(1) 实行监理的建设工程，建设单位应当委托具有相应资质等级的工程监理单位进行监理，也可以委托具有工程监理相应资质等级并与被监理工程的施工承包单位没有隶属关系或者其他利害关系的该工程的设计单位进行监理。

(2) 下列建设工程必须实行监理：国家重点建设工程；大中型公用事业工程；成片开发建设的住宅小区工程；利用外国政府或者国际组织贷款、援助资金的工程；国家规定必须实行监理的其他工程。

11.5.3 勘察、设计单位的质量责任和义务

内容包括：从事建设工程的勘察、设计单位市场准入的条件和行为要求；勘察、设计单位以及注册执业人员质量责任的规定；勘察成果质量基本要求；关于设计单位应当根据

勘察成果进行工程设计和设计文件应当达到规定深度并注明合理使用年限的规定；设计文件中应注明材料、构配件和设备的规格、型号、性能等技术指标，质量必须符合国家规定的标准；除特殊要求外，设计单位不得指定生产厂和供应商；关于设计单位应就施工图设计文件向承包商进行详细说明的规定；设计单位对工程质量事故处理方面的义务。

11.5.4 承包商的质量责任和义务

内容包括：承包商市场准入条件和行为的规定；关于承包商对建设工程施工质量负责和建立质量责任制，以及实行总承包的工程质量责任的规定；关于总承包单位和分包单位工程质量责任承担的规定；有关施工依据和行为限制方面的规定，以及对设计文件和图纸方面的义务；关于承包商使用材料、构配件和设备前必须进行检验的规定；关于施工质量检验制度和隐蔽工程检查的规定；有关试块、试件取样和检测的规定；工程返修的规定；关于建立、健全教育培训制度的规定等。

11.5.5 工程监理单位的质量责任和义务

（1）市场准入和市场行为规定：工程监理单位应当依法取得相应等级的资质证书，并在其资质等级许可的范围内承担工程监理业务。

禁止工程监理单位超越本单位资质等级许可的范围或者以其他工程监理单位的名义承担工程监理业务。禁止工程监理单位允许其他单位或者个人以本单位的名义承担工程监理业务。

工程监理单位不得转让工程监理业务。

（2）工程监理单位与被监理单位关系的限制性规定：工程监理单位与被监理工程的施工承包单位以及建筑材料、建筑构配件和设备供应单位有隶属关系或者其他利害关系的，不得承担该项建设工程的监理业务。

（3）工程监理单位对施工质量监理的依据和监理责任：工程监理单位应当依照法律、法规以及有关技术标准、设计文件和建设工程承包合同，代表建设单位对施工质量实施监理，并对施工质量承担监理责任。

（4）监理人员资格要求及权力方面的规定：工程监理单位应当选派具备相应资格的总监理工程师和（专业）监理工程师进驻施工现场。

未经监理工程师签字，建筑材料、建筑构配件和设备不得在工程上使用或安装，承包商不得进行下一道工序的施工。未经总监理工程师签字，建设单位不拨付工程款，不进行竣工验收。

（5）监理方式的规定：监理工程师应当按照工程监理规范的要求，采用旁站、巡视和平行检验等形式，对建设工程实施监理。

11.5.6 建设工程质量保修

内容包括：关于国家实行建设工程质量保修制度和质量保修书出具时间和内容的规定；关于建设工程最低保修期限的规定；承包商保修义务和责任的规定；对超过合理使用年限的建设工程继续使用的规定。

11.5.7 监督管理

（1）关于国家实行建设工程质量监督管理制度的规定；

（2）建设工程质量监督管理部门应当加强对有关建设工程质量的法律、法规和强制性标准执行情况的监督检查；

(3) 关于国务院发展计划部门对国家出资的重大建设项目实施监督检查的规定，以及国务院经济贸易主管部门对国家重大技术改造项目实施监督检查的规定；

(4) 关于建设工程质量监督管理可以委托建设工程质量监督机构具体实施的规定；

(5) 县级以上地方人民政府建设行政主管部门和其他有关部门应当加强对有关建设工程质量的法律、法规和强制性标准执行情况的监督检查；

(6) 县级以上人民政府建设行政主管部门及其他有关部门进行监督检查时有权采取的措施；

(7) 关于建设工程竣工验收备案制度的规定；

(8) 关于有关单位和个人应当支持和配合建设工程监督管理主体对建设工程质量进行监督检查的规定；

(9) 对供水、供电、供气、公安消防等部门或单位不得滥用权力的规定；

(10) 关于工程质量事故报告制度的规定；

(11) 关于建设工程质量实行社会监督的规定。

11.5.8 罚则

对违反本条例的行为将追究法律责任。其中涉及建设单位、勘察单位、设计单位、承包商和工程监理单位的有：

(1) 建设单位：将建设工程发包给不具有相应资质等级的勘察、设计、承包商或委托给不具有相应资质等级的工程监理单位的；将建设工程肢解发包的；不履行或不正当履行有关职责的；未经批准擅自开工的；建设工程竣工后，未向建设行政主管部门或有关部门移交建设项目档案的。

(2) 勘察、设计、承包商：超越本单位资质等级承揽工程的；允许其他单位或者个人以本单位名义承揽工程的；将承包的工程转包或者违法分包的；勘察单位未按工程建设强制性标准进行勘察的；设计单位未根据勘察成果或者未按照工程建设强制性标准进行工程设计的，以及指定建筑材料、建筑构配件的生产厂、供应商的；承包商在施工中偷工减料的，使用不合格材料、构配件和设备的，或者有不按照设计图纸或者施工技术标准施工的其他行为的；承包商未对建筑材料、建筑构配件、设备、商品混凝土进行检验，或者未对涉及结构安全的试块、试件以及有关材料取样检测的；承包商不履行或拖延履行保修义务的。

(3) 工程监理单位：超越资质等级承担监理业务的；转让监理业务的；与建设单位或承包商串通，弄虚作假、降低工程质量的；将不合格的建设工程、建筑材料、建筑构配件和设备按照合格签字的；工程监理单位与被监理工程的施工承包单位以及建筑材料、建筑构配件和设备供应单位有隶属关系或者其他利害关系承担该项建设工程的监理业务的。

11.6 建设工程安全生产管理条例

《建设工程安全生产管理条例》以建设单位、勘察单位、设计单位、承包商、工程监理单位及其他与建设工程安全生产有关的单位为主体，规定了在安全生产中的安全管理责任与义务，并对监督管理、生产安全事故的应急救援和调查处理、法律责任做了相应的规定。

11.6.1 总则

包括制定条例的目的和依据；条例所调整的对象和适用范围；建设工程安全管理责任主体等。

（1）立法目的：加强建设工程安全生产监督管理，保障人民群众生命和财产安全。

（2）调整对象：在中华人民共和国境内从事建设工程的新建、扩建、改建和拆除等有关活动及实施对建设工程安全生产的监督管理。

（3）方针：坚持安全第一、预防为主。

（4）责任主体：建设单位、勘察单位、设计单位、承包商、工程监理单位及其他与建设工程安全生产有关的单位。

（5）政策：国家鼓励建设工程安全生产的科学技术研究和先进技术的推广应用，推进建设工程安全生产的科学管理。

11.6.2 建设单位的安全责任

主要规定了建设单位向承包商提供施工现场等有关资料并保证资料的真实、准确、完整；不得提出不符合有关规定的要求；确定建设工程安全作业环境及安全施工措施所需费用等规定。

11.6.3 勘察、设计、工程监理及其他有关单位的安全责任

（1）规定了勘察单位应当按照法律、法规和工程建设强制性标准进行勘察，采取措施保证各类管线、设施和周边建筑物、构筑物的安全等内容。

（2）规定了设计单位应当按照法律、法规和工程建设强制性标准进行设计，防止因设计不合理导致生产安全事故的发生等内容。

（3）规定了工程监理单位应当审查施工组织设计中的安全技术措施或者专项施工方案是否符合工程建设强制性标准。

工程监理单位在实施监理过程中，发现存在安全事故隐患的，应当要求承包商整改；情况严重的，应当要求承包商暂时停止施工，并及时报告建设单位。承包商拒不整改或者不停止施工的，工程监理单位应当及时向有关主管部门报告。

工程监理单位和监理工程师应当按照法律、法规和工程建设强制性标准实施监理，并对建设工程安全生产承担监理责任。

（4）规定了为建设工程提供机械设备和配件的单位，应当按照安全施工的要求配备齐全有效的保险、限位等安全设施和装置等内容。

11.6.4 承包商的安全责任

主要规定了承包商应当在其资质等级许可的范围内承揽工程；承包商主要负责人依法对本单位的安全生产工作全面负责；承包商对列入建设工程概算的安全作业环境及安全施工措施所需费用，应当用于施工安全防护；承包商应当设立安全生产管理机构，配备专职安全生产管理人员；建设工程实行施工总承包的，由总承包单位对施工现场的安全生产负总责等内容。

此外规定承包商应当在施工组织设计中编制安全技术措施和施工现场临时用电方案，对下列达到一定规模的危险性较大的分部分项工程编制专项施工方案，并附具安全验算结果，经承包商技术负责人、总监理工程师签字后实施，由专职安全生产管理人员进行现场监督：

（1）基坑支护与降水工程；

（2）土方开挖工程；

（3）模板工程；

（4）起重吊装工程；

（5）脚手架工程；

（6）拆除、爆破工程；

（7）国务院建设行政主管部门或者其他有关部门规定的其他危险性较大的工程。

还规定建设工程施工前，承包商负责项目管理的技术人员应当对有关安全施工的技术要求向施工作业班组、作业人员作出详细说明，并由双方签字确认；承包商应当在施工现场有关部位设置明显的安全警示标志；施工现场的办公、生活区与作业区分开设置；施工可能造成损害的毗邻建筑物、构筑物和地下管线等，应当采取专项防护措施；防止或者减少对人和环境的危害和污染；现场建立消防安全责任制度；向作业人员提供安全防护用具和安全防护服装等规定。

11.6.5 监督管理

对国务院有关行政主管部门的建设工程安全生产监督管理作了规定。

11.6.6 生产安全事故的应急救援和调查处理

对生产安全事故的应急救援和调查处理程序和要求作了规定。

11.6.7 法律责任

对违反《安全生产管理条例》应负的法律责任作了规定。

其中第五十七条规定：违反《安全生产管理条例》的规定，工程监理单位有下列行为之一的，责令限期改正；逾期未改正的，责令停业整顿，并处10万元以上30万元以下的罚款；情节严重的，降低资质等级，直至吊销资质证书；造成重大安全事故，构成犯罪的，对直接责任人员，依照刑法有关规定追究刑事责任；造成损失的，依法承担赔偿责任：

（1）未对施工组织设计中的安全技术措施或者专项施工方案进行审查的；

（2）发现安全事故隐患未及时要求承包商整改或者暂时停止施工的；

（3）承包商拒不整改或者不停止施工，未及时向有关主管部门报告的；

（4）未依照法律、法规和工程建设强制性标准实施监理的。

第五十八条规定：注册执业人员未执行法律、法规和工程建设强制性标准的，责令停止执业3个月以上1年以下；情节严重的，吊销执业资格证书，5年内不予注册；造成重大安全事故的，终身不予注册；构成犯罪的，依照刑法有关规定追究刑事责任。

11.7 建筑节能条例

11.7.1 公共建筑节能条例

（1）总则

1）为了推动公共机构节能，提高公共机构能源利用效率，发挥公共机构在全社会节能中的表率作用，根据《中华人民共和国节约能源法》，制定本条例。

2）本条例所称公共机构，是指全部或者部分使用财政性资金的国家机关、事业单位和团体组织。

3）公共机构应当加强用能管理，采取技术上可行、经济上合理的措施，降低能源消耗，减少、制止能源浪费，有效、合理地利用能源。

4）国务院管理节能工作的部门主管全国的公共机构节能监督管理工作。国务院管理机关事务工作的机构在国务院管理节能工作的部门指导下，负责推进、指导、协调、监督全国的公共机构节能工作。

国务院和县级以上地方各级人民政府管理机关事务工作的机构在同级管理节能工作的部门指导下，负责本级公共机构节能监督管理工作。

教育、科技、文化、卫生、体育等系统各级主管部门在同级管理机关事务工作的机构指导下，开展本级系统内公共机构节能工作。

5）国务院和县级以上地方各级人民政府管理机关事务工作的机构应当会同同级有关部门开展公共机构节能宣传、教育和培训，普及节能科学知识。

6）公共机构负责人对本单位节能工作全面负责。

公共机构的节能工作实行目标责任制和考核评价制度，节能目标完成情况应当作为对公共机构负责人考核评价的内容。

7）公共机构应当建立、健全本单位节能管理的规章制度，开展节能宣传教育和岗位培训，增强工作人员的节能意识，培养节能习惯，提高节能管理水平。

8）公共机构的节能工作应当接受社会监督。任何单位和个人都有权举报公共机构浪费能源的行为，有关部门对举报应当及时调查处理。

9）对在公共机构节能工作中做出显著成绩的单位和个人，按照国家规定予以表彰和奖励。

（2）节能规划

1）国务院和县级以上地方各级人民政府管理机关事务工作的机构应当会同同级有关部门，根据本级人民政府节能中长期专项规划，制定本级公共机构节能规划。

县级公共机构节能规划应当包括所辖乡（镇）公共机构节能的内容。

2）公共机构节能规划应当包括指导思想和原则、用能现状和问题、节能目标和指标、节能重点环节、实施主体、保障措施等方面的内容。

3）国务院和县级以上地方各级人民政府管理机关事务工作的机构应当将公共机构节能规划确定的节能目标和指标，按年度分解落实到本级公共机构。

4）公共机构应当结合本单位用能特点和上一年度用能状况，制定年度节能目标和实施方案，有针对性地采取节能管理或者节能改造措施，保证节能目标的完成。

公共机构应当将年度节能目标和实施方案报本级人民政府管理机关事务工作的机构备案。

11.7.2 民用建筑节能条例

（1）总则

1）为了加强民用建筑节能管理，降低民用建筑使用过程中的能源消耗，提高能源利用效率，制定本条例。

2）本条例所称民用建筑节能，是指在保证民用建筑使用功能和室内热环境质量的前提下，降低其使用过程中能源消耗的活动。

本条例所称民用建筑，是指居住建筑、国家机关办公建筑和商业、服务业、教育、卫生等其他公共建筑。

3）各级人民政府应当加强对民用建筑节能工作的领导，积极培育民用建筑节能服务市场，健全民用建筑节能服务体系，推动民用建筑节能技术的开发应用，做好民用建筑节能知识的宣传教育工作。

4）国家鼓励和扶持在新建建筑和既有建筑节能改造中采用太阳能、地热能等可再生能源。

在具备太阳能利用条件的地区，有关地方人民政府及其部门应当采取有效措施，鼓励和扶持单位、个人安装使用太阳能热水系统、照明系统、供热系统、采暖制冷系统等太阳能利用系统。

5）国务院建设主管部门负责全国民用建筑节能的监督管理工作。县级以上地方人民政府建设主管部门负责本行政区域民用建筑节能的监督管理工作。

县级以上人民政府有关部门应当依照本条例的规定以及本级人民政府规定的职责分工，负责民用建筑节能的有关工作。

6）国务院建设主管部门应当在国家节能中长期专项规划指导下，编制全国民用建筑节能规划，并与相关规划相衔接。

县级以上地方人民政府建设主管部门应当组织编制本行政区域的民用建筑节能规划，报本级人民政府批准后实施。

7）国家建立健全民用建筑节能标准体系。国家民用建筑节能标准由国务院建设主管部门负责组织制定，并依照法定程序发布。

国家鼓励制定、采用优于国家民用建筑节能标准的地方民用建筑节能标准。

8）县级以上人民政府应当安排民用建筑节能资金，用于支持民用建筑节能的科学技术研究和标准制定、既有建筑围护结构和供热系统的节能改造、可再生能源的应用，以及民用建筑节能示范工程、节能项目的推广。

政府引导金融机构对既有建筑节能改造、可再生能源的应用，以及民用建筑节能示范工程等项目提供支持。

民用建筑节能项目依法享受税收优惠。

9）国家积极推进供热体制改革，完善供热价格形成机制，鼓励发展集中供热，逐步实行按照用热量收费制度。

10）对在民用建筑节能工作中做出显著成绩的单位和个人，按照国家有关规定给予表彰和奖励。

(2) 新建建筑节能

1）国家推广使用民用建筑节能的新技术、新工艺、新材料和新设备，限制使用或者禁止使用能源消耗高的技术、工艺、材料和设备。国务院节能工作主管部门、建设主管部门应当制定、公布并及时更新推广使用、限制使用、禁止使用目录。

国家限制进口或者禁止进口能源消耗高的技术、材料和设备。

建设单位、设计单位、承包商不得在建筑活动中使用列入禁止使用目录的技术、工艺、材料和设备。

2）编制城市详细规划、镇详细规划，应当按照民用建筑节能的要求，确定建筑的布局、形状和朝向。

城乡规划主管部门依法对民用建筑进行规划审查，应当就设计方案是否符合民用建筑节能强制性标准征求同级建设主管部门的意见；建设主管部门应当自收到征求意见材料之日起 10 日内提出意见。征求意见时间不计算在规划许可的期限内。

对不符合民用建筑节能强制性标准的，不得颁发建设工程规划许可证。

3）施工图设计文件审查机构应当按照民用建筑节能强制性标准对施工图设计文件进行审查；经审查不符合民用建筑节能强制性标准的，县级以上地方人民政府建设主管部门不得颁发施工许可证。

4）建设单位不得明示或者暗示设计单位、承包商违反民用建筑节能强制性标准进行设计、施工，不得明示或者暗示承包商使用不符合施工图设计文件要求的墙体材料、保温材料、门窗、采暖制冷系统和照明设备。

按照合同约定由建设单位采购墙体材料、保温材料、门窗、采暖制冷系统和照明设备的，建设单位应当保证其符合施工图设计文件要求。

5）设计单位、承包商、工程监理单位及其注册执业人员，应当按照民用建筑节能强制性标准进行设计、施工、监理。

6）承包商应当对进入施工现场的墙体材料、保温材料、门窗、采暖制冷系统和照明设备进行查验；不符合施工图设计文件要求的，不得使用。

工程监理单位发现承包商不按照民用建筑节能强制性标准施工的，应当要求承包商改正；承包商拒不改正的，工程监理单位应当及时报告建设单位，并向有关主管部门报告。

墙体、屋面的保温工程施工时，监理工程师应当按照工程监理规范的要求，采取旁站、巡视和平行检验等形式实施监理。

未经监理工程师签字，墙体材料、保温材料、门窗、采暖制冷系统和照明设备不得在建筑上使用或者安装，承包商不得进行下一道工序的施工。

7）建设单位组织竣工验收，应当对民用建筑是否符合民用建筑节能强制性标准进行查验；对不符合民用建筑节能强制性标准的，不得出具竣工验收合格报告。

8）实行集中供热的建筑应当安装供热系统调控装置、用热计量装置和室内温度调控装置；公共建筑还应当安装用电分项计量装置。居住建筑安装的用热计量装置应当满足分户计量的要求。

计量装置应当依法检定合格。

9）建筑的公共走廊、楼梯等部位，应当安装、使用节能灯具和电气控制装置。

10）对具备可再生能源利用条件的建筑，建设单位应当选择合适的可再生能源，用于采暖、制冷、照明和热水供应等；设计单位应当按照有关可再生能源利用的标准进行设计。

建设可再生能源利用设施，应当与建筑主体工程同步设计、同步施工、同步验收。

11）国家机关办公建筑和大型公共建筑的所有权人应当对建筑的能源利用效率进行测评和标识，并按照国家有关规定将测评结果予以公示，接受社会监督。

国家机关办公建筑应当安装、使用节能设备。

本条例所称大型公共建筑，是指单体建筑面积 2 万平方米以上的公共建筑。

12）房地产开发企业销售商品房，应当向购买人明示所售商品房的能源消耗指标、节能措施和保护要求、保温工程保修期等信息，并在商品房买卖合同和住宅质量保证书、住宅使用说明书中载明。

13）在正常使用条件下，保温工程的最低保修期限为5年。保温工程的保修期，自竣工验收合格之日起计算。

保温工程在保修范围和保修期内发生质量问题的，承包商应当履行保修义务，并对造成的损失依法承担赔偿责任。

（3）既有建筑节能

1）既有建筑节能改造应当根据当地经济、社会发展水平和地理气候条件等实际情况，有计划、分步骤地实施分类改造。

本条例所称既有建筑节能改造，是指对不符合民用建筑节能强制性标准的既有建筑的围护结构、供热系统、采暖制冷系统、照明设备和热水供应设施等实施节能改造的活动。

2）县级以上地方人民政府建设主管部门应当对本行政区域内既有建筑的建设年代、结构形式、用能系统、能源消耗指标、寿命周期等组织调查统计和分析，制定既有建筑节能改造计划，明确节能改造的目标、范围和要求，报本级人民政府批准后组织实施。

中央国家机关既有建筑的节能改造，由有关管理机关事务工作的机构制定节能改造计划，并组织实施。

3）国家机关办公建筑、政府投资和以政府投资为主的公共建筑的节能改造，应当制定节能改造方案，经充分论证，并按照国家有关规定办理相关审批手续方可进行。

各级人民政府及其有关部门、单位不得违反国家有关规定和标准，以节能改造的名义对前款规定的既有建筑进行扩建、改建。

4）居住建筑和本条例第二十六条规定以外的其他公共建筑不符合民用建筑节能强制性标准的，在尊重建筑所有权人意愿的基础上，可以结合扩建、改建，逐步实施节能改造。

5）实施既有建筑节能改造，应当符合民用建筑节能强制性标准，优先采用遮阳、改善通风等低成本改造措施。

既有建筑围护结构的改造和供热系统的改造，应当同步进行。

6）对实行集中供热的建筑进行节能改造，应当安装供热系统调控装置和用热计量装置；对公共建筑进行节能改造，还应当安装室内温度调控装置和用电分项计量装置。

7）国家机关办公建筑的节能改造费用，由县级以上人民政府纳入本级财政预算。

居住建筑和教育、科学、文化、卫生、体育等公益事业使用的公共建筑节能改造费用，由政府、建筑所有权人共同负担。

国家鼓励社会资金投资既有建筑节能改造。

（4）建筑用能系统运行节能

1）建筑所有权人或者使用权人应当保证建筑用能系统的正常运行，不得人为损坏建筑围护结构和用能系统。

国家机关办公建筑和大型公共建筑的所有权人或者使用权人应当建立健全民用建筑节能管理制度和操作规程，对建筑用能系统进行监测、维护，并定期将分项用电量报县级以上地方人民政府建设主管部门。

2）县级以上地方人民政府节能工作主管部门应当会同同级建设主管部门确定本行政区域内公共建筑重点用电单位及其年度用电限额。

县级以上地方人民政府建设主管部门应当对本行政区域内国家机关办公建筑和公共建筑用电情况进行调查统计和评价分析。国家机关办公建筑和大型公共建筑采暖、制冷、照明的能源消耗情况应当依照法律、行政法规和国家其他有关规定向社会公布。

国家机关办公建筑和公共建筑的所有权人或者使用权人应当对县级以上地方人民政府建设主管部门的调查统计工作予以配合。

3）供热单位应当建立健全相关制度，加强对专业技术人员的教育和培训。

供热单位应当改进技术装备，实施计量管理，并对供热系统进行监测、维护，提高供热系统的效率，保证供热系统的运行符合民用建筑节能强制性标准。

4）县级以上地方人民政府建设主管部门应当对本行政区域内供热单位的能源消耗情况进行调查统计和分析，并制定供热单位能源消耗指标；对超过能源消耗指标的，应当要求供热单位制定相应的改进措施，并监督实施。

（5）法律责任

1）违反本条例规定，县级以上人民政府有关部门有下列行为之一的，对负有责任的主管人员和其他直接责任人员依法给予处分；构成犯罪的，依法追究刑事责任：

① 对设计方案不符合民用建筑节能强制性标准的民用建筑项目颁发建设工程规划许可证的；

② 对不符合民用建筑节能强制性标准的设计方案出具合格意见的；

③ 对施工图设计文件不符合民用建筑节能强制性标准的民用建筑项目颁发施工许可证的；

④ 不依法履行监督管理职责的其他行为。

2）违反本条例规定，各级人民政府及其有关部门、单位违反国家有关规定和标准，以节能改造的名义对既有建筑进行扩建、改建的，对负有责任的主管人员和其他直接责任人员，依法给予处分。

3）违反本条例规定，建设单位有下列行为之一的，由县级以上地方人民政府建设主管部门责令改正，处20万元以上50万元以下的罚款：

① 明示或者暗示设计单位、承包商违反民用建筑节能强制性标准进行设计、施工的；

② 明示或者暗示承包商使用不符合施工图设计文件要求的墙体材料、保温材料、门窗、采暖制冷系统和照明设备的；

③ 采购不符合施工图设计文件要求的墙体材料、保温材料、门窗、采暖制冷系统和照明设备的；

④ 使用列入禁止使用目录的技术、工艺、材料和设备的。

4）违反本条例规定，建设单位对不符合民用建筑节能强制性标准的民用建筑项目出具竣工验收合格报告的，由县级以上地方人民政府建设主管部门责令改正，处民用建筑项目合同价款2%以上4%以下的罚款；造成损失的，依法承担赔偿责任。

5）违反本条例规定，设计单位未按照民用建筑节能强制性标准进行设计，或者使用列入禁止使用目录的技术、工艺、材料和设备的，由县级以上地方人民政府建设主管部门责令改正，处10万元以上30万元以下的罚款；情节严重的，由颁发资质证书的部门责令停业整顿，降低资质等级或者吊销资质证书；造成损失的，依法承担赔偿责任。

6）违反本条例规定，承包商未按照民用建筑节能强制性标准进行施工的，由县级以上地方人民政府建设主管部门责令改正，处民用建筑项目合同价款2%以上4%以下的罚款；情节严重的，由颁发资质证书的部门责令停业整顿，降低资质等级或者吊销资质证书；造成损失的，依法承担赔偿责任。

7）违反本条例规定，承包商有下列行为之一的，由县级以上地方人民政府建设主管部门责令改正，处10万元以上20万元以下的罚款；情节严重的，由颁发资质证书的部门责令停业整顿，降低资质等级或者吊销资质证书；造成损失的，依法承担赔偿责任：

① 未对进入施工现场的墙体材料、保温材料、门窗、采暖制冷系统和照明设备进行查验的；

② 使用不符合施工图设计文件要求的墙体材料、保温材料、门窗、采暖制冷系统和照明设备的；

③ 使用列入禁止使用目录的技术、工艺、材料和设备的。

8）违反本条例规定，工程监理单位有下列行为之一的，由县级以上地方人民政府建设主管部门责令限期改正；逾期未改正的，处10万元以上30万元以下的罚款；情节严重的，由颁发资质证书的部门责令停业整顿，降低资质等级或者吊销资质证书；造成损失的，依法承担赔偿责任：

① 未按照民用建筑节能强制性标准实施监理的；

② 墙体、屋面的保温工程施工时，未采取旁站、巡视和平行检验等形式实施监理的。

对不符合施工图设计文件要求的墙体材料、保温材料、门窗、采暖制冷系统和照明设备，按照符合施工图设计文件要求签字的，依照《建设工程质量管理条例》第六十七条的规定处罚。

9）违反本条例规定，房地产开发企业销售商品房，未向购买人明示所售商品房的能源消耗指标、节能措施和保护要求、保温工程保修期等信息，或者向购买人明示的所售商品房能源消耗指标与实际能源消耗不符的，依法承担民事责任；由县级以上地方人民政府建设主管部门责令限期改正；逾期未改正的，处交付使用的房屋销售总额2%以下的罚款；情节严重的，由颁发资质证书的部门降低资质等级或者吊销资质证书。

10）违反本条例规定，注册执业人员未执行民用建筑节能强制性标准的，由县级以上人民政府建设主管部门责令停止执业3个月以上1年以下；情节严重的，由颁发资格证书的部门吊销执业资格证书，5年内不予注册。

思考题

1.《建筑法》由哪些基本内容构成？总则部分的具体内容是什么？

2.《建筑法》对建筑工程许可、建筑工程发包和承包、建筑工程监理、建筑工程质量管理有哪些规定？

3. 建设工程质量责任主体各自的质量责任和义务有哪些？

4.《建设工程质量管理条例》对建设工程保修有哪些规定？

第 12 章　建设工程监理案例

12.1　长江三峡工程监理实例

三峡工程全称为长江三峡水利枢纽工程，是世界上规模最大的水电站，也是世界上最大的水利枢纽工程，是治理和开发长江的关键性骨干工程，具有防洪、发电、航运等综合效益。整个工程包括一座混凝土重力式大坝，泄水闸，一座堤后式水电站，一座永久性通航船闸和一架升船机。三峡工程建筑由大坝、水电站厂房和通航建筑物三大部分组成。大坝坝顶总长 3035m，坝高 185m，水电站左岸设 14 台，右岸 12 台，共装机 26 台，前排容量为 70 万千瓦的小轮发电机组，总装机容量为 1820 万 kWh，年发电量 847 亿 kWh。通航建筑物位于左岸，永久通航建筑物为双线五包连续级船闸及早线一级垂直升船机。三峡工程建设至今，通过了国务院三峡工程验收委员会组织进行的大江截流、明渠截流、水库蓄水、船闸通航、上游基坑进水、大坝 156m（水位）蓄水和机组启动验收。

三峡工程分三期，总工期 18 年。一期 5 年（1992～1997 年），主要工程除准备工程外，主要进行一期围堰填筑，导流明渠开挖。修筑混凝土纵向围堰，以及修建左岸临时船闸（120m 高），并开始修建左岸永久船闸、升爬机及左岸部分石坝段的施工。二期工程 6 年（1998～2003 年），工程主要任务是修筑二期围堰，左岸大坝的电站设施建设及机组安装，同时继续进行并完成永久特级船闸，升船机的施工。三期工程 6 年（2003～2009 年），本期进行的右岸大坝和电站的施工，并继续完成全部机组安装。三峡水库将是一座长达 600km，最宽处达 2000m，面积达 10000km^2，水面平静的峡谷型水库。

举世瞩目的三峡工程，是迄今世界上最大的水利水电枢纽工程，具有防洪、发电、航运、供水等综合效益，2006 年已全面完成了大坝的施工建设。截至 2009 年 8 月底，三峡工程已累计完成投资约 1514.68 亿元。自 2003 年实现 135m 水位运行之后，三峡工程已累计发电 3500 多亿 kWh，三峡船闸累计通过货运量已突破 3 亿吨，超过三峡蓄水前葛洲坝船闸运行 22 年的总和，初步实现了发电和航运效益。三峡工程历经 17 年的建设，已取得决定性的胜利，初步设计任务基本完成。随着 175m 试验性蓄水的顺利推进，三峡枢纽工程进入全面运行期，三峡工程建设已步入全面收尾阶段。2010 年 10 月 26 日，三峡水库水位涨至 175m，首次达到工程设计的最高蓄水位，标志着这一世界最大水利枢纽工程的各项功能都可达到设计要求。三峡工程 2009 年基本完工，后续增加的地下电站和升船机两个项目将在“十二五”期间完成，届时，举世瞩目的三峡工程将全面竣工。

三峡工程质量满足设计要求，工程建设各关键节点工期完全实现，工程投资控制在概算范围以内，而且创造了世界水电工程建设史上施工水平多项新纪录。这些成就的取得是全体三峡建设者对国家、对历史、对人民高度责任感的集中表现，是与 1000 多名监理工作者认真履行合同职责、科学、务实、严格监理分不开的。以三峡永久船闸为例：

三峡永久船闸为双线五级船闸，是当今世界上规模最大、技术最先进的内河船闸，设计总水头113m，单级最大工作水头45.2m，设计年通过能力为单向5000万t；航线总长6442m，其中主体段长1621m。船闸由上下游引航道及船闸主体段组成。主体段分地面和地下输水系统两大部分。五级连续船闸系在岸边山体开挖而成，最大开挖深度达170m。

船闸工程因工程项目多、工程结构复杂、技术难题多、施工环境艰苦、协调工作量大，被国内工程界誉为三峡工程建设的"硬骨头"。监理自1993年12月进场，历时11年5个月，至2005年4月全面完成船闸一、二期工程监理合同规定的各项任务，2006年6月到2007年5月又完成了船闸三期工程监理任务。在船闸工程施工过程中，积极采取新技术，优化施工组合，强化安全监管，成功的攻克了巨大人字门（重量850t）整体提升和回装、大体积混凝土浇筑等技术难题，工程质量优良，整个工程提前60天完工，于2007年5月1日全面实现恢复通航，取得了良好的社会效益和巨大的经济效益，它的提前投入运行，有力缓解长江航运的压力，为长江三峡后期抬高运行水位、提高发电和防洪效益奠定了基础，受到了国务院三峡工程验收专家组潘家铮等院士的高度评价，被誉为"三峡工程建设的奇迹"。经过四年多的运行考验，历年所有检测资料表明船闸运行正常、安全可靠，实践证明船闸建设质量优良，2004年获湖北省人民政府"科技进步特等奖"、第六届"詹天佑土木工程大奖"。

三峡建设工程监理制经历了积极探索、初步建立组织体系、组织体系逐步完善和监理工作深入开展、逐步规范化的发展过程。在这一过程中，中国三峡总公司与监理单位紧密结合工程实际，对三峡工程监理制进行了积极的实践与探索，建立了比较完善的监理组织体系和制度体系，形成了一系列的基本适应于三峡工程要求的监理工作原则，监理"三控制"工作取得了明显的成效。

为推行好建设监理制，三峡工程在正式开工之前，就对建设监理做了初步探索，组织人力编制了《三峡前期准备工程项目建设监理规划》。

1993年中国三峡总公司决定在工程建设中全面实行建设监理制。当年即组织人员对三峡建设工程监理制的实施进行了研究，10月中旬分别邀请水电、交通、铁路系统部分单位以及部分院校、科研单位，召开了"三峡工程左岸监理工作"和"三峡工程对外交通监理工作"两个座谈会，初步明确了三峡建设工程监理的机构设置、监理工作内容、监理方式、监理与各方面的关系等，从而初步建立了三峡建设工程监理制度，明确了监理工作的原则。其主要职责是在建设单位授权范围内，以合同为依据，对工程项目的实施实行全过程的监督与管理，并通过工程质量、进度、造价的有效控制，对合同与信息的实际管理，对参与该项目施工各方的组织协调，使工程按合同目标顺利进行。

三峡工程监理与工程建设管理机制密切相关。各监理单位的主要职责是在建设单位的委托与授权范围内，依照合同对所监理工程项目的施工进行"独立的、自主的、公正的"监理，以保证工程项目按合同目标全面实现。

三峡工程的"三控制"原则是，以工程质量控制为基础对工程质量、进度、造价进行全过程全面的动态控制；以预控（事前控制）为基础，加强对工程质量、进度、造价的过程控制。

所谓"全过程"，是指工程项目从招标发包和实施准备起，直至工程项目竣工验收的整个实施过程。所谓"全面"，是指监理工作的主要内容基本涵盖了或涉及了工程质量、进度、造价控制和合同管理、组织协调等各方面的工作。在“三控制”工作中不能把监理的质量控制与其他控制工作简单并列，也不能把质量控制与其他控制工作相对立和相割裂。

12.1.1 三峡工程监理管理机制

建设单位的监理管理部门制定了三峡建设工程监理统一管理办法，以总体协调三峡工程各监理单位的监理工作。

三峡一期工程监理单位选择与委托的主要方式是邀请招标，通过竞争择优选择并委托。三峡二期工程监理单位的选择与委托方式主要是议标。监理单位的委托必须签订工程监理合同书。合同书按《三峡建设工程监理委托合同书编制样本》（试行）规定的格式和内容进行编写。建设单位依据工程监理合同对监理单位履行合同的行为给予检查和监督。

三峡工程实行分项目管理。监理单位一方面要接受各相应项目部对监理工作具体的检查监督，另一方面还要接受建设单位工程建设部、工程信息部的检查与指导。

建设单位试验中心、测量中心及金属结构设备质量监督检测中心等既是对工程总体质量监督的专门机构，又是建设单位开展监理管理工作的主要手段之一。

建设单位单位各项目部通过工程建设部的每月监理工作例会了解三峡工程监理工作开展情况。工程建设部通过例会协调解决监理单位提出的带有共同性的问题，并在合同范围内，根据工程的最新进展和出现的新情况对监理提出一些具体的工作要求。

为加强对三峡工程质量和安全的控制和管理，建设单位在工程建设部下设了质量总监办公室、安全总监办公室，聘请国内外知名的水工、机电、焊接和安全专家担任总监。建设单位每周一召开专业质量总监、项目总监联席会议和安全工作会议，及时解决工程施工中出现的质量和安全问题。

12.1.2 工程质量控制

根据“百年大计、质量第一”、“质量管理，预防为先”的要求，三峡工程总体上确定“监理的质量控制是以工序过程和单元工程为基础的、程序化的和量化的全过程全面的质量控制”，要求各监理单位对质量控制工作的深度一定要细化到单元工程，细化到工序。为达到这一目的，监理单位在质量控制工作中加强了以下监理措施：一是重视并检查督促承包商建立和完善自身的质量体系，促使其发挥正常作用。落实施工质量责任制，严格质量管理，规范施工行为，严格依照合同要求、依照规程规范和工程设计施工，使承包商认识到质量是企业得以继续生存和发展的根本，也是关系到三峡工程建设成败的关键。二是重视并做好各项施工准备工作的监督与检查、设计图纸与文件的审查、重要施工技术方案的研究，以及对施工风险和质量风险的预测分析等。三是在督促承包商做好质量自检前提下，充分运用监理的质量签证控制手段，对用于工程的原材料和工程设备进行质量检查认证；对工程项目的施工质量按工序、单元工程进行逐层次、逐项目的质量签证和质量评定。四是要重视并加强试验检测的监理工作。监理单位配置试验专业人员，对承包商的试验室、试验人员、试验检测仪器设备的资质进行定期的检查；对试验方法、试验结果进行分析。与此同时，监理单位也必须具备与其监理资质相适应的满足监理工作需要的试验检测手段与设备，以确保监理的试验检测工作具有相对独立的监督性和复杂性。五是要重视并加强质量控制的现场监理工作，要求监理人员采取旁站、巡视和平行检验等形式，按施工程序及时跟班到位进行监督检查。同时要求现场监理人员必须具备现场质量控制工作的相应素质，要能有及时预见、及时发现、及时果断处理施工质量问题和正确使用监理质量否决权的能力。

自一期工程起各监理单位首先编制了各施工项目的质量监理工作细则，其中规定了质量控制的工作职责、工作流程、方法和措施，以及各施工项目的质量控制标准。一期工程的后期，特别是进入二期工程以来，各主体工程的监理单位，为适应三峡工程日益严格的质量要求和工程进展需要，在一期工程已经达到的质量控制工作的基础上，开始逐步加强现场监理控制工作，陆续实行了施工现场全天值班制度，对关键项目、关键部位和工序进行旁站监理，现场监理人数迅速增加。

在二期工程中，三峡总公司先后聘请10余位国内外混凝土、机械、机电等方面的专家担任专业质量总监。这是三峡总公司在认真贯彻执行《国务院三峡工程建设委员会第九次全体会议》精神，全面落实三峡枢纽工程质量检查专家组的意见的基础上而作出的选择。专业总监的聘请进一步完善了三峡工程建设的质量保证体系，加强了三峡工程建设的质量管理。

三峡工程专业质量总监不替代监理工程师的职能，监理工程师仍按合同授予的职责开展工作。专业质量总监有以下几种职责：一是按专业对三峡工程施工质量进行高层次、权威的监督；二是研究和发现三峡工程施工中可能出现的质量问题，并及时提出警示和建议；三是为实现三峡工程的一流质量，对工程质量、施工技术与工艺提出意见和建议；四是对已经出现的工程质量缺陷和事故，提出纠正和处理措施；五是对施工中发现的质量隐患和违反质量技术要求的行为提出意见，行使质量一票否决权，并在授权范围内行使对质量监理的决策权；六是在了解设计意图的基础上，为保证工程最终质量，提出优化设计的建议；七是根据需要对三峡总公司和监理单位的质量人员进行专业技术培训。

专业总监主要在施工现场独立进行质量监督，在授权范围内和项目部配合下，对监理工程师提出建议或下达指令，一般不直接对施工承包商下达指令；专业质量总监在质量总监办公室的统一组织和协调下开展质量监督工作。

为了组织、管理专业质量总监的日常工作，三峡总公司成立了三峡工程质量总监办公室。其职责是负责组织和管理专业质量总监的工作，向总监提供必要的设计文本和其他技术文件；汇总和编写质量汇报材料和有关文件；参与调查和评定工程质量缺陷和质量事故，审查重大质量事故的处理方案；协助和配合三峡枢纽工程质量检查专家组行使对三峡枢纽工程的质量检查和监督；监督工程建设部各项目部和监理单位对质量的控制和管理等。

12.1.3 工程进度控制

监理的进度控制。监理进度控制主要职责是采取有效地监理措施协助建设单位对工程进度实施动态控制，以保证合同工期目标的全面实现。各监理单位一是重视并加强了对施工进度计划的监理工作。二是加强并细化了进度计划执行中的监理监督管理工作。三峡工程，特别是二期工程，工程项目多、施工强度大、工期极为紧迫，而各项目间联系紧密，工期调整余地很少，因此监理进度控制工作进一步得到了细化。各监理单位，首先督促指导承包商对批准的进度计划目标按年、季、月、周（或旬）直到日层层分解到位，明确各相应目标下应当达到的工程形象。同时加强进度控制的现场监理工作，以增加监理的现场组织协调能力。三是重视并加强施工进度的记录、信息收集、统计、进度的分析预测和进度的报告工作，并建立相应的计算机信息网络系统。四是正确使用监理的工期确认权，及时对合同工期进行核定确认。监理单位对合同工期的执行进行及时的统计分析、核定和确认，并公正地分清造成合同工期变动的责任。

自一期工程以来，各进场监理单位，在力所能及的范围内依照建设单位单位的要求，逐步改进和加强了监理的进度控制工作。特别是二期工程以来，各监理单位加强了进度计划的编制与审批工作。

12.1.4 工程造价控制

监理的造价控制工作。在二期工程中，三峡工程监理造价控制工作的主要职责是依照建设单位的委托做好工程造价控制的具体工作，以协助建设单位对工程投资进行控制。具体办法，一是做好监理的工程计量与支付的审核签证工作，以及做好合同变更、设计变更等工程变更的审核工作和提出公正处理意见。工程量地控制是控制工程造价的基础。对此，监理单位首先做到对合同工程总量的控制，组织合同双方依据合同和工程设计对工程的初始地形地貌进行测量，对合同工程量予以核实和共同确认，在合同实施过程中，对工程总量予以严格控制。任何涉及工程总量变动的工程量变更都必须是有设计依据的和合同双方共同确认的。在对工程总量控制的前提下，监理单位加强了对工程量展开时段性的计量审核与分析工作。为提高工程计量审核工作的准确性、可靠性，监理单位在加强收方测量现场监理工作的同时，也独立进行了一定数量的外业抽检测量收方工作。二是加强监理合同费用分析预测工作。三是加强对索赔的监理工作。索赔是合同管理中经常出现的现象，是各方合同意识增强、合同管理日趋成熟的表现。一期工程以来，各监理单位依照建设单位的监理实施细则，规定了相应的工作程序和各类表格；在力所能及的范围内进行了大量的工程计量、合同支付、工程变更的审核工作。一期工程造价控制在国家审定的概算范围以内。

三峡二、三期工程监理机构的不同点在于：二期工程时期，各监理单位是独立的机构，项目与监理管理是分开的，是两个层次；三期是合二为一的，是一个层次。二期工程项目部发挥的是“总监理机构”的职能，三期工程则是只有一家监理单位即三峡发展公司。

新模式下，监理单位能够完全行使监理合同赋予的监理职能，十三项权限得到全面落实。项目部与监理部融为一体，这便是三期工程监理的特色。三期工程监理的组织模式比二期工程的监理组织模式更能发挥作用。

12.2 茂名 30 万 t 乙烯工程监理实例

12.2.1 工程概况

茂名 30 万 t 乙烯工程是中国石化总公司和广东省合资建设的特大型石油化工联合装置。该工程简称投产后，每年可提供产品 93.63 万 t，其中有机化工原料 42.97 万 t，塑料 37.92 万 t，合成橡胶 5 万 t，其他产品 7.74 万 t，对我国石化工业的发展和改变广东地区的产业结构具有举足轻重的作用。

茂名 30 万 t 乙烯工程厂区内占地 160hm^2，工程总投资为 171 亿人民币，引进生产装置 7 套，单机引进 20 个项目。包括工程设计在内，乙烯装置的合同工期为 36 个月。建设单位委托监理的厂区内工程包括 30 万吨乙烯裂解、14 万 t 芳烃抽提、10 万 t 乙二醇、14 万 t 全密度聚乙烯、4 万 t 甲基叔丁基醚（MTBE）以及开工锅炉、化学水处理、空分站、空压站、110kV 总变电站、净水场、污水处理场、液体化工罐区、铁路装卸站及生产管理区等 45 个单项工程。委托建设监理范围内的工程投资为 825105 万元，其中设备费 362011 万元，建筑费 129181 万元，安装费 202384 万元，其他工程费 132029 万元。主要实物工程量为：桩基 5885 根，建筑面积 22.44 万 m^2，混凝土 41.8 万 m^3，钢结构 2.75 万 t，工艺管道 1.67 万 t（长 755km），工艺设备 4117 台（4.247 万 t），地下管网 157km，电气设备 4131 台件，仪表设备 18006 台件，电缆 1947km，防腐保温 22216m^3，道路地坪 440.6m^2。

12.2.2 工程监理的实施

(1) 进度控制

1) 进度控制管理体系

建立以主管领导负责、进度控制处和项目部等多位一体的进度管理组织体系。进度控制处对工程建设进度进行全面规划、检查和考核；项目部以施工进度为重点，检查和监督设计、供应、外事等工作进展，以控制项目的建设进度；物资监理处负责物资供应进度的协调；设计监理处负责设计进度的管理；外事监理处负责外事工作的进度；综合监理室作为总体进度协调的职能部门，对总体进度进行检查和协调。进度控制体系如图 12-1 所示。

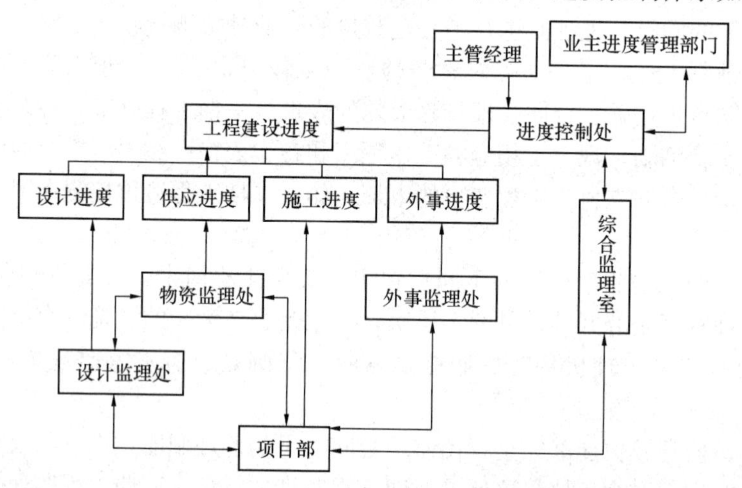

图 12-1　进度控制体系图

2) 网络计划

本工程的网络计划分为三级。一级网络计划是全局性的，用于指导整个厂区内工程的建设；二级网络计划是按单项工程或专业分工进行编制，包括单项工程进度控制计划、前期准备工作计划、工程设计进度计划、物资供应进度计划、外事合同执行计划以及年度工程计划等；三级网络计划是按单项、单位工程的建设进度为主线而编制的，以月季计划为目标，进一步落实和纠正设计、供应和施工的矛盾。

3) 施工组织和进度协调

① 协调好设计与供应的关系，检查设计单位按设计运行计划及时提高供应订货的技术资料，同时督促供应单位及时将设备订货基础条件反馈给设计院。

② 协调好设计与施工的关系，要求设计单位及时交付现场施工急用的施工文件。

③ 协调好供应与施工的关系，落实设备和主体材料的交货时间，以保障主轴线的施工进度。

④ 协调好现场作业程序，抓住工程量大、施工周期长的主体工程以及多种密集交叉的作业区，组织平行流水、立体交叉作业，确保项目进度目标的实现。

⑤ 协调好施工条件，落实施工水、电、路、讯、防排洪等保证措施，保证现场的连续不间断施工。

4）进度的检查考核和纠偏

进度的检查、考核分两个方面进行：一是进行中间进度检查，即对设计出图进度、供应订货催交进度、施工现场进度等进行评估，检查其计划的落实和执行情况；二是按月度进行实际完成量的统计，对设计实际交付签收图纸资料、设备、材料的实际到货量、现场施工的实际建安完成量及工程形象进行统计，针对实际完成情况来考核计划的完成率。

5）施工进度的检查和控制

① 第一循环：以旬保月

按旬汇总施工进度，统计实物完成量，计算旬完成百分数；以旬完成情况与旬计划、月计划进行比较，计算月度完成百分率。当旬完成情况与月度计划要求不吻合或发现有进度拖延时，进行原因分析，并采取相应的补救措施。

② 第二循环：以月保季

以月完成统计情况与月计划、季计划进行比较，计算季度、月度完成百分率，并根据延误情况采取相应的补救措施。

③ 第三循环：以季保年

以季度完成统计与季计划、年计划进行比较，计算季、年度计划的完成百分数，并根据延误情况采取相应的补救措施。

6）利用工程承包合同和经济措施促进工程目标的实现

工程合同是实施监理的依据，因此利用合同措施是做好进度控制的一项基本条件。利用经济措施是进行进度控制的手段条件，将工程进度与设计、承包商的经济利益相挂钩，激发设计、承包商的积极性和创造性。

7）优化施工技术方案和加强管理促进工程目标的实现

在进度控制工作中，监理单位始终将技术工作和组织工作放在重要位置。管理水平的高低，对项目的建设进度非常重要，尤其是对多单位联合建设的大型石化项目。组织管理工作的基本任务就是使工程建设有条不紊地平衡推进，实现总进度目标。

（2）投资控制

投资控制的基本思想，就是通过对投资目标的规划和分解，采取相应的技术、合同管理等措施，来达到减少不合理开支的目的，投资控制的根本在于项目本身，而不是以降低工程标准、“以次充好”或克扣承包单位的办法去省钱，而是在保证项目功能和工程质量的前提下，通过对技术的优化，健全的管理以减少不必要或不合理的支出，以保护建设单位和承包商的合法权益。

1）投资控制管理体系

投资控制管理体系如图 12-2 所示。

2）设计阶段的投资控制

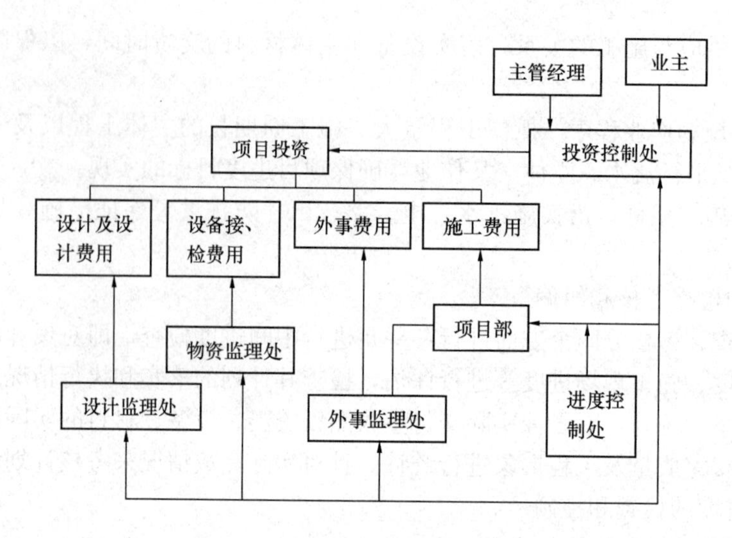

图 12-2　投资控制体系图

包括设计标准的检查和控制、设计的限额控制。

3）设备订货及工程招标阶段的投资控制

工程设计是项目实施的计划阶段，因此，设计阶段的投资控制是“计划性”的控制或“理性”控制。工程设备订货及工程招标阶段，是项目实施的准备阶段及部分实施阶段，此时的工作已面向社会市场。

4）施工阶段的投资控制

施工阶段的投资控制包括费用分解及目标计划、设计变更的控制、材料代用、现场签证、技术措施费用的控制、进度款拨付控制、工程预、结算。

5）外事费用控制

控制外事费的基本思路是严格依据合同，尽可能地发挥中方技术人员的积极作用，尽量少请或不请外方技术人员，缩短现场服务的工作时间，以减少其费用支出。

（3）质量控制

工程质量包括设计质量、设备、材料质量和现场施工质量三大部分。设计质量是项目的内在质量，是工程质量的技术基础，设计质量体现在工艺设计和设计文件中；供应质量是项目的使用质量，是工程质量的物质基础；施工质量是项目的安装质量，也是项目质量的综合反应，是工程质量的关键。因此，工程质量控制是一个多元化的管理网络。

1）质量控制管理体系

质量控制管理体系见图 12-3。

2）质量控制文件及质量目标

为了有效地进行质量管理工作，监理单位进场后立即组织编写质量保证大纲等质量管理文件，质量保证大纲用以规范各单位的质量保证行为，指导各单位按大纲的要求及目标编制质量保证措施及质量保证手册。

3）工程设计的质量控制

设计质量的控制分为三个环节：一是设计过程的中间检查，二是设计成品的检查，三是施工过程中的设计复查。

4）设备、材料的质量控制

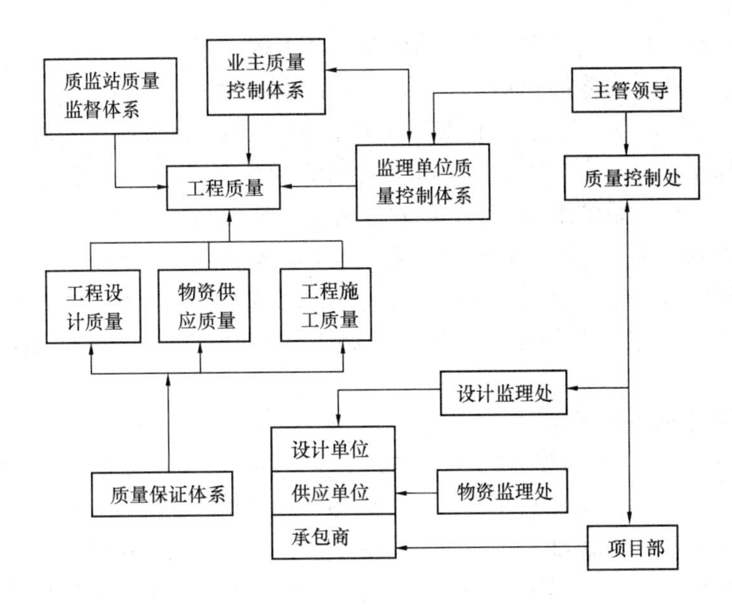

图 12-3　质量控制管理体系

设备、材料的质量控制工作主要有：一是采办过程的质量控制，二是安装使用前的质量查验，三是安装后的单机试车等工作。

5）施工质量的控制

施工阶段质量控制的范围，包括影像工程质量的五个主要方面，即对参与施工的人员、工程使用的原材料、施工机具、施工方法及检测方法、施工环境和外部条件进行全面控制。施工质量的控制分为三个阶段，即事前控制、事中控制、事后控制。

12.2.3　建设工程监理成绩

茂名乙烯工程实行建设监理，是我国大型工程项目建设管理体制重大改革的首次尝试，取得以下五大成效。

（1）实行专业化管理，节省了大量管理人员和费用开支；

（2）按计划如期建成投产，工程达到先进水平；

（3）工程质量良好，单位工程优良率达到 85%以上；

（4）节约费用开支，工程投资控制在概算之内；

（5）为大型工程项目建设管理模式的改革奠定了基础。

12.3　黄河小浪底工程监理实例

12.3.1　工程概况

黄河小浪底水利枢纽工程位于河南省洛阳市孟津县小浪底，在洛阳市以北黄河中游最后一段峡谷的出口处，南距洛阳市 40km。上距三门峡水利枢纽 130km，下距河南省郑州花园口 128km。坝址以上控制流域面积 69.4 万 km^2，占黄河流域面积的 92.3%，总库容 126.5 亿 m^3，其中长期有效库容 51 亿 m^3、淤沙库容 75.5 亿 m^3，是黄河干流三门峡以下唯一能取得较大库容的控制性水利枢纽工程，在黄河治理发开中具有重要战略地位。黄河小浪底水利枢纽工程是黄河干流上的一座集减淤、防洪、防凌、供水灌溉、发电等为一体的大型综合性水利工程，是治理开发黄河的关键性工程，属国家“八五”重点项目。

工程全部竣工后，水库面积达 272.3km^2，控制流域面积 69.42 万 km^2；总装机容量为 156 万 kW，年平均发电量为 51 亿 kWh；防洪标准由目前的 60 年一遇，提高到千年一遇；每年可增加 40 亿 m^3 的供水量。小浪底水库两岸分别为秦岭山系的崤山、韶山和邙山；中条山系、太行山系的王屋山。它的建成将有效地控制黄河洪水，可使黄河下游花园口的防洪标准由六十年一遇提高到千年一遇，基本解除黄河下游凌汛的威胁，减缓下游河道的淤积，小浪底水库还可以利用其长期有效库容调节非汛期径流，增加水量用于城市及工业供水、灌溉和发电。它处在承上启下控制下游水沙的关键部位，控制黄河输沙量的 100%。

1994 年 9 月主体工程开工，1997 年 10 月 28 日实现大河截流，1999 年底第一台机组发电，2001 年 12 月 31 日全部竣工，总工期 11 年，坝址控制流域面积 69.42 万 km^2，占黄河流域面积的 92.3%。水库总库容 126.5 亿 m^3，长期有效库容 51 亿 m^3。工程以防洪、减淤为主，兼顾供水、灌溉和发电，蓄清排浑，除害兴利，综合利用。工程建成后，可使黄河下游防洪标准由 60 年一遇提高到千年一遇，基本解除黄河下游凌汛威胁，可滞拦泥沙 78 亿 t，相当于 20 年下游河床不淤积抬高，电站总装机 180 万 kW，年平均发电量 51 亿 kWh。

小浪底工程坝址控制流域面积 69.42 万 km^2，占黄河流域面积的 92.3%。水库总库容 126.5 亿 m^3，调水调沙库容 10.5 亿 m^3，死库容 75.5 亿 m^3，有效库容 51.0 亿 m^3。小浪底工程的开发目标是以防洪、防凌、减淤为主，兼顾供水、灌溉和发电等。

小浪底工程由拦河大坝、泄洪建筑物和引水发电系统三部分组成。小浪底工程拦河大坝采用斜心墙堆石坝，拦河主坝是一座坝顶长度为 1667m，最大高度 154m，坝顶宽度 15m，坝底最大宽度 864m 的壤土斜心墙堆石坝。坝体启、填筑量 5l.85 万 m^3、基础混凝土防渗墙厚 1.2m、深 80m。其填筑量和混凝土防渗墙均为国内之最。坝顶高程 281m，水库正常蓄水位 275m，库水面积 272km^2，总库容 126.5 亿 m^3。总装机容量 180 万 kW，年发电量 51 亿度。水库呈东西带状，长约 130km，上段较窄，下段较宽，平均宽度 2km，属峡谷河道型水库。坝址处多年平均流量 1327m^3/s，输沙量 16 亿 t，该坝建成后可控制全河流域面积的 92.3%。

泄洪排沙系统包括进口引渠和由 3 条直径为 14.5m 的孔板泄洪洞（前期为导流洞）、3 条直径 6.5m 的排沙洞、3 条断面尺寸为 110m×11.5m～13m 的明流泄洪洞、1 条灌溉洞、1 条溢洪道和 1 条非常溢洪道组成的洞群，在洞群的进水口和出水口，分别建有 10 座一字形排列的进水塔群和 3 个集中布置的出水口消力塘，进水塔群地规模和复杂程度在世界上首屈一指，出水口消力塘总宽 356m，底部总长 210m，深 25m，是目前世界上最大的出水口建筑物。由于受地形、地质条件的限制，所以均布置在左岸。其特点为水工建筑物布置集中，形成蜂窝状断面，地质条件复杂，混凝土浇筑量占工程总量的 90%，施工中大规模采用新技术、新工艺和先进设备。

引水发电系统也布置在枢纽左岸。包括 6 条直径为 7.8m 的引水发电洞、3 条断面尺寸为 10m×19m 的尾水洞、1 座主变压器室、1 座尾水闸门室和 1 座地下厂房。地下厂房长 251.5m、宽 26.2m、高 61.44m，厂房内安装 6 台 30 万 kW 混流式水轮发电机组，总装机容量 180 万 kW，多年平均年发电量 45.99 亿 kWh/58.51 亿 kWh（前 10 年/后 10

年）。

开发目标以防洪（防凌）、减淤为主，兼顾供水、灌溉和发电，蓄清排浑，除害兴利，综合利用。小浪底水利枢纽战略地位重要，工程规模宏大，地质条件复杂，水沙条件特殊，运用要求严格，被中外水利专家称为世界上最复杂、最具挑战性的水利工程之一。

小浪底水利枢纽工程动态总投资 347.46 亿元人民币，其中内资 255.19 亿元人民币，外资 11.09 亿美元，部分建设资金利用世界银行贷款，工程建设实行项目法人责任制、建设监理制和招标投标制。小浪底水利枢纽主体土建工程是按照世界银行采购导则的要求，采用国际竞争性招标，按照国际工程合同管理模式进行管理的工程。

12.3.2 工程监理成效和经验

小浪底水利枢纽工程实施了全过程的监理，收到了良好的效果。小浪底工程国际标大坝标提前工期 13 个月，泄洪标提前工期 6 个月，厂房标提前工期 7 个月，合同问题及索赔处理已结束，工程投资控制在概算之内并略有盈余，工程质量评价优良。

工程监理的主要工作内容概括地说就是“三控制、两管理、一协调”。在监理工作实践中的主要做法是：

（1）在建设单位与承包商签订合同之后，工程进度成为建设单位关注的焦点，同时也是工程师管理的重点之一。按照合同，工程师主要进行以下工作：

1）审查施工目标进度计划。依据合同要求，承包商进场后必须首先向工程师递交合同执行计划——合同基线计划，报工程师审批。经过工程师批准后的基线进度计划，作为合同进度的依据，是工程师进行进度管理和合同管理的依据。

2）施工过程修改计划。随着工程进展，工程师应及时检查工程与基线计划的符合情况，一般在 3～6 个月内比较一次，根据工程实际进度出现的提前或延误，利用 P3 软件对进度计划进行全面的修正。工程师在审批修正的进度计划时，在确定没有建设单位延误责任的情况下，主要依据是保证各中间完工日期和最终完工日期的实现。

3）现场监督跟踪计划。工程师和承包商在现场每日、每班都随时协商，落实当日的计划进度。每 1～2 周由监理工程师和承包商召开一次例会，并对进度进行跟踪，对现场每天的资源配备和工程完成情况作相应的检查和记录，由承包商和工程师现场会签，并及时发现问题并迅速解决，保证计划的按时执行。

4）信息反馈掌握计划。承包商每周或每月向工程师提供一份施工（周）月报。工程师每月向建设单位提供施工月报，这份月报中把一个月的所有活动全部记录在案。一旦工程项目完工，及时组织进行验收和办理移交证书。这些信息包括每日、每周的生产记录，每周的生产例会纪要、现场指令、检查检验各种材料设备记录、往来信函、事故资料等，及时反馈给建设单位，便于建设单位掌握和及时处理。

（2）质量控制

水利工程质量通常实施项目法人负责、监理单位控制、承包商保证、政府部门监督相结合的质量管理体制。

质量管理是监理工作的核心之一。质量管理包括质量规划、质量控制和质量保障。质量规划开始于项目的设计阶段，设计提出的各项质量要求都包括在建设单位和承包商所签订合同的技术规范中。例如，小浪底工程国际标合同文件除了编写了本工程所必需的技术规范外，还引用中国规范 89 个和大量的国外规范。其中常用的外国质量标准有《美国材料试验标准（ASTW）》《美国垦务局（USBR）规范》、《美国混凝土学会（ACI）规范》等。

质量控制的手段和技术有现场检查、规定的项目试验及定期质量评定。现场检查是指现场监理工程师按照有关规范的要求和批准的施工方法对施工的各道工序进行量测、检查和监督。规定项目试验是指监理工程师对规定的项目按照技术规范要求进行测试和试验，以确定施工是否符合质量标准。定期质量评定是指监理工程师对一段时期内的施工质量加以评定，以确定前一段时间内的施工质量是否在控制之中。如发现质量问题，就要分析并找出原因，及时提出改进措施。对比较突出的问题，还要召开技术专题会，请专家来咨询和决策。定期质量评定主要是通过质量管理试验室和工程师代表部编写的质检周报、质量月报的形式进行。

(3) 投资控制

为了使支付符合合同规定，工程师建立了支付的管理制度及由代表部根据各方面（计量、试验、设计变更通知、政策法规变更、现场计日工记录等）的签认资料，作出支付证书（审查承包商支付申请后的批准件），交由建设监理部的合同部审查，报建设单位支付备案。因此在每次支付时，无论是在计量、规划、程序、项目、计算结果等方面都能全部符合合同手续。

(4) 合同管理

合同管理是监理工作最主要的核心内容。除了按规范的合同条件实施工程管理外，变更与索赔是最常见的合同问题。在 FIDIC 合同文本中，承包商要求工程师确认变更，或提出索赔额外费用及延长工期都是合同赋予承包商的正当权利。FIDIC 条款规定，建设单位和承包商之间在实施合同中出现的变更、索赔、延误和争议首先应由监理工程师作出评价和决定。

在处理变更和索赔问题时，监理工程师均严格按照合同，以事实为基础，认真分析，并可举行专家咨询，提出初步处理意见后，再与建设单位和承包商协商讨论，使得在合同问题处理过程中做到心中有数，事前有备。监理工程师在处理合同问题时的原则是公正合理，既要考虑到承包商的合法权益，又不能让建设单位的利益受到额外损失。

(5) 信息管理

施工监理是一项极为复杂的系统工程。在总工期的控制下，各单项工程必须按照预定的计划和程序协调地进行施工作业，以实现项目的总目标。信息管理的主要作用在于辅助监理工程师对项目实施主动的、动态的、及时的、有效的全过程目标控制，将大量的原始数据收集、整理，通过计算机进行处理，使这些数据形成工程师跟踪监测施工活动，分析、预测各个事件，及时乃至提前作出决策的有用信息。信息管理是监理工程师实施工程监理的重要手段。对信息管理的重视程度以及信息管理计算机化已成为衡量一个监理工程师水平高低的重要标志。

监理工程师的信息来源包括承包商和工程师之间的大量往来信函，现场监理值班日报（包括前方现场总值班室日报）、施工进度周报、施工月进度报告、支付凭证、各种会议纪要、备忘录、现场地址素描以及其他信息简报，如质量简报（月、周报）、测量计量简报（月、周报）、原型观测简报（月、周报）、工程监理信息、施工现场安全监测、安全生产简报、环境保护月报等。

计算机及其网络系统是处理信息的主要手段。所有的信息通过计算机及其网络系统进行处理、整理、分析。归类后存入网络信息系统进行资源共享。网络中的各个工作站可以调用和共享以上信息资源。

事实证明，大量的、有规律的现场第一手资料是处理建设单位和承包商争议的主要事实依据。

（6）施工组织协调

监理工程师主要负责建设单位与承包商、承包商之间以及承包商与分包商的协调工作。在工程建设中，建设单位一般要根据工程项目的特点进行分标并分别招标。因此，监理工程师常常面对几个甚至十几个承包商，实际上，大量的协调工作也发生在承包商之间。当现场发生施工干扰，监理工程师首先按照施工合同划分各自的责任；其次是根据责任划分规范各自的行为。对于合同中没有明确规定而造成相互扯皮、推诿的现象，则由监理工程师向建设单位报告，建设单位书面澄清双方责任，监理工程师据此执行，从而最大限度地降低了施工干扰，保证了工程建设的顺利进行。

参 考 文 献

[1] 中国建设监理协会．建设工程监理概论．北京：知识产权出版社，2009.

[2] 中华人民共和国国家标准．建设工程监理规范（GB 50319—2000）．北京：中国建筑工业出版社，2001.

[3] 中国建设监理协会．建设工程监理相关法规文件汇编．北京：知识产权出版社，2010.

[4] 李清立．建设工程监理．北京：北京交通大学出版社，2007.

[5] 中国机械工业教育协会．建设工程监理．北京：机械工业出版社，2001.

[6] 李惠强．建设工程监理．北京：中国建筑工业出版社，2003.

[7] 詹炳根．建设工程监理．北京：中国建筑工业出版社，2000.

[8] 李清立．建设工程监理案例分析．北京：清华大学出版社，北京交通大学出版社，2010.

[9] 刘玉明，李清立．建设工程管理与实务．北京：机械工业出版社，2008.

[10] 黄如宝．建筑经济学．上海：同济大学出版社，2009.

[11] 李清立，田杰芳．项目总监理工程师管理实务．北京：清华大学出版社，北京交通大学出版社，2003.

[12] 中国建设监理协会．建设工程合同管理．北京：知识产权出版社，2009.

[13] 王家远，刘春乐．建设项目风险管理．北京：中国水利水电出版社，知识产权出版社，2004.

[14] 中国建设监理协会．建设工程质量控制．北京：中国建筑工业出版社，2006.

[15] 中华人民共和国国家标准．建设工程项目管理规范（GB/T 50326—2006）．北京：中国建筑工业出版社，2006.

[16] 中国建设监理协会．监理征程．北京：中国建筑工业出版社，2008.

[17] 招标工程师实务手册编写组．招标工程师实务手册．北京：机械工业出版社，2006.

[18] 张昌让．房屋建设工程监理文件编制指导与实例．北京：机械工业出版社，2010.

[19] 翟学智、王强、刘元元．管理学基础教程．北京：清华大学出版社，北京交通大学出版社，2010.

[20] 孙成志、刘明霞．组织行为学．大连：东北财经大学出版社，2006.

[21] 张守平、滕斌．工程建设监理．北京：北京理工大学出版社，2010.

[22] 李惠强、唐菁菁．建设工程监理．北京：中国建筑工业出版社，2010.

[23] 邱忠毅，彭红涛．建设工程监理项目实录．北京：中国建筑工业出版社，2001.